全国专业技术人员新职业培训教程

集成电路工程技术人员

集成电路基础知识

人力资源社会保障部专业技术人员管理司　组织编写

中国人事出版社

图书在版编目（CIP）数据

集成电路工程技术人员．集成电路基础知识／人力资源社会保障部专业技术人员管理司组织编写．--北京：中国人事出版社，2023

全国专业技术人员新职业培训教程

ISBN 978-7-5129-1786-6

Ⅰ.①集… Ⅱ.①人… Ⅲ.①集成电路-技术培训-教材 Ⅳ.①TN4

中国版本图书馆 CIP 数据核字（2022）第 244373 号

中国人事出版社出版发行

（北京市惠新东街 1 号 邮政编码：100029）

*

保定市中画美凯印刷有限公司印刷装订　　新华书店经销

787 毫米 ×1092 毫米　16 开本　24 印张　361 千字

2023 年 4 月第 1 版　　2023 年 4 月第 1 次印刷

定价：**60.00 元**

营销中心电话：400-606-6496

出版社网址：http://www.class.com.cn

版权专有　　侵权必究

如有印装差错，请与本社联系调换：（010）81211666

我社将与版权执法机关配合，大力打击盗印、销售和使用盗版图书活动，敬请广大读者协助举报，经查实将给予举报者奖励。

举报电话：（010）64954652

本书编委会

指导委员会

魏少军　赵新华　陈南翔　刘伟平　沈　磊　曹立强　吴南健

编审委员会

总 编 审： 孙文龙

副总编审： 任　翔　吴东亚

主　　编： 赵毅强

副 主 编： 菅端端　龙　锐

编写人员： 张楷亮　王　爽　赵建中　何家骥　高　雅　付璟璐

主审人员： 解光军　孙广宇

出版说明

当今世界正经历百年未有之大变局,我国正处于实现中华民族伟大复兴关键时期。在全球经济低迷,我国加快形成以国内大循环为主体、国内国际双循环相互促进的新发展格局背景下,数字经济发挥着提振经济的重要作用。党的十九届五中全会提出,要发展战略性新兴产业,推动互联网、大数据、人工智能等同各产业深度融合,推动先进制造业集群发展,构建一批各具特色、优势互补、结构合理的战略性新兴产业增长引擎。"十四五"期间,数字经济将继续快速发展、全面发力,成为我国推动高质量发展的核心动力。

近年来,人工智能、物联网、大数据、云计算、数字化管理、智能制造、工业互联网、虚拟现实、区块链、集成电路等数字技术领域新职业不断涌现,这些新职业从业人员通过不断学习与探索,将推动科技创新、释放巨大能量,推动人们生产生活方式智能化、智慧化、数字化,推动传统产业转型升级,为经济高质量发展注入强劲活力。我国在技术、消费与应用领域具备数字经济创新领先优势,但还存在数字技术人才供给缺口较大、关键核心技术领域自主创新能力不足、数字经济与实体经济融合的深度和广度不够等问题。发展数字经济,推进数字产业化和产业数字化,推动数字经济和实体经济深度融合,急需培育壮大数字技术工程师队伍。

人力资源社会保障部会同有关行业主管部门将陆续制定颁布数字技术领域国家职业标准,坚持以职业活动为导向、以专业能力为核心,遵循人才成长规律,对从业人员的理论知识和专业能力提出综合性引导性培养标准,为加快培育数字技术人才提供基本依据。根据《人力资源社会保障部办公厅关于加强新职业培训工作的通知》(人社厅发〔2021〕28号)要求，为提高新职业培训的针对性、有效性，进一步发挥新职业培训促进更好就业的作用，人力资源社会保障部专业技术人员管理司组织相关领域的专家学者编写了全国专业技术人员新职业培训教程，供相关领域开展新职业培训使用。

本系列教程依据相应国家职业标准和培训大纲编写，划分初级、中级、高级三个等级，有的职业划分若干职业方向。教程紧贴数字技术人员职业活动特点，定位于全国平均水平，且是相关数字技术人员经过继续教育或岗位实践能够达到的水平，突出该职业领域的核心理论知识、主流技术及未来发展要求，为教学活动和培训考核提供规范和引导，将帮助广大有意或正在从事数字技术职业人员改善知识结构、掌握数字技术、提升创新能力。

希望本系列教程的出版，能够在加强数字技术人才队伍建设、推动数字经济快速发展中发挥支持作用。

目　录

绪论 …………………………………………………… 001

第一章　半导体器件基础知识 ………………………… 007
第一节　pn 结基本原理 ………………………………… 009
第二节　MOSFET 原理 ………………………………… 023
第三节　双极晶体管原理 ………………………………… 048

第二章　模拟电路知识 ………………………………… 067
第一节　单级放大电路基础 ……………………………… 069
第二节　差分放大器基础 ………………………………… 077
第三节　常见模拟基本单元设计基础 …………………… 083
第四节　模拟电路版图基础 ……………………………… 100

第三章　数字电路基本概念和 Verilog 语言简介 …… 119
第一节　数字系统设计概述 ……………………………… 121
第二节　基于 FPGA 数字集成电路设计 ……………… 123
第三节　Verilog 语言概述 ……………………………… 129
第四节　经典数字电路与 Verilog 实现 ………………… 140

第五节　经典时序逻辑电路与 Verilog 实现 ……… 181

第四章　微机原理知识…… 215
第一节　微型计算机系统概述…… 217
第二节　经典芯片概述…… 219

第五章　集成电路工艺流程知识…… 231
第一节　硅单晶的制备…… 233
第二节　硅的氧化技术…… 246
第三节　集成电路工艺中的掺杂技术…… 255
第四节　薄膜沉积技术…… 267
第五节　光刻与刻蚀技术…… 303
第六节　金属化及多层互连技术…… 309

第六章　集成电路封装设计知识…… 321
第一节　集成电路封装技术…… 323
第二节　芯片键合技术…… 328
第三节　典型封装技术…… 347

后记…… 371

绪 论

集成电路产业是全球化最彻底的产业，我国一直是全球集成电路产业链中重要的制造基地和封测基地，对产业链高效运行起到了重要作用，尤其在国务院《国家集成电路产业发展推进纲要》颁布后，我国集成电路产业补齐了设计、装备、材料等板块，形成了五大产业板块齐头并进的产业格局，年均复合增长率达到 19.5%，远高于同期全球的 7.6%，为全球集成电路产业链的稳定持续运转做出了突出贡献。同时，我国作为全球最大的单一国家半导体市场，保障了集成电路产业的稳定输出，2021 年我国共进口集成电路 6 354.8 亿块，占全球销售的 77.8%，为集成电路产业发展做出了不可替代的贡献。在我国，集成电路作为一个不足万亿元的基础性产业，带动了超十万亿元规模电子信息产业的发展，进而撬动了数十万亿元数字经济产业的进步，成为数字经济发展的重要推动力。

然而，疫情、自然灾害、局部战争和地缘政治冲突等因素阻碍了集成电路产业全球化发展的步伐，在世界经济区域化的背景下，我国集成电路产业的发展也迎来了前所未有的大变局。我国同时作为"世界工厂"和"世界市场"的定位短期内不会发生变化，集成电路产业仍将高速发展，产业规模仍将不断扩大；在国内大循环带动国内国际双循环的战略指引下，集成电路产业作为电子信息产业甚至是数字经济的重要引擎，必然成为国内重点发展的领域；中国科技企业创新能力和技术实力不断增强，市场占有率稳步扩大。这些对集成电路从业人员的数量和水平提出了持续提升的要求。

集成电路行业是人才缺口最大的行业之一。据中国半导体行业协会预测，2025 年中国集成电路专业人才缺口将超过 30 万人。从业人员结构基本形成设计业和制造业

"前中端重"、封装测试业"后端轻"的趋势。从集成电路产业紧缺岗位所属的产业链环节来看，设计业紧缺岗位占比最高，其次是制造业，封装测试业则相对占比少。从现有从业人员的人才结构分析来看，我国除了高端人才尤其是领军人才缺乏外，复合型人才、国际型创新人才和应用型人才也较为紧缺。

为更好地支撑我国集成电路产业发展，2021年3月9日，人力资源社会保障部正式发布了"集成电路工程技术人员"的新职业信息，并由中国电子技术标准化研究院牵头，联合集成电路行业内各领域头部企业和高校科研院所制定了集成电路工程技术人员国家职业标准。该标准分专业、分阶段提出了集成电路从业者的技术技能要求，并于2021年9月颁布实施。为贯彻国家职业标准中的要求，将人才培养工作落实推进，中国电子技术标准化研究院邀请行业内专家编制了系列培训教材，教材共分为四套，即《集成电路基础知识》《集成电路设计》《集成电路工艺实现》和《集成电路封测》，后三套专业教材各分为初级、中级、高级三本。

一、集成电路工程技术人员的职业概况

集成电路工程技术人员新职业工作开展的指导性文件是国家职业标准，标准规定了职业名称、职业编码、职业定义、专业技术等级、能力特征、受教育程度、培训要求、专业技术考核要求以及工作内容和专业能力要求等一系列内容，是后期培训和考试评价工作开展的基础。中国电子技术标准化研究院牵头，联合清华大学、天津大学、上海复旦微电子集团股份有限公司、北京华大九天科技股份有限公司、中芯国际集成电路制造有限公司、紫光国芯股份有限公司、南京邮电大学和北京智芯微电子科技有限公司等国内集成电路领域的头部企业和高校科研院所，将集成电路工程技术人员的国家职业标准的内容分解为集成电路设计、集成电路工艺实现和集成电路封测3个职业方向，以及模拟与射频集成电路设计、数字集成电路设计、集成电路工艺开发与维护、集成电路封装研发与制造、集成电路测试设计与分析、设计类电子设计自动化工具开发与测试、生产制造类电子设计自动化工具开发与测试7个职业功能。职业功能根据职业方向的需要进行组合，组成对应集成电路工程技术人员的完整技术要求。

1. 职业定义

从事集成电路需求分析、集成电路架构设计、集成电路详细设计、测试验证、网表设计和版图设计的工程技术人员。

2. 专业技术等级

本职业共设三个等级，分别为初级、中级、高级。

初级、中级、高级均设三个职业方向：集成电路设计、集成电路工艺实现和集成电路封测。

3. 专业技术考核要求

取得初级培训学时证明，并具备以下条件之一者，可申报初级专业技术等级：

（1）取得技术员职称。

（2）具备相关专业大学本科及以上学历（含在读的应届毕业生）。

（3）具备相关专业大学专科学历，从事本职业技术工作满1年。

（4）技工院校毕业生按国家有关规定申报。

取得中级培训学时证明，并具备以下条件之一者，可申报中级专业技术等级：

（1）取得助理工程师职称后，从事本职业技术工作满2年。

（2）具备大学本科学历，或学士学位，或大学专科学历，取得初级专业技术等级后，从事本职业技术工作满3年。

（3）具备硕士学位或第二学士学位，取得初级专业技术等级后，从事本职业技术工作满1年。

（4）具备相关专业博士学位。

（5）技工院校毕业生按国家有关规定申报。

取得高级培训学时证明，并具备以下条件之一者，可申报高级专业技术等级：

（1）取得工程师职称后，从事本职业技术工作满3年。

（2）具备硕士学位，或第二学士学位，或大学本科学历，或学士学位，取得中级专业技术等级后，从事本职业技术工作满4年。

（3）具备博士学位，取得中级专业技术等级后，从事本职业技术工作满1年。

（4）技工院校毕业生按国家有关规定申报。

二、集成电路工程技术人员的职业功能

（一）职业定位

集成电路工程技术人员涵盖的是一个产业需要的所有人员，集成电路产业主要包括五大板块：设计、制造、封测、装备和材料。出于从产业链全局角度整体提升我国集成电路人才队伍建设水平的考虑，并综合考虑专业技术人才职业特点，在职业定义的基础上增加了制造和封装中的研发人员，以及 EDA 工程技术人员，拓展了集成电路工程技术人员的覆盖领域。

集成电路工程技术人员的培训教材不同于教科书，目标是使受培训者能够在规定的培训周期内掌握专业知识，达到专业能力要求，以胜任相应工作岗位。因此，本教材侧重具体案例讲授，从而弥补学校教育和企业职业教育知识的缺口，面向工程实践来完成人员培训。

（二）专业能力要求

按照集成电路工程技术人员国家职业标准，专业能力要求见表 0-1。

表 0-1　专业能力要求

项目	专业技术等级	初级 /%			中级 /%			高级 /%		
		集成电路设计方向	集成电路工艺实现方向	集成电路封测方向	集成电路设计方向	集成电路工艺实现方向	集成电路封测方向	集成电路设计方向	集成电路工艺实现方向	集成电路封测方向
专业能力要求	模拟与射频集成电路设计	35	—	5	40	5	5	45	10	5
	数字集成电路设计	35	—	5	40	—	5	45	—	5
	集成电路工艺开发与维护	—	50	—	—	60	—	—	70	—
	集成电路封装研发与制造	—	—	35	—	—	40	—	—	40

续表

项目 \ 专业技术等级	初级 /%			中级 /%			高级 /%		
	集成电路设计方向	集成电路工艺实现方向	集成电路封测方向	集成电路设计方向	集成电路工艺实现方向	集成电路封测方向	集成电路设计方向	集成电路工艺实现方向	集成电路封测方向
专业能力要求 集成电路测试设计与分析	15	25	35	10	15	40	5	10	40
设计类电子设计自动化工具开发与测试	15	—	—	10	—	—	5	—	—
生产制造类电子设计自动化工具开发与测试	—	25	20	—	20	10	—	10	10
合计	100	100	100	100	100	100	100	100	100

（三）主要工作任务

集成电路工程技术人员的主要工作任务包含以下五个方面：

第一，对集成电路进行算法设计、架构搭建、电路设计、仿真验证、逻辑综合、版图绘制、时序分析、可测性设计、物理验证。

第二，对集成电路制造所必需的光刻、刻蚀、注入、清洗、薄膜、化学机械抛光等工艺环节进行开发。

第三，对集成电路进行封装设计及相关信号完整性分析。

第四，对集成电路测试方案进行设计，实施测试过程。

第五，对集成电路设计、制造、测试所用到的电子设计自动化工具进行开发，建立仿真模型、特征化工艺参数，并对数据格式进行标准化。

三、市场需求

随着2018年开始的针对我国企业的出口管制实施，我国迎来了一波晶圆厂新扩建潮，并且涌现出大量的集成电路初创企业。据中国半导体行业协会统计，2021年我国设计业企业数量达到2 810家，比上年增长592家，同比增长了26.7%。135家上市公司数据表明，2021年半导体产业从业人员数量为45.66万人，与2020年的38.85万人相比，同比增长17.54%。而从不同岗位类型来看，生产人员数量达26.60万人，位列各岗位类型人员数量占比首位；其次为技术人员，人员数量为11.92万人，其中技术以及职能岗位涨幅均超过20%。

企业规模的不断增大对集成电路工程技术人员提出了迫切要求，集成电路工程技术人员覆盖面很广，对人才的知识要求也很宽，从微电子、计算机到机械、材料，基本都可以在集成电路行业找到相关的职位。人才需求领域广、行业人才缺口大、高端人才短缺是目前集成电路产业在人才方面面临的三大难题。

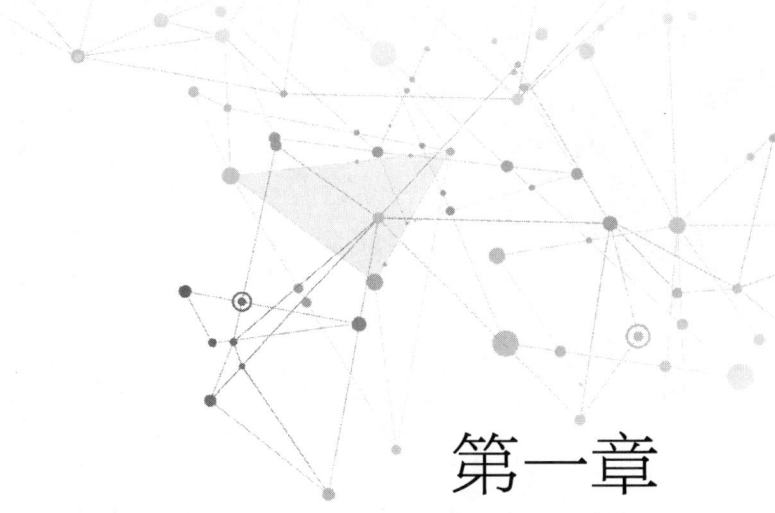

第一章
半导体器件基础知识

半导体器件的相关知识是微电子技术的基础,主要包括以下三方面:一是掌握 pn 结的结构和工作原理,熟悉其平衡特性与非平衡特性,了解 pn 结击穿特性;二是掌握 MOSFET 的结构和工作原理,熟悉其交直流特性与非理想效应;三是掌握双极晶体管(BJT)的基本原理,熟悉其交直流特性与非理想效应。这三方面内容是学习半导体器件的基础,也是进阶学习模拟电路设计的必由之路。

- **职业功能:** 基于集成电路器件的工作原理,奠定设计基础。
- **工作内容:** 分析集成电路工艺中有源/无源器件的物理尺寸、电特性及寄生参数的影响。
- **专业能力要求:** 根据工艺文件和设计规则等,选择合适的器件开展设计。
- **相关知识要求:** 半导体物理基础知识。

第一节　pn 结基本原理

考核知识点及能力要求：

- 掌握 pn 结的基本结构和工作原理；
- 掌握 pn 结平衡与非平衡特性；
- 理解 pn 结击穿的种类与原理；
- 理解 pn 结的小信号模型。

一、pn 结的基本结构和工作原理

在一块 n 型（或 p 型）半导体单晶上，用特定的工艺方法把 p 型（或 n 型）杂质掺入其中，使两个不同区域分别具有 n 型和 p 型半导体的导电类型，在二者交界面的过渡区称为 pn 结。图 1-1 展示的是用传统合金法制造 pn 结的过程：把一小粒铝放在一块 n 型单晶硅片上，加热到一定的温度，形成铝硅的熔融体，然后降低温度，熔融体开始凝固，在 n 型硅片上形成一含有高浓度铝的 p 型硅薄层，它与 n 型硅衬底的交界面处即为 pn 结（这时称为铝硅冶金结）。

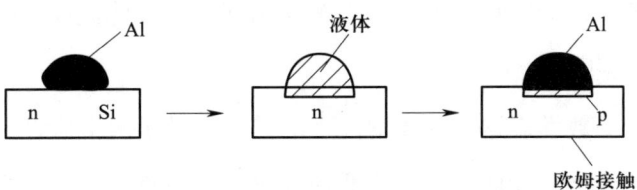

图 1-1　用合金法制造 pn 结

图1-2给出了冶金结的p区和n区的掺杂浓度曲线，具有该类型分布的pn结称为突变结。突变结的主要特点是：每个掺杂区的杂质浓度是均匀分布的，在交界面处，杂质的浓度有突然的跃变。在冶金结所处的位置，电子与空穴的浓度都有一个很大的浓度梯度。

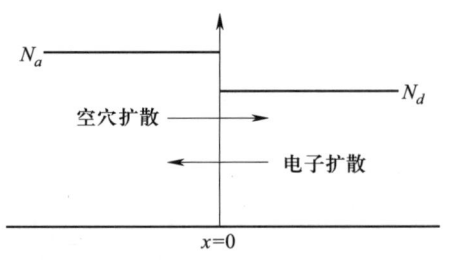

图1-2 冶金结的p区和n区掺杂浓度曲线

由于两边的载流子存在浓度梯度，导致n区的多子电子向p区扩散，p区的多子空穴向n区扩散。随着电子由n区向p区扩散，带正电的施主离子被留在了n区，使n区带正电。同样，随着空穴由p区向n区扩散，p区由于存在带负电的受主离子而带负电，这就导致电荷分离，形成了一个只由不可移动电荷组成的空间电荷区。n区与p区的净正电荷（施主离子）和负电荷（受主离子）在冶金结附近感生出了一个内建电场，方向由正电荷区指向负电荷区，也就是由n区指向p区。在内建电场的作用下，电子与空穴被扫出空间电荷区。根据半导体载流子运动基本理论可知，由于浓度梯度的存在，多数载流子便受到了一个"扩散力"。空间电荷区内的电场作用在电子与空穴上，这样便产生了一个与上述"扩散力"相反方向的力。在热平衡条件下，每一种粒子（电子与空穴）所受的"扩散力"与"电场力"是相互平衡的。此时，空间电荷区达到稳定。因为空间电荷区内不存在任何可动的电荷，所以该区也称为耗尽区。空间电荷区和耗尽区两种称呼可以互换使用。图1-3给出了pn结空间电荷区、电场以及施加在载流子上的两种力。

二、pn结平衡特性

在分析了pn结的基本结构以及空间电荷区的形成过程的基础上，下面主要介绍在无外加激励和无电流存在的热平衡状态下突变结的各种特性，包括内建电势差、电场分布、空间电荷区宽度等。

为了得到明确的数学表达，理想情况下的结论都基于两个假设。第一个假设为玻尔兹曼分布，即每一个半导体区域都为非简并半导体。第二个假设为完全电离，即温度对pn结的影响可以忽略。

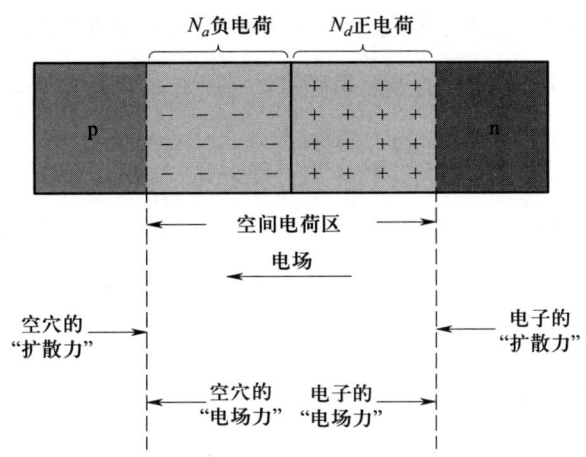

图 1-3 空间电荷区、电场以及施加在载流子上的两种力

（一）内建电势差

假设 pn 结两端没有外加电压偏置，pn 结处于热平衡状态，整个半导体系统的费米能级处处相等，且是一个恒定的值。图 1-4 给出了热平衡状态下 pn 结的能带图。因为 p 区与 n 区之间的导带与价带的相对位置随着费米能级位置的变化而变化，所以空间电荷区所在位置的导带与价带要发生弯曲。

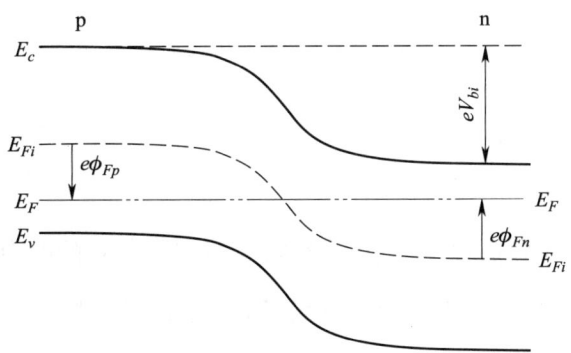

图 1-4 热平衡状态下 pn 结的能带图

n 区导带内的电子在试图进入 p 区导带时会遇到一个势垒，这个势垒对应的电势差称为内建电势差，记为 V_{bi}。该内建电势差维持了 n 区多子电子与 p 区少子电子以及 p 区多子空穴与 n 区少子空穴之间的平衡，即扩散与漂移的平衡，因此它在半导体内不产生电流。

pn 结本征费米能级 E_{Fi} 到导带底 E_c 和价带顶 E_v 之间的距离是相等的，内建电势差可以由 p 区与 n 区内部费米能级的差值来确定。突变结的内建电势差见式（1-1）：

$$V_{bi} = \frac{KT}{e}\ln\left(\frac{N_a N_d}{n_i^2}\right) = V_t \ln\left(\frac{N_a N_d}{n_i^2}\right) \tag{1-1}$$

其中，N_a——受主浓度；

N_d——施主浓度；

n_i——本征载流子浓度；

$V_t = KT/e$——热电压。

（二）电场分布

空间电荷区电场的产生是由正、负空间电荷的相互分离导致的。图 1-5 显示了在均匀掺杂及突变结近似的情况下，pn 结的空间电荷密度分布。假设空间电荷区在 n 区的 $x=+x_n$ 处以及在 p 区的 $x=-x_p$ 处突然中止（x_p 为正值）。

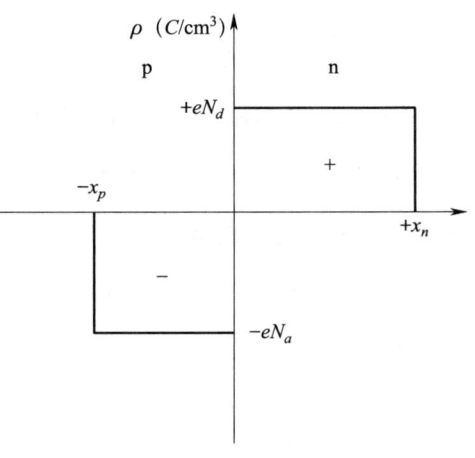

图 1-5 突变结近似均匀掺杂 pn 结的空间电荷密度

半导体内的电场见式（1-2）：

$$E = \frac{-eN_a}{\varepsilon_s}x + C \tag{1-2}$$

其中，ε_s——半导体的介电常数；

C——积分常数。

由于热平衡状态下没有电流流过半导体，因此在 $x<-x_p$ 的电中性 p 区内电场为零。由于 pn 结不存在表面电荷密度，因此电场函数是连续的。令 $x=-x_p$ 处的 $E=0$，就可以求出积分常数 C。因此 p 区内的电场见式（1-3）：

$$E = \frac{-eN_a}{\varepsilon_s}(x+x_p), \quad -x_p \leq x \leq 0 \tag{1-3}$$

在 n 区内，电场见式（1-4）：

$$E = \frac{-eN_d}{\varepsilon_s}(x_n-x), \quad 0 \leq x \leq x_n \tag{1-4}$$

在 $x=0$ 处（冶金结所在的位置），电场函数仍然是连续的。将 $x=0$ 代入式（1-3）

和式（1-4），并令它们相等，得到式（1-5）。

$$N_a x_p = N_d x_n \tag{1-5}$$

式（1-5）说明 p 区内每单位面积的负电荷数与 n 区内单位面积的正电荷数是相等的。

图 1-6 显示了均匀掺杂 pn 结空间电荷区的电场随位置变化的曲线。对于均匀掺杂的 pn 结而言，它的 pn 结区域电场是距离的线性函数，冶金结处的电场为该函数的最大值。即使在 p 区与 n 区没有外加电压的情况下，耗尽区内仍然存在电场。

p 区内的电势见式（1-6）：

$$\phi(x) = \frac{eN_a}{2\varepsilon_s}(x+x_p)^2, \quad -x_p \leq x \leq 0 \tag{1-6}$$

n 区内的电势见式（1-7）：

$$\phi(x) = \frac{eN_d}{\varepsilon_s}\left(x_n \cdot x - \frac{x^2}{2}\right) + \frac{eN_a}{2\varepsilon_s}x_p^2, \quad 0 \leq x \leq x_n \tag{1-7}$$

图 1-7 显示了均匀掺杂 pn 结空间电荷区的电势随距离变化的曲线。由图可知，电势表达式为距离的二次函数。$x=x_n$ 处的电势大小与内建电势差的大小相同。由式（1-7）可以推出：

$$V_{bi} = |\phi(x=x_n)| = \frac{e}{2\varepsilon_s}(N_d x_n^2 + N_a x_p^2) \tag{1-8}$$

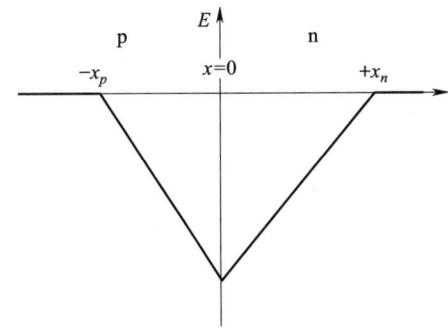

图 1-6　均匀掺杂 pn 结空间电荷区的电场

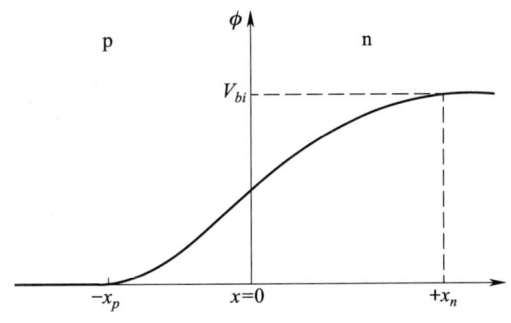

图 1-7　均匀掺杂 pn 结空间电荷区的电势

（三）空间电荷区宽度

零偏置电压下，n 区空间电荷区的宽度见式（1-9）：

$$x_n = \left[\frac{2\varepsilon_s V_{bi}}{e}\left(\frac{N_a}{N_d}\right)\left(\frac{1}{N_a+N_d}\right)\right]^{\frac{1}{2}} \tag{1-9}$$

零偏置电压下，p 区空间电荷区的宽度见式（1-10）：

$$x_p = \left[\frac{2\varepsilon_s V_{bi}}{e} \left(\frac{N_d}{N_a} \right) \left(\frac{1}{N_a+N_d} \right) \right]^{\frac{1}{2}} \quad (1-10)$$

总耗尽区的宽度是 x_n 和 x_p 的和，即

$$W = x_n + x_p \quad (1-11)$$

由式（1-9）和式（1-10）可知：

$$W = \left[\frac{2\varepsilon_s V_{bi}}{e} \left(\frac{N_a+N_d}{N_a N_d} \right) \right]^{\frac{1}{2}} \quad (1-12)$$

三、pn 结非平衡特性

在实际应用中，pn 结往往工作于一定偏置状态下，该状态称为非平衡工作。当 n 区接电源的正极，p 区接电源的负极，称为反偏工作。反之，当 p 区接电源的正极，n 区接电源的负极，称为正偏工作。

（一）pn 结反偏状态

如果在 p 区与 n 区之间加一个电压，则 pn 结就不再处于热平衡状态，也就是说，费米能级在整个系统不再连续。图 1-8 显示了 n 区相对于 p 区加了一个正电压时 pn 结的能带图，当外加反偏电压 V_R 时，n 区费米能级的位置要低于 p 区费米能级的位置。二者费米能级的差值刚好等于外加电压的值乘以电子电量 e。

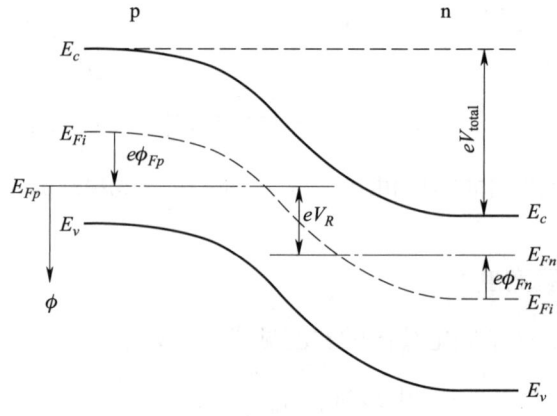

图 1-8 反偏下 pn 结的能带图

1. 空间电荷区宽度与电场

图 1-9 给出了外加反偏电压 V_R 时的 pn 结结构图，该图还显示了内建电场、外加电场 E_{app} 以及空间电荷区。由于电中性的 p 区与 n 区内的电场强度为零，此时空间电荷区内的电场要比没有外加偏置时的电场强。这个电场始于正电荷区，终于负电荷区。也就是说，随着电场的增强，正、负电荷的数量也随之增加。在给定的杂质掺杂浓度条件下，耗尽区内的正、负电荷的数量要想增加，空间电荷区的宽度 W 就必须增大。因此空间电荷区随着外加反偏电压 V_R 的增大而展宽。

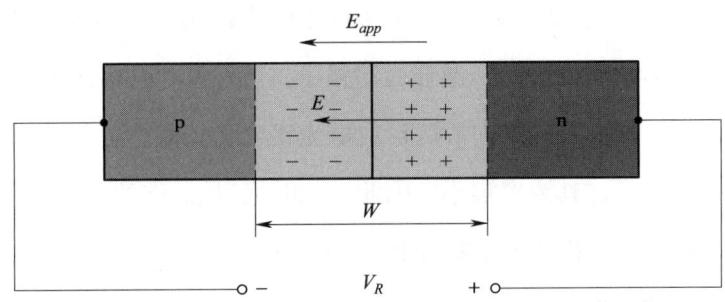

图 1-9　由 V_R 感生的电场和空间电荷区电场方向的反偏 pn 结

前述所有公式中的 V_{bi} 均可以由总电势差 V_{total} 代替。那么由式（1-12）可知总空间电荷区宽度，见式（1-13）：

$$W = \left[\frac{2\varepsilon_s (V_{bi}+V_R)}{e} \left(\frac{N_a+N_d}{N_a N_d} \right) \right]^{\frac{1}{2}} \quad (1\text{-}13)$$

上式表明，空间电荷区宽度会随施加的反偏电压的增大而变宽。将总电势差 V_{total} 代入式（1-9）和式（1-10），可发现 p 区与 n 区的空间电荷区的宽度也是外加反偏电压的函数。

当外加反偏电压时，耗尽区内的电场强度要增大。电场表达式仍然由式（1-3）与式（1-4）给出，而且仍然是距离的线性函数。外加反偏电压后，x_n 与 x_p 均有所增加，电场也会随之增强。冶金结处的电场仍为电场的最大值。

由式（1-3）与式（1-4）可知，冶金结处的最大电场见式（1-14）：

$$E_{\max} = \frac{-eN_d x_n}{\varepsilon_s} = \frac{-eN_a x_p}{\varepsilon_s} \quad (1\text{-}14)$$

使用式（1-9）或式（1-10），并将 V_{bi} 换成 $V_{bi}+V_R$，则有：

$$E_{\max}=-\left[\frac{2e\left(V_{bi}+V_R\right)}{\varepsilon_s}\left(\frac{N_aN_d}{N_a+N_d}\right)\right]^{\frac{1}{2}} \tag{1-15}$$

pn 结内的最大电场见式（1-16）。

$$E_{\max}=\frac{-2\left(V_{bi}+V_R\right)}{W} \tag{1-16}$$

其中，W 为总空间电荷区宽度。

2. 反偏状态下的 pn 结电流

pn 结反偏状态下，外加电场与内建电场方向相同，增强了空间电荷区中的电场，破坏了扩散与漂移运动间的平衡，漂移运动强于扩散运动。从 p 区抽取电子向 n 区形成电流密度 J_n，从 n 区抽取空穴向 p 区形成电流密度 J_p。由于电子在 p 区是少子，同样空穴在 n 区也是少子，其浓度很小。因此，此时通过 pn 结的电流很小，可以忽略，该电流称为反向漏电流。其工作原理如图 1-10 所示。

（二）pn 结正偏状态

当向 pn 结施加正向电压时，由于外加电压产生的电场与 pn 结内建电场相反，空间电荷区中的电场减弱，使得空间电荷区宽度变窄，势垒高度变低，因此扩散与漂移运动间的平衡被破坏，扩散运动强于漂移运动，使得电子由 n 区注入 p 区，形成非平衡少子注入，注入的非平衡少子边扩散边复合，如图 1-11 所示。

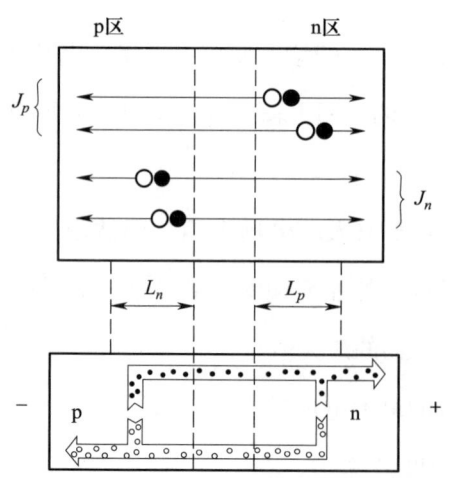

图 1-10　反偏 pn 结的少子抽取与电流

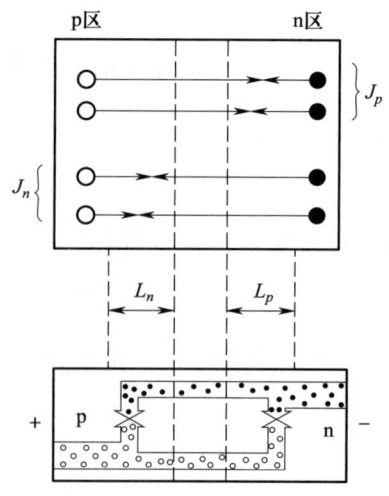

图 1-11　正偏 pn 结的少子注入与电流

由图 1-12 可见，正偏状态下的 pn 结电流为式（1-17），也称为二极管方程。

$$J = J_{n,\text{diff}}(-x_p) + J_{p,\text{diff}}(x_n) = \left(\frac{eD_p p_{n0}}{L_p} + \frac{eD_n n_{p0}}{L_n}\right)\left(e^{\frac{eV_a}{kT}} - 1\right) \quad (1\text{-}17)$$

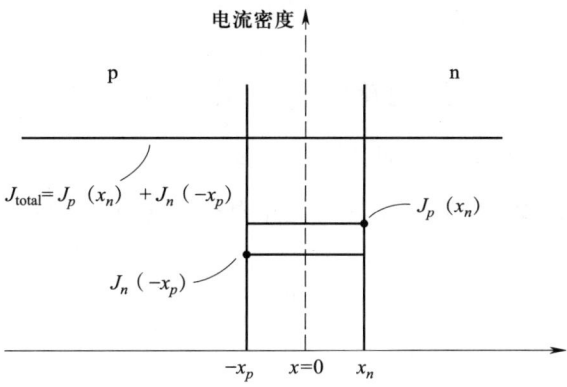

图 1-12　正偏 pn 结的电流

定义反向饱和电流 J_S，有

$$J_S = \frac{eD_p p_{n0}}{L_p} + \frac{eD_n n_{p0}}{L_n} \quad (1\text{-}18)$$

$$J = J_S\left(e^{\frac{eV_a}{kT}} - 1\right) \quad (1\text{-}19)$$

由式（1-19）可见，对于正偏的 pn 结，当外加正向电压大于 60 mV 时，电流与偏压呈指数关系，呈现正向导通特性。

pn 结理想电流 – 电压曲线如图 1-13 所示。

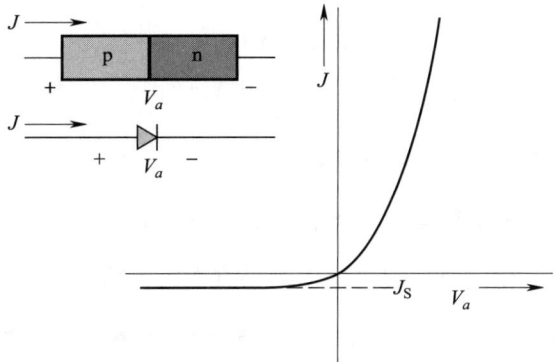

图 1-13　pn 结理想电流 – 电压曲线

（三）pn 结电容

从上面分析可知，当 pn 结处于非平衡工作时具有电容特性，pn 结电容由势垒电容和扩散电容构成。

1. 势垒电容

因为耗尽区内的正电荷与负电荷在空间上是分离的，所以 pn 结就具有了电容的充放电效应。图 1-14 显示了当外加反偏电压为 V_R 与 $V_R+\mathrm{d}V_R$ 时耗尽区内电荷密度的变化。反偏电压增量 $\mathrm{d}V_R$ 会在 n 区形成额外的正电荷，同时在 p 区形成额外的负电荷。

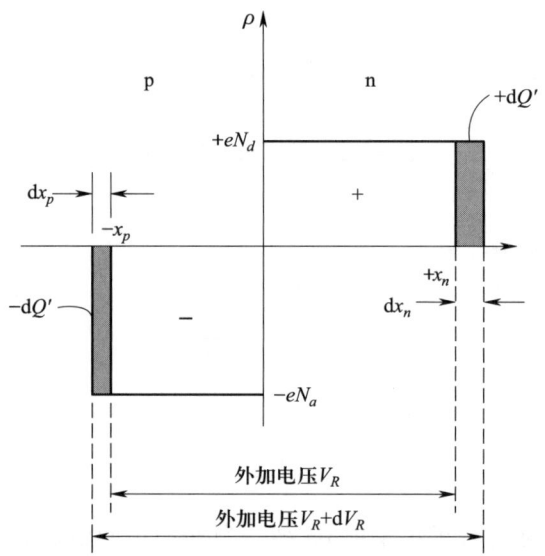

图 1-14 均匀掺杂 pn 结空间电荷区宽度随反偏电压改变的微分变化量

势垒电容也称为耗尽层电容，见式（1-20）：

$$C' = \left[\frac{e\varepsilon_s N_a N_d}{2(V_{bi}+V_R)(N_a+N_d)}\right]^{\frac{1}{2}} \tag{1-20}$$

由公式可见，势垒电容具有以下特点：

（1）pn 结势垒电容和平板电容不同，是非线性电容。

（2）pn 结在正偏、零偏及反偏电压下均具有电容效应。

（3）pn 结势垒电容与外加电压有关，正偏电压越高，电容越大；反偏电压越高，电容越小。

（4）pn 结势垒电容与外加电压的关系和 pn 结的杂质分布有关。

2. 扩散电容

当 pn 结正偏时，扩散区的电荷随外加电压的变化所产生的电容效应称为扩散电容。如图 1-15 所示，当 pn 结外加正向偏压 V，在其势垒区两边的扩散区内有着非平衡少数载流子电荷的积累。当 V 升高，注入的少子电荷增多，相当于电容充电；当 V 降低，注入的少子电荷减少，相当于电容放电。

（四）单边突变结

考虑一种称为单边突变结的特殊 pn 结。若 $N_a \gg N_d$，则这种结称为 p$^+$n 结。于是总空间电荷区宽度表达式可以化简为：

$$W \approx \left[\frac{2\varepsilon_s(V_{bi}+V_R)}{eN_d} \right]^{\frac{1}{2}} \tag{1-21}$$

考虑到 x_n 与 x_p 的表达式，对于 p$^+$n 结有：

$$x_p \ll x_n \tag{1-22}$$

并且

$$W \approx x_n \tag{1-23}$$

几乎所有的空间电荷区均扩展到 pn 结轻掺杂的区域。图 1-16 显示了这种效应。

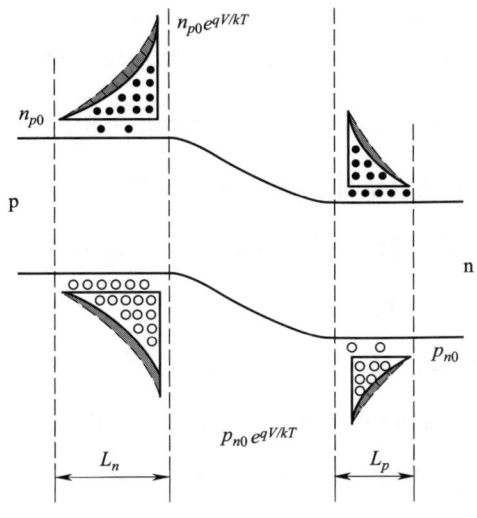

图 1-15　pn 结正偏状态下的扩散电容形成

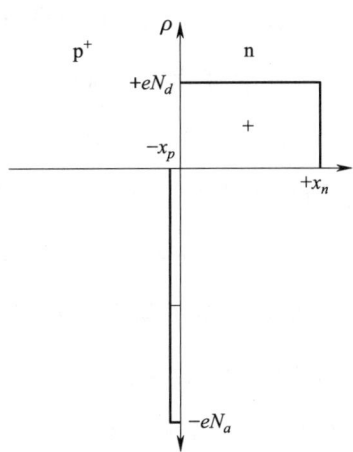

图 1-16　单边 p$^+$n 结的空间电荷密度

四、pn 结击穿

前面讨论了反偏电压对于 pn 结的影响，反偏时反向电流很小且基本不随电压变化。然而，加在 pn 结上的反偏电压不会无限制地增长，因为反偏电压高到一定值，反偏电流会快速增大。发生上述现象时的电压称为击穿电压，记为 V_{BR}，如图 1-17 所示。

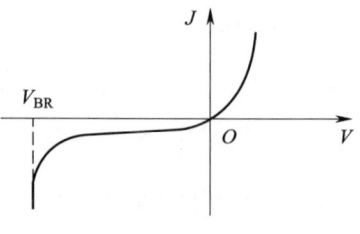

图 1-17 pn 结击穿

目前为止，pn 结击穿共有三种：雪崩击穿、隧道击穿和热电击穿。本节对这三种击穿的原理给予简单说明。

（一）雪崩击穿

在反向偏压下，流过 pn 结的反向电流，主要由 p 区扩散到势垒区中的电子电流和由 n 区扩散到势垒区中的空穴电流组成。当反向偏压很大时，势垒区中的电场很强，在势垒区内的电子和空穴由于受到强电场的漂移作用，具有很大的动能，它们与势垒区内的晶格原子发生碰撞时，能把价键上的电子碰撞出来，成为导电电子，同时产生一个空穴。从能带观点来看，就是高能量的电子和空穴把满带中的电子激发到导带，产生了电子-空穴对。如图 1-18 所示，pn 结势垒区中电子 1 碰撞出来一个电子 2 和一个空穴 2，于是一个载流子变成了三个载流子。这三个载流子（电子和空穴）在强电场作用下，向相反的方

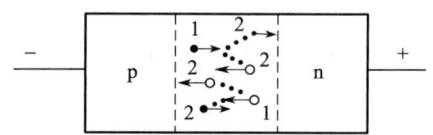

图 1-18 雪崩倍增机构

向运动，还会继续发生碰撞，产生第三代的电子-空穴对。空穴 1 也如此产生第二代、第三代的载流子。如此继续下去，载流子大量增加，这种繁殖载流子的方式称为载流子的倍增效应。倍增效应使势垒区单位时间内产生大量载流子，迅速增大了反向电流，从而发生 pn 结击穿。这就是雪崩击穿的原理。

雪崩击穿除了与势垒区的电场强度有关，还与势垒区的宽度有关，因为载流子动能的增加，需要有一个加速过程，如果势垒区很薄，即使电场很强，载流子在势垒区中加速达不到产生雪崩倍增效应所必需的动能，就不能产生雪崩击穿。

(二) 隧道击穿

隧道击穿是在强电场作用下，由于隧道效应，大量电子从价带穿过禁带而进入导带所引起的一种击穿现象。因为最初是由齐纳提出来解释电介质击穿现象的，故称齐纳击穿。

当 pn 结加反向偏压时，势垒区能带发生倾斜；反向偏压越大，势垒越高，势垒区的内建电场也越强，势垒区能带也越加倾斜，甚至可以使 n 区的导带底比 p 区的价带顶还低，如图 1-19 所示。内建电场 E 使 p 区的价带电子得到附加势能 qE_x；当内建电场 E 大到某值以后，价带中的部分电子所得到的附加势能 qE_x 可以大于禁带宽度 E_g，如果图中 p 区价带中的 A 点和 n 区导带中的 B 点有相同的能量，则在 A 点的电子可以过渡到 B 点。因为 A 和 B 之间隔着水平距离为

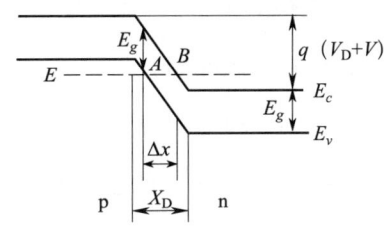

图 1-19 大反向偏压下 pn 结的能带图

Δx 的禁带，所以电子从 A 到 B 的过渡一般不会发生。随着反向偏压的增大，势垒区内的电场增强，能带更加倾斜，Δx 将变得更短。当反向偏压达到一定数值，Δx 短到一定程度时，量子力学证明，p 区价带中的电子将通过隧道效应穿过禁带而到达 n 区导带中。

经计算可知，对于一定的半导体材料，势垒区中的电场 E 越大，或隧道长度 Δx 越短，则电子穿过隧道的概率 P 越大。当电场 E 大到一定程度，或 Δx 短到一定程度时，p 区价带中大量的电子通过隧道效应穿过禁带到达 n 区导带，使反向电流急剧增大，于是 pn 结就发生隧道击穿。这时外加的反向偏压即为隧道击穿电压。

(三) 热电击穿

当 pn 结上施加反向电压时，流过 pn 结的反向电流要引起热损耗。反向电压逐渐增大时，对应的反向电流所损耗的功率也逐渐增大，这将产生大量热能。如果没有良好的散热条件使这些热能及时传递出去，则将引起结温上升。

由计算可知，反向饱和电流密度随温度按指数规律上升，其上升速度很快，因此，随着结温的上升，反向饱和电流密度也迅速上升，产生的热能也迅速增大，进而又导致结温上升，反向饱和电流密度增大。如此反复循环下去，最后使 J_S 无限增大而发生击穿。这种由于热不稳定性引起的击穿，称为热电击穿。对于禁带宽度比较小的半导

体如锗 pn 结，由于反向饱和电流密度较大，在室温下这种击穿很重要。

五、pn 结的小信号模型

前面一直在讨论 pn 结二极管的直流特性。将具有 pn 结结构的半导体器件用于线性放大器电路时，正弦信号就会叠加在直流电流与电压之上。此时，pn 结的小信号特性就会变得非常重要。

（一）扩散电阻

式（1-19）给出了理想 pn 结二极管的电流电压关系式，其中 J 与 J_S 均为电流密度。将式（1-19）的两边均乘以 pn 结的横截面积，则有：

$$I_D = I_S \left(e^{\frac{eV_a}{kT}} - 1 \right) \tag{1-24}$$

其中，I_D 为二极管电流，I_S 为二极管反向饱和电流。

假设二极管外加直流正偏电压 V_0 时的直流电流为 I_{DQ}。现在，在直流电压上叠加一个小的、低频的正弦电压，如图 1-20 所示。则直流电流之上就产生了叠加小信号正弦电流。正弦电流与电压的比值称为增量电导。当正弦电压与电流无限小时，小信号增量电导就是直流电流 – 电压曲线的斜率，即：

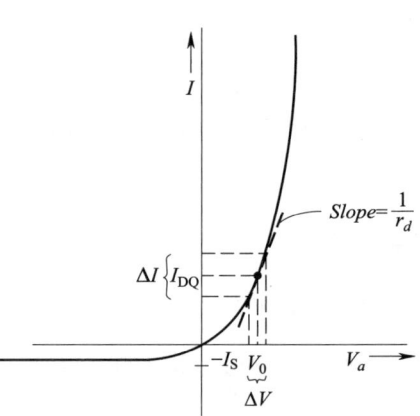

图 1-20 小信号扩散电阻

$$g_d = \frac{dI_D}{dV_a} \bigg|_{V_a = V_0} \tag{1-25}$$

增量电导的倒数即为增量电阻，定义为：

$$r_d = \frac{dV_a}{dI_D} \bigg|_{I_D = I_{DQ}} \tag{1-26}$$

其中，I_{DQ} 为直流静态电流。

若二极管的正偏电压足够大，则电流 – 电压关系中的（-1）项就可以省略，从而增量电导变为：

$$g_d = \frac{dI_D}{dV_a} \bigg|_{V_a = V_0} = \left(\frac{e}{kT} \right) I_S e^{\frac{eV_0}{kT}} \approx \frac{I_{DQ}}{V_t} \tag{1-27}$$

小信号增量电阻的表达式为上式的倒数：

$$r_d = \frac{V_t}{I_{DQ}} \tag{1-28}$$

增量电阻随着偏置电流增加而减小，并与图 1-20 所示的 $I-V$ 特性曲线的斜率成反比。增量电阻又称为扩散电阻。

（二）等效电路

由式 $Y=g_d+j\omega C_d$ 可得出正偏 pn 结的小信号等效电路。此外，还需要加上势垒电容，它与扩散电阻及扩散电容并联。为了完善上述的等效电路，还要叠加一个串联电阻。电中性的 p 区与 n 区包含有限值的电阻。因此，实际的 pn 结包括一个串联电阻，图 1-21 所示为 pn 结的完整小信号等效电路。

加在 pn 结上的电压是 V_a，加在二极管上的总电压为 V_{app}。pn 结电压 V_a 为理想电流-电压表达式中的电压。可以写出：

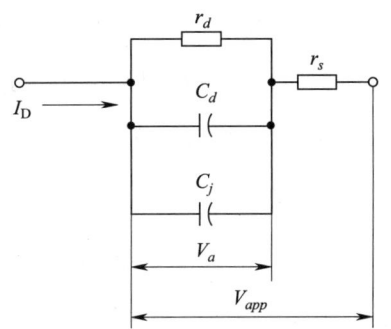

图 1-21 pn 结的完整小信号等效电路

$$V_{app} = V_a + I_D \cdot r_s \tag{1-29}$$

第二节　MOSFET 原理

考核知识点及能力要求：

- 理解 MOSFET 的结构和工作原理；
- 理解 MOSFET 交直流特性；

- 掌握 MOSFET 的小信号模型；
- 了解 MOSFET 的非理想效应与击穿。

一、MOSFET 结构与 MOS 电容

（一）MOSFET 结构与分类

金属‐氧化物‐半导体场效应晶体管（MOSFET）是两种主要类型的晶体管之一。根据衬底材料类型的不同，它可分为两种互补的 MOS 晶体管，即 n 沟道 MOSFET 和 p 沟道 MOSFET。在同一电路中使用这两种类型的器件时，电路设计就会变得非常多样，实现功能也会更加复杂多变。这些电路称为互补 MOS（CMOS）电路。MOSFET 的结构如图 1-22 所示，具有栅（G）、漏（D）、源（S）和衬底（B）4 个电极，栅极和衬底之间夹着一层氧化层介质。结构中的金属栅可以是铝或者一些其他金属，但应用更多的是在氧化物上面淀积的高电导率的多晶硅，但金属一词还是被沿用下来。其主要参数有氧化层厚度 t_{ox}、氧化层的介电常数 ε_{ox}、沟道长度 L、沟道宽度 W 和衬底掺杂浓度 N_a。

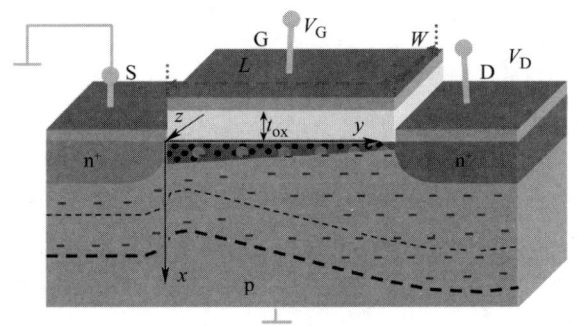

图 1-22 MOSFET 的结构

根据 MOSFET 的导电载流子类型和栅压为零时是否存在沟道，MOSFET 器件分为 n 沟道、p 沟道或增强型、耗尽型。图 1-23 所示为 n 沟道增强型 MOSFET 的剖面图和电路符号。增强的含义为氧化层下面的半导体衬底在零栅压时不是反型的。需要加正偏栅压才能产生电子反型层，从而把 n 型源区和 n 型漏区连接起来。载流子从源端流向漏端。对于这类 n 沟道器件，电子从源端流向漏端，因此，习惯意义上的电流从漏端流向源端。

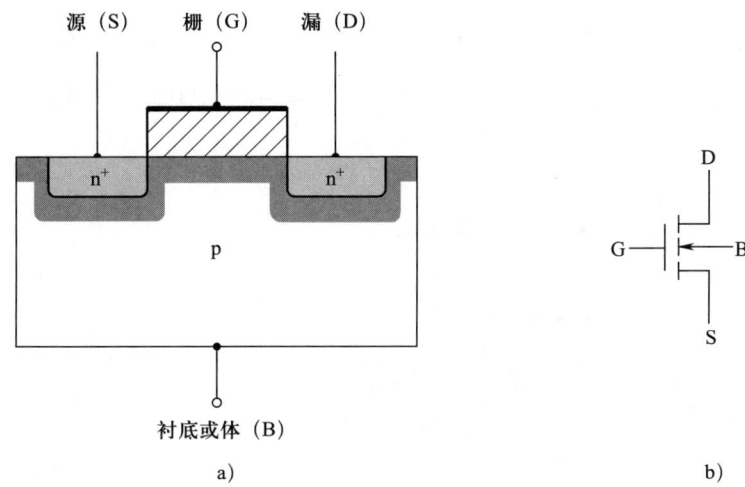

图 1-23　n 沟道增强型 MOSFET 的剖面图和电路符号
a）剖面图　b）电路符号

图 1-24 是 n 沟道耗尽型 MOSFET。栅压为零时氧化层下面已经存在 n 型沟道区。对于 p 型衬底 MOS 器件，它们的阈值电压可以为负，这意味着在零栅压时电子反型层已经存在了。这种器件也被认为是耗尽型器件。图中的 n 沟道可以是电子反型层或特意掺杂的 n 区。n 沟道耗尽型 MOSFET 的剖面图和电路符号如图 1-24 所示。

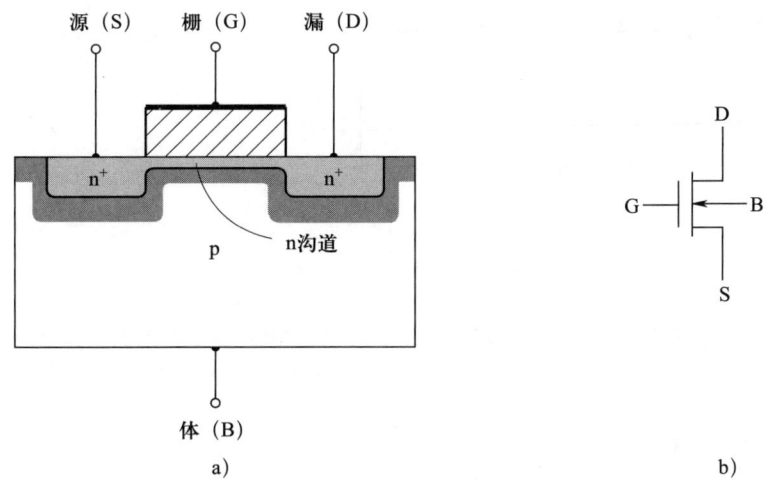

图 1-24　n 沟道耗尽型 MOSFET 的剖面图和电路符号
a）剖面图　b）电路符号

图 1-25 所示为 p 沟道增强型 MOSFET、p 沟道耗尽型 MOSFET 的剖面图和电路符号。在 p 沟道增强型器件中，必须加负栅压才能产生空穴反型层，从而连接 p 型的源区和漏区。空穴从源端流向漏端，因此习惯上的电流将从源端流向漏端。零栅压时耗尽型器件已经存在 p 沟道了。

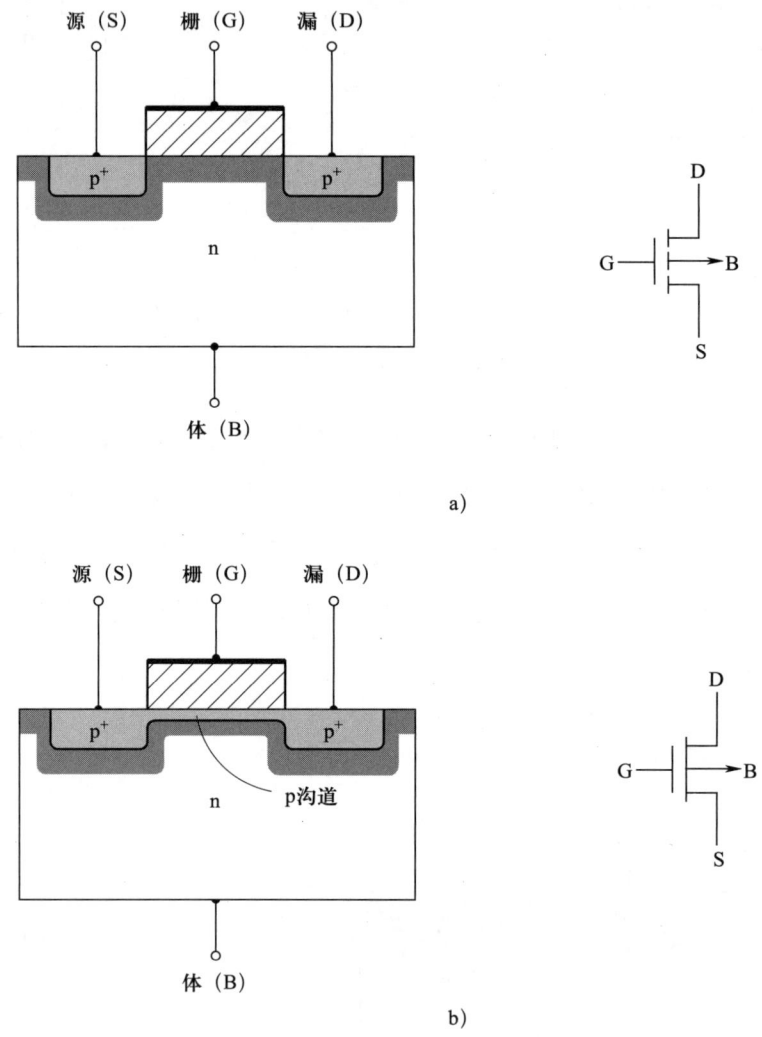

图 1-25 p 沟道增强型 MOSFET、p 沟道耗尽型 MOSFET 的剖面图和电路符号
a）p 沟道增强型 MOSFET 的剖面图和电路符号 b）p 沟道耗尽型 MOSFET 的剖面图和电路符号

（二）MOS 电容

从图中可见，MOSFET 的核心是金属 – 氧化物 – 半导体电容，如图 1-26 所示。

MOS 结构可等效为简单的平行板电容器，如图 1-27a 所示，两板之间有一层绝缘材料。如果上极板接负电压，则上极板上出现了负电荷，底板上则出现了正电荷，从而在两板之间产生电场。

图 1-27b 给出 p 型衬底的 MOS 电容结构图。半导体衬底被施加正电压，而金属栅被施加负电压。从平行板电容器的例子可以看出，上面的金

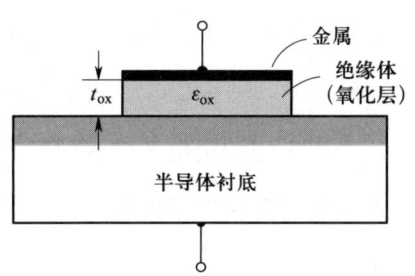

图 1-26 基本 MOS 电容结构

属板会积累负电荷，从而产生了一个向上的电场，如图 1-27b 所示。如果电场穿过氧化物层至半导体衬底，在电场作用下作为多子的空穴就会被吸引到氧化物 - 半导体的表面。图 1-27c 所示为加了一定电压后 MOS 电容中电荷平衡分布的情况。其中栅氧化层 - 半导体结处的空穴堆积层和 MOS 电容下极板上的正电荷相互对应。

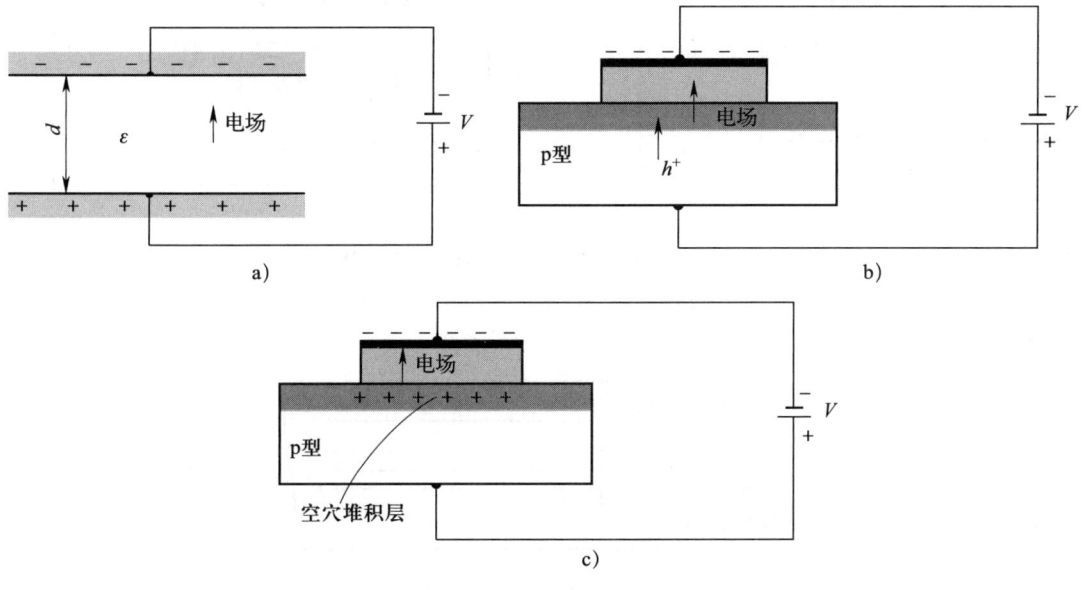

图 1-27 MOS 结构

a) 平行电容器的电场和导电电荷　b) 负栅压偏置的 MOS 电容器的电场和电流
c) 存在空穴堆积层的 MOS 电容器

图 1-28a 所示为施加与图 1-27 相反极间电压的情况。这时正电荷出现在上面的金属板上，随之产生的电场的方向则与前面讨论的相反。在这种情况下，如果电场穿过氧化物层至半导体衬底，在电场作用下作为多子的空穴就会被推离氧化物 - 半导体的界面。空穴被推离界面时，由于固定不动且被离化了的受主原子的存在，一个负的空

间电荷区就形成了。在随之出现的耗尽层中的负电荷与 MOS 电容下极板上的负电荷是相互对应的。图 1-28b 说明了在这种外接电压下 MOS 电容器中电荷的平衡分布情况。

金属板施加负电压的 p 型衬底 MOS 电容的能带图如图 1-29 所示。图 1-29a 所示为零偏压的理想情况下的能带图。半导体的能带是平的，这意味着半导体中没有净电荷存在。

图 1-29a 和图 1-29b 相比，后者氧化物-半导体界面处价带更靠近费米能级，这表明此界面处有空穴堆积。在半导体中费米能级是不变的，这是由于 MOS 系统处于热平衡状态，氧化物中没有电流通过。

图 1-29c 表示的是在栅极加正偏压的能带图。

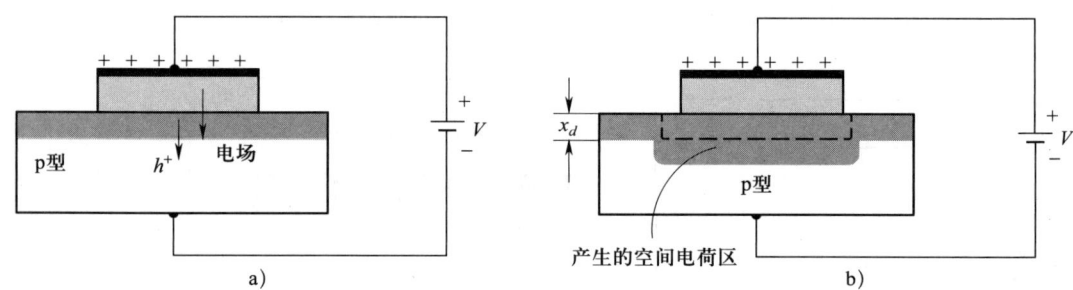

图 1-28 施加小的正偏压后的 MOS 电容器

a）电场和电流　b）随之产生的空间电荷区

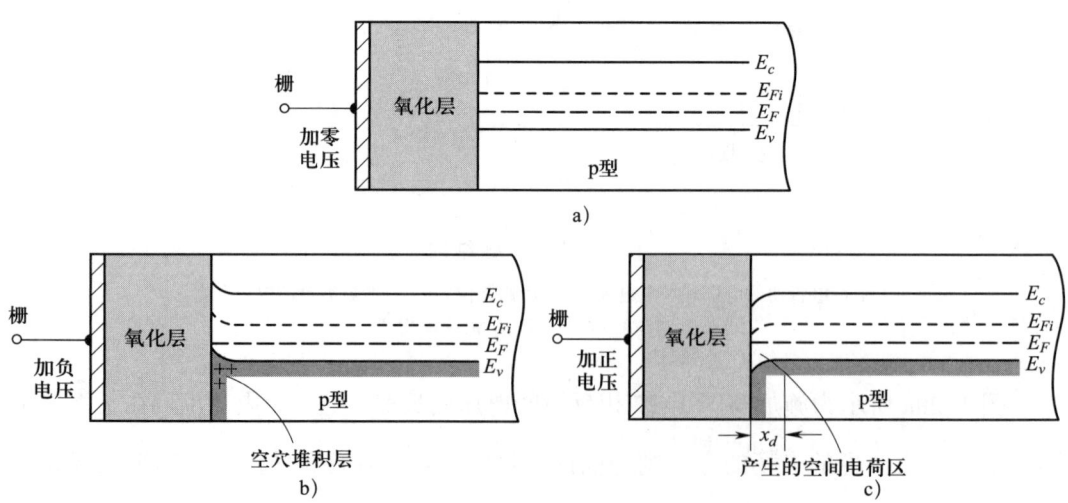

图 1-29　p 型衬底 MOS 电容器的能带图

a）零栅压的理想情况　b）加负栅压时的情况　c）加正栅压时的情况

（三）耗尽层厚度

通过计算，求出于氧化物 – 半导体界面处的空间电荷区的宽度，图 1-30 所示为 p 型衬底半导体的空间电荷区示意图。

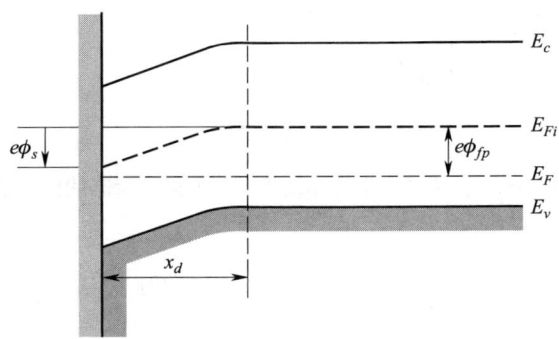

图 1-30　p 型衬底半导体的空间电荷区示意图

图中，ϕ_{fp} 为费米势，ϕ_s 为表面势。

表面势 ϕ_s 定义：半导体内部本征费米能级与表面本征费米能级的差值。表征能带弯曲程度，空间电荷区降落的电势。

利用单边突变结结论，可得到耗尽区厚度 x_d 的表达式为：

$$x_d = \left(\frac{2\varepsilon_s \phi_s}{eN_a} \right)^{\frac{1}{2}} \tag{1-30}$$

（四）阈值电压

由于能带弯曲，当 $\phi_s = 2\phi_{fp}$ 时，表面处的费米能级远在本征费米能级之上，而半导体内部则在之下。此时，表面处电子浓度等于体内空穴浓度，该条件称为阈值反型点，所加电压称为阈值电压。表面处少子浓度与表面势呈指数关系，与平衡少子成正比，如图 1-31 所示。

如果栅压大于这个阈值，导带会轻微地向费米能级弯曲，但是表面处导带的变化只是栅压的函数。然而，表面电子浓度是表面势的指数函数。表面势每增加数伏特（kT/e），将使电子浓度以 10 的幂次方增加，但空间电荷宽度的改变却是微弱的。在这种情况下，空间电荷区已经达到了最大值。

p 型衬底 n 沟道器件的阈值电压表达式如下：

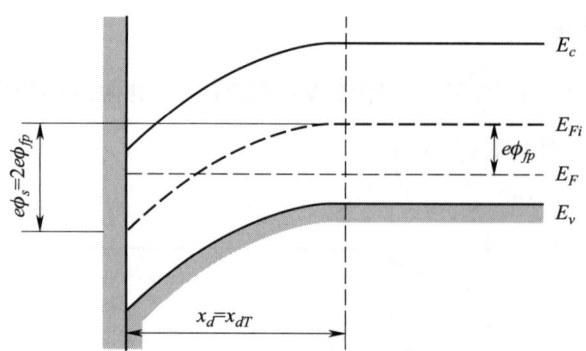

图 1-31 p 型衬底半导体处于阈值反型点状态的能带图

$$V_{TN} = \frac{1}{C_{ox}} (|Q_{SD}'| - Q_{SS}') + 2\phi_{fp} + \phi_{ms} \qquad (1-31)$$

其中，C_{ox} 为栅电容，Q_{SD}' 为空间电荷区电荷，Q_{SS}' 为氧化层中的单位面积净固定电荷，ϕ_{ms} 为金属–半导体功函数差。

对于 p 型衬底材料，阈电压为正值的器件为增强型；若氧化层中正电荷导致阈电压为负值，则该类器件为耗尽型。

对于 n 型衬底材料器件的阈值电压，可用以下公式表示：

$$V_{TP} = \frac{1}{C_{ox}} (-|Q_{SD}'| - Q_{SS}') - 2\phi_{fn} + \phi_{ms} \qquad (1-32)$$

影响阈值电压的因素如下：

（1）栅电容 C_{ox}；

（2）金属半导体接触电势；

（3）衬底杂质浓度；

（4）氧化层电荷密度。

二、MOSFET 工作原理

基于前面介绍的 MOSFET 阈值电压的概念，可知对 n 沟道增强型 MOSFET 而言，当 V_{GS} 电压大于 V_T 时，在 SiO_2 下面 Si 界面形成 n 型反型层，在漏、源端之间形成了一导电沟道，此时施加 V_{DS} 电压将产生 I_{DS} 电流，下面介绍在施加不同大小 V_{DS} 电压下，I_{DS} 电流的大小。

$V_{GS}>V_T$ 时，沟道形成电子反型层。漏、源两端施加正电压 V_{DS}，电子从源端流向漏端，如图 1-32 所示。

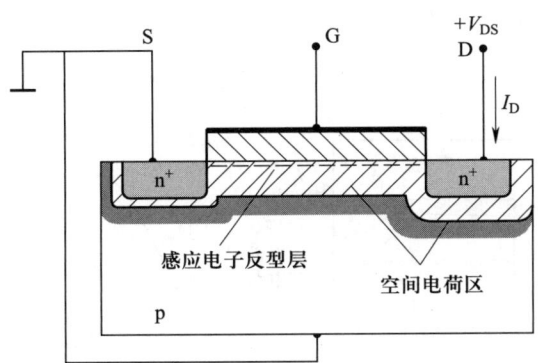

图 1-32　漏、源端施加正电压时，源 – 漏电流示意图

（1）V_{DS} 较小时，反型沟道区基本上是一个平行于表面的矩形。如图 1-33 所示，反型层电荷 Q_n 随栅压线性增加，MOSFET 处于线性区，I_D-V_{DS} 呈线性关系。

$$I_D = g_d \times V_{DS}, \quad g_d = \frac{W}{L} \times \mu_n \times |Q_n'| \qquad (1-33)$$

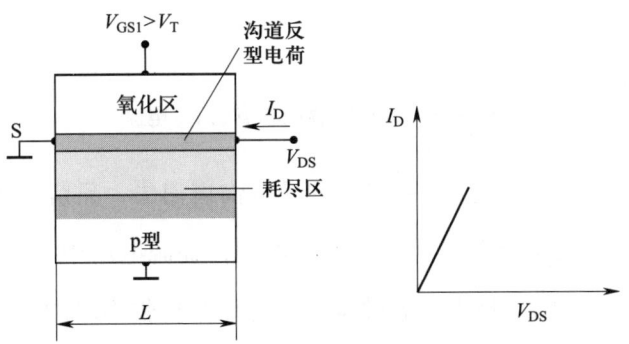

图 1-33　V_{DS} 较小时的 I_{DS} 电流

（2）随着 V_{DS} 增大，I_D-V_{DS} 逐渐呈现非线性关系，如图 1-34 所示，原因在于：当 V_{DS} 增大后，相对于源端的电压 V_{GS} 和 V_{DS} 在漏端的差值 V_{GD} 逐渐减小，导致漏端的沟道区变薄。

（3）当达到 $V_{DS}=V_{GS}-V_{TN}$ 时，在漏端 $V_{GD}=V_{GS}-V_{DS}=V_{TN}$，此时达到了临界状态，这一点被称为沟道夹断点，器件的沟道区变成了楔形，最薄的点位于漏端，而源端仍维持原先的沟道厚度。该工作点被称为临界饱和点，如图 1-35 所示，对应的电压为饱和电压。

在逐渐接近临界状态时，随着 V_{DS} 的增加，电流的变化偏离线性，NMOS 晶体管的电流-电压特性发生弯曲。在临界饱和点之前的工作区域称为非饱和区。显然，线性区是非饱和区中 V_{DS} 很小时的一段。

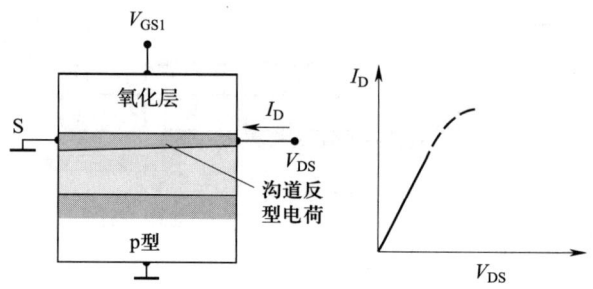

图 1-34　随着 V_{DS} 增大 I_{DS} 电流的变化

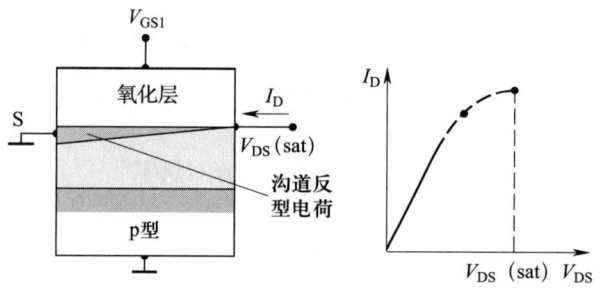

图 1-35　处于临界饱和点的 I_{DS} 电流

（4）增加 V_{DS}（$V_{DS}>V_{GS}-V_{TN}$），在漏端的导电沟道消失，只留下耗尽层，沟道夹断点向源端趋近。由于耗尽层电阻远大于沟道电阻，漏源电压中大于 $V_{GS}-V_{TN}$ 的部分降落在由耗尽层构成的夹断区域上，有效沟道区电压维持临界时的数值，再增加源漏电压 V_{DS}，电流几乎不增加，如图 1-36 所示，MOSFET 进入饱和区。

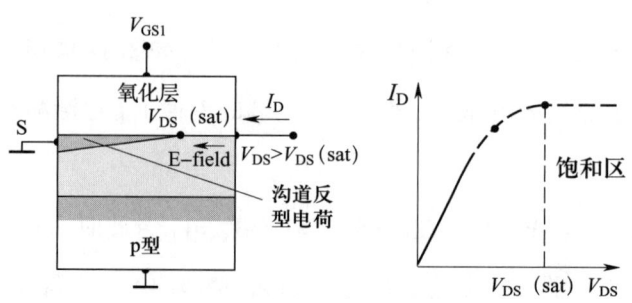

图 1-36　饱和区 I_{DS} 电流

图 1-37 给出了不同栅压下 n 沟道 MOSFET 源-漏电流与电压之间的曲线，该曲线称为 MOSFET 的输出特性曲线，可分为截止区、非线性区、饱和区。

萨支唐方程：

$$I_D = \frac{W\mu_n C_{ox}}{2L}[2(V_{GS}-V_T)V_{DS}-V_{DS}^2] \quad (1-34)$$

该方程适用于线性与非线性区，当 V_{DS} 很小时，$V_{DS} \ll V_{GS}-V_T$。

$$I_D = \frac{W\mu_n C_{ox}}{L}(V_{GS}-V_T)V_{DS} \quad (1-35)$$

饱和区电流电压方程：

$$I_{D(sat)} = \frac{W\mu_n C_{ox}}{2L}(V_{GS}-V_T)^2 \quad (1-36)$$

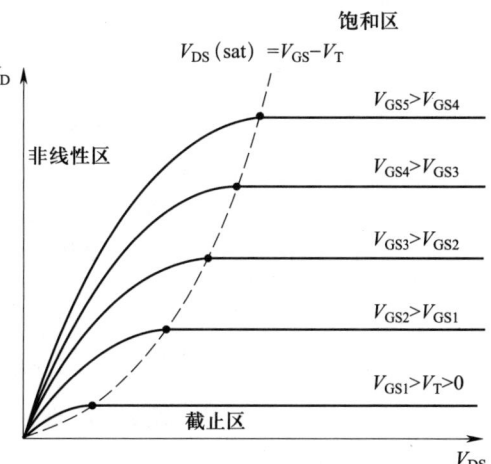

图 1-37 MOSFET 输出特性曲线

三、MOSFET 交直流特性

（一）MOSFET 电容-电压特性

器件的电容定义为：

$$C = \frac{dQ}{dV} \quad (1-37)$$

其中，dQ 为板上电荷的微分变量，它是穿过电容的电压的微分变量的函数。这时的电容是小信号或称交流参数，可通过在所加直流栅压上叠加一交流电压测出。因此，电容是直流栅压的函数。

图 1-38 所示为理想电容和栅压的函数关系图，即 p 型衬底 MOS 电容的电容-电压特性。图中的三条虚线分别对应三个分量：C_{ox}、C_{SD} 和 C'_{min}。实线为理想 MOS 电容器的净电容。

图中的黑点是值得注意的，它对应于平带时的情形。平带情形发生在堆积和耗尽模式之间，平带时的电容为：

$$C_{FB} = \frac{\varepsilon_{ox}}{t_{ox}+\left(\frac{\varepsilon_{ox}}{\varepsilon_s}\right)\sqrt{\left(\frac{KT}{e}\right)\left(\frac{\varepsilon_s}{eNa}\right)}} \quad (1-38)$$

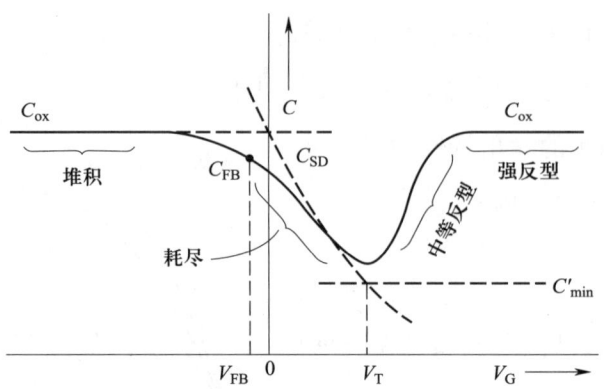

图 1-38　理想电容和栅压的函数关系图

可以看到平带电容是栅氧化层厚度和掺杂浓度的函数。这个点在电容-电压曲线中的通常位置示于图 1-38 中。

（二）MOSFET 跨导

跨导定义：相对于栅压的漏电流变化，表征栅压对电流的控制能力。

对于工作在非饱和区的 n 沟道 MOSFET，跨导随 V_{DS} 线性变化，而与 V_{GS} 无关。

$$g_M = \frac{\partial I_D}{\partial V_{GS}} = \frac{W\mu_n C_{ox}}{L} V_{DS} \tag{1-39}$$

器件工作于饱和区时，跨导在饱和区，跨导随 V_{GS} 线性变化，而与 V_{DS} 无关。

$$g_{MS} = \frac{\partial I_{D(sat)}}{\partial V_{GS}} = \frac{W\mu_n C_{ox}}{L}(V_{GS} - V_T) \tag{1-40}$$

跨导是器件结构、载流子迁移率和阈值电压的函数。随着器件沟道宽度的增加、沟道长度的减小或氧化层厚度的减小，跨导都会增大。在 MOSFET 电路设计中，晶体管的尺寸，尤其是沟道宽度 W，是一个重要的工程设计参数。

（三）小信号等效电路

基于器件的结构可以得到如图 1-39 所示的各参数。

其中，r_s 为源极串联电阻，r_d 为漏极串联电阻，C_{gs} 为栅源电容，C_{gd} 为栅漏电容，C_{ds} 为漏极和衬底之间电容，C_{gdp} 为栅漏寄生电容，C_{gsp} 为栅源寄生电容。

基于上述结构参数，可以得到 MOSFET 的完整小信号模型，如图 1-40 所示。

其中，C_{gsT} 为总栅源电容，C_{gdT} 为总栅漏电容；r_{ds} 表示漏源电阻，是 I_D-V_{DS} 曲线的

斜率，饱和区时理想 r_{ds} 为无穷大。

将图 1-40 进一步简化为含有密勒电容的小信号模型，如图 1-41 所示。

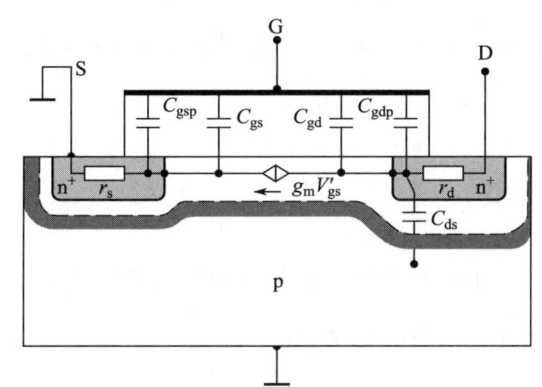

图 1-39　器件小信号等效模型

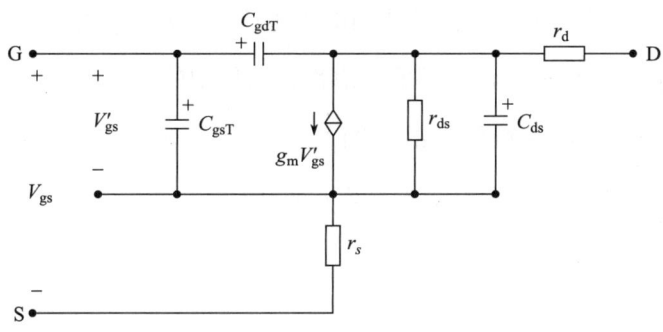

图 1-40　完整小信号模型

密勒电容：

$$C_M = C_{gdT}(1+g_m R_L) \quad (1-41)$$

当 MOSFET 工作于饱和区时 $C_{gd}=0$，但漏极交叠电容 C_{gdp} 为常数。密勒电容随着晶体管的增益 g_m 而增大，成为影响输入阻抗的重要因素。

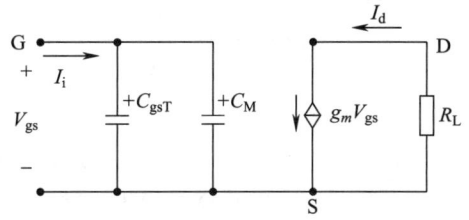

图 1-41　含密勒电容小信号模型

（四）截止频率

电流增益为 1 时所对应的频率定义为 MOSFET 的截止频率，其表达式如下：

$$f_T = \frac{g_m}{2\pi(C_{gsT}+C_M)} \quad (1-42)$$

提高截止频率的措施：缩短沟道长度，减小渡越时间；选择高迁移率的半导体材料，尽量使用 NMOS 器件；减少界面态、表面态；采用埋沟器件，避免表面散射的影响；减小寄生电容等。

四、按比例缩小理论

在过去的 20 年中，CMOS 技术的发展使得沟道长度越来越小。0.25 μm 到 0.13 μm 的沟道长度是当今的标准。一个必须考虑的问题是随着沟道长度的缩小，器件的其他参数将如何改变。

（一）恒定电场按比例缩小

恒定电场按比例缩小是指器件尺寸和电压等比例缩小，而电场（水平和垂直）保持不变。为了确保按比例缩小后器件的可靠性，器件中的电场不能增大。

图 1-42a 为初始 NMOS 器件的剖面图及其参数，图 1-42b 为按比例缩小后的器件，比例因子为 k。通常，对于给定的工艺 $k \approx 0.7$。

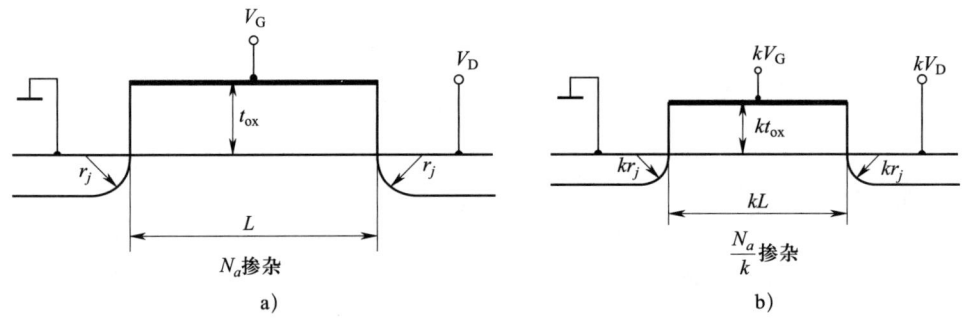

图 1-42　NMOS 晶体管的剖面图

a）初始 NMOS 晶体管的剖面图　b）按比例缩小后的 NMOS 晶体管的剖面图

如图 1-42 所示，沟道长度从 L 缩小到 kL。为了保持恒定的水平电场，漏电压必须从 V_D 增大到 kV_D。最大栅压从 V_G 增大到 kV_G，以使栅压和漏压相匹配。为了保持恒定的垂直电场，氧化层厚度必须从 t_{ox} 增大到 kt_{ox}。

对于单边 pn 结，漏端的最大耗尽层宽度为：

$$x_D = \frac{2\varepsilon(V_{bi}+V_D)}{eN_a} \quad (1\text{-}43)$$

由于沟道长度减小了，耗尽层宽度也要相应减小。如果衬底掺杂浓度增大为原来的 $\frac{1}{k}$，那么由于 V_D 增大 k 倍，耗尽层宽度将大约降低到原来的 $\frac{1}{k}$。

对于偏置在饱和区的晶体管，单位沟道宽度的漏电流可以写为：

$$\frac{I_D}{W} = \frac{\mu_n \varepsilon_{ox}}{2 t_{ox} L}(V_G - V_T)^2 \rightarrow \frac{\mu_n \varepsilon_{ox}}{2(kt_{ox})(kL)}(kV_G - V_T)^2 \approx 常数 \quad (1\text{-}44)$$

单位沟道宽度的漂移电流保持为常数，所以，如果沟道宽度降低到原来的 $\frac{1}{k}$，那么漏电流也降低到原来的 $\frac{1}{k}$。器件的面积 $A \approx WL$ 降低到原来的 $\frac{1}{k^2}$，功率 $P=IV$ 也降低到原来的 $\frac{1}{k^2}$。芯片的功率密度保持不变。

表 1-1 总结了器件的按比例缩小原理及其对电路参数的影响。要注意互连线的宽度和长度也假设为按照相同的比例因子缩小。

表 1-1　　　　　　恒定电场器件按比例缩小的总结

器件和电路参数		比例因子（$k<1$）
比例参数	器件尺寸（L, t_{ox}, W, x_j）	k
	掺杂浓度（N_a, N_d）	$1/k$
	电压	k
器件参数效应	电场	1
	载流子速度	1
	耗尽区宽度	k
	电容	k
	漂移电流	k
电路参数效应	器件密度	$1/k^2$
	功率密度	1
	器件功耗（$P=IV$）	k^2
	电路延迟时间（$\approx CV/I$）	k
	功率-延迟积（$P\tau$）	k^3

（二）阈值电压——第一级近似

在恒定电场按比例缩小中，器件的电压按照比例因子 k 减小。那么阈值电压看起来也应该按照同样的比例因子减小。对于均匀掺杂的衬底，阈值电压可以写为：

$$V_{\mathrm{T}} = V_{\mathrm{FB}} + 2\phi_{fp} + \frac{\sqrt{2\varepsilon e N_a (2\phi_{fp})}}{C_{\mathrm{ox}}} \quad (1-45)$$

式（1-45）中的前两项分别为器件材料参数的函数，不按比例缩小，只是很小程度地依赖于掺杂浓度。最后一项近似正比于 $\sqrt{k}$，所以阈值电压不直接按照比例因子 k 变化。

（三）全部按比例缩小理论

在恒定电场按比例缩小理论中，电压按照器件尺寸缩小的比例因子 k 减小。然而，在实际的技术演化中，电压并不按照相同的比例因子减小。例如，在以前应用过的电路中，改变标准化的功率供给级别是困难的。另外，其他没有按比例缩小的参数，如阈值电压和亚阈值电流，造成所加电压的减小，这些并不是我们所希望的。因此，随着 MOS 器件尺寸的缩小，电场应该增大。

电场增大将导致可靠性的降低和功率密度的增大。随着功率密度的增大，器件的温度会升高。而升高的温度可以影响器件的可靠性。由于氧化层厚度减小，电场增大，栅氧化层更接近于击穿状态，氧化层完整性将更难保持。此外，载流子通过氧化层的直接隧穿可能更容易发生。增大了的电场还可以增大热电子效应的概率。缩小了尺寸的器件将产生一些必须解决的、富有挑战性的问题。

（四）阈值电压修正

1. 短沟道效应

对理想 MOSFET，利用电荷中和的概念推导出阈值电压，电荷中和是指金属氧化物反型层和半导体空间电荷区中的电荷总和为零。假设栅面积与半导体有效面积相同，仅考虑等价表面电荷密度，忽略由于源、漏空间电荷进入有效沟道区而造成的任何影响阈值电压的因素。

图 1-43a 为长 n 沟道 MOSFET 处于平带时的剖面图，此时源、漏电压均为零。源端和漏端的空间电荷区进入沟道区，但是仅占据整个沟道区中很小的一部分。栅压能够控制反型时沟道区中的所有空间电荷，如图 1-43b 所示。

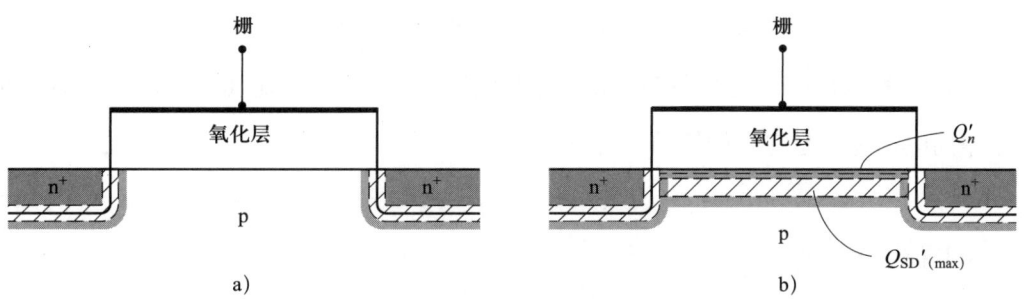

图 1–43 长 n 沟道 MOSFET 剖面图

a) 平带时的情形 b) 反型时的情形

随着沟道长度的减小，沟道区中由栅压控制的电荷将变少。这个影响可以从图 1–44 的平带情况中看出。随着漏电压的增大，漏端的反偏空间电荷区会更严重地延伸到沟道区，从而栅压控制的体电荷会变得更少。由栅极控制的沟道区中的电荷数量 $Q_{SD}'_{(max)}$ 会对阈值电压造成影响，如式（1–46）所示。

$$V_{TN} = \frac{t_{ox}}{\varepsilon_{ox}}(|Q_{SD}'_{(max)}| - Q_{SS}') + 2\phi_{fp} + \phi_{ms} \qquad (1-46)$$

通过考虑图 1–45 所示的参数，定量确定短沟道效应对阈值电压造成的影响。源结和漏结由扩散结深 r_j 表示。假设栅极下面的横向扩散距离等于垂直扩散距离。这个假设对扩散结是一个很合理的近似，但是对离子注入结则不是那么准确。首先考虑源、漏和体区都接地的情况。

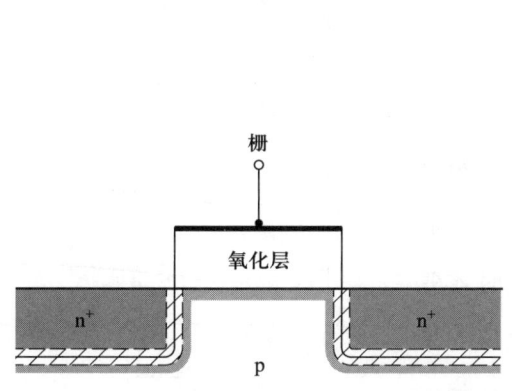

图 1–44 短 n 沟道 MOSFET 在平带时的剖面图

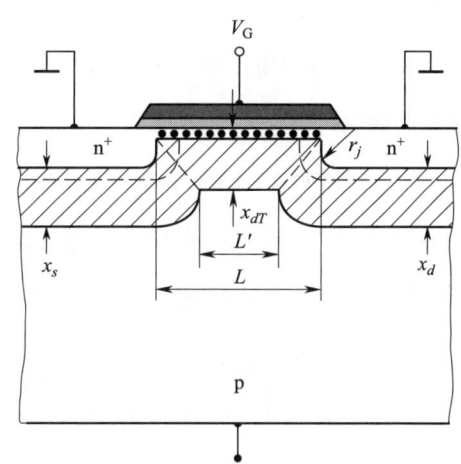

图 1–45 短沟道阈值电压模型中的电荷分享

分析时的一个基本假设为栅极下面梯形区域中的体电荷由栅极控制。在阈值反型点处落在空间电荷区上的势差为 $2\phi_{fp}$，源和漏结的内建势垒高度也约为 $2\phi_{fp}$，这表明三个空间电荷宽度是完全相等的。可以得到：

$$x_s \approx x_d \approx x_{dT} \equiv x_{dT} \qquad (1\text{-}47)$$

由几何图形可得到：

$$\frac{L+L'}{2L} = \left[1 - \frac{r_j}{L}\left(\sqrt{1+\frac{2x_{dT}}{r_j}} - 1\right)\right] \qquad (1\text{-}48)$$

那么：

$$|Q_B'| = eN_a x_{dT}\left[1 - \frac{r_j}{L}\left(\sqrt{1+\frac{2x_{dT}}{r_j}} - 1\right)\right] \qquad (1\text{-}49)$$

式（1-49）中用 $|Q_B'|$ 表示几何梯形区域内单位面积的平均体电荷，用 $|Q_{SD}'_{(max)}|$ 代替 $|Q_B'|$ 表示阈值电压。

由于 $|Q_{SD}'_{(max)}| = eN_a x_{dT}$，可以求出 ΔV_T：

$$\Delta V_T = -\frac{eN_a x_{dT}}{C_{ox}}\left[\frac{r_j}{L}\left(\sqrt{1+\frac{2x_{dT}}{r_j}} - 1\right)\right] \qquad (1\text{-}50)$$

式中：

$$\Delta V_T = V_{T(短沟道)} - V_{T(长沟道)} \qquad (1\text{-}51)$$

随着沟道长度的减小，阈值电压向负方向移动，从而使 n 沟道 MOSFET 向耗尽模式转变。

随着沟道长度的进一步减小，短沟道效应将变得越加显著。

n 沟道 MOSFET 的改变和沟道长度的关系如图 1-46 所示。随着衬底掺杂浓度的增加，初始阈值电压增大，短沟道阈值移动量也将变大。短沟道对阈值电压的影响直到沟道长度小于 2 μm 时才变得有意义。随着扩散结深 r_j 的变小，阈值电压的移动量也将变小，以致十分浅的结可以减小阈值电压对沟道长度的依赖。

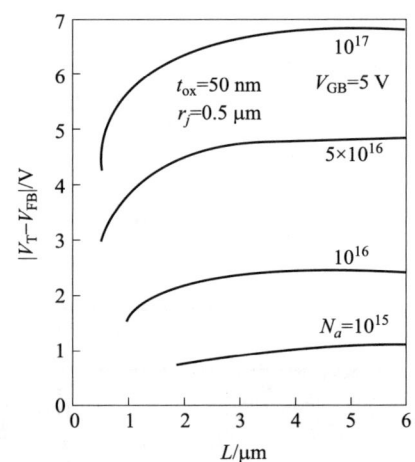

图 1-46　不同衬底掺杂时的阈值电压和沟道长度的函数关系图

式（1-50）是建立在源、沟道、漏的空间电荷宽度相等的假设上推导出来的。如果现在施加一漏电压，漏端的空间电荷宽度就会变宽，这将使 L' 变小，从而由栅压控制的体电荷数量会减少。这个影响使阈值电压是漏极电压的函数。随着漏极电压的增大，n 沟道 MOSFET 的阈值电压减小。阈值电压与沟道长度的函数关系图如图 1-47 所示，此图分别绘出了两个漏源电压和两个体源电压时的曲线。

2. 窄沟道效应

图 1-48 所示为处于反型的 n 沟道 MOSFET 沿沟道宽度方向上的剖面图。电流垂直于沟道宽度通过反型层电荷。从图中可以看到，在沟道宽度的两侧存在一个附加的空间电荷区。这些附加的电荷受栅压控制，但是并没有出现在理想阈值电压关系的推导中。因此，阈值电压的表达式必须进行修正，使之含有附加电荷。

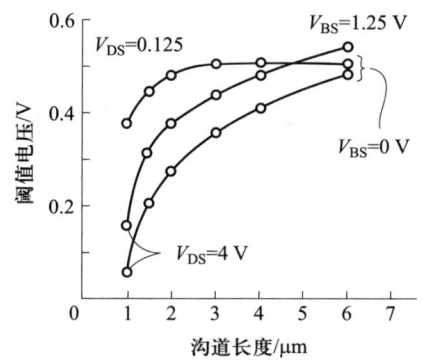

图 1-47 两个漏源电压和两个体源电压时的阈值电压与沟道长度的函数关系图

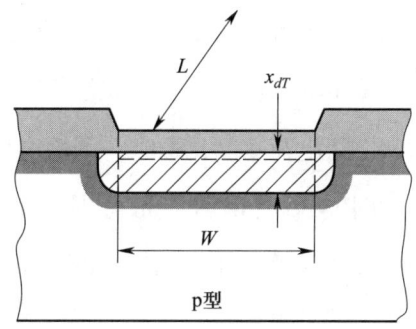

图 1-48 n 沟道 MOSFET 沿沟道宽度方向上耗尽区的剖面图

如果忽略短沟道效应，那么栅控体电荷可以写为：

$$Q_B = Q_{B0} + \Delta Q_B \tag{1-52}$$

式中，Q_B 为总体电荷，Q_{B0} 为理想体电荷，ΔQ_B 为沟道宽度两侧附加的体电荷。对于偏置在阈值反型点的均匀掺杂的 p 型半导体，可以写出：

$$|Q_{B0}| = eN_a W L x_{dT} \tag{1-53}$$

和

$$\Delta Q_B = eN_a L x_{dT} (\xi x_{dT}) \tag{1-54}$$

式中，ξ 为考虑横向空间电荷宽度后的调整参数。由于两侧变厚的场氧化层或离子注入导致的非均匀半导体掺杂浓度,横向空间电荷宽度可以和垂直宽度 x_{dT} 不同。如果两端是半圆形,那么 $\xi = \dfrac{\pi}{2}$。

可以写出:

$$|Q_B| = |Q_{B0}| + |\Delta Q_B| = eN_a WL x_{dT} + eN_a L x_{dT}(\xi x_{dT})$$

$$= eN_a WL x_{dT}\left(1 + \dfrac{\xi x_{dT}}{W}\right) \quad (1-55)$$

随着宽度 W 的减小以及因子 (ξx_{dT}) 变为宽度 W 相对重要的一部分,边缘空间电荷区的影响变得重要起来。

由于附加空间电荷的影响,阈值电压的改变为:

$$\Delta V_T = \dfrac{eN_a x_{dT}}{C_{ox}}\left(\dfrac{\xi x_{dT}}{W}\right) \quad (1-56)$$

由于窄沟道的影响,阈值电压的偏移对于 n 沟道 MOSFET 而言是向正方向的。随着宽度 W 逐渐变小,阈值电压的偏移量会越来越大。

图 1-49 为阈值电压和沟道宽度的函数关系图。从图中可以看出,当沟道宽度可以和空间电荷宽度比拟时,阈值电压偏移才变得显著。

图 1-50a 和图 1-50b 分别定性地描述了 n 沟道 MOSFET 中由于短沟道和窄沟道效应引起的阈值电压的偏移情况。窄沟道器件使阈值电压变大,而短沟道器件使阈值电

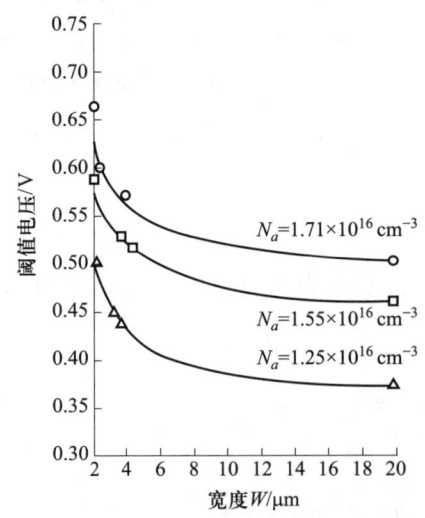

图 1-49 阈值电压和沟道宽度的函数关系图
(实线是理论值,点为实验值)

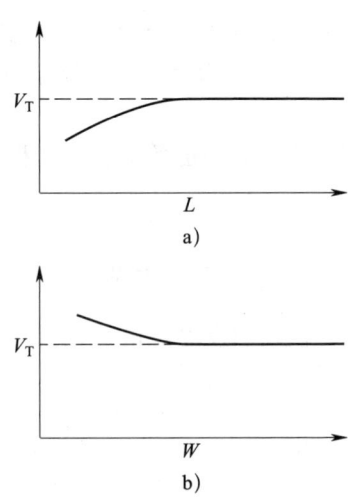

图 1-50 阈值电压改变的定性描述
a)沟道长度 b)沟道宽度

压变小。如果器件同时受短沟道和窄沟道效应的影响，那么这两种模型要合并成一个由栅极控制的空间电荷区的三维体近似。

五、MOSFET 非理想效应

（一）亚阈值电导

在 MOS 管理想电流 – 电压关系中，通常认为当栅源电压小于或等于阈值电压时漏极电流为零。而实际情况是，$V_{GS} \leq V_T$ 时，I_D 并不为零，这种现象称为亚阈值导电。MOS 管工作在亚阈值状态时，沟道中虽然存在反型载流子，但浓度较低，因而此时 I_D 很小，但不为零，此电流称为亚阈值电流。图 1-51 是已经推导出的理想特性与实验结果之间的对比示意图。

图 1-52 是衬底为 p 型的 MOS 结构偏置在 $\phi_s < 2\phi_{fp}$ 时的能带图。此时，表面费米能级更接近于导带而非禁带，因此半导体表面表现出轻掺杂 n 型材料的特性。由于该轻掺杂 n 型沟道的出现，原本相互分离的 n^+ 源区和漏区存在连接并可导通。其中，$\phi_{fp} < \phi_s < 2\phi_{fp}$ 时的情形称为弱反型。

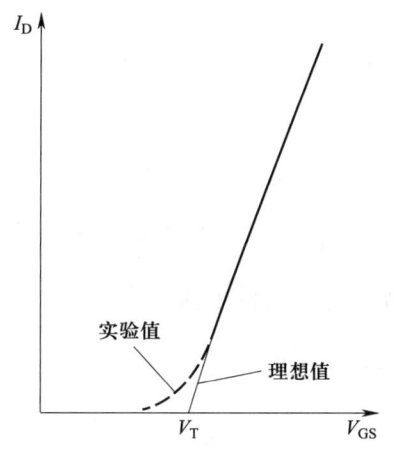

图 1-51 理想特性和实验 I_D-V_{GS} 函数关系的比较

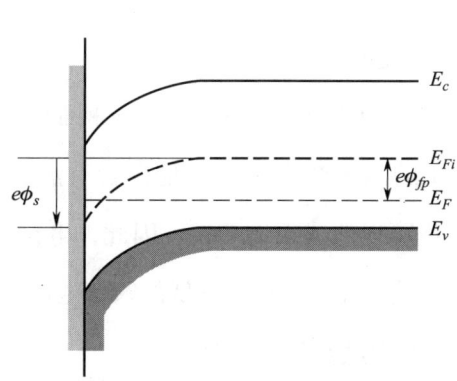

图 1-52 当 $\phi_{fp} < \phi_s < 2\phi_{fp}$ 时的能带图

图 1-53 分别为施加一个较小的源 – 漏电压时，p 型衬底的 MOS 处于累积、弱反型以及反型模式下沿沟道长度方向上表面势的示意图，假设 p 型衬底区为零电势点。图 1-53b 和图 1-53c 分别工作在累积和弱反型的情形。在 n^+ 源区和沟道区之间存在一

个势垒,为了能够产生沟道电流,电子必须克服这个势垒。通过与 pn 结中的势垒相比较,可以得出,沟道电流是源 - 漏电压的指数函数。在图 1-53d 所示的反型模式中,势垒非常小,以至于函数不再是指数函数,这是因为此时的 pn 结更像欧姆接触。

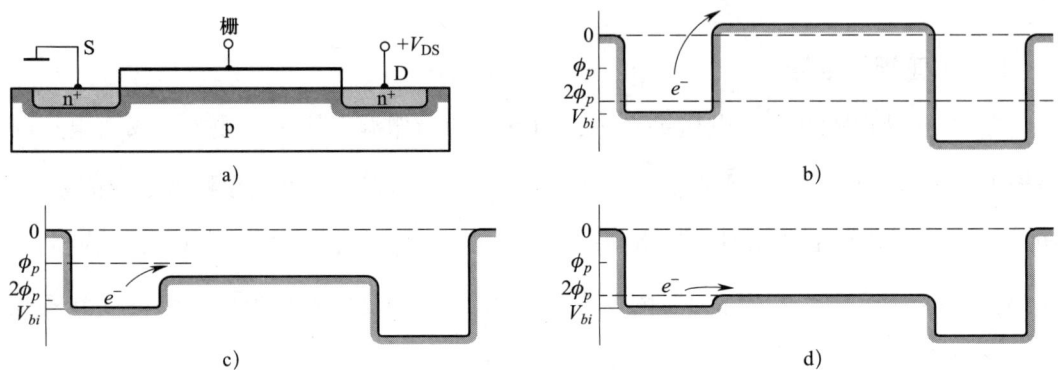

图 1-53　P 型衬底的 MOS 处于累积、弱反应以及反型模式下沿沟道长度方向上表面势示意图
a)n 沟道 MOSFET 沟道长度方向上的剖面图　b)累积模式　c)弱反型模式　d)反型模式

萨支唐方程不适用于亚阈值区,因为其只考虑漂移电流,未考虑扩散电流。在亚阈值区,扩散电流 >> 漂移电流。亚阈值区导电与双极晶体管中基区的电流传输有些相似。

亚阈值电流受 V_{GS} 和 V_{DS} 影响,当 V_{DS} 大于几个 kT/e 时,亚阈值电流与 V_{DS} 无关,与 V_{GS} 呈指数关系。

当 MOSFET 被偏置在等于或稍低于阈值电压,漏电流并不为零。虽然单个 MOSFET 的漏电流很小,但是在含有成百上千个 MOSFET 的大规模集成电路中,亚阈值电流可以造成很大功耗。因此,电路设计必须考虑亚阈值电流的影响,或者保证 MOSFET 被充分偏置在足够低的阈值电压以下,从而使器件处于关闭状态。

(二)沟道长度调制效应

MOSFET 理想电流 - 电压关系是假设沟道长度 L 为常数得到的,当 V_{DS} 大于饱和电压时,I_{DS} 不随 V_{DS} 变化,呈现饱和特性。而实际测试发现:漏极电流呈现不饱和特性,其随着 V_{DS} 的增大而增大,输出电阻为有限值。同时,随着沟道长度的减小,沟道不饱和特性愈加显著。此现象称为沟道长度调制效应。

产生沟道长度调制效应的原因如图 1-54 所示,当 MOSFET 偏置在饱和区时,漏端的耗尽区横向延伸进入沟道，从而减小了有效沟道长度，此时有效沟道长度为 $L'=L-\Delta L$，电流为 $I_D'(\text{sat})$。

$$I_D'(\text{sat}) = \frac{W\mu_n C_{ox}}{2L'}(V_{GS}-V_T)^2 \qquad (1-57)$$

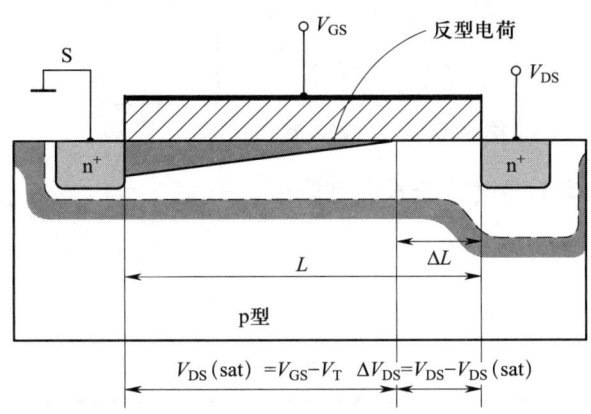

图 1-54　n 沟道 MOSFET 的沟道长度调制效应示意图

（三）迁移率变化

在理想电流-电压关系的推导中假设了迁移率是常数，然而，这个假设没有考虑实际情况下导致迁移率发生改变的两个因素。第一个因素是迁移率会受到栅压产生的 Si/SiO_2 界面垂直电场的影响而发生改变；第二个因素是随着载流子接近饱和速度，这个极限有效载流子迁移率将减小。图 1-55 所示为漏电流与漏源电压的函数关系在迁移率为常数时和在迁移率依赖于电场时的对比情况。

1. 电场对迁移率的影响

如图 1-56 中的 n 沟道器件所示，反型层电荷是由于垂直电场而产生的。垂直电场在反型层电子上产生一股力量将之推向半导体表

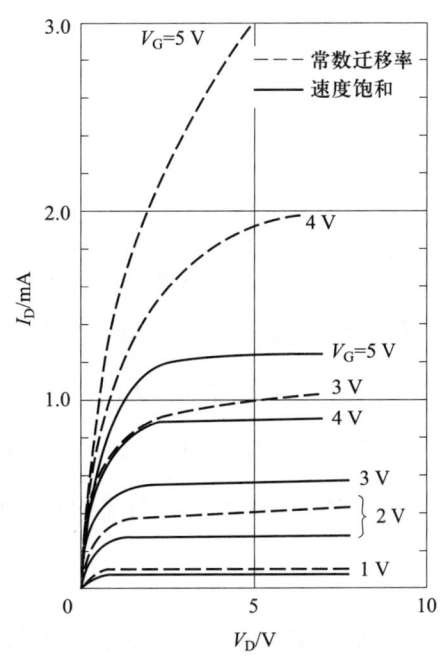

图 1-55　漏电流与源漏电压的函数关系在迁移率为常数时和在迁移率依赖于电场时的对比情况

面。随着电子穿过沟道移向漏端,它们将被表面吸引,但是随后将由于本地库仑力而被排斥。如图1-57所示,这个效应称为表面散射。表面散射效应降低了迁移率。如果在氧化层-半导体界面附近存在正的固定氧化层电荷,那么由于附加库仑力的相互作用,迁移率将进一步降低。

由于表面散射属于晶格散射,有效反型层电荷迁移率强烈依赖于温度。随着温度降低,迁移率将增大。

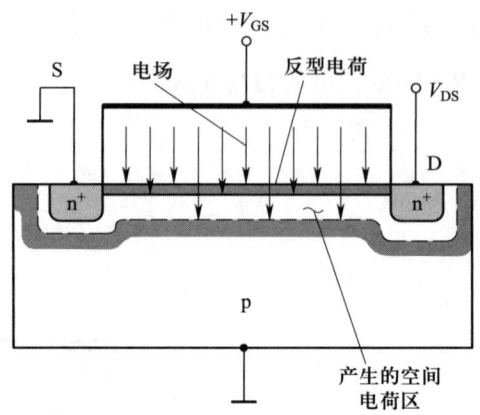

图1-56　n沟道MOSFET的垂直电场

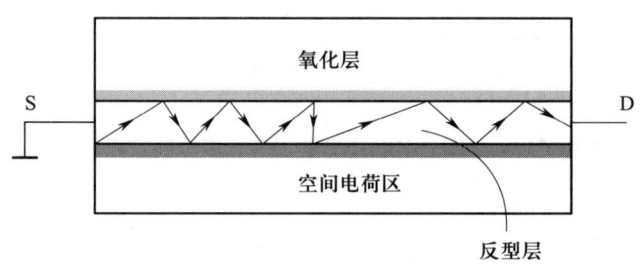

图1-57　载流子表面散射效应

2. 速度饱和

在长沟MOSFET的分析中,假设迁移率是常数,这意味着随着电场的增大,漂移速度将无限增加。在这种理想情况下,载流子速度会一直增加,直到达到理想的电流。然而在增大电场时载流子速度会出现饱和,速度饱和在短沟道器件中尤其重要,因为相应的水平电场通常是很大的。

在理想电流-电压关系中,当反型层电荷密度在漏端处变为零时发生电流饱和,对于n沟道MOSFET,在电流饱和情况下,可用以下公式表示:

$$V_{DS} = V_{DS}(\text{sat}) = V_{GS} - V_T \tag{1-58}$$

但是,速度饱和会改变这个饱和条件。当水平电场约为10^4 V/cm时会发生速度饱和。如果一个器件的V_{DS}=5 V,沟道长度L=1 μm,则平均电场为5×10^4 V/cm。所以,速度饱和现象在短沟道器件中是很容易发生的。

修正的 $I_D(\text{sat})$ 特性可由下式近似描述：

$$I_D(\text{sat}) = WC_{ox}(V_{GS}-V_T)v_{sat} \qquad (1-59)$$

式中，C_{ox} 为每平方厘米的栅氧化层电容，v_{sat} 为饱和速度。由于垂直电场和表面散射的影响，饱和速度会随着所加栅压而减小一些。速度饱和会导致 $I_D(\text{sat})$ 和 $V_{DS}(\text{sat})$ 的值比理想关系中的小一些。$I_D(\text{sat})$ 大约是 V_{GS} 的线性函数，而不是前面所述的理想平方律关系。

六、MOSFET 击穿

MOSFET 击穿包括栅击穿和源漏击穿。栅击穿为破坏性击穿，器件彻底损坏。漏源击穿为可恢复击穿。

1. 栅击穿

栅击穿准确地讲是栅氧化层击穿，也就是说如果氧化层中的电场变得足够大，击穿就会发生。栅击穿的特点如下：

（1）栅源击穿电压 BV_{GS} 的大小与 SiO_2 的厚度、质量以及 MOSFET 的工作温度有关。

（2）在纯净的 SiO_2 中，击穿时的电场为 $(5\sim 6)\times 10^6$ V/cm。当氧化层厚度为 50 nm 时，大约 30 V 的栅压可以造成击穿。

（3）因为在氧化层中可能存在缺陷，从而降低击穿场强，所以安全的边界值是必要的。如果设定安全边界值为 3，$t_{ox}=50$ nm 时的安全栅压为 10 V。

栅击穿是不可逆的，一旦发生栅击穿，栅极与衬底短路，器件将永久失效。由于栅氧化层具有很高的绝缘电阻，极易感应产生静电荷，而栅氧化层很薄，一旦栅上感应有静电荷，就会在栅氧化层中产生较强的栅电场。因此，设计和制造 MOSFET 时，应特别注意防止栅击穿。

2. 源漏雪崩击穿

源漏雪崩击穿也称沟道击穿，当 V_{DS} 增加时，夹断区电场增强，容易发生碰撞电离，使沟道电流倍增，发生击穿。引发沟道雪崩倍增击穿的电流是源极电流 I_S。

通常状态下主要考虑沟道雪崩倍增击穿。特点是 V_{GS} 增加，源极电流 I_S 增大，击穿电压 BV_{DS} 下降。

沟道雪崩倍增击穿容易出现在短沟 NMOS 中，如图 1-58 所示，原因是：短沟器件，漏－源电压才能在沟道中建立较强的电场，用以引发雪崩倍增；NMOS：电子的电离率 >> 空穴的电离率。

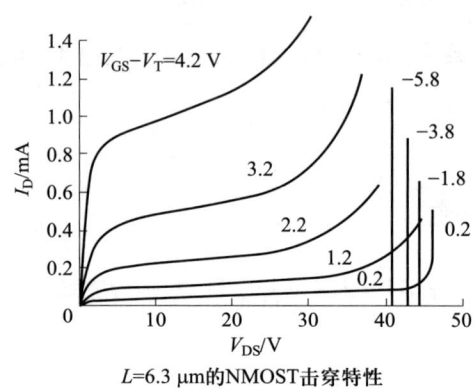

$L=6.3~\mu m$ 的 NMOST 击穿特性

图 1-58　NMOS 器件的击穿特性曲线

第三节　双极晶体管原理

考核知识点及能力要求：

- 理解双极晶体管结构与原理；
- 理解双极晶体管的直流特性；
- 理解双极晶体管的几种非理想效应。

一、双极晶体管结构与原理

双极晶体管是最早发明的具有放大作用的半导体器件之一，双极晶体管因其高电流增益而广泛用于模拟电子电路中。可以制造两种互补 BJT，即 npn 器件和 pnp 器件。

双极晶体管由 3 个掺杂不同的扩散区和两个 pn 结构成，npn 型双极晶体管和 pnp 型双极晶体管的基本结构及电路符号如图 1-59 所示。三端分别称为发射极、基极和集电极，三个区分别称为发射区、基区和集电区，其中基区宽度远小于少子扩散长度。++ 号和 + 号表明了通常情况下双极晶体管三个区掺杂浓度的相对大小，++ 号表示非常重的掺杂，而 + 号表示了中等程度的掺杂。发射区掺杂浓度最高，集电区掺杂浓度最低。

图 1-59 所示的结构图说明了晶体管的基本结构，是已做简化的草图。

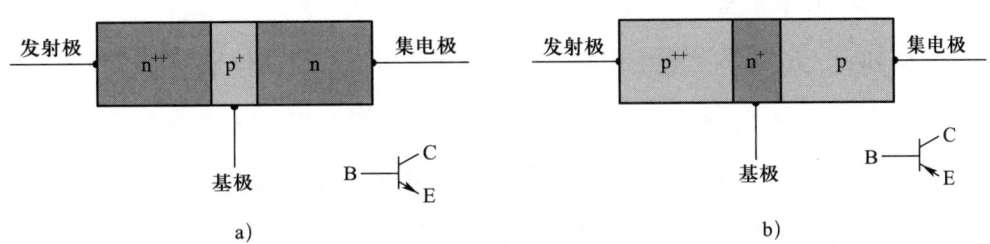

图 1-59　两种双极晶体管的基本结构图及电路符号

a）npn 型　b）pnp 型

图 1-60a 显示了一个在集成电路工艺中制造的 npn 型双极晶体管截面图，图 1-60b 显示了一个用更为先进的技术制造的 npn 型双极晶体管截面图。

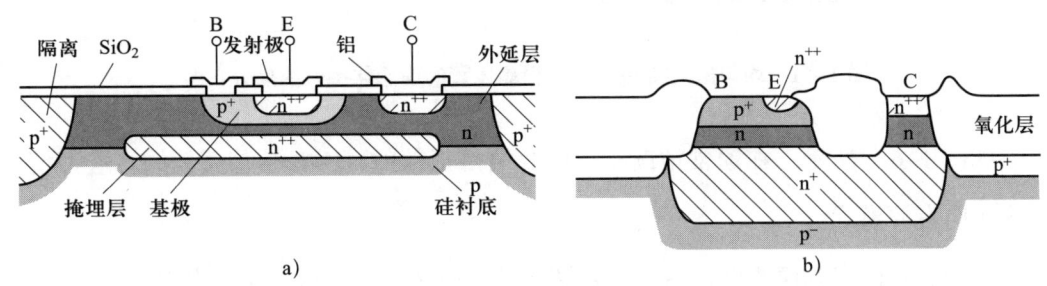

图 1-60　两种双极晶体管截面图

a）集成电路中的常规 npn 型双极晶体管截面图　b）氧化物隔离的 npn 型双极晶体管截面图

双极晶体管的实际结构并不像图 1-59 中的结构图那么简单。造成实际结构复杂的原因之一是，各端口的引线要做在表面上；为了降低半导体的电阻，必须有重掺杂

的 n^+ 型掩埋层。另一个原因是，由于在一片半导体材料上要制造很多双极晶体管，晶体管彼此之间必须隔离开来，因为（以集电极为例）并不是所有的集电极都在同一个电位上。可通过添加 p^+ 区形成反偏的 pn 结来实现器件的隔离，或使用大的氧化物区也可以实现隔离，如图 1-60b 所示。图 1-60a 为集成电路中的常规 npn 型双极晶体管，图 1-60b 为氧化物隔离的 npn 型双极晶体管截面图。

在图 1-60 中需要注意的一点是，双极晶体管不是对称的器件。虽然晶体管可以有两个 n 型掺杂区或两个 p 型掺杂区，但发射区和集电区的掺杂浓度是不一样的，而且这些区域的几何形状可能有很大不同。图 1-59 中的方框图是高度简化的。

（一）基本工作原理

npn 型和 pnp 型晶体管是互补的器件，书中常以 npn 型晶体管来推导双极晶体管的理论，其基本原理和方程式也适用于 pnp 型器件。图 1-61 表示的是在所有的区都均匀掺杂的情况下，一个 npn 型双极晶体管的理想化掺杂浓度分布图。发射区、基区和集电区的典型掺杂浓度分别是 $10^{19}\ cm^{-3}$、$10^{17}\ cm^{-3}$ 和 $10^{15}\ cm^{-3}$。

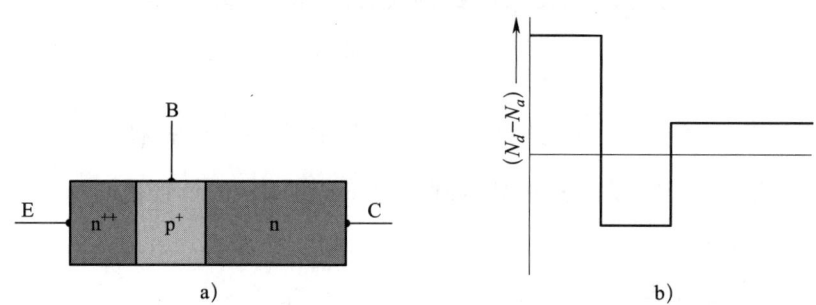

图 1-61　均匀掺杂的 npn 型双极晶体管的理想化掺杂浓度分布图

如图 1-62a 所示，在通常情况下，B-E 结是正偏的，B-C 结是反偏的，这种情况称为正向有源模式。

工作于正向有源模式下，由于发射结正偏，电子就从发射区越过发射结注入基区。进入基区的电子向集电结扩散，由于 B-C 结反偏，所以到达 B-C 结边界的少子电子都在电场作用下扫向集电区，理想情况下 B-C 结边界的少子浓度为零，因此形成了基区中的电子浓度分布，如图 1-62b 所示。由于希望尽可能多的电子能到达集电区而不和基区中的多子空穴复合，所以同少子扩散长度相比，基区宽度必须很小。若基区宽

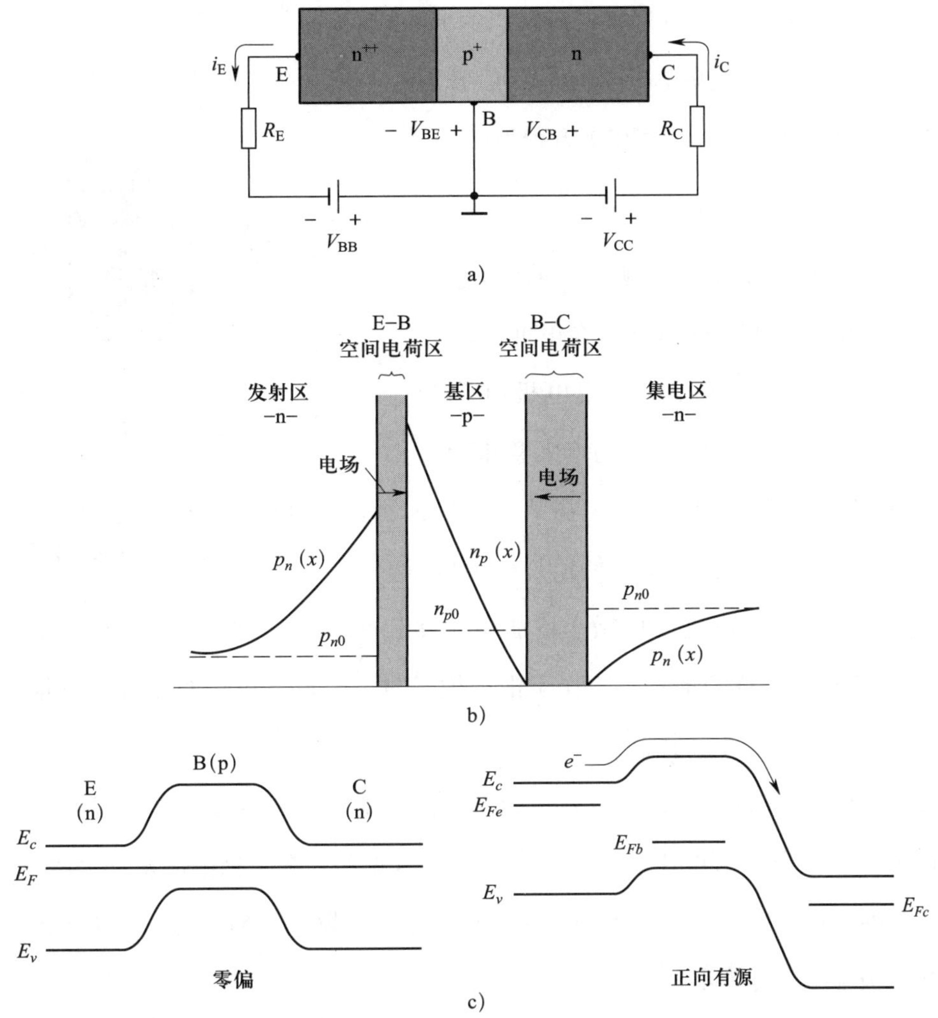

图 1-62 npn 型双极晶体管工作在正向有源区时的偏置，少子分布及能带图

a) npn 型双极晶体管工作在正向有源区时的偏置情况　b) 工作于正向有源区时，npn 型双极晶体管中少子分布　c) 在零偏和在正向有源区时，npn 型双极晶体管的能带图

度很小，那么少子电子的浓度是 B-E 结电压和 B-C 结电压的函数。这两个结距离很近，称为互作用 pn 结。

（二）工作模式

图 1-63 显示了一个简单电路中的 npn 型晶体管。这种组态下，晶体管可以偏置在三种工作模式下。如果 B-E 电压为零或反偏（$V_{BE} \leq 0$），那么发射区中的多子电子就不会注入基区。如果 B-C 结也是反偏的，发射极电流和集电极电流是零，这种情况称为截止状态——所有的电流均为零。

B–E 结变为正偏后，发射极电流就产生了。电子注入基区从而产生集电极电流。沿 C–E 环路，可写出基尔霍夫电压（KVL）方程为：

$$V_{CC} = I_C R_C + V_{CB} + V_{BE} = V_R + V_{CE}$$

如果 V_{CC} 足够大，而 V_R 足够小，那么 $V_{CB}>0$，意味着结反偏。这种状态就是工作在正向有源区。

随着 B–E 结电压的增大，集电极电流会增大，从而 V_{CE} 也会增大。V_{CE} 的增大意味着反偏的电压降低，于是 $|V_{CB}|$ 减小。在某一点处，集电极电流会增大到足够大，在 B–C 结零偏。

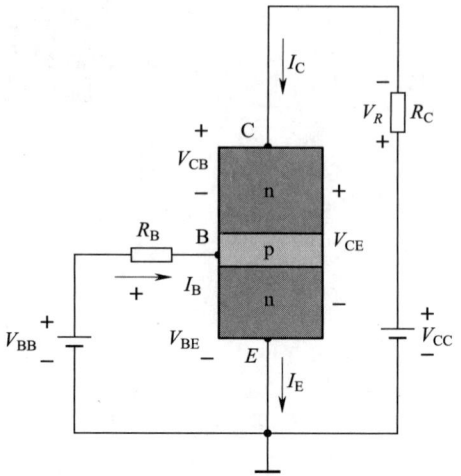

图 1–63　共发射极电路中的 **npn** 型双极晶体管

过了这一点，集电极电流 I_C 的微小增加会导致 V_R 的微小增加，从而使得结变为正偏（$V_{CB}<0$）。这种情况称为饱和。工作于饱和模式时，B–E 结和 B–C 结都是正偏，集电极电流不再受 B–E 结电压控制。

图 1–64 显示了晶体管以共发射极组态连接、基极电流为定值时 I_C 与 V_{CE} 的关系。在一阶理论中，当 C–E 电压足够大而使 B–C 结反偏时，集电极电流是一个定值。C–E 电压较小时，B–C 结电压变为正偏。随着 C–E 电压的降低，对于每一个恒定的基极电流，集电极电流降低为零。

图 1–65 所示为双极晶体管四种工作模式的结电压条件。

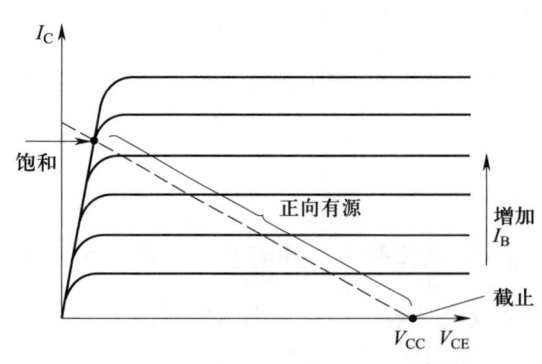

图 1–64　双极晶体管共发射极的电流 – 电压特性（在图中添加了负载线）

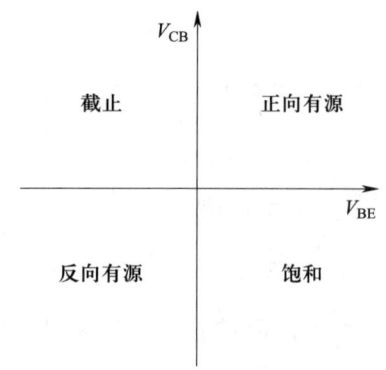

图 1–65　双极晶体管四种工作模式的结电压条件

双极晶体管也可以工作在截止、饱和或反向有源模式。图 1-66a 示例了 npn 晶体管工作在截止区时的少子分布。在截止区，B-E 结和 B-C 结均为反偏；于是，在每个空间电荷区的边界，少子浓度为零。该图中假定发射区和集电区比较长，基区相对于少子扩散长度则较窄，所以所有的少子都被扫出了基区。

图 1-66b 示例了 npn 双极晶体管工作在饱和区时的少子分布。B-E 结和 B-C 结均为正偏，因此在每个空间电荷区的边界存在过剩少子。然而，既然晶体管在饱和区时仍然有集电极电流存在，那么基区中少子仍然存在浓度梯度。

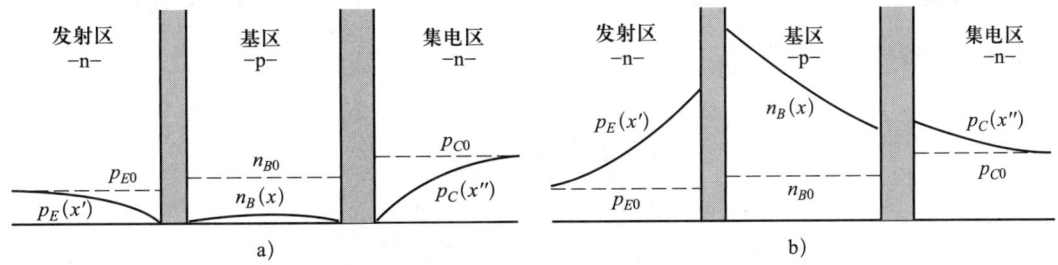

图 1-66　npn 晶体管工作在截止区和饱和区的少子分布

a）截止区　b）饱和区

最后，图 1-67a 示例了 npn 晶体管工作在反向有源区时的少子分布。这时，B-C 结正偏，B-E 结反偏。电子从集电区注入基区，与正向有源区相比，基区中少子电子的浓度梯度方向刚好相反，所以发射极电流和集电极电流改变了方向。图 1-67b 显示了电子从集电区到基区的注入。一般来说，B-C 结面积比 B-E 结面积大得多，因此不是所有的电子都能被发射极收集。基区与集电区的相对掺杂浓度和基区与发射区的相

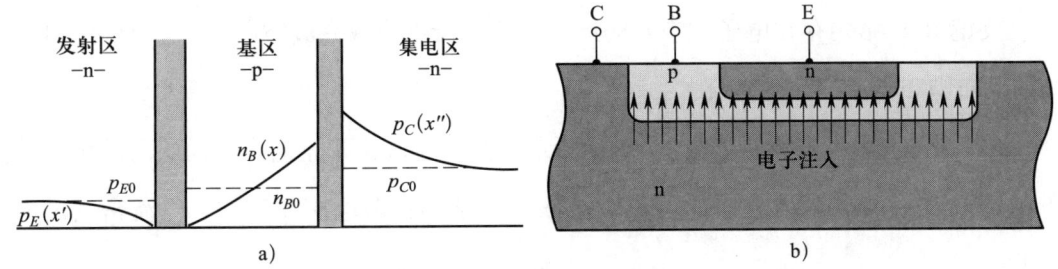

图 1-67　npn 晶体管反向有源区的少子分布和横截面图

a）工作在反向有源区时，npn 双极晶体管的少子分布　b）工作在反向有源区时，npn 双极晶体管的横截面图，该图说明了电子的注入和收集

对掺杂浓度不同；于是通常说晶体管是非几何对称的。因此，可以想象，晶体管在正向有源模式下和在反向有源模式下的特性会有很大不同。

二、双极晶体管的直流特性

（一）低频共基极电流增益

双极晶体管的基本工作原理是用 B-E 结电压控制集电极电流，集电极电流是从发射区越过 B-E 结注入基区，最后到达集电区的多子数量的函数。

共基极电流增益定义为集电极电流与发射极电流之比。图 1-68 显示了 npn 双极晶体管中的各种粒子流成分。

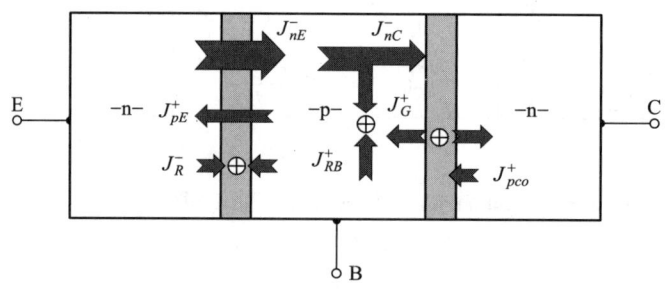

图 1-68 npn 型晶体管中的各种粒子流成分

J^-_{nE} 是从发射区注入基区中的电子流。随着电子扩散过基区，一部分将与多子空穴复合。因复合而失去的多子空穴需由基极补给。这部分补充的空穴流记为 J^+_{RB}。到达集电区的电子流是 J^-_{nC}。从基区注入发射区的多子空穴导致产生一股空穴流，记为 J^+_{pE}。注入正偏的 B-E 结的电子和空穴的一部分会在空间电荷区复合。复合导致电子流 J^-_R。反偏 B-C 结中存在电子和空穴的产生，这种产生导致一股空穴流 J^+_G。最后，B-C 结的反向饱和电流记为空穴流 J^+_{pco}。

npn 晶体管中的电流密度如图 1-69 所示，图中也画出了正向有源模式时的少子分布。与 pn 结一样，晶体管中的电流也是依据少子的扩散电流而定的。电流密度定义如下：

J_{nE}：基区中 $x=0$ 处的少子电子扩散电流。

J_{nC}：基区中 $x=x_B$ 处的少子电子扩散电流。

J_{RB}：由基区中的过剩少子电子同多子空穴的复合造成的 J_{nE} 和 J_{nC} 之差。电流 J_{RB} 是流入基区中以补充因复合而消失的空穴的空穴流。

J_{pE}：发射区中 $x'=0$ 处的少子空穴扩散电流。

J_R：正偏 B-E 结中载流子复合产生的电流。

J_{pc0}：集电区中 $x''=0$ 处的少子空穴扩散产生的电流。

J_G：反偏 B-C 结中由于载流子的产生所形成的电流。

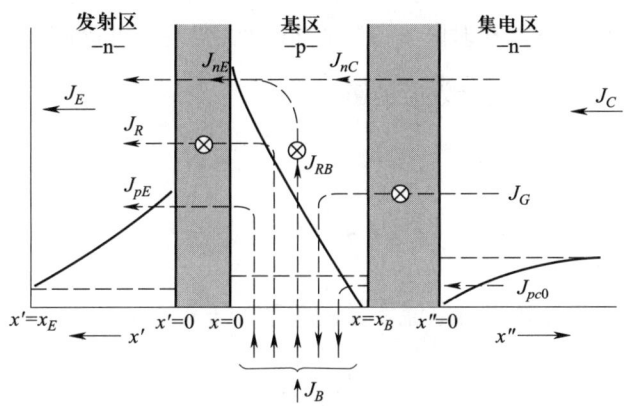

图 1-69　npn 晶体管中的电流密度

电流 J_{RB}、J_{pE} 和 J_R 仅仅是 B-E 结的电流，对集电极电流没有贡献。电流 J_{pco} 和 J_G 仅仅是 B-C 结电流，这些电流对晶体管的工作或者电流增益都没有贡献。

共基极电流增益表示为：

$$\alpha \equiv \frac{i_C}{i_E} < 1 \quad (1-60)$$

在实际应用中更关注交流共基极电流增益，经过变换，其表示为：

$$\alpha = \frac{J_{nC}}{J_{nE}} \frac{J_{nE}}{J_{nE}+J_{pE}} \frac{J_{nE}+J_{pE}}{J_{nE}+J_{pE}+J_R} \quad (1-61)$$

为进一步明确各部分电流的影响，引入发射极注入效率 γ、基区输运系数 α_T 和复合系数 δ。

发射极注入效率 γ：表征发射结少子空穴扩散电流对增益的影响。

$$\gamma = \frac{J_{nE}}{J_{nE}+J_{pE}} \quad (1-62)$$

基区输运系数 α_T：表征基区过剩少子复合的影响。

$$\alpha_T = \frac{J_{nC}}{J_{nE}} \tag{1-63}$$

复合系数 δ：表征正偏 B-E 结中复合作用的影响。

$$\delta = \frac{J_{nE}+J_{pE}}{J_{nE}+J_{pE}+J_R} \tag{1-64}$$

经过对上述 3 个参数求解可知，通过减小基区宽度，可有效提高发射极注入效率和基区输运系数；通过提高发射区与基区的掺杂浓度差，可提高发射极注入效率；通过提高发射结偏压，可忽略复合效应的影响。

共发射极电流增益如下：

$$\beta \equiv \frac{i_C}{i_B} \gg 1 \tag{1-65}$$

共发射极电流增益与共基极电流增益的关系如下：

$$\beta = \frac{\alpha}{\alpha - 1} \tag{1-66}$$

（二）交流小信号模型——混合 π 模型

双极晶体管常用于放大时变信号或者正弦信号的电路中。在这些线性放大电路中，晶体管处于正向有源区，小的正弦电压和电流被加在直流的电压和电流上。

图 1-70 表示了完整的混合 π 等效电路模型。由于大量因素的影响，完整的模型通常需要计算机仿真。但是，为了获得双极晶体管的频率响应，通常要进行简化，如

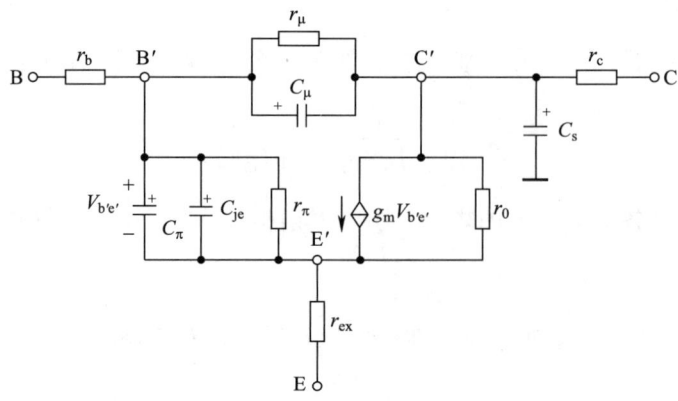

图 1-70 混合 π 模型等效电路

图 1-71 所示。电容会导致晶体管有一定的频率响应特性，即晶体管的增益会是输入信号频率的函数。

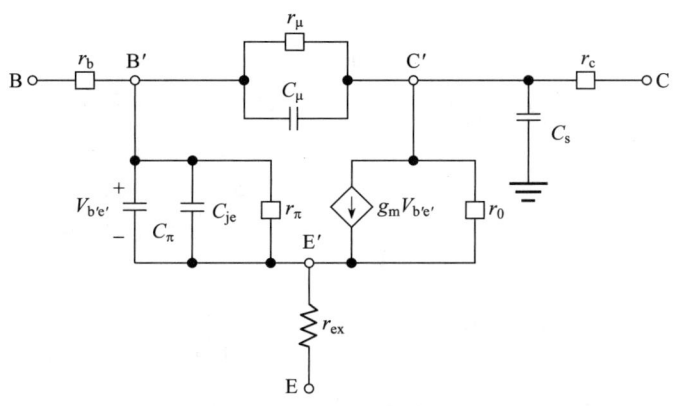

图 1-71　简化的混合 π 模型等效电路

r_b 为基区电阻；C_π 为发射结扩散电容；r_π 为发射结扩散电阻（结电流的函数）；C_{je} 为结电容；r_{ex} 为发射极到发射区的串联电阻，通常很小，为 1~2 Ω。r_c 为外集电极和内集电极的串联电阻；C_s 为反偏集电区 - 衬底结电容；$g_m V_{b'e'}$ 为集电极电流，受控于基区 - 发射区电压；r_0 为输出电导的倒数，由 Early 效应引起。反偏电容 C_u 比 C_π 小，但会引起反馈效应，不可忽略；反偏结扩散电阻 r_u 通常很大，在兆欧级，可以忽略。

（三）频率上限

双极晶体管是一种时间渡越器件，当 B-E 结电压增加时，比如附加的载流子由发射区注入基区，穿过基区，再由集电区收集。随着频率增加，渡越时间和输入信号时间相当。这时，输出响应不再和输入同步，同时集电极增益幅度会下降。

发射极到集电极的时间由四部分组成，写为：

$$\tau_{ec} = \tau_e + \tau_b + \tau_d + \tau_c \tag{1-67}$$

其中

τ_{ec}：发射区到集电区的延迟时间；

τ_e：E-B 结电容充电时间；

τ_b：基区渡越时间；

τ_d：集电结耗尽区渡越时间；

τ_c：集电结电容充电时间。

共发射极电流增益 – 频率如图 1-72 所示。α_0 是低频共基极电流增益，f_α 定义为 α 截止频率，表示低频值 α_0 下降 –3 dB 所对应的频率。频率 f_α 与少子从发射区到集电区的渡越时间 τ_{ec} 有关。

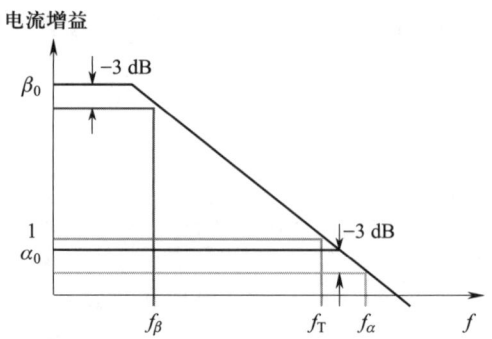

图 1-72　共发射极电流增益 – 频率图

$$f_\alpha = \frac{1}{2\pi\tau_{ec}} \qquad (1-68)$$

截止频率 f_β：定义为 β 由低频值 β_0 下降 –3 dB 所对应的频率。

特征频率 f_T：$\beta=1$ 所对应的工作频率（电流放大最高工作频率）。

截止频率与特征频率的关系为：

$$f_\beta \approx \frac{f_T}{\beta_0} \qquad (1-69)$$

（四）大信号开关

将晶体管从一个状态转换到另一个状态时会强烈依赖于其频率特性。但是开关状态被认为是大信号改变，而频率效应只影响小信号幅度的改变。

考虑如图 1-73a 所示电路中的 npn 晶体管，它由截止态转换为饱和态，然后转换为截止态。

首先考虑从截止态转换为饱和态的情况。假定截止电压 $V_{BE} \approx V_{BB} < 0$，于是在 $t=0$ 时，假定 V_{BB} 变化为 V_{BB0}，如图 1-73b 所示。假设 V_{BB0} 足够大，能将晶体管驱动到饱和态。当 $0 \leqslant t \leqslant t_1$ 时，基极电流提供电荷使 B-E 结由反偏变为略微正偏，B-E 结的空间电荷宽度变窄，施主和受主离子被中和，很少的电荷此时也被注入基极。集电极电流由 0 变化到其终值的 10%，这段时间称为延迟时间 t_d。

在下一段时间 $t_1 \leqslant t \leqslant t_2$ 内，基极电流提供电荷，使 B-E 结电压从接近截止到接近饱和。这段时间内，多余的载流子被注入基区，基区的少子电子浓度梯度增加，使集电极电流增加，这段时间称为上升时间。集电极电流由终值的 10% 增加到 90%，这段时间称为上升时间 t_r。

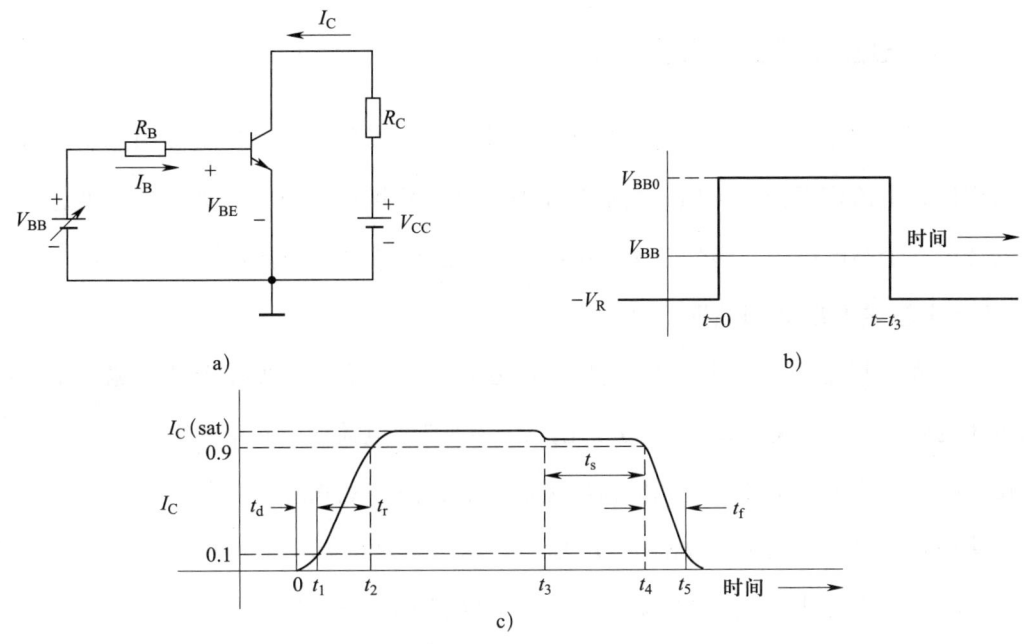

图 1-73 研究晶体管开关特性的电路及晶体管工作状况转换过程中集电极电流的变化

a）研究晶体管开关特性所用的电路　b）驱动晶体管的基极输入

c）晶体管工作状态转换过程中集电极电流随时间的变化

$t > t_2$ 时，基极驱动继续提供电流，将晶体管驱动到饱和态，在器件内建立起稳定的少子分布。

晶体管从饱和态转换为截止态则是抽取存储在发射区、基区和集电区中的过剩少子的过程。当 $t=t_3$ 时，基极电压 V_{BB} 变为负值 $-V_R$。晶体管中的基极电流反向，就像将 pn 结二极管由正偏变为反偏一样。反向电流将存储的额外电荷由发射区抽取到基区。刚开始，集电极电流并没有很大的改变，因为基区少子浓度并不立即变化。回忆晶体管饱和状态时，即 B-E 结、B-C 结全都是正偏时，基极电荷被抽走，使得正偏的 B-C 结电压在集电极电流改变之前变为零。这个时间称为存储时间 t_s。存储时间就是集电极电流下降到饱和电流的 90% 时 V_{BB} 变化的时间，存储时间通常是影响双极晶体管转换速度最重要的因素。

影响转换速度的另一个因素是下降时间 t_f，即集电极电流由最大值的 90% 下降到最大值的 10% 的时间。在这段时间内，B-C 结反偏，但是基区的载流子仍在减少，B-E 结的结电压下降。

三、双极晶体管的非理想效应

在前面的讨论中，分析的是均匀掺杂、小注入、发射区和基区宽度恒定、禁带宽度为定值、电流密度为均匀值、所有的结都在非击穿区的晶体管。如果这些理想情况中的任何一个不再存在，那么晶体管特性就会与已经得到的理想情况有所出入。

（一）基区宽度调制效应

在前面的讨论中默认中性基区宽度 x_B 为恒定值。然而，实际上基区宽度是 B-C 结电压的函数，因为随着结电压的变化，B-C 结空间电荷区会扩展进基区。随着 B-C 结反偏电压的增加，B-C 结空间电荷区宽度增加，使得 x_B 减小。中性基区宽度的变化使得集电极电流发生变化，如图 1-74 所示。基区宽度的减小会使得少子浓度梯度增加。这种效应称为基区宽度调制效应，又称为厄利（Early）效应。

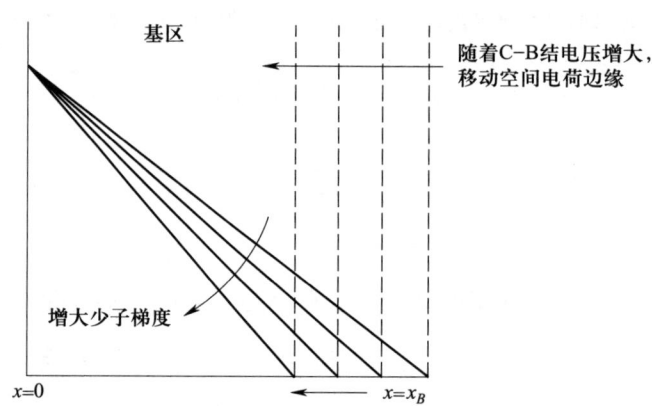

图 1-74　随 B-C 结电压变化，B-C 结空间电荷区宽度变化、基区宽度变化及少子浓度梯度变化

在图 1-75 所示的电流-电压特性曲线中，可以观察到厄利效应。多数情况下，恒定基极电流与恒定的 B-E 结电压是等效的。

理想情况下，集电极电流与 B-C 结电压无关，所以曲线斜率为零；于是晶体管的输出电导为零。然而，基区宽度调制效应使曲线斜率和输出电导不为零。如果集电极电流特性曲线反向延长使集电极电流为零，那么曲线与电压轴相交于一点，该点被定义为厄利电压。厄利电压只考虑其绝对值。它是描述晶体管特性时的一个共有参数。厄利电压的典型值为 100～300 V。

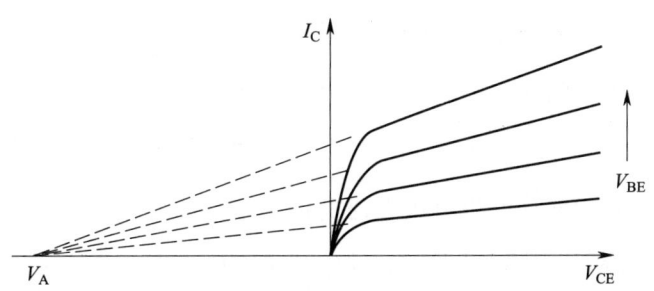

图 1-75　电流-电压特性曲线，从中可看出厄利电压的大小

（二）大注入效应

在确定少子分布时所用的双极传输方程默认采用了小注入。随着 V_{BE} 的增加，注入的少子浓度开始接近，甚至变得比多子浓度还要大。如果假定准电荷中性，那么基区中在 $x=0$ 处由于过剩空穴的存在，多子空穴浓度将会增加，如图 1-76 所示。

在大注入时，晶体管中会发生两种效应。第一种效应是发射极注入效率会降低。大注入时 $x=0$ 处的多子空穴浓度增加，则会有更多的空穴注入发射区。注入空穴的增加使 J_{pE} 增加，而 J_{pE} 的增加降低了发射极注入效率。所以大注入时，共发射极电流增益下降。图 1-77 显示了一个典型的共发射极电流增益随集电极电流变化的曲线。小电流时增益较小是因为复合系数较小，而大电流时增益下降则是因为大注入效应的影响。

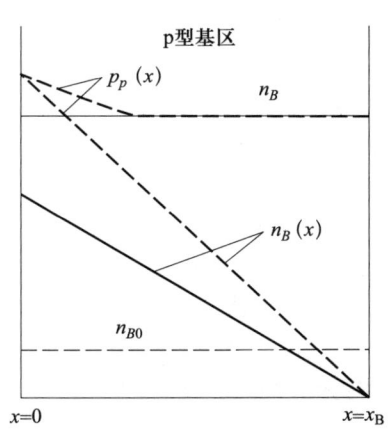

图 1-76　小注入和大注入时，基区中少子和多子的浓度

注：实线为小注入，虚线为大注入

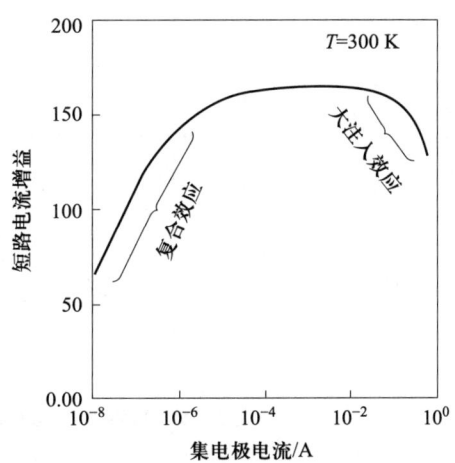

图 1-77　共发射极电流增益随集电极电流变化的曲线

考虑到大注入效应的第二种影响，多子空穴浓度和少子电子浓度会增加到几乎一个量级。基极的剩余少子浓度在大注入情况下，随 B-E 间电压增长的幅度比小注入时的幅度有所下降，集电极电流的情况也是如此，如图 1-78 所示。大注入情况和 pn 结二极管中的串联电阻效应非常近似。

（三）发射区禁带变窄

影响发射极注入效率的现象有禁带变窄。随着发射区掺杂浓度对基区掺杂浓度比值的增加，发射极注入效率会增加并接近于 1。随着硅变得重掺杂，n 型

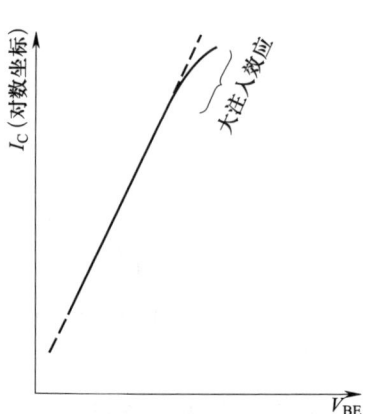

图 1-78 大注入条件下集电极电流随基极 - 发射极电压变化的曲线

发射区中的分立施主能级会分裂为一组分立能级。随杂质施主原子浓度的增加，施主原子能级的距离变小，施主能级的分裂是由施主原子间的互相作用引起的。随掺杂浓度的持续增加，施主能带变宽，变得倾斜，向导带移动，并最终同它合并在一起。此时，有效禁带宽度减小。图 1-79 显示了随着杂质掺杂浓度的增加，禁带宽度的变化。

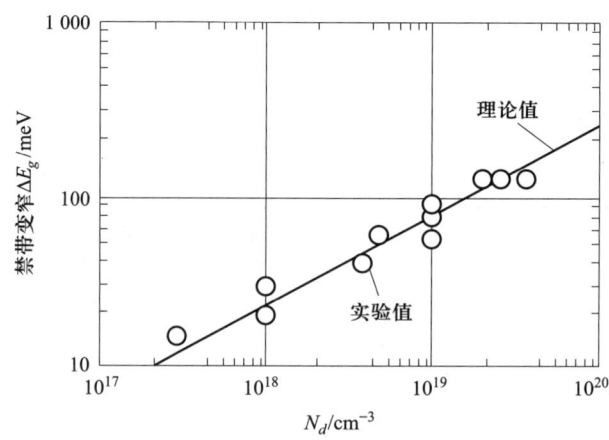

图 1-79 禁带宽度变窄效应与硅中掺杂施主浓度的关系

当发射区掺杂浓度由 $10^{18}\,cm^{-3}$ 增加到 $10^{19}\,cm^{-3}$，热平衡少子浓度实际增加，而非下降为 1/10。随着掺杂浓度的增加，热平衡少子浓度增加，导致发射集注入效率减小。

（四）电流集边效应

图 1-80 所示为 npn 晶体管截面图，它表示出了其基极电流的横向分布情况。非零的基区电阻会引起发射极的横向电势差。对于 npn 型晶体管，电势差沿着发射极边缘到中心逐渐减小。由于发射区掺杂浓度高，可以近似认为发射极是等电势的。

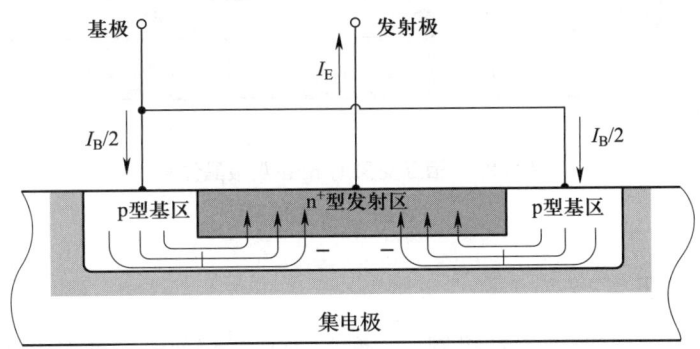

图 1-80 npn 晶体管截面图

注入发射极的电子和 B-E 间电压呈指数关系。随着基区压降的降低，更多的电子会被注入发射极边缘而不是中心，这就导致发射极电流聚集在边缘，发射极电流集边效应如图 1-81 所示。发射极边缘的较大的电流密度会引起局部发热效应和局部的大注入效应。非均匀的发射极电流也会导致发射极下方非均匀的横向基极电流。

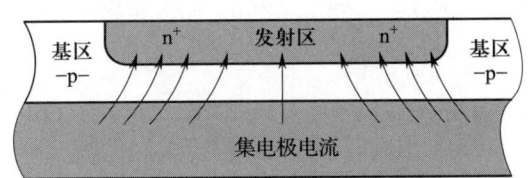

图 1-81 发射极电流集边效应

处理大电流的功率晶体管为了能够承受较大的电流密度，需要很大的发射区面积。为避免电流集边效应，这些晶体管的发射极通常设计得较窄，并做成叉指结构。图 1-82 显示了其基本的几何结构。在实际运用中，会将许多窄发射极并联起来，以得到所需的发射极面积。

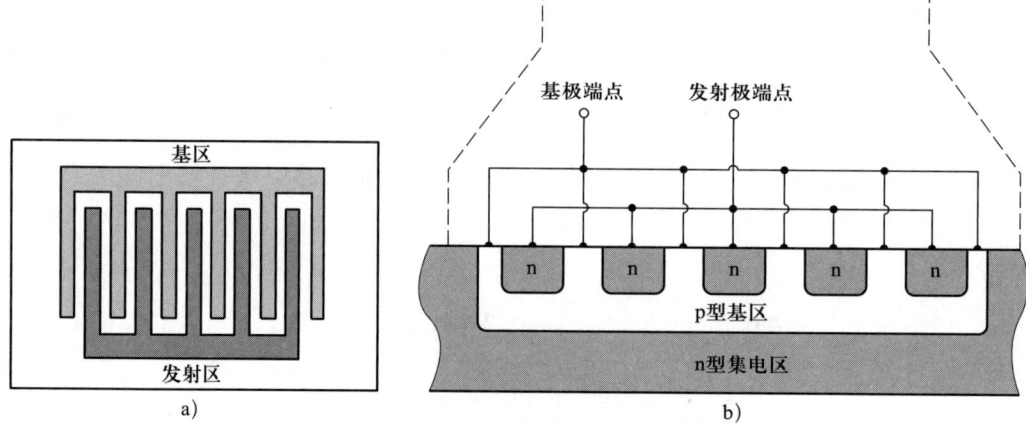

图 1-82 相互交叉的 npn 双极晶体管
a）顶视图　b）截面图

（五）击穿电压

在双极晶体管中有两种击穿机制。一种称为基区穿通，穿通时 B-C 结电压为 V_{pt}；另一种是集电结雪崩击穿。

1. 基区穿通

随着反向 V_{BC} 电压的增加，C 结的空间电荷区变宽并且扩展到中性基区当中，C 结耗尽区穿透基区到达 E 结基区消失，这种效应称为穿通。此时 B-E 势垒降低，当反偏压微小变化时电流变化很大，这种现象称为穿通击穿现象。

发生穿通的原因一方面是基区过窄，另一方面是材料缺陷和工艺不良，发射结结面可能会出现"尖峰"，而在"尖峰"处的基区宽度较薄，就有可能发生局部穿通。

2. BV_{CBO}、BV_{CEO} 雪崩击穿

BV_{CBO}：发射极开路时 C-B 间反向击穿电压。测量电路如图 1-83 所示，由于此时通过集电结的反偏电流 I_{CBO} 类似 pn 结反偏电流，因此该击穿电压与 pn 结雪崩击穿电压类似。

BV_{CEO}：基极开路时，C-E 间反向击穿电压。测量电路如图 1-84 所示。当测量 BV_{CEO}

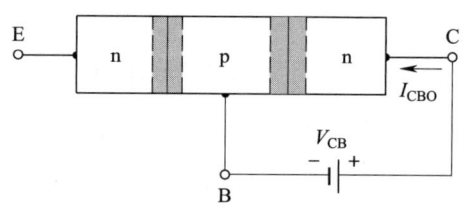

图 1-83 BV_{CBO} 测量电路

时，集电结反偏，通过集电结的电流为抽取电流 I_{CBO}，从集电区进入基区的空穴到达发射结，中和空间电荷区，使得发射结正偏。正偏的发射结产生 I_{CEO}，从发射区注入基区的电子流是其主要成分。电子越过基区向集电结扩散，形成电流 αI_{CEO}。相比于发射极开路模式，基极开路模式下，集电结反偏电流放大了 β 倍。

$$I_{CEO} = \alpha I_{CEO} + I_{CBO} \tag{1-70}$$

$$I_{CEO} = \frac{I_{CBO}}{1-\alpha} \approx \beta I_{CBO} \tag{1-71}$$

$$I_{CEO} = \frac{M I_{CBO}}{1-\alpha M} \tag{1-72}$$

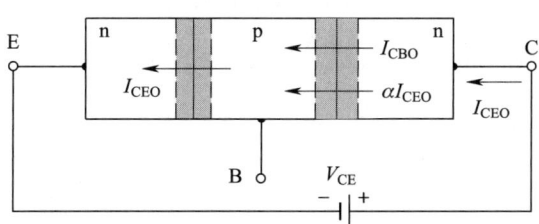

图 1-84　BV_{CEO} 测量电路

可见，此情况下的击穿条件 $\alpha M=1$，由于增益 α 为近似为 1，因此雪崩倍增因子 M 只要大于 1 即可，M 因子是反偏电压的函数。

基极开路和发射极开路时的相对击穿电压与饱和电流如图 1-85 所示。

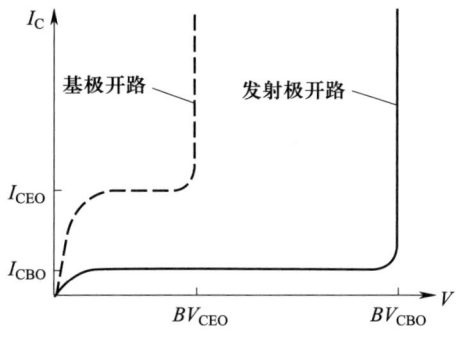

图 1-85　基极开路和发射极开路时的相对击穿电压与饱和电流

思考题

1. 理想反向饱和电流与温度的关系是什么？

2. 正偏 pn 结区附近的电流主要是由扩散还是漂移引起的？

3. MOS 管的伏安特性曲线表明了在不同的工作区间 MOS 管的不同特性，这些特性分别有什么应用场景呢？

4. 绘出低频时 n 型衬底 MOS 电容器的电容–电压特性曲线。在高频时曲线如何变化？

5. 描述截止、饱和和反向有源工作模式的条件。

6. 画出 npn 晶体管的混合 π 模型，并说明这个等效电路的试用情况。

第二章
模拟电路知识

模拟电路设计需要掌握基本的电路设计理论和版图设计基础。模拟电路都是由有限的基本单元构成的，对这些基本单元进行仔细研究是分析复杂电路的基础。本章主要介绍基本的单级放大器、差分放大器和一些常见的模拟电路基本单元。而作为设计和制造的纽带，模拟版图的地位也至关重要，本章相应介绍了版图的一些基础理论。

- **职业功能：** 基于电路设计基本理论完成电路设计仿真，指导版图设计。
- **工作内容：** 分析电路基本工作原理，根据实际需求完成电路设计仿真，协助完成版图设计。
- **专业能力要求：** 根据实际指标要求开展模拟电路设计仿真。
- **相关知识要求：** 模拟电路设计基本理论，模拟版图设计基础。

第一节 单级放大电路基础

考核知识点及能力要求：
- 掌握单级放大器的基本工作原理；
- 掌握单级放大器的小信号和大信号分析方法；
- 掌握单级放大电路基本特性参数的推导计算。

一、共源极放大器

（一）采用电阻负载的共源极

借助于自身的跨导，MOS 管可以将栅-源电压的变化转换成小信号漏极电流，小信号漏极电流流过电阻就会产生输出电压。在图 2-1a 中，共源极就起到了这样的作用。

因为在线性区跨导会下降，通常要确保 $V_{out}>V_{in}-V_{TH}$，使放大器工作在图 2-1b 中 A 点的左侧。把它的斜率看作小信号增益，可以得到：

$$A_v = \frac{\partial V_{out}}{\partial V_{in}}$$

$$= -R_D \mu_n C_{ox} \frac{W}{L}(V_{in}-V_{TH})$$

$$= -g_m R_D \qquad (2-1)$$

不难得出，M_1 将输入电压的变化 ΔV_{in} 转换为漏极电流的变化 $g_m \Delta V_{in}$，进一步转换为输出电压的变化 $-g_m R_D \Delta V_{in}$。

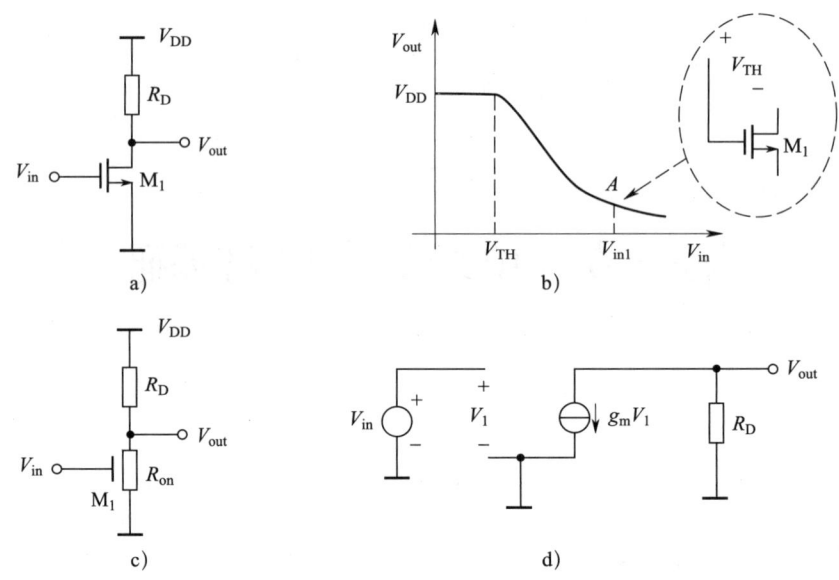

图 2-1 共源极放大器电路及其特性

a）共源极　b）输入 – 输出特性　c）MOS 管工作在深线性区的等效电路　d）饱和区的小信号模型

（二）采用二极管连接的负载的共源极

在许多 CMOS 工艺条件下，制作精确控制的或者具有合理的物理尺寸的电阻是很困难的。因此，最好用 MOS 管代替图 2-1a 中的电阻 R_D。

如果把晶体管的栅极和漏极短接（见图 2-2），这个 MOS 器件可以起一个小信号电阻的作用。与双极对应，它在模拟电路里叫作"二极管连接"器件。

（三）采用电流源负载的共源极

应用中有时要求单极有很大的电压增益，关系式 $A_V=-g_m R_D$ 表明可以通过增大共源极的负载电阻提高电压增益。但是对电阻或者二极管连接的负载而言，增大阻值会限制输出电压的摆幅。

一个更切实可行的方法是用电流源代替负载。如图 2-3 所示，电路中两个管子都工作在饱和区，增益为：

$$A_v = -g_{m1}(r_{O1} \parallel r_{O2}) \tag{2-2}$$

（四）工作在线性区的 MOS 为负载的共源极

工作在深线性区的 MOS 器件的特性像电阻一样，因此可以用来作为共源极的负载，如图 2-4 所示。

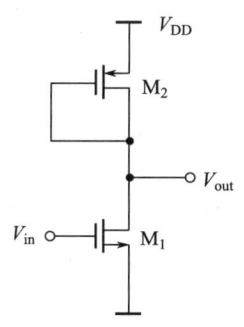
图 2-2　采用二极管连接的 PMOS 负载的共源极

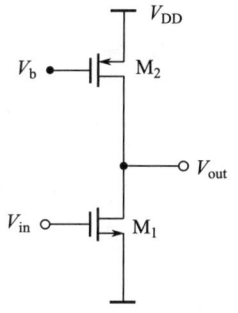
图 2-3　采用电流源负载的共源极

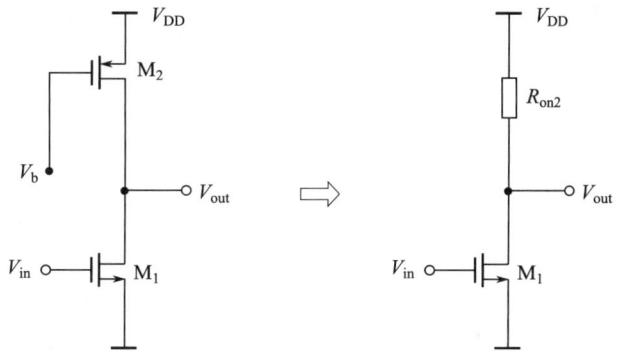
图 2-4　工作在线性区的 MOS 为负载的共源极

（五）带源极负反馈的共源极

在一些应用中，希望对漏电流与过驱动电压之间的平方关系引入额外的非线性来"软化"器件的特性曲线。一种方法是前面提到的用二极管连接的 MOS 管做负载的共源极。另一种方法如图 2-5 所示，通过用一个"负反馈"电阻串联在晶体管的源端来实现。

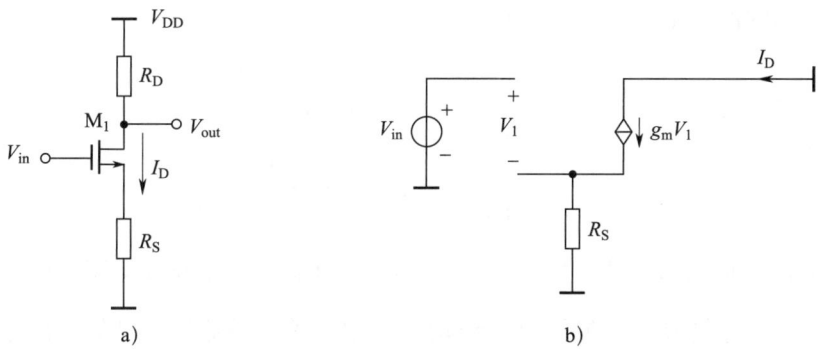

图 2-5　带源极负反馈的共源极

二、源跟随器

对共源极的分析指出，在一定范围的电源电压下，要获得更高的电压增益，负载阻抗必须尽可能大，如果这种电路驱动一个低阻抗负载，为了使信号电平的损失小到可以忽略不计，就必须在放大器后面放置一个"缓冲器"。源跟随器就可以起到一个电压缓冲器的作用。

如图 2-6a 所示，源跟随器利用栅极接收信号，利用源极驱动负载，使源极电势能"跟随"栅压。该电路的小信号增益为：

$$A_v = \frac{g_m R_S}{1+(g_m+g_{mb})R_S} \tag{2-3}$$

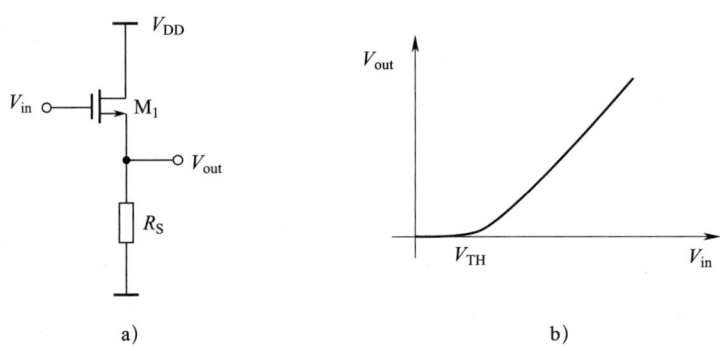

图 2-6　源跟随器和输入 – 输出的特性曲线示意图

a）源跟随器　b）输入 – 输出特性曲线

为了完整性，可以考虑 M_1 和 M_2 存在一定的沟道长度调制效应，在这种条件下研究图 2-7 所示的源跟随器，可以得到：

$$A_v = \frac{\frac{1}{g_{mb}} \parallel r_{O1} \parallel r_{O2} \parallel R_L}{\frac{1}{g_{mb}} \parallel r_{O1} \parallel r_{O2} \parallel R_L + \frac{1}{g_m}} \tag{2-4}$$

源跟随器的缺点是由体效应导致的非线性、由电平移动导致电压余度的消耗以及差的驱动能力，这些缺点限制了这种结构的应用，源跟随器最常见的应用是完成电平移动。

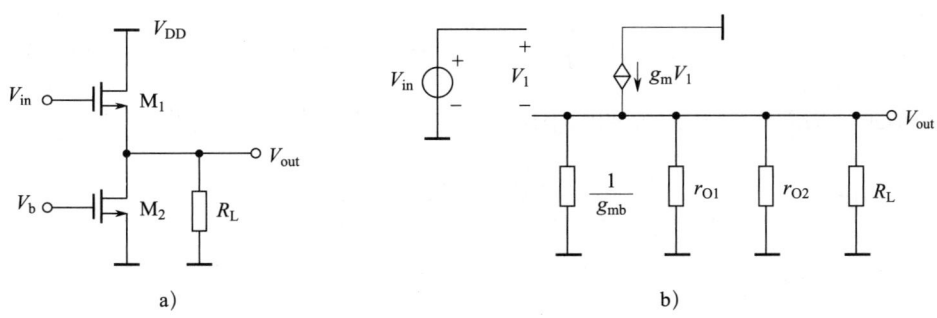

图 2-7 驱动电阻负载的源跟随器和小信号等效电路示意图

a）驱动电阻负载的源跟随器　b）小信号等效电路

三、共栅极

在共源放大器与源极跟随器中，输入信号都是加在 MOS 管的栅极，而共栅放大器是把信号加载在源端上。如图 2-8 所示，共栅极在源端输入，在漏端产生输出，栅极接一直流电压，提供合适的静态工作点。

首先分析图 2-8 电路的大信号特性。当 $V_\text{in} \geq V_\text{b}-V_\text{TH}$ 时，M_1 处于关断状态，此时 $V_\text{out}=V_\text{DD}$。当 V_in 较小时，M_1 处于饱和区，可以得到：

$$I_\text{D} = \frac{1}{2}\mu_\text{n}C_\text{ox}\frac{W}{L}(V_\text{b}-V_\text{in}-V_\text{TH})^2 \tag{2-5}$$

随着 V_in 的减小，V_out 也随之减小，最终 M_1 会进入线性区，此时可以得到：

$$V_\text{DD}-\frac{1}{2}\mu_\text{n}C_\text{ox}\frac{W}{L}(V_\text{b}-V_\text{in}-V_\text{TH})^2 R_\text{D} = V_\text{b}-V_\text{TH} \tag{2-6}$$

输入 – 输出特性曲线如图 2-9 所示。同时，可以推出增益为：

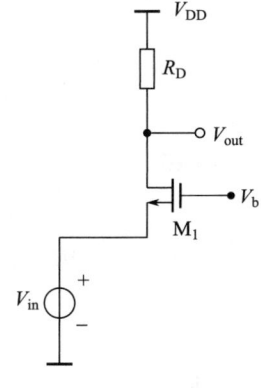

图 2-8 共栅放大器示意图

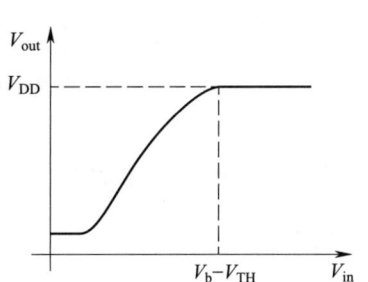

图 2-9 输入 – 输出特性曲线

$$A_v = \mu_n C_{ox} \frac{W}{L} (V_b - V_{in} - V_{TH}) R_D (1+\eta) \tag{2-7}$$

类似地，借助图 2-10 所示的画小信号等效电路的方法来分析电路，可以得到：

$$\frac{V_{out}}{V_{in}} = \frac{(g_m + g_{mb}) r_O + 1}{r_O + (g_m + g_{mb}) r_O R_S + R_S + R_D} R_D \tag{2-8}$$

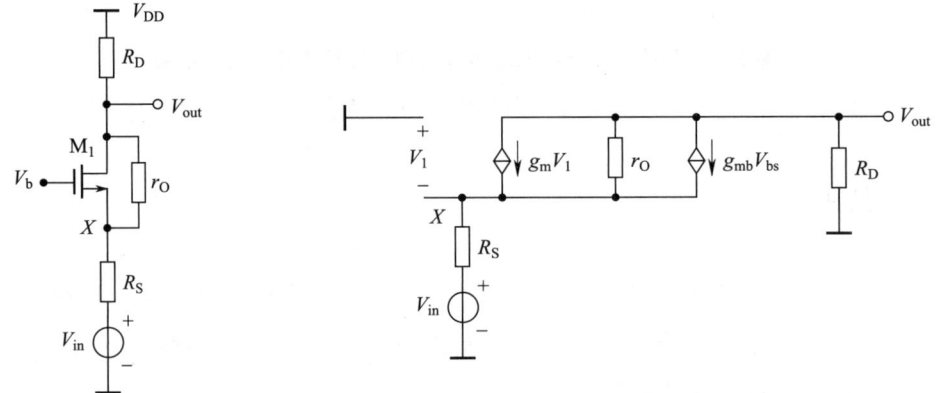

图 2-10 输出电阻为有限值的共栅极及小信号等效电路

下面讨论共栅极的输入阻抗，如图 2-11 所示，利用小信号等效分析，可以得到：

$$\frac{V_X}{I_X} = \frac{R_D + r_O}{1 + (g_m + g_{mb}) r_O} \tag{2-9}$$

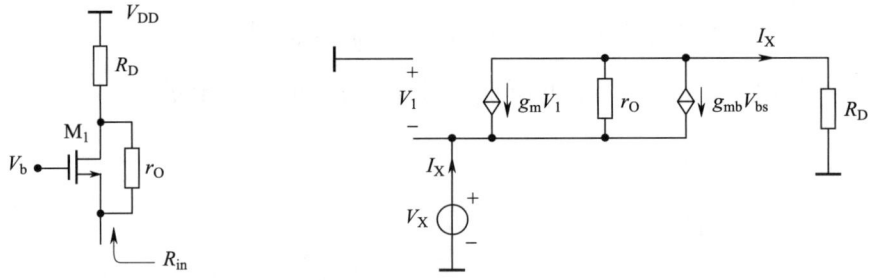

图 2-11 共栅极的输入电阻及小信号等效电路

最后讨论共栅极的输出阻抗，可以借助图 2-12 所示的电路，利用小信号等效模型，可以得到：

$$R_{out} = \{[1 + (g_m + g_{mb}) r_O] R_S + r_O\} \| R_D \tag{2-10}$$

四、共源共栅极

基本的共源共栅极如图 2-13 所示。M_1 产生与输入电压成正比的小信号漏电流，M_2 仅仅使电流流经 R_D。M_1 称为输入器件，M_2 称为共源共栅器件。

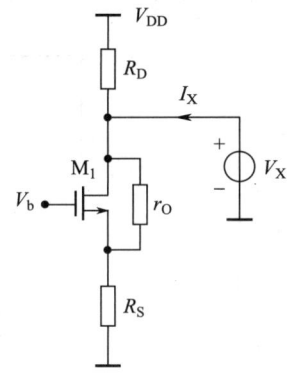

图 2-12　共栅极输出电阻的计算

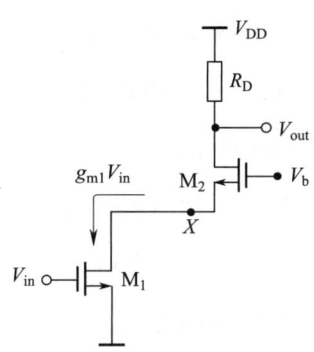

图 2-13　基本的共源共栅极

首先分析共源共栅的偏置问题。为了保证 M_1 处于饱和区，$V_b = V_X + V_{GS2}$，且 $V_X \geq V_{in} - V_{TH1}$，从而可得 $V_b \geq V_{in} - V_{TH1} + V_{GS2}$，如图 2-14 所示。为了保证 M_2 饱和，需要满足 $V_{out} \geq V_b - V_{TH2}$，如果取 M_1 处于线性区边缘时的 V_b 值，则 $V_{out} \geq V_{in} - V_{TH1} + V_{GS2} - V_{TH2}$。从而得出，当 M_1 和 M_2 都处于饱和区时，最小输出电压为 M_1 和 M_2 的过驱动电压之和。

现在分析共源共栅极的大信号特性，如图 2-15 所示，当 $V_{in} \leq V_{TH1}$ 时，M_1 和 M_2 都处于截止状态，此时 $V_{out} = V_{DD}$，且 $V_X \approx V_b - V_{TH2}$（忽略亚阈值导通情况），当 $V_{in} \geq V_{TH1}$

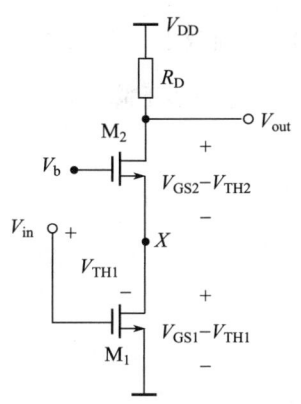

图 2-14　共源共栅极的偏置电压

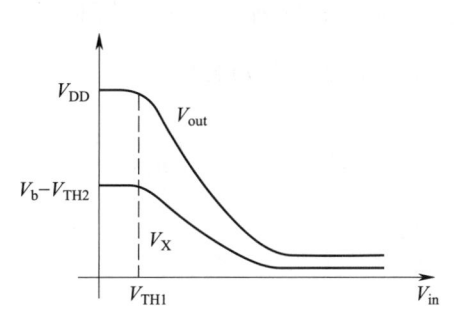

图 2-15　共源共栅极输入－输出曲线

时，M_1、M_2 导通，随着 V_{in} 逐渐增大，I_D 随之增大，V_{out} 与 V_X 逐渐下降。如果假定 V_{in} 为足够大的值时，会出现两个结果。

（1）V_X 下降至比 V_{in} 低一个阈值电压时，M_1 进入线性区。

（2）V_{out} 下降至比 V_b 低一个阈值电压时，M_2 进入线性区。

对于不同的器件尺寸、R_D 及 V_b 时，任何一个结果都可能先于另一个发生。

接下来分析共源共栅极的输出阻抗，如图 2-16 所示，M_1 等效为 r_{O1}，电路可以看作是带 r_{O1} 的共源极，参考式（2-10）可得：

$$R_{out} = [1+(g_{m2}+g_{mb2})r_{O2}]r_{O1}+r_{O2} \quad (2-11)$$

因此，共源共栅极可以通过两层或更多器件的层叠来达到更高的输出阻抗，从而提高增益，但需要牺牲更大的电压余量。例如，3 层的共源共栅极的最小输出电压为 3 个过驱动电压之和。

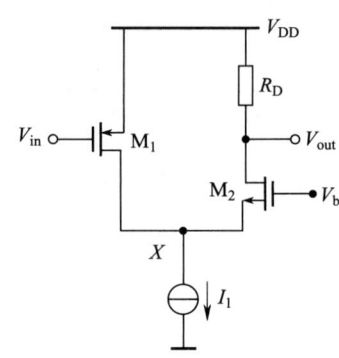

图 2-16 折叠式共源共栅

共源共栅极的增益可以写作 $G_m R_{out}$。如果图 2-13 的两个 MOS 管都处于饱和区，则 $G_m \approx g_{m1}$，$R_{out} = \{[1+(g_{m2}+g_{mb2})r_{O2}]r_{O1}+r_{O2}\} \| R_D$，可以得到：

$$A_v \approx g_{m1}\{[1+(g_{m2}+g_{mb2})r_{O2}]r_{O1}+r_{O2}\} \| R_D\} \quad (2-12)$$

经典的折叠式共源共栅极如图 2-16 所示，利用电流源 I_1 对 M_1 和 M_2 提供偏置，其小信号工作原理如下：如果 V_{in} 增大，$|I_{D1}|$ 减小，I_{D2} 增大，导致 V_{out} 减小。

接下来研究折叠式共源共栅的大信号特性。在图 2-16 中，如果 $V_{in}>V_{DD}-|V_{TH1}|$ 时，M_1 处于截止状态，I_1 全部流经 M_2，$V_{out}=V_{DD}-I_1 R_D$；随着 V_{in} 逐渐减小，当 $V_{in} \leq V_{DD}-|V_{TH1}|$，$M_1$ 进入饱和区；随着 V_{in} 进一步降低，I_{D1} 进一步增大，I_{D2} 进一步下降，V_X 逐渐增大，因此当 $I_{D1}=I_1$ 时，可以得到：

$$\frac{1}{2}\mu_n C_{ox} \frac{W}{L}(V_{DD}-V_{in1}-|V_{TH1}|)^2 = I_1 \quad (2-13)$$

因此

$$V_{in1} = V_{DD} - \sqrt{\frac{2I_1}{\mu_n C_{ox}(W/L)_1}} - |V_{TH1}| \quad (2-14)$$

当 $V_{in}<V_{in1}$ 时，M_1 进入线性区，M_2 进入截止状态，此时 $V_{out}=V_{DD}$，V_X 趋于 V_{DD}，$I_{D1}=I_1$，$I_{D2}=0$，具体的大信号特性如图 2-17 所示。

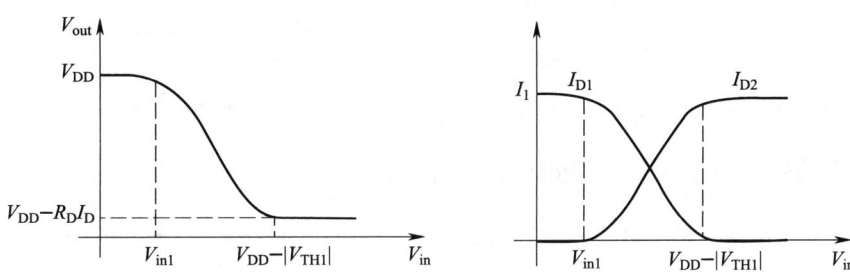

图 2-17　折叠式共源共栅的大信号特性

第二节　差分放大器基础

考核知识点及能力要求：

- 了解差分放大器的基本工作特点；
- 掌握差分放大器的定性分析和定量分析方法；
- 掌握差分放大器增益的推导计算过程。

一、差分工作模式

单端信号的参考电位为某一固定电位（通常为地电位）。差分信号定义为两个结点电位之差，且这两个结点的电位相对于某一个固定电位大小相等，极性相反。严格地说，这两个结点与固定电位结点的阻抗也必须相等。在差分信号中，中心电位称为

"共模"(CM)电平。

差分工作与单端工作相比,一个重要的优势在于它对环境噪声具有更强的抗干扰能力。如图 2-18 所示的例子,电路中的两条相邻的信号线,分别传输易受干扰的小信号和时钟大信号。由于两条线之间存在耦合电容,L_2 上的信号跃变会损坏 L_1 上的信号。如图 2-18b 所示,现在假设易受干扰的信号分成两个大小相等、相位相反的信号进行传输。若时钟线 L_1 置于这两条信号线的正中间,那么时钟对 L_2 和 L_3 上的信号产生的干扰相同,从而使其差值保持不变。这种情况下,虽然这两个信号的共模电平被干扰,但差分输出并没有损坏,所以这种方案"抑制"了共模噪声。

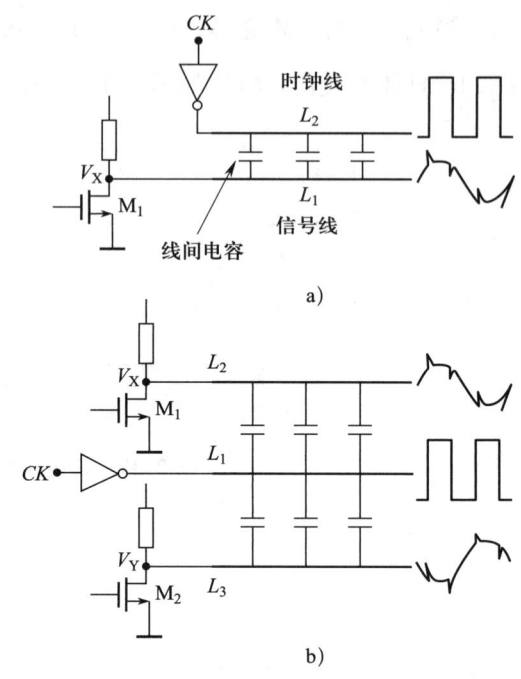

图 2-18 差分电路与单端电路工作性能对比

a)耦合使信号损坏 b)差分工作减少耦合干扰

另外一个抑制共模噪声的例子是当电源电压带有噪声时。在图 2-19a 中,如果 V_{DD} 变化了 ΔV,则 V_{out} 几乎有相同量的变化,即输出信号非常容易受 V_{DD} 中噪声的影响。而图 2-19b 中的电路,如果电路对称,则 V_{DD} 中的噪声只影响 V_X 和 V_Y,但不影响 $V_X-V_Y=V_{out}$。因此,图 2-19b 所示的电路更不易受电源噪声的影响。

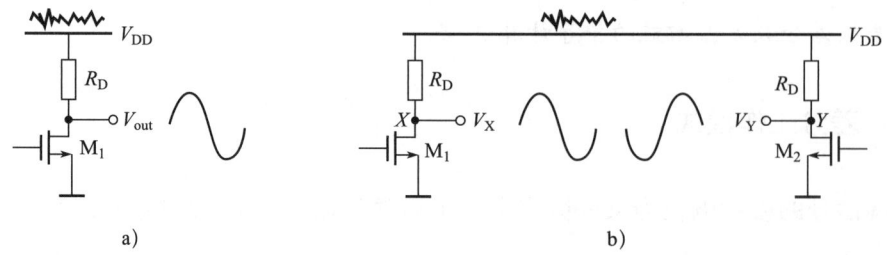

图 2-19 电源噪声对电路的影响

a)电源噪声对单端电路的影响 b)电源噪声对差分电路的影响

至此,已经看到使用差分路径传输敏感信号的重要性。对产生噪声的信号线采用差分配线也是有益处的。例如,假若图 2-18 中的时钟信号以差分的形式在两条线上传输,如图 2-20 所示,那么,如果完全对称,从 CK 和 $\overline{CK}$ 耦合到信号线中的噪声就相互抵消。

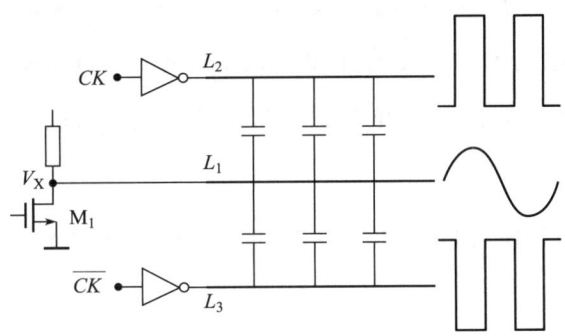

图 2-20 差分运算对耦合噪声的抑制

差分信号的另一个有用的特性是增大了可得到的最大电压摆幅。例如,图 2-19 中的电路,X 点或 Y 点的最大电压输出摆幅等于 $V_{DD}-(V_{GS}-V_{TH})$,而 V_X-V_Y 的峰-峰摆幅等于 $2[V_{DD}-(V_{GS}-V_{TH})]$。

和单端的同类电路相比,差分电路的优势还包括偏置电路更简单和更高的线性度。

或许有人认为差分电路所占的面积是同类单端电路的 2 倍,但在实际应用中这仅仅是一个很小的缺点。就抑制非理想因素而言,使用单端设计所占的面积通常大于达到相同效果的差分电路所占的面积。因此,差分电路往往更具优势,成为性能与面积折中选取的结果。

二、基本差分对分析

(一)定性分析

图 2-21 所示为带有尾电流源的差分对。现假设 $V_{in1}-V_{in2}$ 从 $-\infty$ 变化到 $+\infty$。如果 V_{in1} 比 V_{in2} 负得多,则 M_1 管截止,M_2 管导通,$I_{D2}=I_{SS}$。因此,$V_{out1}=V_{DD}$,$V_{out2}=V_{DD}-R_DI_{SS}$。当 V_{in1} 变化到比较接近 V_{in2} 时,M_1 管逐渐导通,从 R_{D1} 抽取 I_{SS} 的一部分电流,从而使 V_{out1} 减小。由于 $I_{D1}+I_{D2}=I_{SS}$,所以 M_2 管的漏极电流减小,V_{out2} 增大。当 $V_{in1}=V_{in2}$ 时,则

有$V_{out1}=V_{out2}=V_{DD}-R_DI_{SS}/2$。当$V_{in1}$比$V_{in2}$更正时，$M_1$管的电流大于$M_2$管的电流，从而使$V_{out1}$小于$V_{out2}$。对于足够大的$V_{in1}-V_{in2}$，$M_1$管流过所有的$I_{SS}$电流，因此$V_{out1}=V_{DD}-R_DI_{SS}$，$V_{out2}=V_{DD}$。

上述分析揭示了差分对的两个重要的特性。第一，输出端的最大电平和最小电平是完全确定的（分别为V_{DD}和$V_{DD}-R_DI_{SS}$），它们与输入共模电平无关。第二，小信号增益在$V_{in1}=V_{in2}$时达到最大，且随着$|V_{in1}-V_{in2}|$的增大而逐渐减小为零。也就是说，随着输入电压摆幅的增大，电路变得更加非线性。当$V_{in1}=V_{in2}$时，电路处于平衡状态。

现在讨论电路的共模特性。将图2-21中电流源用NMOS管实现，如图2-22所示。

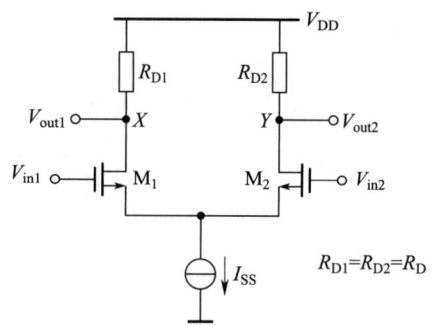

图2-21 带有尾电流源的差分对

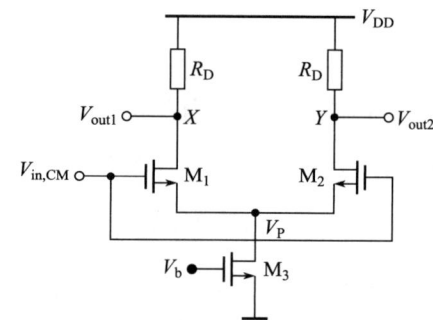

图2-22 检测输入共模电压
变化的差分对电路

令$V_{in1}=V_{in2}=V_{in,CM}$，然后使$V_{in,CM}$从0变化到$V_{DD}$。若$V_{in,CM}=0$，由于$M_1$管和$M_2$管的栅电位不比它们的源电位更正，所以两个晶体管都处于截止状态，因而$I_{D3}=0$。这表明M_3管处于深度线性区，因为V_b是高电位，足以在晶体管中形成反型层。由于$I_{D1}=I_{D2}=0$，该电路不具有信号放大的功能，$V_{out1}=V_{out2}=V_{DD}$。

现在假设$V_{in,CM}$变得更正。将M_3等效为一个电阻，当$V_{in,CM} \geq V_{TH}$时，M_1管和M_2管导通。此后，I_{D1}和I_{D2}持续增加，V_P也会上升。对于足够高的$V_{in,CM}$，M_3管工作在饱和状态。流过M_1管和M_2管的电流之和保持为一常数。电路正常工作时满足$V_{in,CM} \geq V_{GS1}+(V_{GS3}-V_{TH3})$。

如果$V_{in,CM}$进一步增大，则M_1管和M_2管进入三极管区。这就为输入共模电平设定了上限。总之，$V_{in,CM}$允许的范围如下：

$$V_{GS1} + (V_{GS3} - V_{TH3}) \leq V_{in,CM} \leq \min\left[V_{DD} - R_D\frac{I_{SS}}{2} + V_{TH},\ V_{DD}\right] \quad (2-15)$$

（二）定量分析

现在，定量分析 MOS 差分对的特性，建立其差分输出电压与差分输入电压的函数关系。为了研究小信号特性，在图 2-23 中施加两个小信号 V_{in1} 和 V_{in2}，并假设 M_1 管和 M_2 管都饱和，并且 $R_{D1} = R_{D2} = R_D$。

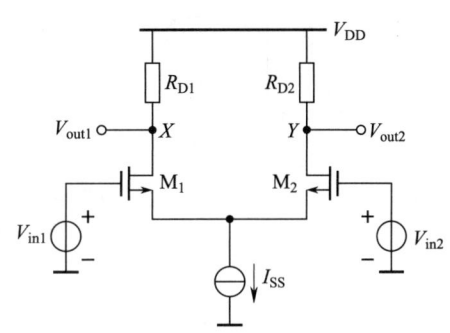

图 2-23　小信号输入的差分对

由于图 2-23 中的电路是由两个独立的信号驱动的，因此可以用叠加法来计算输出。令 $V_{in2}=0$，找出 V_{in1} 对 X 与 Y 结点的影响（见图 2-24a）。为了得到 V_X，注意到 M_1 管构成了带有负反馈电阻的共源极，负反馈电阻的阻值等于 M_2 管源端看进去"看到"的阻抗（见图 2-24b）。忽略沟长调制和体效应，有 $R_S = 1/g_{m2}$（见图 2-24c），以及

$$\frac{V_X}{V_{in1}} = \frac{-R_D}{\dfrac{1}{g_{m1}} + \dfrac{1}{g_{m2}}} \quad (2-16)$$

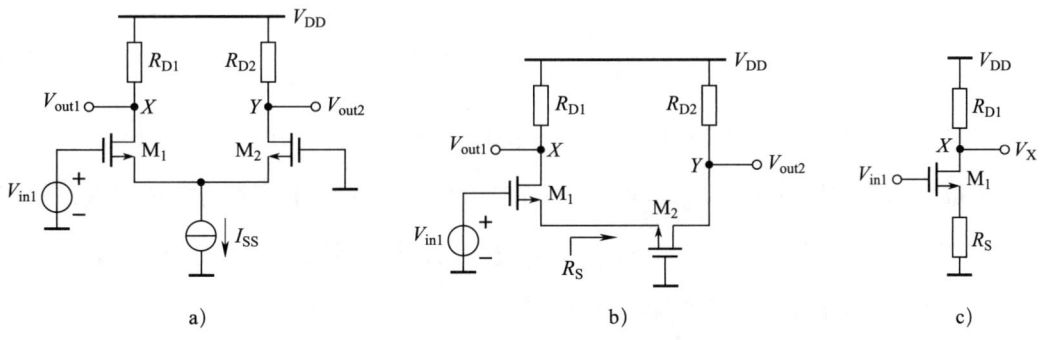

图 2-24　差分对等效分析电路

a）检测一个输入信号的差分对　b）将图 a 视为带 M2 负反馈的共源极
c）图 b 的等效电路

为计算 V_Y，注意到 M_1 管是以源极跟随器的形式驱动 M_2 管的，用戴维南等效来替换 V_{in1} 和 M_1 管，如图 2-25 所示，戴维南等效电压为 $V_T = V_{in1}$，等效电阻为 $R_T = 1/g_{m1}$。此处，M_2 管以共栅极形式工作，其增益为：

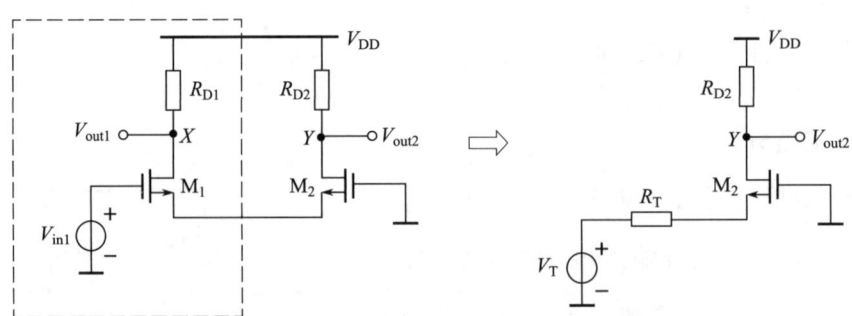

图 2-25 M_1 管的戴维南等效电路

$$\frac{V_Y}{V_{in1}} = \frac{R_D}{\frac{1}{g_{m2}} + \frac{1}{g_{m1}}} \qquad (2-17)$$

若 $g_{m1}=g_{m2}=g_m$，则由式（2-16）和式（2-17）得到：

$$(V_X - V_Y)\big|_{Due\ to\ V_{in1}} = -g_m R_D V_{in1} \qquad (2-18)$$

由于电路对称，所以除极性相反外，V_{in2} 在 X 点和 Y 点产生的作用和 V_{in1} 产生的作用一样，即

$$(V_X - V_Y)\big|_{Due\ to\ V_{in2}} = g_m R_D V_{in2} \qquad (2-19)$$

应用叠加法，将式（2-18）和式（2-19）两边分别相加，得

$$\frac{(V_X - V_Y)}{V_{in1} - V_{in2}} = -g_m R_D \qquad (2-20)$$

根据式（2-18）、式（2-19）和式（2-20）可以得到：无论怎样施加输入信号，差分增益的幅度始终等于 $g_m R_D$，例如，在图 2-24 和图 2-25 中信号是单边输入，而在图 2-23 中两个信号源是差分的。如果是单边输出，即检测 X 与地之间或者 Y 与地之间，则增益减半，认识这一点同样十分重要。

对于给定的总偏置电流，式（2-20）中的 g_m 值是偏置在 I_{SS} 的相同尺寸的单管 g_m 值的 $1/\sqrt{2}$。因此，总的增益会成比例减小。也就是说，对于给定的器件尺寸和负载阻抗，想要获得和共源极相同的增益，差分对的偏置电流应该为共源极的两倍。

第三节　常见模拟基本单元设计基础

考核知识点及能力要求：

- 掌握基本的电流镜结构及特点；
- 掌握运放的基本评价指标；
- 掌握带隙基准源的基本工作原理；
- 掌握开关电容的工作过程及基本特性。

一、电流镜

（一）基本电流镜

在模拟电路中，电流镜的设计是基于对基准电流的"复制"，在图 2-26 中，如何保证 $I_{out}=I_{REF}$ 呢？对于一个 MOSFET，如果 $I_D=f(V_{GS})$，那么有 $V_{GS}=f^{-1}(I_D)$，如果一个晶体管偏置在 I_{REF}，则有 $V_{GS}=f^{-1}(I_{REF})$，如图 2-27a 所示。因此，如果这样一个电压加到第二个 MOSFET 的栅、源之间，输出电流为 $I_{out}=ff^{-1}(I_{REF})=I_{REF}$。从另外一个观点来看，两个都工作在饱和区且具有相等栅—源电压的相同晶体管传输相同的电流（如果 $\lambda=0$）。

图 2-27b 中由 M_1 和 M_2 组成的结构就叫作"电流镜"。一般情况下，两器件不需要是完全相同的。若忽略沟道长度调制，可以写出：

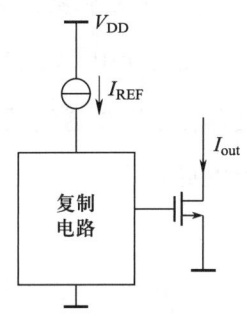

图 2-26　复制电流方法的原理

$$I_{\text{REF}} = \frac{1}{2}\mu_n C_{\text{ox}} \left(\frac{W}{L}\right)_1 (V_{\text{GS}} - V_{\text{TH}})^2 \quad (2-21)$$

$$I_{\text{out}} = \frac{1}{2}\mu_n C_{\text{ox}} \left(\frac{W}{L}\right)_2 (V_{\text{GS}} - V_{\text{TH}})^2 \quad (2-22)$$

得出：

$$I_{\text{out}} = \frac{(W/L)_2}{(W/L)_1} I_{\text{REF}} \quad (2-23)$$

该电路的一个比较关键的特性是：它可以精确地复制电流而不受工艺和温度的影响。I_{out}与I_{REF}的比值由器件尺寸的比率决定，该值可以控制在合理的精度范围内。

电流镜中所有的晶体管通常采用相同的栅长，以减少由于源漏区边缘扩散（L_D）所产生的误差。

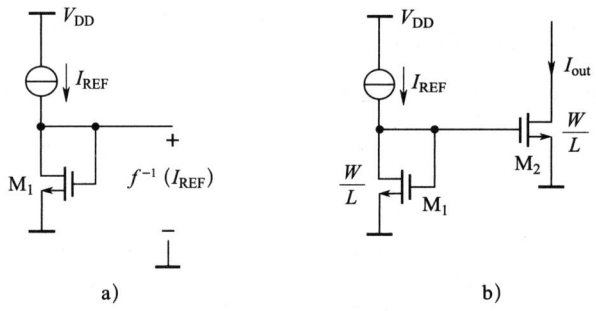

图 2-27 基本电流镜产生

a）二极管连接的器件提供反相运算　b）基本电流镜

（二）共源共栅电流镜

在实际中，沟道调制效应使得镜像的电流产生了极大误差，尤其是当使用最小长度晶体管以便通过减小宽度来减小电流源输出电容时。对于图 2-28b 的简单的镜像，可以写出：

$$I_{\text{D1}} = \frac{1}{2}\mu_n C_{\text{ox}} \left(\frac{W}{L}\right)_1 (V_{\text{GS}} - V_{\text{TH}})^2 (1 + \lambda V_{\text{DS1}}) \quad (2-24)$$

$$I_{\text{D2}} = \frac{1}{2}\mu_n C_{\text{ox}} \left(\frac{W}{L}\right)_2 (V_{\text{GS}} - V_{\text{TH}})^2 (1 + \lambda V_{\text{DS2}}) \quad (2-25)$$

因此有：

$$\frac{I_{D2}}{I_{D1}} = \frac{(W/L)_2}{(W/L)_1} \frac{1+\lambda V_{DS2}}{1+\lambda V_{DS1}} \qquad (2\text{-}26)$$

虽然 $V_{DS1}=V_{GS1}=V_{GS2}$，但由于 M_2 输出端负载的影响，V_{DS2} 却不可能等于 V_{GS2}。

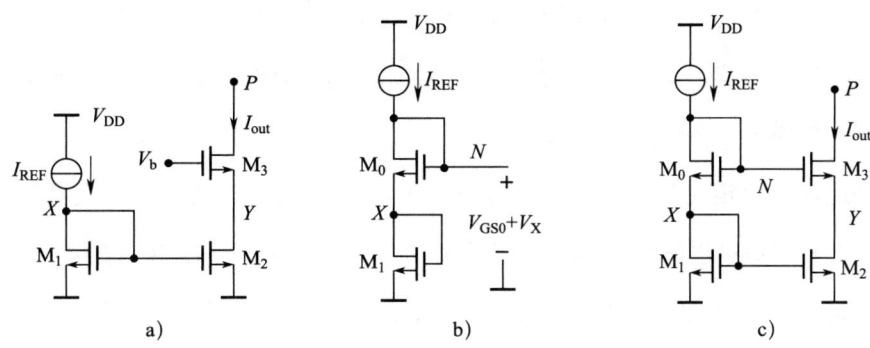

图 2-28 共源共栅电流镜及改进

a) 共源共栅电流镜 b) 为产生共源共栅偏置电压对镜像电路的改进
c) 共源共栅电流镜

为了抑制沟道长度调制的影响，可以使用共源共栅电流镜。如图 2-28a 所示，如果选择 V_b 使得 $V_Y=V_X$，那么 I_{out} 非常接近于 I_{REF}。如图 2-28b 所示，将一个二极管连接的器件 M_0 与 M_1 串联，从而产生一个电压 $V_N=V_{GS0}+V_X$。根据 M_3 的尺寸适当选择 M_0 的尺寸，使 $V_{GS0}=V_{GS3}$。如图 2-28c 所示，将 N 结点与 M_3 的栅极相连，可得 $V_{GS0}=V_{GS3}$，$V_X=V_Y$。即使 M_0 与 M_3 存在衬偏效应，结果仍然成立。

（三）有源电流镜

电流镜也可以处理信号，即像有源器件一样工作。如图 2-29 所示差分放大器中，电流镜作为一个负载且单端输出。其负载阻抗为：

$$R_{out} = (2r_{O2}) \parallel r_{O4} \qquad (2\text{-}27)$$

其小信号增益为：

$$|A_v| \approx \frac{g_{m1}}{2}[(2r_{O2}) \parallel r_{O4}] \qquad (2\text{-}28)$$

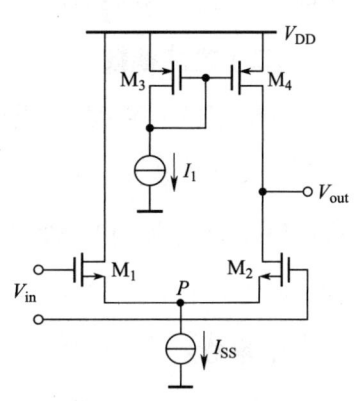

图 2-29 带电流源负载的差分对

二、运算放大器

（一）概述

运算放大器（简称运放）是许多模拟系统和混合信号系统中的一个重要部分。大量的具有不同复杂程度的运放被用来实现各种功能：从直流偏置的产生到高速放大或滤波。伴随着每一代 CMOS 工艺的发展，电源电压和晶体管沟道长度逐渐减小，为运放的设计不断提出更多的严苛要求。

粗略地把运放定义为"高增益的差分放大器"，"高增益的差分放大器"，对常规应用而言，其增益可以满足大部分场景的要求，通常增益范围在 $10 \sim 10^5$。由于运放一般用来实现一个反馈系统，其开环增益大小根据闭环电路的精度要求来选取。

40 多年前，多数运放被设计成通用的模块，适用于各种不同应用的要求，试图制造一种"理想"的运放，例如，具有非常高的电压增益（$>10^5$）、非常高的输入阻抗以及非常低的输出阻抗；但这些却是以牺牲其他性能为代价实现的，如速度、输出摆幅、功耗等。

与此相反，今天的运放设计从一开始就认识到各参数间的折中关系。这种折中最终要求在整体设计中进行多方面的综合考虑，因而必须知道满足每一个参数合理的数值。例如，如果对速度的要求高，而对增益误差要求不高，则电路结构的选择应有利于前者，可能会牺牲后者。

（二）性能参数

本节阐述一些运放的设计参数，以便了解各个参数的实际意义和重要性，为此，把图 2-30 所示的差分共源共栅电路作为一种有代表性的运放设计，电压 $V_{b1} \sim V_{b3}$ 可以通过前述的电流镜技术产生。

1. 增益

运放的开环增益确定了使用运放的反馈系统的精度。增益根据应用可以有 4 个数量级的变化。如果综合考虑速度与输出电压摆幅这一类的参数，则必须知道所需的最小

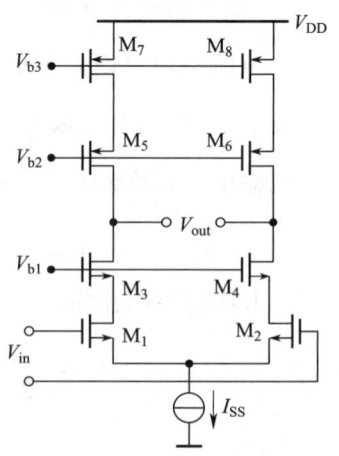

图 2-30 共源共栅运放

增益，高的开环增益对抑制非线性是必需的。

2. 小信号带宽

运放的高频特性在许多应用中起重要作用。例如，当频率增加时，开环增益开始下降，如图 2-31 所示，在反馈系统中产生更大的误差。小信号带宽通常被定义为单位增益频率，在今天的 CMOS 运放中，它可以超过 1 GHz。为更容易预测闭环频率特性，也可以规定 3 dB 频率 f_{3dB}。

3. 大信号带宽

在当今的许多应用中，运放必须在瞬态大信号下工作，在这种情况下，非线性现象使得对速度的表征非常困难，很难只通过小信号特性（如图 2-32 所示的开环特性）表示速度。例如，假定反馈电路包含一个实际的运放（该运放的输出阻抗是有限的），且驱动大的负载电容，在输入为 1 V 的阶跃电压时，该电路将如何工作？由于输出电压不能瞬间变化，运放自身在 $t \geqslant 0$ 时接收的电压差等于 1 V，这么大的电压差会在瞬间驱动运放进入非线性工作区。否则，运放的开环增益比如说是 1 000，则在输出端将产生 1 000 V 电压差。

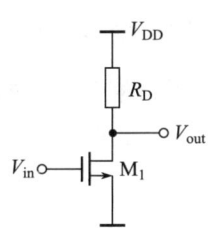

图 2-31　简单共源极电路

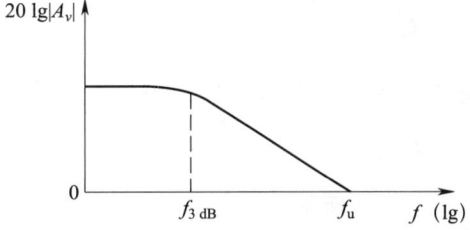

图 2-32　增益随频率下降

4. 输出摆幅

使用运放的多数系统要求大的电压摆幅以适应大范围的信号值。例如，能响应管弦乐队音乐的高质量的话筒产生的瞬时电压范围大于四个数量级，要求其后的放大器和滤波器能处理大的摆幅并达到低噪声。

对大输出摆幅的需求使全差分运放使用相当普遍，这种运放产生互补输出，大约输出有效幅度的两倍。尽管如此，最大的电压摆幅与器件尺寸、偏置电流、速度之间是需要折中的关系。

5. 线性

开环运放有很大的非线性,例如,在图 2-30 的电路中,输入对管在它的差分漏电流与输入电压之间呈现一种非线性关系,非线性问题可通过两种办法解决:采用全差分实现方式以抑制偶次项谐波;提供足够高的开环增益以使闭环反馈系统达到所要求的线性。值得注意的是,在许多反馈电路中,决定开环增益选择的因素是线性的要求,而不是增益误差的要求。

6. 噪声与失调

运放的输入噪声和失调确定了能被合理处理的最小信号电平。在常用的运放电路中,许多器件由于必须用大的尺寸或大的偏置电流,会引起噪声和失调。例如,在图 2-30 的电路中,$M_1 \sim M_2$ 和 $M_7 \sim M_8$ 产生的噪声最大。

我们必须认识到在噪声和输出摆幅之间的折中问题。对于给定的偏置电流,由于图 2-30 中 $M_7 \sim M_8$ 的过驱动电压被减低,以提供较大的输出摆幅,它们的跨导便会增加,它们的漏噪声电流也会增加。

7. 电源抑制

运放常常在混合信号系统中使用,并且有时连接到有噪声的数字电源线上。因此,在有电源噪声时,尤其是在噪声频率增加时,运放的性能是相当重要的。所以全差分结构更受欢迎。

(三)一级运放

图 2-33 表示了单端输出和差分输出的两种结构。这两种电路的低频小信号增益等于 $g_{mN}(r_{ON} \| r_{OP})$,这里的下标 N 和 P 分别表示 NMOS 和 PMOS。在亚微米器件的典型电流条件下,其增益值很难超过 20。其带宽通常由负载电容 C_L 决定,请注意,图 2-33a 的电路呈现一个镜像极点,而图 2-33b 的电路没有这个极点。还要注意采用这两种电路的反馈系统在稳定性方面的严格差别。

图 2-33 中的两个电路的 $M_1 \sim M_4$ 均产生噪声。需要注意的是,在运放电路中,至少有 4 个器件对输入噪声有贡献:2 个输入晶体管和 2 个负载晶体管。

单级运放构成的单位增益缓冲器如图 2-34 所示。

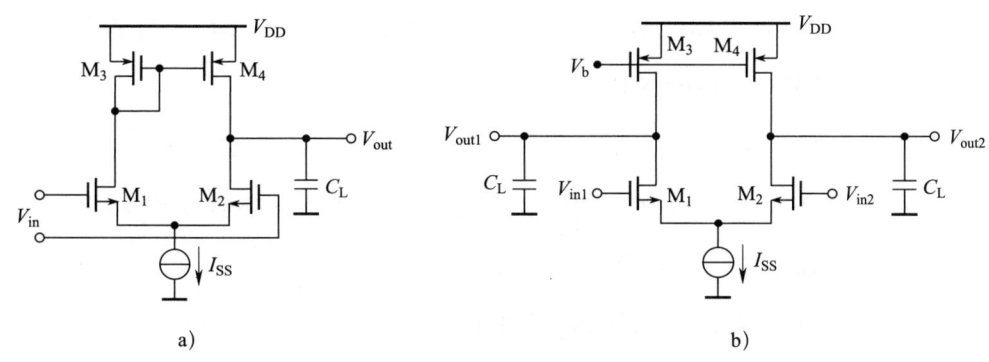

图 2-33 简单运放结构
a）单端输出结构　b）双端输出结构

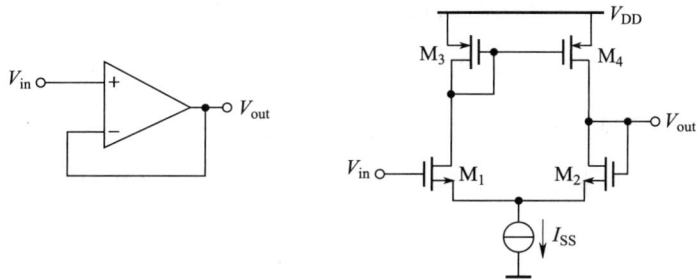

图 2-34 单级运放构成的单位增益缓冲器

最小允许输入电压等于 $V_{CSS}+V_{GS1}$。这里的 V_{CSS} 是电流源两端所要求的电压。最大输入电压由 M_1 处在线性区边缘的电压决定：$V_{in,\,max}=V_{DD}-|V_{GS3}|+V_{TH1}$。例如，如果每个器件（包括电流源）的阈值电压为 0.7 V，过驱动电压为 0.3 V，则 $V_{in,\,min}=0.3+0.3+0.7=1.3$ V。$V_{in,\,max}=3-(0.3+0.7)+0.7=2.7$ V。因此，当电源电压为 3 V 时，输入的共模范围为 1.4 V。

由于电路采用输出的电压反馈，输出阻抗等于开环的值除以环路增益与 1 之和。换句话说，对大的开环增益，闭环输出阻抗约等于 $(r_{OP}\|r_{ON})/[g_{mN}(r_{OP}\|r_{ON})]=1/g_{mN}$。

值得注意的是，闭环的输出阻抗相对独立于开环输出阻抗。这是重要的观察结果，这使我们能通过增大开环输出阻抗来设计高增益的运放，而闭环输出阻抗仍然较低。

（四）两级运放

截至目前，运放大多呈现出一级的特性，使输入对管产生的小信号电流直接流过输出阻抗。因此，这些电路的增益被限制在输入对管的跨导与输出阻抗的乘积之内。同时，这些电路的共源共栅提高了增益，而限制了输出摆幅。

在一些应用中，共源共栅运放提供的增益和（或）输出摆幅不满足要求，例如，助听器中的运放必须在 0.9 V 的低电源下工作而单端输出的摆幅大到 0.9 V。为此，我们需要采用两级运放：第一级提供高增益，第二级提供大的摆幅，如图 2-35 所示。与共源共栅运放相反，两级结构把增益和摆幅的要求分开处理。

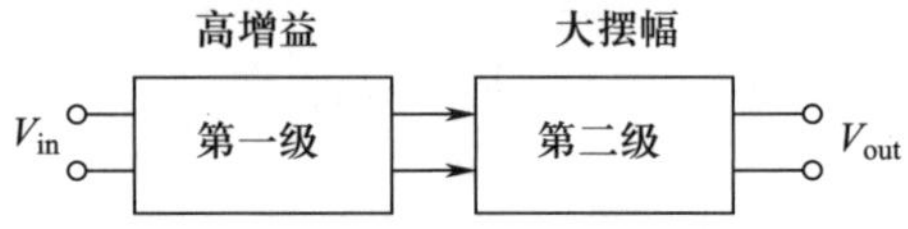

图 2-35 两级运放

图 2-35 中的每一级均可用前面几节研究过的高增益大摆幅的放大器。但第二级是简单的共源极的典型结构，以提供最大的输出摆幅。图 2-36 显示了一个例子，其中第一级、第二级的增益分别为 $g_{m1,2}(r_{O1,2}\|r_{O3,4})$ 和 $g_{m5,6}(r_{O5,6}\|r_{O7,8})$。因此，总的增益与一个共源共栅运放的增益差不多，但 V_{out1} 和 V_{out2} 的摆幅等于 $V_{DD}-|V_{OD5,6}|-V_{OD7,8}$。

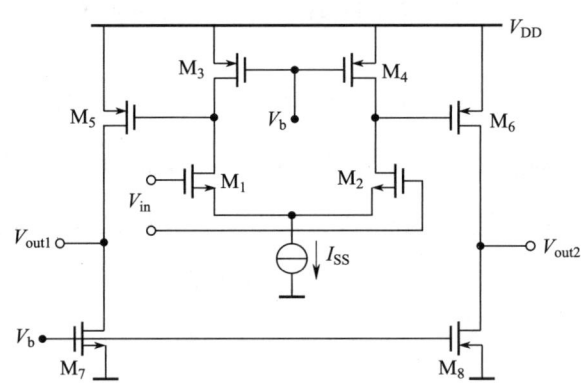

图 2-36 一种两级运放的简单实现

要得到高增益，第一级可插入共源共栅器件，如图 2-37 所示。例如，输出级增益为 10，结点 X 和 Y 的电压摆幅很小，为得到高增益，优化的设计中总的增益可表示为：

$$A_v = \{g_{m1,2}[(g_{m3,4}+g_{mb3,4})r_{O3,4}r_{O1,2}]\|[(g_{m5,6}+g_{mb5,6})r_{O5,6}r_{O7,8}]\}\times \quad (2\text{-}29)$$
$$[g_{m9,10}(r_{O9,10}\|r_{O_{11,12}})]$$

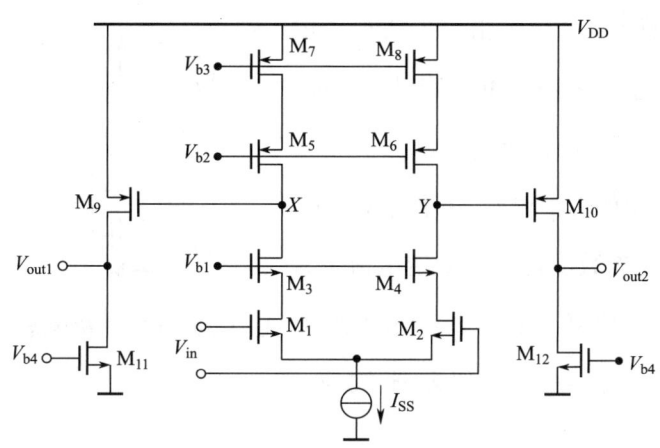

图 2-37 采用共源共栅的两级运放

两级运放也可提供单端输出，一种方法是把两个输出级的差分电流转换成单端电压，如图 2-38 所示。这种方法维持了第一级的差分特性，仅仅利用 $M_7 \sim M_8$ 电流镜产生单端输出。但要注意，如果把 M_1 的栅与 V_{out} 短路，以形成单位增益缓冲器，则最小所允许的输出电平为 $V_{GS1}+V_{CSS}$，严重限制了输出摆幅。

每一级增益在开环传输函数中会引入至少一个极点，在反馈系统中使用多级运放很难保证系统稳定，因此，运放很少多于两级。

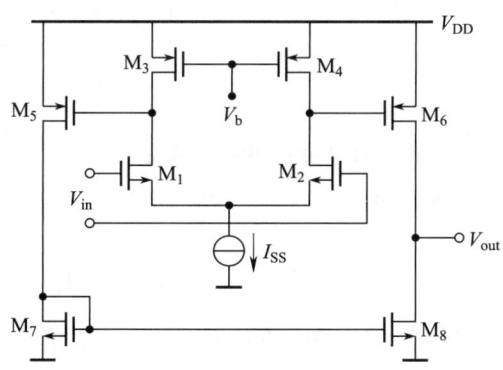

图 2-38 单输出端的两级运放

三、带隙基准

（一）与电源无关的偏置

图 2-39 所示为产生与电源无关的电流的简单电路，每个二极管方式连接的器件

都是由一个电流源驱动的，则相对而言 I_{REF} 和 I_{out} 与 V_{DD} 无关。选择一定的 MOS 管尺寸，如果忽略沟道长度调制效应，有 $I_{out}=KI_{REF}$。

由于图 2-39 中的 I_{REF} 和 I_{out} 几乎与 V_{DD} 无关，其大小由其他参数决定。为确定电流值，对电路加入另一个约束，如图 2-40a 所示的例子。图中，$V_{GS1}=V_{GS2}+I_{D2}R_S$，忽略体效应，则计算公式如下：

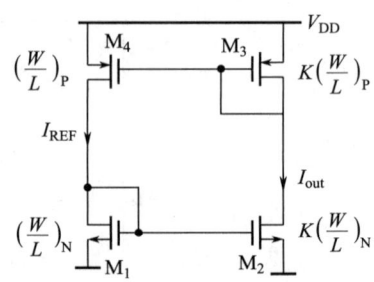

图 2-39 产生与电源无关的电流的简单电路

$$I_{out}=\frac{2}{\mu_n C_{ox}(W/L)_N}\frac{1}{R_S^2}\left(1-\frac{1}{\sqrt{K}}\right)^2 \qquad (2-30)$$

其电流与电压无关（但仍旧是工艺和温度的函数）。

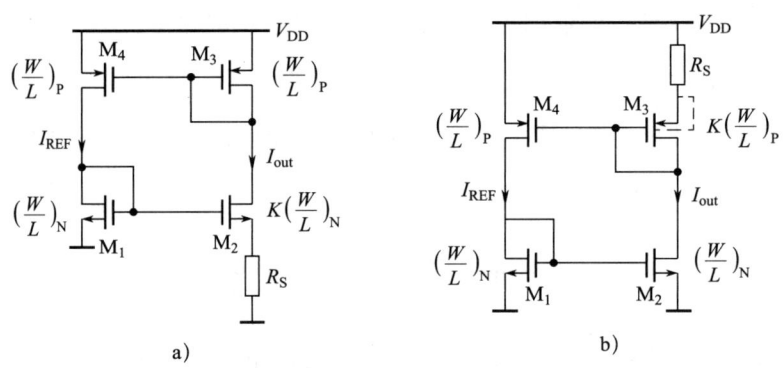

图 2-40 相关电路图

a）为确定电流而增加 R_S　b）消除体效应的替代电路

因为 M_1 和 M_2 的源极位于不同的电位，所以在前面的计算中假设 $V_{TH1}=V_{TH2}$ 会产生一些误差。如图 2-40b 所示，可在 M_3 的源极引入一个电阻，同时通过将每个 PMOS 晶体管源极和衬底相连来消除体效应。

如果沟道长度调制效应可以忽略，图 2-40a 和图 2-40b 的电路表现出很小的电源依赖性。因此，此电路中的所有晶体管均采用相对较长的沟道。

在与电源无关的偏置电路中存在"简并"偏置点问题。在图 2-40a 所示电路中，如果电源上电时，所有的晶体管都传输零电流，则它们会无限期保持关断。这就是

电路的启动问题，可通过增加一种电路来解决。图 2-41 所示的电路中，二极管连接的器件 M_5 在上电时提供了从 V_{DD} 经 M_3、M_1 到地的电流通路，所以 M_3 和 M_1 不会保持关断，从而 M_2 和 M_4 都不会保持关断。此方法只有在 $V_{TH1}+V_{TH5}+|V_{TH3}|<V_{DD}$ 和 $V_{GS1}+V_{TH5}+|V_{GS3}|>V_{DD}$ 时才是实用的，后一条可保证启动后 M_5 保持关断。

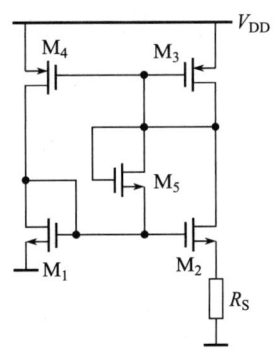

图 2-41　电路中增加启动元件

（二）与温度无关的基准

在半导体工艺中，大多数工艺参数是随温度变化的，所以如果一个基准与温度无关，那么它通常也是与工艺无关的。

对于随温度变化向相反方向变化的电压 V_1 和 V_2 来说，适当选取 α_1 和 α_2 使 $\alpha_1 \partial V_1/\partial T+\alpha_2 \partial V_2/\partial T=0$，可得到具有零温度系数的电压基准 $V_{REF}=\alpha_1 V_1+\alpha_2 V_2$。而对于正温度系数和负温度系数的两种电压，由于双极晶体管的特性参数的重复性最好，具有能提供正温度系数和负温度系数的、严格定义的量，所以基准产生电路中常采用双极电路。

对于负温度系数电压，双极晶体管的基极-发射极电压，或者说 pn 结二极管的正向电压，具有负温度系数。对于一个双极器件，有 $I_C=I_S e^{V_{BE}/V_T}$，其中 $V_T=kT/q$，饱和电流 I_S 正比于 $\mu k T n_i^2$，其中 μ 为少数载流子的迁移率，n_i 为硅的本征载流子浓度。这些参数与温度的关系为 $\mu \propto \mu_0 T^m$，其中 $m \approx -3/2$，并且 $n_i^2 \propto T^3 e^{-E_g/(kT)}$，其中 $E_g \approx 1.12 \text{ eV}$，为硅的带隙能量。所以

$$I_S = bT^{4+m} e^{\frac{-E_g}{kT}} \tag{2-31}$$

其中，b 为比例系数。写出 $V_{BE}=V_T \ln(I_C/I_S)$，可以得到：

$$\frac{\partial V_{BE}}{\partial T}=\frac{V_T}{T}\ln\frac{I_C}{I_S}-(4+m)\frac{V_T}{T}-\frac{E_g}{kT^2}V_T \tag{2-32}$$

$$=\frac{V_{BE}-(4+m)V_T-E_g/q}{T} \tag{2-33}$$

式（2-33）为特定温度 T 下的基极-发射极电压的温度系数，其与 V_{BE} 本身的大小有关。

对于正温度系数电压，如果两个双极晶体管工作在不相等的电流密度下，那么它们的基极－发射极电压的差值就与绝对温度成正比。如图2-42所示，如果两个同样的晶体管（$I_{S1}=I_{S2}$）偏置的集电极电流分别为nI_0和I_0，并忽略它们的基极电流，那么

$$\Delta V_{BE} = V_{BE1} - V_{BE2} \tag{2-34}$$

$$= V_T \ln \frac{nI_0}{I_{S1}} - V_T \ln \frac{nI_0}{I_{S2}} \tag{2-35}$$

$$= V_T \ln n \tag{2-36}$$

这样，V_{BE}的差值就表现出正温度系数：

$$\frac{\partial \Delta V_{BE}}{\partial T} = \frac{k}{q} \ln n \tag{2-37}$$

而且这个温度系数与温度或集电极电流的特性无关。

利用上述正、负温度系数的电压可以得到零温度系数的基准。有$V_{REF}=\alpha_1 V_{BE}+\alpha_2(V_T \ln n)$，选择$\alpha_1$、$\alpha_2$即可得到零温度系数的基准。如图2-43所示电路为一种实际基准电路，其输出电压为：

$$V_{out} = V_{BE2} + \frac{V_T \ln n}{R_3}(R_3+R_2) \tag{2-38}$$

$$= V_{BE2} + (V_T \ln n)\left(1+\frac{R_2}{R_3}\right) \tag{2-39}$$

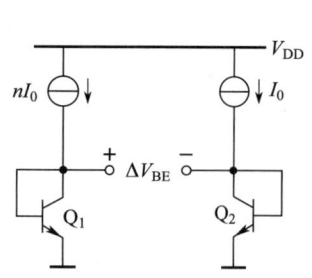

图2-42　PTAT电压产生电路

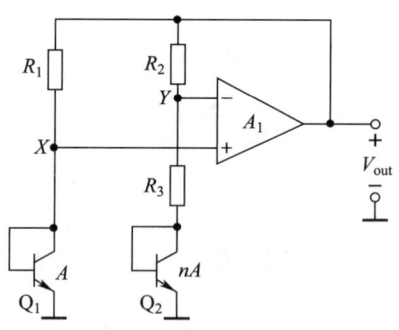

图2-43　一种实际基准电路

图2-43所示的电路中，只要运放的开环增益足够高，输出电压就相对独立于电源电压。但如果V_X和V_Y均等于零，运放的输入差分对可能会关断，可以增加与图2-40所示相似的启动技术，保证运放在上电时正常工作。

（三）PTAT 电流的产生

由上述分析可知双极晶体管的偏置电流与绝对温度成正比（Proportional to Absolute Temperature，PTAT）。PTAT 电流可以通过如图 2-44 所示电路产生，也可将图 2-39 所示电路与双极晶体管结合，得到 2-45 所示电路。假设 $M_1 \sim M_2$ 和 $M_3 \sim M_4$ 均为相同对管，要使 $I_{D1}=I_{D2}$，电路必须保证 $V_X=V_Y$。所以，$I_{D1}=I_{D2}=(V_T\ln n)/R_1$，结果使 I_{D5} 产生相同特性。

可将图 2-45 的电路改为产生带隙基准电压的电路。如图 2-46 所示，将 PTAT 电压 $I_{D5}R_2$ 加到基极-发射极电压上，得到输出电压为：

$$V_{REF} = V_{BE3} + \frac{R_2}{R_1}V_T \ln n \qquad (2-40)$$

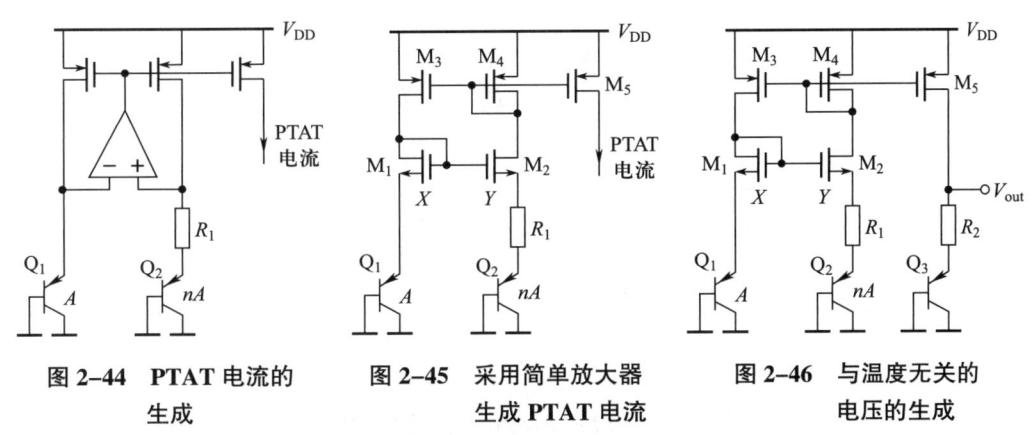

图 2-44　PTAT 电流的生成　　　图 2-45　采用简单放大器生成 PTAT 电流　　　图 2-46　与温度无关的电压的生成

这里假设所有的 PMOS 管都相同。只要保证式（2-40）中两项和是零温度系数，V_{BE3} 的值以及因此对 Q_3 的尺寸选择，就都有几分任意性。

四、开关电容电路基础

（一）概述

输入为连续信号且经电路得到的输出也是连续信号的电路称为连续时间电路，其放大器在音频、视频及高速模拟系统中都有广泛应用。但是，在很多情况下仅仅在周期性时间间隔内检测输入信号，而在其余时间忽略其值，然后电路对每一个"采样"进行处理，在每个周期末产生有效的输出值。这种电路被称为离散时间系统或数据采样系统。"开关电容（SC）电路"的离散时间系统是研究更高级的电路（如滤波器、比较器、ADC/DAC 等）的基础。

为了理解采样电路的原理，首先研究一个简单的连续时间放大器电路，如图 2-47a 所示，图 2-47b 是其等效电路。要达到高的电压增益，通常需要运放的开环输出电阻很大，通常接近 200 kΩ。较低的输出电阻会显著影响运放的开环增益和电路的精度。

根据式（2-41）所示的增益表达式，与 $R_{out}=0$ 的情况相比，闭环增益在分子和分母上都是不精确的，并且近似等于的放大器的输入电阻是前一级的负载，所产生的热噪声还会输入前一级。

$$\frac{V_{out}}{V_{in}} = -\frac{R_2}{R_1} \cdot \frac{A_v - \dfrac{R_{out}}{R_2}}{1 + \dfrac{R_{out}}{R_1} + A_v + \dfrac{R_2}{R_1}} \tag{2-41}$$

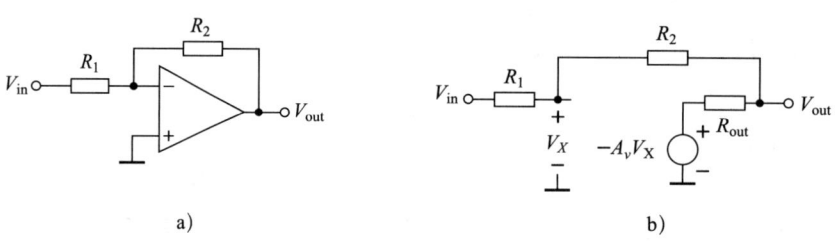

图 2-47　连续时间反馈放大器及等效电路

a）连续时间反馈放大器　b）图 a 的等效电路

现在考虑如图 2-48 所示的开关电容电路，其中 3 个开关的控制作用为：S_1 和 S_3 分别使 C_1 的左极板与 V_{in} 和地相连，S_2 提供单位增益反馈。图 2-48 所示电路的许多特性使其区别于连续时间电路。第一，电路要花费一些时间来对输入信号采样，在这段时间内电路不提供放大功能，而且输出为零；第二，在采样结束后，即 $t>t_n$ 时，电路不管输入信号 V_{in}，仅仅对采样电压放大；第三，电路结构明显从一种状态转换到了另一种状态，因而产生了电路的稳定性问题。

相对于图 2-47 的电路，图 2-48 的放大电

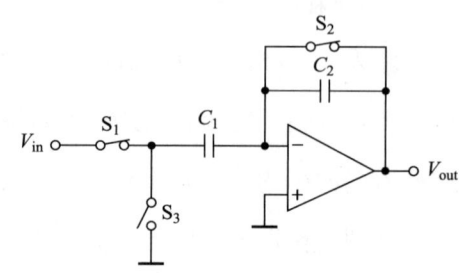

图 2-48　开关电容放大器

路除了具有采样功能外,从图 2-49 所示的波形可见,在 V_{out} 稳定后通过电容 C_2 的电流接近零。也就是说,如果输出电压有充足的时间达到稳定,那么反馈电容就不会降低放大器的开环增益。相比之下,在图 2-47 中,R_2 始终作为放大器的负载。开关电容电路的工作过程主要经历两个阶段:采样阶段和放大阶段,所以除了模拟输入信号 V_{in} 外,电路还需要一个时钟信号来确定每个阶段。

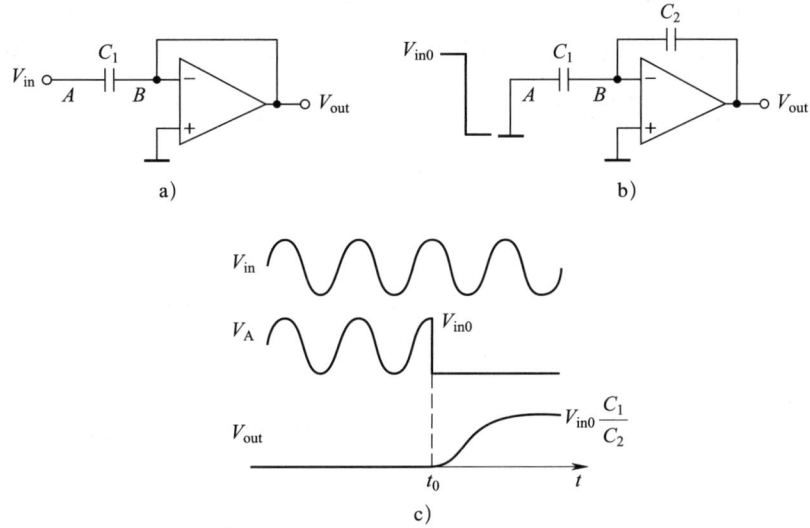

图 2-49　图 2-48 电路的工作状态

a) 采样阶段　b) 放大阶段　c) 工作状态

(二) 采样开关

图 2-50a 是一个简单的采样电路,它包括一个开关和一个电容。可用 MOS 器件作为一个开关(见图 2-50b),这是因为当通过的电流为零时,MOS 可以是导通的;其

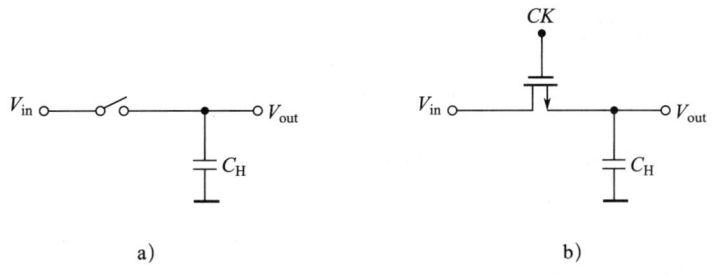

图 2-50　采样电路及实现

a) 简单的采样电路　b) 采用 MOS 器件作开关

源极和漏极电压不受它的栅极电压"牵制",也就是说,如果栅电压发生变化,源极或漏极的电压不会随之变化。与此相反,双极晶体管不具备这两种特性,通常需要采用复杂电路来实现采样功能。

对于采样电路,首先需要关注的是速度问题。如图 2-51 所示,当开关导通后,输出电压从零上升到最大输入电平所需的时间,就是开关电路速度的定义。由于 V_{out} 上升到等于 V_{in0} 的值需要无限时间,因此认为输出电压在最终值 V_{in0} 附近的某一误差范围 ΔV_{in} 内,输出值达到稳定。采样速度由两个因素确定:开关的导通电阻以及采样电容的大小。因此,为了获得较高的采样速度,需要采用大宽长比的器件以及小的采样电容值。但是,由于导通电阻还与输入电平有关,所以更大的正的输入会产生更大的时间常数。

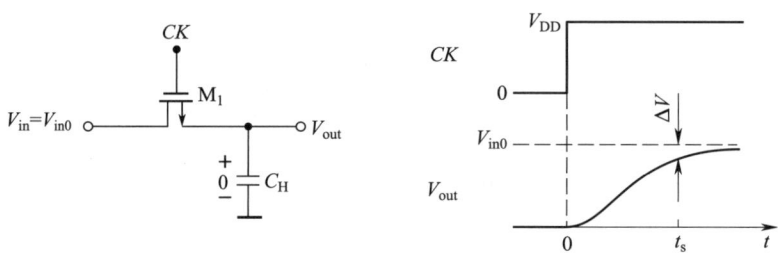

图 2-51 采样电路的充电过程

前面对 MOS 开关的研究表明,较大的 W/L 或较小的采样电容能得到较高的采样速度。这里会看到这些提高速度的方法会降低信号采样的精度,在开关断开的瞬间,MOS 器件工作时有 3 种机制会产生误差:沟道电荷注入、时钟馈通和热噪声。

一个 MOSFET 处于导通状态时,二氧化硅与硅的界面必然存在沟道。假设 $V_{in} \approx V_{out}$ 反型层中的总电荷表示为:

$$Q_{ch} = WL\, C_{ox} (V_{DD} - V_{in} - V_{TH}) \tag{2-42}$$

式中,L 为有效沟道长度。当开关断开后,Q_{ch} 会通过源端和漏端流出,这种现象就称为沟道电荷注入。

开关断后的电荷注入如图 2-52 所示。

除了沟道电荷注入,MOS 开关还会通过其栅漏或栅源交叠电容将时钟跳变耦合到采样电容上。如图 2-53 所示，这种效应给采样输出电压引入误差。假设交叠电容固定不变，误差可以表示为：

$$\Delta V = V_{CK} \frac{W C_{ox}}{W C_{ox} + C_H} \tag{2-43}$$

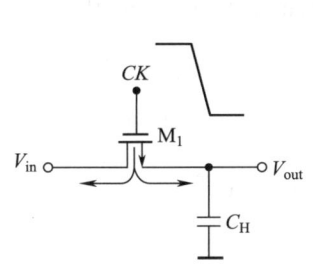

图 2-52　开关断开后的电荷注入

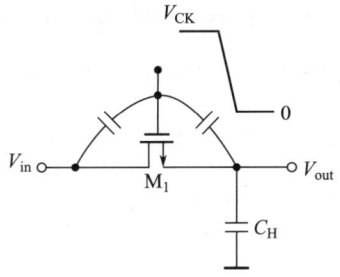

图 2-53　采样电路中的时钟馈通

式中，C_{ox} 为单位宽度的交叠电容误差。ΔV 与输入电压无关，在输入－输出特性中表现为固定的失调，和电荷注入一样，时钟馈通效应也产生速度和精度之间的折中问题。

开关的导通电阻在输出端引入了热噪声，并且当开关断开时，这个噪声随同输入电压的瞬时值保存在电容上了。可以证明，这种情况下采样噪声的均方根值电压仍然近似等于 $(KT/C)^{\frac{1}{2}}$。

采样电路的热噪声如图 2-54 所示。

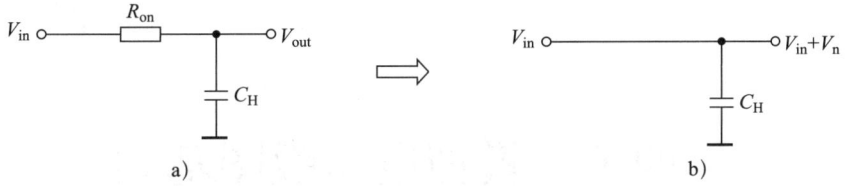

图 2-54　采样电路的热噪声
a）开关导通电阻等效模型　b）噪声等效示意图

在许多高精度应用中 KT/C 噪声问题限制了 SC 电路的性能。为了达到低噪声，采样电容必须足够大，但这样会增加电路负载并降低速度。

（三）开关电容放大器

采用电容反馈网络的 CMOS 反馈放大器比用电阻反馈网络的放大器更容易实现。

此处以开关电容结构的单位增益采样器/缓冲器为例,理解开关电容放大器的基本原理以及每种电路设计过程中遇到的速度与精度的折中问题。

现在考虑图 2-55a 所示的电路结构,其中 3 个开关控制着电路的采样及放大模式,在采样模式中,S_1 和 S_2 导通,S_3 断开,产生的电路结构如图 2-55b 所示。这样,$V_{out}=V_X \approx 0$,电容 C_H 两端的电压跟踪 V_{in},在 $t=t_0$ 时,$V_{in}=V_0$,S_1 和 S_2 断开,S_3 导通,电容跨接在运放的输入输出两端,电路进入放大模式(见图 2-55c)。因为运放的高增益要求结点 X 仍为虚地且存储在电容上的电荷必须守恒,所以 V_{out} 的值上升到近似等于 V_0,这样这个电压就被"冻结"并可以被后续电路处理。

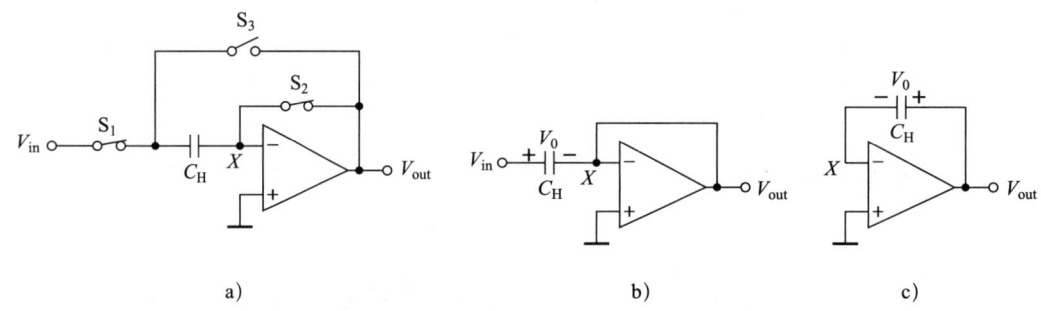

图 2-55 单位增益采样器及等效工作模式

a)单位增益采样器 b)图 a 的采样模式 c)图 a 的放大模式

第四节 模拟电路版图基础

考核知识点及能力要求:

- 掌握基本器件的版图制造基础;

- 掌握基本的设计规则定义；
- 掌握基本的版图绘制技巧；
- 掌握版图可靠性分析的基本概念。

一、CMOS 工艺器件基础

1962 年开发出硅平面 MOS 工艺技术，并制成了 MOS 集成电路。与双极集成电路相比，MOS 集成电路具有功耗低、结构简单、集成度和成品率高的优点。CMOS 工艺是在 PMOS 和 NMOS 工艺基础上发展起来的。典型 CMOS 工艺是在 p 型衬底上进行 MOS 管、晶体管、二极管、电阻、电容、电感等器件的制造的技术。CMOS 中的 C 表示"互补"，即将 NMOS 器件和 PMOS 器件同时制作在同一硅衬底上，进行集成电路的制造。下面就标准 CMOS 工艺简要介绍各器件的结构。

（一）MOS 管

CMOS 工艺下的 NMOS 器件和 PMOS 器件剖面图如图 2-56 所示，其中 NMOS 管直接制作在 p 型衬底上，两个重掺杂 n 区形成源端和漏端，重掺杂的多晶硅区作为栅，一层薄 SiO_2 使栅与衬底隔离。器件的有效作用就发生在栅氧化层下的衬底区。这种结构的源和漏是对称的。源漏方向的栅的尺寸叫作栅长 L，与之垂直方向的栅的尺寸叫作栅宽 W。PMOS 器件可以通过将所有掺杂类型取反来实现，实际生产中，NMOS 和 PMOS 须做在同一晶片上，因此，PMOS 器件做在一个局部掺杂类型取反的衬底上，常称为 n 阱，n 阱必须接一定的电位以便 PMOS 管的源/漏结二极管在任何情况下都保持反偏，在大多数电路中，n 阱与最正的电源供给相连。

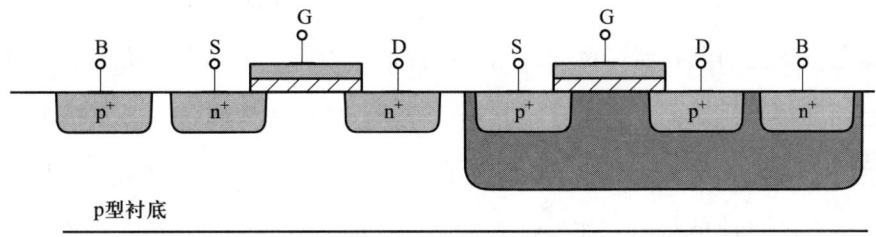

图 2-56　CMOS 工艺下的 NMOS 器件和 PMOS 器件剖面图

（二）晶体管

CMOS 工艺可以制造衬底 pnp 晶体管，器件剖面图如图 2-57 所示，n 阱中的 p^+ 区作为发射区，n 阱本身作为基区，p 型衬底作为集电区，并且必然连接到最负的电源，从而形成 pnp 晶体管。早期 10 V 多晶硅栅 CMOS 工艺制造的衬底 pnp 晶体管的 β 值在 100 以上，其他更先进的工艺却难以获得超过 5 或 10 的 β 值。这主要有以下 3 个原因：浅退化阱的使用、现代的超薄源/漏注入和硅化沟槽的使用。10 V 多晶硅栅 CMOS 工艺的 n 阱区很深且轻掺杂。当 CMOS 工艺的工作电压下降时，n 阱变浅且掺杂加重。引入浅阱深有利于增加横向间距，而重掺杂有利于控制沟道长度调制和穿通。尽管浅阱有利于 gummel 数，但这方面的益处都被阱掺杂浓度的升高而抵消。现在，许多现代 CMOS 工艺都使用退化阱。引入退化阱的主要原因是减小去偏压，限制耗尽区向下扩散，通过消除衬底 pnp 管的 β 增益提高抗闩锁的能力。

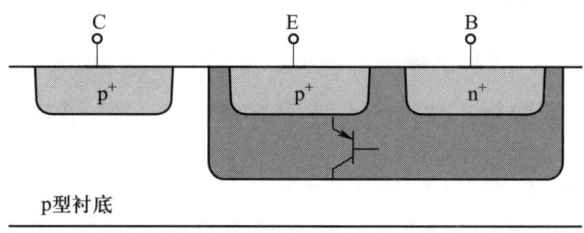

图 2-57　CMOS 工艺下的衬底 pnp 晶体管

（三）二极管

在标准 CMOS 工艺中，可以制成两种类型的 pn 结：一种是做在 p 型衬底中，另一种是做在 n 阱里面，如图 2-58 所示。前者必须保持反向偏压，因此，它实际上只能作为随电压变化的电容器，例如，用在压控振荡器中。而做在 n 阱中的二极管在正偏时也会面临很多困难。n 阱中的 p^+ 区、n 阱和 p 型衬底组成了一个双极型 pnp 晶体管，其集电极一般接地，因此，若 n 阱中的 pn 结正偏，就有很大的电流从 p^+ 流向衬底，换言之，此时这种结构不能仅仅看作是一个两端悬浮的二极管。尽管如此，若 n 阱中的 pn 结反偏，它可以作为可变电容使用。基于以上原因，模拟 CMOS 电路很少使用正偏的二极管。

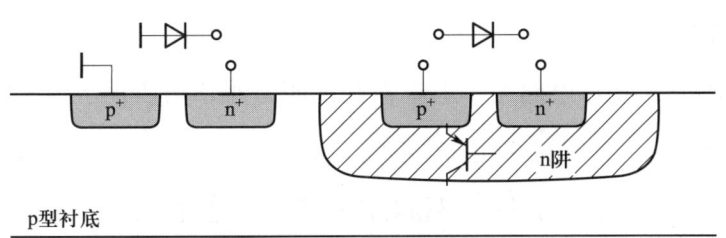

图 2-58 CMOS 工艺中的二极管

（四）电阻

可以调整 CMOS 工艺以提供适合于电路设计所要求的电阻，一个常用方法是选择性地"阻挡"淀积在多晶硅上的硅化物层，从而形成一个与掺杂多晶有相同电阻率的区域，剖面图如图 2-59 所示，电阻两端采用硅化物，与将金属层与掺杂多晶硅直接连接相比，可大大降低接触电阻，这种方法不仅提高了电阻值的精度，而且改善了相同结构之间的匹配，缺点是制造过程中需要额外增加一块掩膜版和相应的光刻工序。

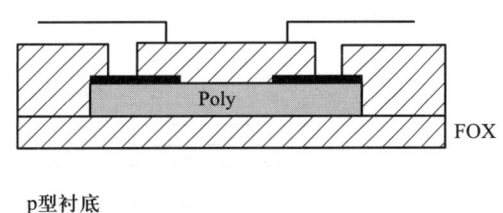

图 2-59 使用硅化物阻挡层的多晶电阻剖面图

在一个纯数字工艺中，覆盖有硅化物的多晶硅、覆盖有硅化物的 p^+ 或 n^+ 有源区、n 阱以及金属层都可以作为电阻。由于硅化物层的电阻率很低，更主要是其电阻值变化显著（如达到 ±50%），因此很少用于模拟电路中。一个 n 阱电阻如图 2-60 所示，其电阻率可能会随工艺变化百分之几十。由于 n 阱电阻的薄层方块电阻值约为 1 kΩ，在要求不严的情况下可以使用。

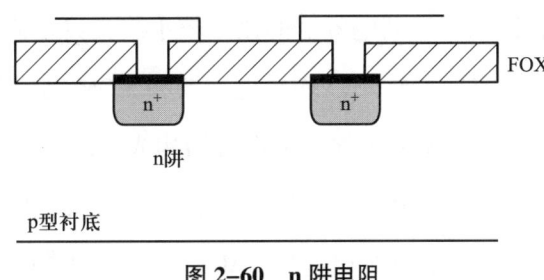

图 2-60 n 阱电阻

（五）电容器

在现代的模拟 CMOS 电路中，电容器被证明是必不可少的，通常可以采用多晶硅－扩散层、多晶硅－多晶硅来制作电容器，如图 2-61 所示，这些结构基于的想法是在两个悬浮导电层间生长或淀积一层相对比较薄的氧化层，从而形成一个下极板寄生电容适中（10%～20%）的高密度电容器。其中，多晶硅－扩散层电容器由于制作简单而成为最常见的一类电容器，但仍需要额外的一块掩膜版和一些相关的制作工序。多晶硅－多晶硅电容器用在"双多晶"工艺中，如用于制造电可擦除可编程只读存储器（EEPROM），这种结构需要一块电容器掩膜版和一些工艺步骤来淀积、刻蚀第二层多晶硅。

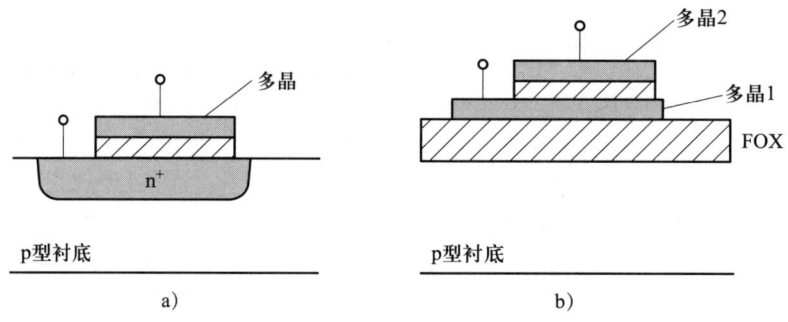

图 2-61　电容器
a）多晶硅－扩散层　b）多晶硅－多晶硅

由 MOS 管实现的电容器是 CMOS 工艺中最简单的一种，如图 2-62 所示，这种器件有一个从低电压时的小电容值到电压超过 V_{TH} 后的大电容值的变化。由于在工艺中栅氧化层通常是最薄的一层，因此偏置在强反型状态下的 MOS 电容器的单位面积电容非常大，若需要大的电容值，则使用这种电容器可节省相当大的面积，也由于同样的原因，下极板寄生电容器相对于栅电容器的比率较小，其典型值为 10%～20%。

此外，金属－金属电容器主要分为 MIM 电容器和 MOM 电容器两种。MIM 电容器被称为极板电容器，利用上、下层金属间的电容器构成。由于上、下层金属在三维空间内距离氧化层较远，因此会在上、下层金属添加 CTM 层次，并且用通孔连接上、下层金属，以此来缩小极板间距，增加电容器。MIM 电容器通常所占面积较大，电容值比较精确，一般不随偏压变化而变化。MOM 电容器为金属侧壁电容器，主要利用同层金属边沿之间的电容器,如图2-63所示,在版图设计过程中,为了缩小面积,可以叠加多层金属。

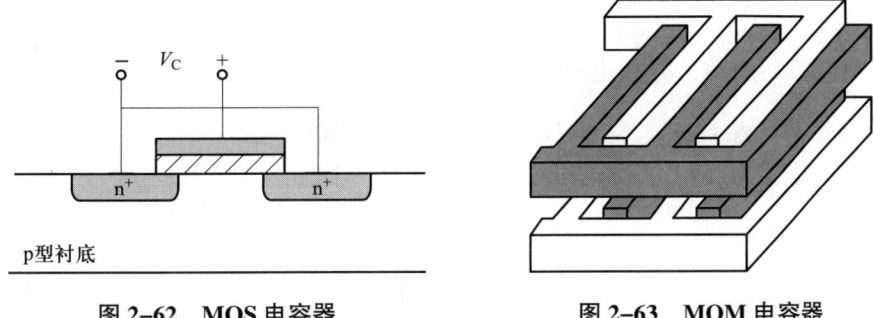

图2-62　MOS电容器　　　　　图2-63　MOM电容器

(六)电感

电感也是集成电路中比较常用的器件,最简单的电感由环形导线构成,但其不能产生大电感,分立电感克服上述困难的方法是将多个导线环逐层堆叠起来形成一种螺旋状结构,称为线圈。在线圈中每圈导线称为一匝,每匝产生的磁场也会通过其他所有匝,称为磁耦合。这种耦合使得每匝的等效电感等于单匝电感值乘以匝数。因此,这个线圈的电感值与匝数的平方成正比。

由于线圈很难集成,人们开发出一种替代结构,称为平面电感。由螺旋线和连接到内部的抽头构成,如图2-64所示,分别为圆形、八边形和方形结构。

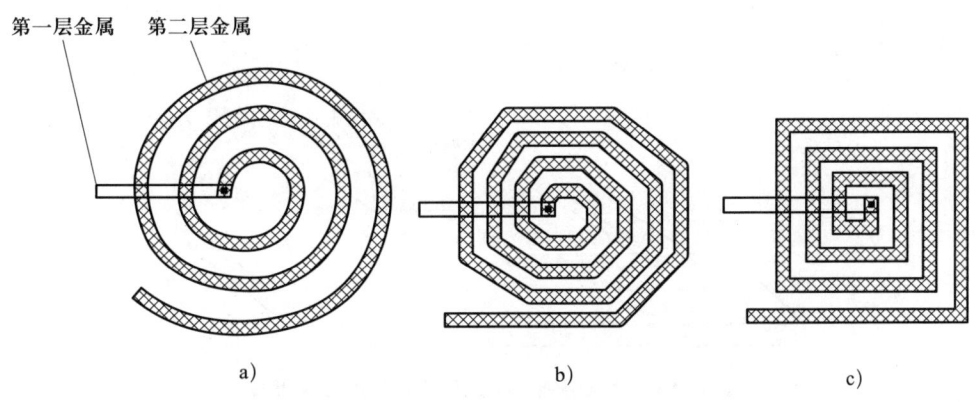

图2-64　电感

a)圆形平面电感　b)八边形平面电感　c)方形平面电感

可采用以下公式计算方形或八边形平面电感值：

$$L = \frac{K_1\mu_0 N^2 (d_0+d_i)}{2\left(1+K_2\dfrac{d_0-d_i}{d_0+d_i}\right)} \quad (2\text{-}44)$$

其中，N 为电感的圈数，d_0 为电感的外直径，d_i 为电感的内直径，K_1 和 K_2 为常数。对于方形平面电感，$K_1=2.34$，$K_2=2.75$。对于八边形电感，$K_1=2.25$，$K_2=3.55$。内径 d_i 可通过式（2-44）求得：

$$d_i = d_0 - 2Np \quad (2\text{-}45)$$

其中，p 是金属线间距，其值等于线宽和邻圈间距之和。

二、设计规则基础

虽然电路设计决定每个晶体管的宽度和长度，但版图中其他大多数尺寸都要受"设计规则"的限制。严格遵守设计规则，可以保证电路能被正确加工并较大限度缓解非理想因素的影响，提高良率。大多数版图设计遵循以下几种规则。

（一）最小宽度

掩膜上定义的几何图形的宽度（和长度）必须大于一个最小值，该值由光刻和工艺决定。若矩形多晶硅连线的宽度太窄，则由于制造偏差的影响，可能会导致多晶硅断开，或在局部出现一个大电阻。通常，连线层越厚，该层最小允许的宽度也越大，这表明，随着工艺尺寸的减小，层厚度也必须按比例缩小。图 2-65 是 0.25 μm 工艺下最小宽度的例子。

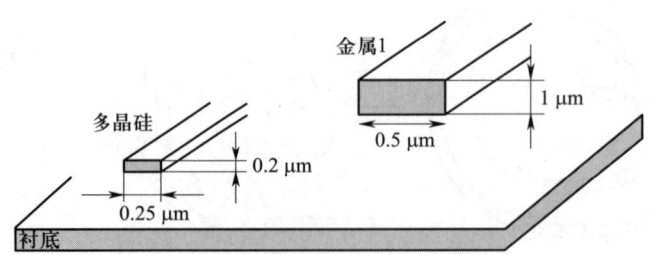

图 2-65　金属连线和多晶硅连线的厚度和宽度

注：厚度是版图设计人员无法控制的。

（二）最小间距

在同一层掩膜上，各图形间间隔必须大于最小间距，在某些情况下，不同层的掩膜图形的间隔也必须大于最小间距。若两条多晶硅连线间间隔太小，则可能造成短路。图 2-66 为有源区与多晶硅最小间距的例子，一条多晶硅连线靠近晶体管的源或漏区，必须有一最小间距来保证包围晶体管的注入区与该多晶硅连线不会发生交叠。

（三）最小包围

版图设计时，n 阱和 p^+ 注入区在环绕晶体管时均应有足够的余量，以确保在出现制造偏差时器件部分始终在 n 阱和 p^+ 注入区里面。这些就是最小包围的例子。图 2-67 给出了一个多晶硅连线与第一层金属连线通过接触孔连接的例子。为保证接触孔位于多晶硅与第一层金属的正方形区域内，应使多晶硅与第一层金属均在接触孔周围留有足够余量。

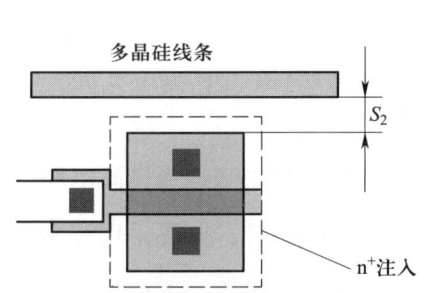

图 2-66 有源区与多晶硅的最小间距

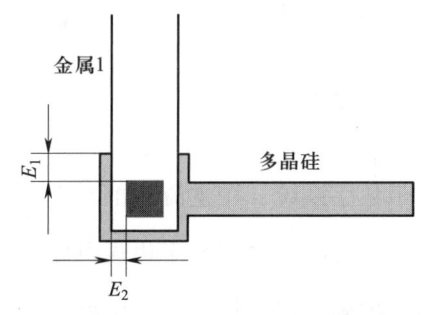

图 2-67 多晶硅与金属包围接触孔的规则

（四）最小延伸

一些图形在其他图形的边缘外还应至少延长一个最小长度。如图 2-68 所示，为确保晶体管在有源区边缘能正常工作，多晶硅栅极必须在有源区以外具有最小延伸。

（五）密度限制

在集成电路版图设计时，设计规则还会对金属密度做出限定，主要是出于整个芯片上金属均匀性的考虑。若金属密度不够均匀，在经过金属淀积后，金属密度小的地方出现低凹，再进行刻蚀和抛光后，原本版图上金属密度低的区域，对应在晶圆上的金属的厚度要比金属密度较高区域的薄。因此直接影响晶圆的平坦度，从而影响后

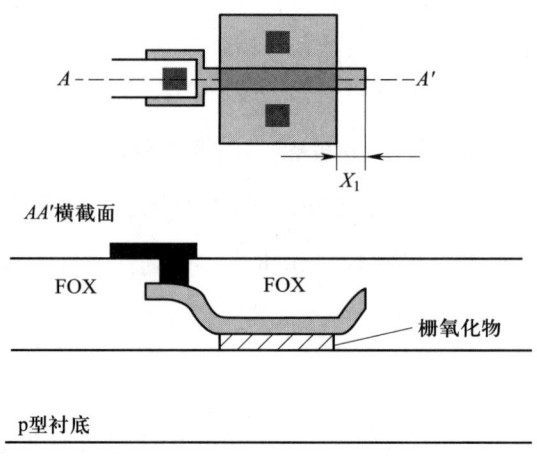

图 2-68 多晶硅超出栅区的延伸

续工序的精准度,造成集成电路的电学性能不良而直接影响晶圆的良品率,因此,进行版图设计时,必须遵守密度规则。

除上述五种规则外,还须遵循一些最大允许尺寸。例如,为避免"起皮"问题,长金属线的最小宽度通常应大于短金属线的最小宽度。

三、版图设计技术

对于数字系统,在主流 CMOS 工艺中须采用各种设计规则来适当提高电路设计质量,同时最大限度提高数字集成电路的成品率。对于模拟系统,则要采用许多版图方面的预防措施,以便将失配、串扰、噪声等效应的影响减至最小。下面就匹配性、对称性和屏蔽保护三方面进行版图设计技术的介绍。

(一)匹配性

在集成电路版图设计中良好的匹配性设计,可以提高电路性能。匹配性设计是指敏感器件与核心器件(如差分输入对管、电流镜等)都需要进行匹配,以保持器件方向、宽度及周围环境的一致性。若匹配性设计做得不好,可能导致最终呈现的电路偏差较大而严重影响电路的性能。下面以叉指晶体管为例来说明。

通常情况下,为减小 MOS 管的 S/D 结面积和栅电阻,沟道宽度大的晶体管常采用"折叠"的形式,如图 2-69a 所示。对于沟道宽度非常大的管子,采用折叠结构仍无法达到宽度的要求,就需要用到"叉指"结构,如图 2-69b 所示。每一个指状晶体管的宽度的选取要保证该晶体管的栅电阻小于其跨导的倒数,在低噪声电路中,栅电阻必须是 $1/g_m$ 的 $1/10 \sim 1/5$。

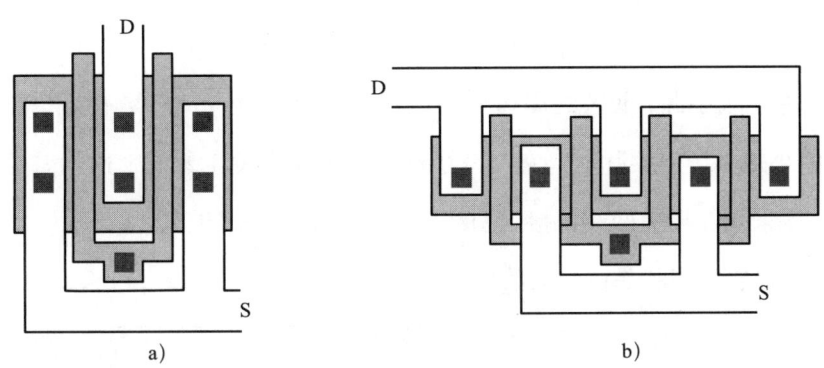

图 2-69 MOS 结构

a) 简单 MOS 管折叠结构　b) 叉指结构

把一个晶体管分成多个并联指状晶体管,虽然可以减小栅电阻,但源/漏区的周边电容变大了。以图 2-70 所示结构为例,当 3 个指状晶体管并联时,源或漏总周长如下:

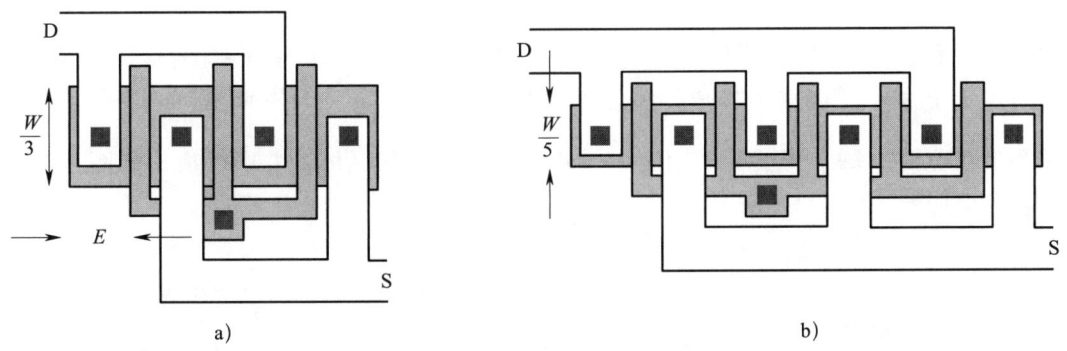

图 2-70 并联指状晶体管

a) 3 个指状晶体管结构　b) 5 个指状晶体管结构

$$2\left(2E+\frac{2W}{3}\right)=4E+\frac{4W}{3} \quad (2-46)$$

而由 5 个指状晶体管并联时,总周长为:

$$2\left(2E+\frac{2W}{5}\right)=6E+\frac{6W}{5} \quad (2-47)$$

一般情况下，构成指状晶体管的数目 N 为奇数，可以得出源/漏区的周边电容：

$$C_{\mathrm{P}} = \frac{N+1}{2}\left(2E + \frac{2W}{N}\right)C_{\mathrm{jsw}} = \left[(N+1)\ E + \frac{N+1}{N}W\right]C_{\mathrm{jsw}} \quad (2\text{-}48)$$

所以，为了减小源/漏区的周边分布电容，要使指状晶体管数目乘以 E（NE 值）必须比 W 值小很多。但实际上，它与减小栅极电阻噪声发生矛盾，这就需要在二者中进行折中，或采用在栅极两端都接上引线的方法来减小栅极电阻。

若构成晶体管的指状晶体管的数目很大，则可采用图 2-71 所示的结构，这样晶体管的图形就不会很长，避免了整个电路版图中出现不成比例的尺寸。

对于共源共栅电路，若输入管 M_1 与共源共栅管 M_2 的栅宽相同，则其版图可以简化，M_1 的漏与 M_2 的源共用一个连接区，且这个连接区不与其他结点相连，不必提供接触孔，因而可以做得很小。图 2-72a 为简化前的栅宽相同的共源共栅结构，图 2-72b 为简化后的结构。因此，M_1 的漏电容可大大减小，提高了高频性能。当这两个管子栅极较宽时，每个管子可采用两个或两个以上的指状晶体管并联而成，如图 2-72c 所示。

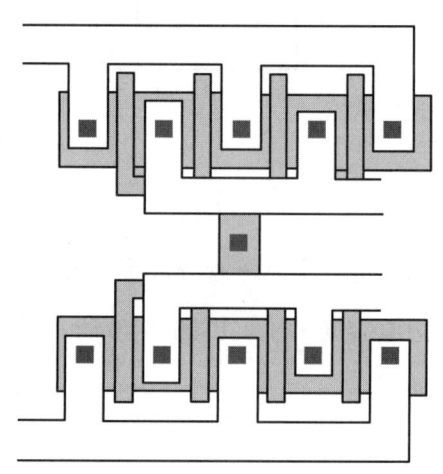

图 2-71 多个指状晶体管构成的宽晶体管版图结构

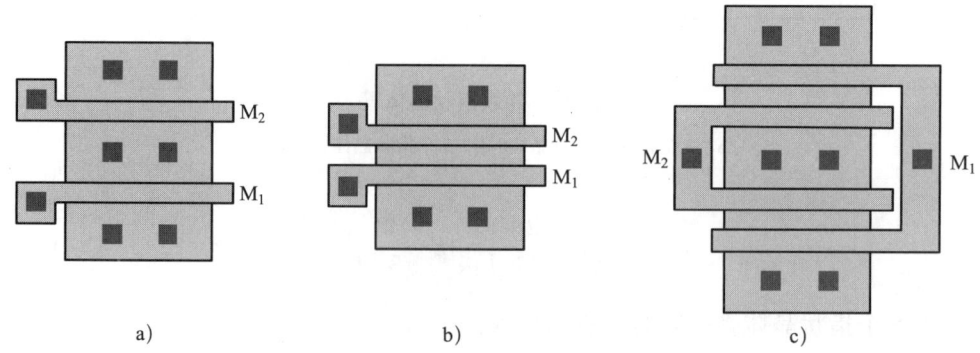

图 2-72 栅宽相同的共源共栅电路版图
a）简化前 b）简化后 c）栅极较宽时实现方式

（二）对称性

在集成电路版图设计中对称性的设计也很重要，如全差分电路中的不对称性会产生输入参考失调电压，因而限制了可检测的最小信号电平。尽管一些失配不可避免，但若不充分注意版图中的对称性，就可能产生大的失调电压。对称性设计还可抑制共模噪声和偶次非线性效应。下面以差分对为例来加以说明。

MOS 差分对电路如图 2-73a 所示，若两个 MOS 管按图 2-73b 那样沿不同方向放置，则由于在光刻和晶圆加工的许多步骤中沿不同轴向的特性大不相同，就会产生很大失配。因此，像图 2-73c、图 2-73d 那样的版图布局方案更合理。

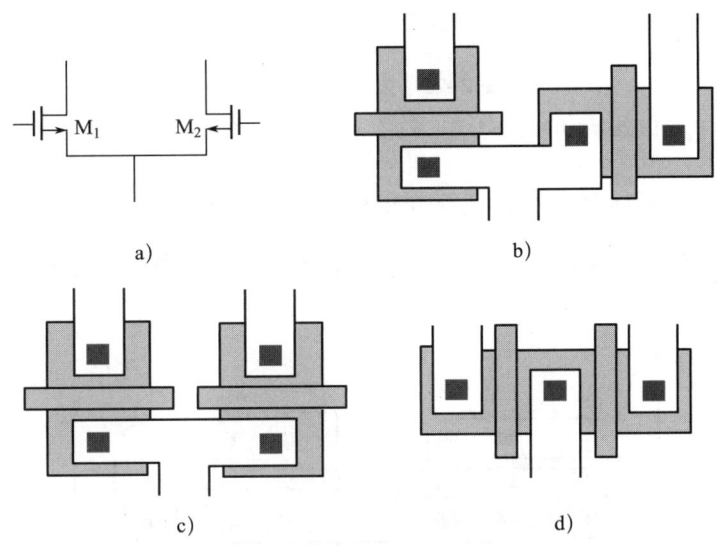

图 2-73 差分对版图实现

a）差分对电路 b）M_1 和 M_2 的栅极取向不同的版图 c）栅在一条线的版图 d）栅平行排列的版图

对于一些结构所固有的不对称性可通过在晶体管两边加两个"虚拟"MOS 管的方法加以改进，因为这可使 M_1 和 M_2 周围的环境几乎相同，如图 2-74 所示，但在更复杂的电路中，如折叠式共源共栅运放，这种方法不能轻易使用。

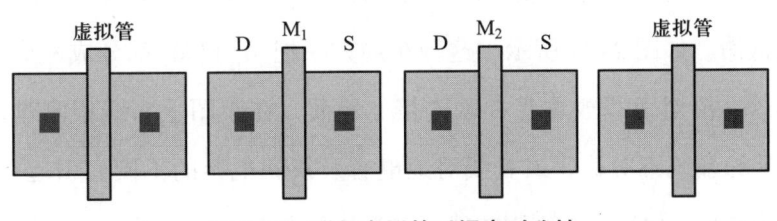

图 2-74 增加虚拟管以提高对称性

另外，应当强调在对称轴的周边保持相同环境的重要性。如图 2-75a 所示，只有一个 MOS 管旁边由一条无关的金属线通过，这会降低对称性，增大 M_1 和 M_2 间的失配。在此情况下，可在另一边也放置一条相同的金属线（此金属线甚至可以悬空），如图 2-75b 所示，而最好的办法是去掉引起不对称的那条线。

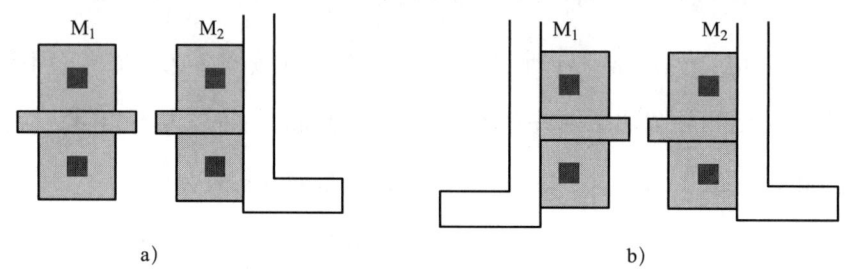

图 2-75 失配及消除方式

a）M_2 旁的金属线引起的不对称 b）在 M_1 对称位置安排一条线消除不对称性

对于大尺寸的晶体管，对称性就变得极为困难。如图 2-76 所示的差分对中，为使输入失调电压较小，这两个晶体管的宽度都比较大，但沿 x 轴方向的梯度会引起明显失配。

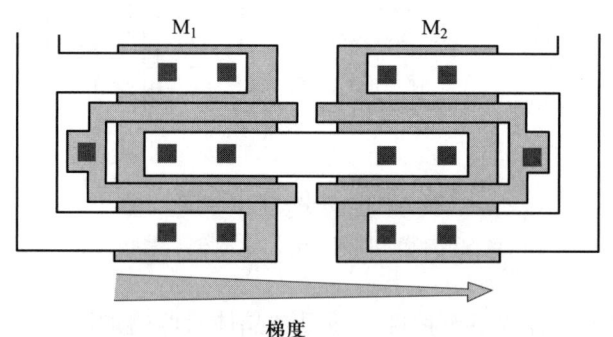

图 2-76 离子浓度梯度变化对差分对的影响

为减小失配，可采用"共质心"的布局，这样沿 x 轴和 y 轴方向的一阶梯度效应就会相互抵消。如图 2-77 所示，这种布局方法把 M_1 和 M_2 都分成两个宽度为原来一半的晶体管，沿对角线放置且并联连接。然而，在版图上布线很困难，常会导致图 2-75a 所示的系统不对称，或者线对地电容及线间电容的不同而引起整体不对称。对于大一点的电路，如运放，则因走线可能过于复杂而无法实现。

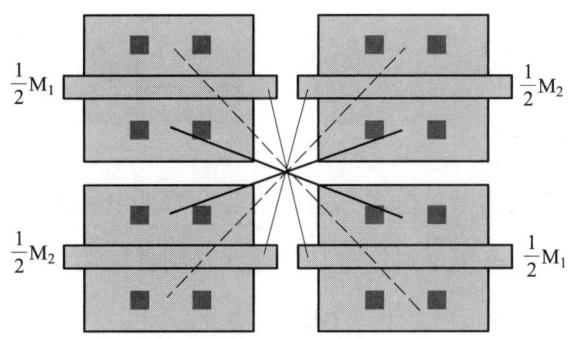

图 2-77 共质心版图

线性梯度效应，可通过图 2-78 所示的那样，通过一维交叉耦合的办法得到抑制。所有 4 个宽度为一半的晶体管一字排开，M_1 和 M_2 可由相邻的 2 个晶体管与相距最远的 2 个晶体管分别相连构成，即"ABBA"结构，也可由两组相隔的晶体管分别相连构成，即"ABAB"结构。

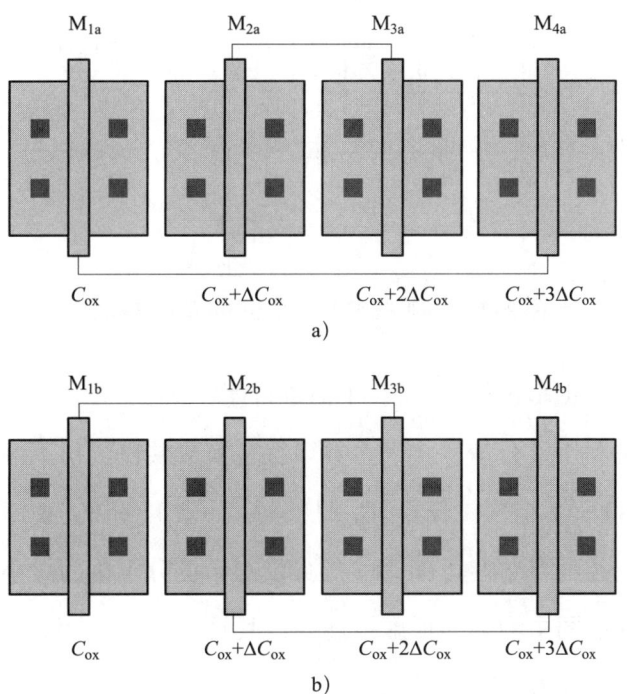

图 2-78 交叉耦合版图实现

a)"ABBA"结构版图 b)"ABAB"结构版图

（三）屏蔽保护

现代 CMOS 工艺可提供多层金属连线，当设计高精度或高速电路的版图时，必须考虑许多与连线有关的效应。

若连线较长，则连线的平板电容和边缘电容会降低电路的工作速度。如在一个混合信号系统中，时钟信号必须通过许多长的连线接到各模块，从而导致相当大的连线电容，更重要的是，线间电容导致显著的信号耦合。

图 2-79 给出一个信号互相串扰的例子，一个共源电路和一个与非门电路距离很近，与非门的两个输入 V_A 和 V_B 跨过模拟信号 V_{in}，且时钟 CK 与 V_{in} 平行放置，与非门的输出与共源电路的输出有部分交叠。此版图中的每个耦合电容都可能较大损坏 V_{in} 和 V_{out}。

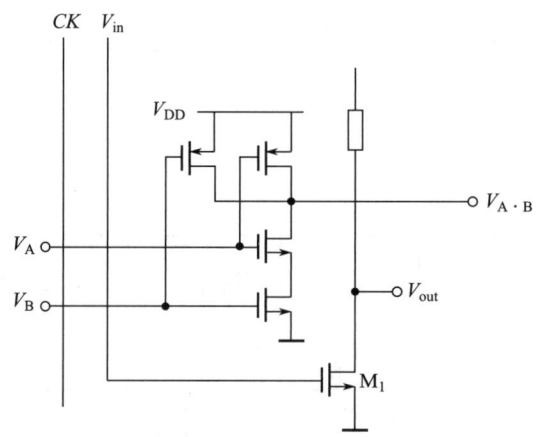

图 2-79 典型版图上不同连线间的电容耦合

利用两种技术可以减小信号串扰，下面进行简要介绍。

第一种技术是利用差分信号将大多数串扰转换成共模干扰。例如，把图 2-79 所示电路改成图 2-80 所示结构，若 $C_1=C_1'$ 且 $C_2=C_2'$，则 V_A 和 V_B 对 V_{in}^+ 和 V_{in}^- 的耦合不会产生差分误差，甚至当电容间有 10% 的失配时，差分干扰的大小比图 2-79 要小一个数量级。应该在版图中增加一根虚拟连线，其目的是在 CK 和 V_{in}^- 间生成一个与 CK 和 V_{in}^+ 间电容相等的交叠电容。

第二种技术是在版图中"屏蔽"敏感信号。如图 2-81a 所示，一种方法是在敏感信号线两边都放置一条地线，这样就使"噪声"干扰线发出的大部分电场线终止于地线而不是该信号线。注意，这样做比单纯把信号线与干扰线拉开更大的距离更有效，

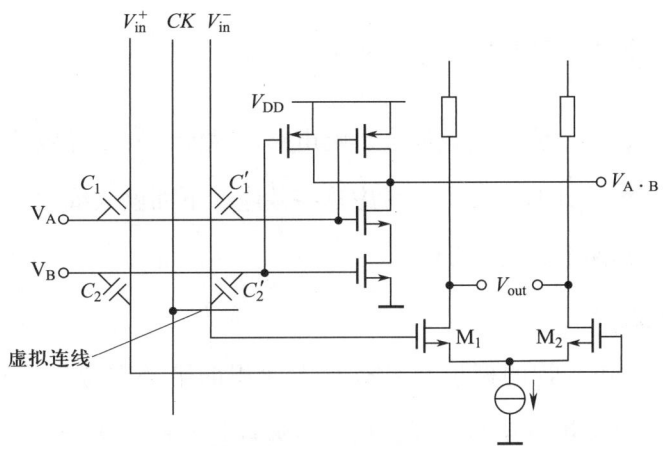

图 2-80　通过使用差分信号来减小电容耦合

如图 2-81b 所示。但这种屏蔽所付出的代价是布线更复杂，同时信号线与地间的电容变大。另一种方法如图 2-82 所示，敏感信号线全部被上、下两层金属地线包围，因此完全隔离了外部电场线。但是这根信号线的对地电容更大，且用到了 3 层金属，从而使其他信号的布线变得复杂。

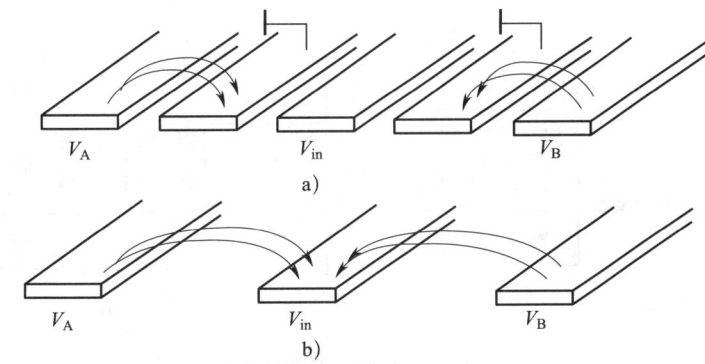

图 2-81　"屏蔽"敏感信号的实现方式通过附加地线来屏蔽敏感信号

a）在敏感信号边放置地线　b）增大信号线与干扰线之间的距离

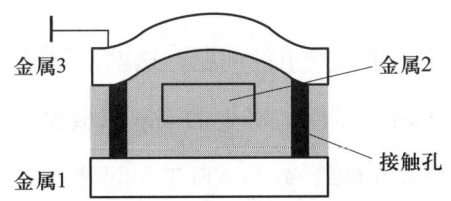

图 2-82　通过上、下两层地线来屏蔽敏感信号

四、版图设计中的可靠性

在版图设计中，一些常见的效应会影响电路的性能，甚至导致芯片失效，为保证电路的可靠性，版图设计时需要着重考虑这些效应。下面就天线效应、闩锁效应、静电放电保护、电迁移四个方面来介绍。

（一）天线效应

设一个小尺寸MOS管的栅极与具有很大面积的第一层金属连线接在一起，如图2-83a所示，在刻蚀第一层金属时，这片金属就像一根"天线"，收集离子，使其电位升高。因此，在制造工艺中这个MOS管的栅电压可增大到使栅氧化层击穿，而这个击穿通常是不可恢复的。

任何与栅极连接的大片导电材料，包括多晶硅本身，都可能产生天线效应。因此，亚微米CMOS工艺通常限制这种几何图形的总面积，从而将栅氧化层被破坏的可能性减到最小。若必须使用大面积的几何图形，就必须像图2-83b那样，断开第一层金属。这样，当刻蚀第一层金属时，大部分面积就没有与栅极连接了。

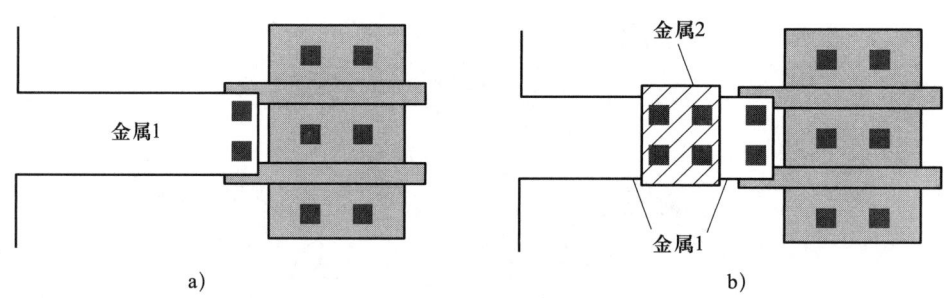

图2-83 天线效应及改善方式

a）易受天线效应影响的版图 b）断开第一层金属来避免天线效应

（二）闩锁效应

在CMOS电路中会产生一个很严重的问题，这就是闩锁（Latchup）效应。考虑如图2-84a所示的NMOS和PMOS器件，寄生的pnp双极型晶体管Q_1与PFET、n阱和衬底有关。同样地，寄生npn晶体管Q_2与NFET一起被确定，则可看出以下两点：

（1）每个双极型晶体管的基区必然与另一个晶体管的集电区相连。

（2）由于 n 阱和衬底均有一定的电阻，因而 Q_1 和 Q_2 的基区分别与 V_{DD} 和地之间存在一个非零电阻。

因此，寄生电路如图 2-84b 所示，在 Q_1 和 Q_2 处形成正反馈环路。实际上，若有电流注入节点 X 使 V_X 上升，则 I_{C2} 增大，V_Y 下降，$|I_{C2}|$ 增大，导致 V_X 进一步上升。若环路增益大于或等于 1，这种现象持续下去，直至两个晶体管完全导通，从 V_{DD} 抽取很大的电流，此时该电路被闩锁。

为防止闩锁效应，工艺工程师和电路设计师要采取预防措施，以确保图 2-84b 中等效电路的环路增益可靠地保持小于 1。适当选择掺杂浓度，对版图进行合理布局，可保证寄生电阻和双极晶体管的电流增益都很小。此外，电路的版图包括衬底接触孔和 n 阱接触孔的间隔都应该相当小，以使其接触电阻最小。

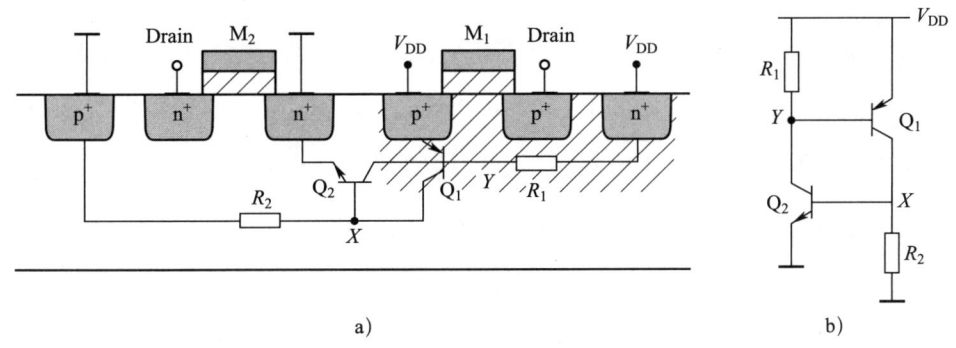

图 2-84　闩锁效应

a）CMOS 工艺中寄生双极晶体管　b）等效电路图

（三）静电放电保护

集成电路与外部世界的接口必然伴随着静电放电（Electrostatic Discharge，ESD）问题。当一高电势的带电体接触到电路的外引脚时，静电放电现象就会发生。因为每个输入或输出引脚的电容很小，所以 ESD 产生的电压很大，可能毁坏芯片上的器件。

MOS 器件遭受 ESD 的永久性破坏有两种。一种是当栅电场强度一般来说超过 10^7 V/cm 时，栅氧化层就会被击穿，通常这会导致栅与沟道间的电阻很低。另一种是若源/漏结二极管流过大电流，不管是正偏还是反偏，二极管都会烧毁，使源/漏与衬底短路。

为了解决 ESD 问题，CMOS 电路常使用 ESD 保护器件，如图 2-85 所示，这种器件将外部电荷放电箝位到地或 V_{DD}，从而限制了加到电路上的电压。电阻 R_1 通常不能少，其可避免当从外部流进大电流时烧毁 D_1 或 D_2。

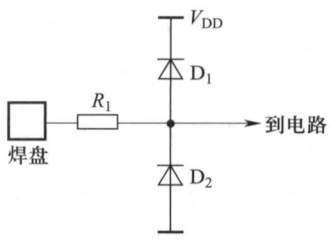

图 2-85 简单 ESD 保护电路

（四）电迁移

电迁移（Electro Magration，EM）是金属线在电流和温度作用下产生的金属迁移现象，运动中的电子和主体金属晶格之间相互交换动量，金属原子沿电子流方向迁移时，就会在原有位置上形成空洞，同时，金属原子迁移堆积形成丘状突起。前者将会导致引线断裂，而后者会造成光刻困难和多层布线之间的短路，从而影响芯片正常工作。电迁移在高电流密度和高频率变化的连线上比较容易产生，如电源、时钟线等。电迁移常伴随热量聚集并熔断金属走线，形成孔和分支。较低层次金属线等方阻较大的结构会由于电阻较高而造成明显的电压掉落。为了避免电迁移效应，进行版图设计时，根据电路在最坏情况下的电流值来确定金属线的宽度以及接触孔的排列方式和数目，以保证通过连线的电流密度小于一个确定的值。

电迁移如图 2-86 所示。

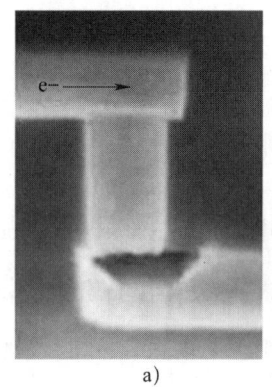
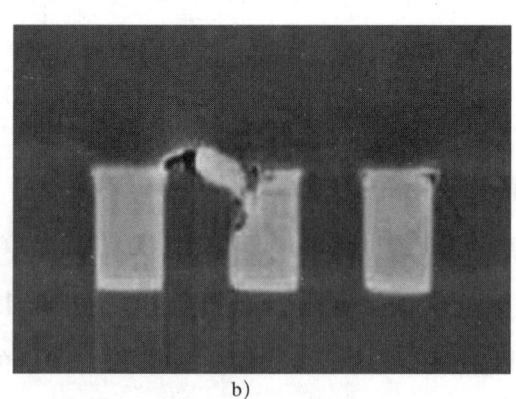

图 2-86 电迁移

a）铜迁移造成的空洞　b）铜迁移导致的晶须

第三章
数字电路基本概念和 Verilog 语言简介

开展数字集成电路设计的前提是了解数字电路基本概念。Verilog 语言作为数字电路常用的硬件描述语言,是学习数字集成电路设计的基础。掌握数字电路基本概念和掌握 Verilog 硬件描述语言,也是进阶复杂数字集成电路设计的必由之路。

- **职业功能:** 经典数字电路的工作原理,奠定数字集成电路设计基础。
- **工作内容:** 运用 Verilog 硬件描述语言,实现经典数字电路功能。
- **专业能力要求:** 通过 Verilog 语言编程设计不同功能数字集成电路。
- **相关知识要求:** Verilog 硬件描述语言;经典数字电路知识。

第一节　数字系统设计概述

考核知识点及能力要求：
- 理解数字系统的基本概念；
- 理解数字系统的设计方法；
- 了解数字系统的应用。

一、数字系统的基本概念

数字电路是处理和传输数字信号的电路。数字电路中工作的信号是数字信号，这种信号在时间上和数值上都是离散的。在二进制系统中，数码只有 1 和 0 两种可能，反映到电路上就是高电平和低电平或开关通断、电流有无等。通过三极管工作在饱和区或截止区的切换实现开关状态。

数字电路研究的主要问题是电路的输入和输出状态之间的逻辑关系，即电路的逻辑功能。数字电路能对输入的数字信号进行各种算术运算和逻辑运算、逻辑判断，故又称为数字逻辑电路。数字电路中，分析和设计数字电路的重要工具是逻辑代数，描述电路逻辑功能的主要方法是真值表、逻辑函数表达式、状态转换图、波形图和卡诺图。经常遇到的问题是利用它们对已知电路进行逻辑分析，根据实际要求进行逻辑设计。

数字系统需要将多个数字电路的功能模块组织到一起，在控制电路的统一协调指挥下，完成对数字信息的存储、传输和处理等操作。数字系统的实现基于数字电路计数，处理的是以二进制形式表示的离散数据的逻辑模块或子系统的集合。数字系统以功能单元电路为核心，辅助以控制电路、输入电路、输出电路、时基电路和控制电路组成。功能单元电路按系统设计要求完成对数据信息的加工处理，通常包括存储电路和运算电路。

二、数字系统的设计方法

数字系统的设计方法主要分为以下三种：第一种设计方法，运用标准芯片搭建数字系统。常见的标准芯片可实现门电路、触发器、加法器、译码器、计数器、存储器和微处理器等功能。该种设计方法主要用于 20 世纪 80 年代，需要芯片数量多，体积大，一旦设计完毕存在难以修改等缺点。第二种设计方法，运用可编程逻辑器件设计实现数字集成电路系统，从初期的可编程逻辑器件 PLD（Programmable Logic Device），逐步发展到复杂可编程逻辑器件 CPLD（Complex Programmable Logic Device），直至可编程门阵列 FPGA（Field Programmable Gate Array），通过在上述芯片上借助 EDA 工具设计并实现数字系统，比较于第一种设计方法具有体积小、功耗低、可靠性高等优点。第三种设计方法，针对数字系统应用的特殊场合设计一些特定的芯片，即专用数字集成电路 ASIC（Application Specific Integrated Circuit），此种方法能够根据数字系统特定的功能进行优化，能实现更大规模数字系统，但存在设计开发周期长、成本高、风险大等缺点。

三、数字系统的应用

目前，数字系统的应用极为广泛。数字系统一个典型特点是其组成电路中包含控制电路。控制电路在时基电路时钟信号作用下，按照数字系统设计的算法流程进行状态转移，在不同的状态条件下产生不同的控制信号用于控制其他各部分的电路，协调各部分的功能，实现自动连续的处理。数字系统可用于数字通信系统中图像及电视信号处理；数字系统利用数字系统的逻辑功能，在自动控制中设计出各种各样的数字控制装置；数字系统对测量仪表中测量信号进行处理，并将测试结果进行显示；尤其在数字电子计算机中，可利用数字系统实现各种功能的数字信息处

第三章　数字电路基本概念和 Verilog 语言简介

理，数字系统已渗透到国民经济和人民生活的多数领域，并带来许多方面根本性能的变革。

第二节　基于 FPGA 数字集成电路设计

考核知识点及能力要求：
- 了解 FPGA 概念及内部结构；
- 理解基于 FPGA 的数字集成电路的开发流程。

一、FPGA 介绍

FPGA 是在可编程阵列逻辑 PAL（Programmable Array Logic）、门阵列逻辑 GAL（Gate Array Logic）、可编程逻辑器件 PLD 等可编程器件的基础上进一步发展的产物。

FPGA 是作为专用集成电路 ASIC 领域中的一种半定制电路而出现的，既解决了定制电路不足的问题，又弥补了原有可编程器件门电路数有限的缺点。FPGA 能完成任何数字器件的功能，上至高性能 CPU，下至简单的 74 系列电路，都可以用 FPGA 来实现。FPGA 如同一张白纸或是一堆积木，工程师可以通过传统的原理图输入法，或是硬件描述语言自由设计一个数字系统。通过 EDA 软件仿真，可以事先验证设计的正确性。在电路设计完成以后，还可以利用 FPGA 的在线修改能力，随时修改设计 FPGA 内部电路功能。使用 FPGA 来开发数字电路，可以大大缩短设计时间，提高系统可靠性。

FPGA 具有体系结构和逻辑单元灵活、集成度高以及适用范围宽等特点。它兼容了PLD和通用门阵列的优点，可实现较大规模的电路，编程也很灵活。与门阵列等其他ASIC相比，它又具有设计开发周期短、设计制造成本低、开发工具先进、标准产品无须测试、质量稳定以及可实时在线检验等优点，因此，被广泛应用于产品的原型设计和产品生产（一般在10 000件以下）之中。几乎所有应用门阵列、PLD和中小规模通用数字集成电路的场合均可应用。

FPGA的基本特点如下：

（1）采用FPGA设计ASIC电路，用户不需要投片生产，就能得到适用的芯片。

（2）FPGA可做其他全定制或半定制ASIC电路的中试样片。

（3）FPGA内部有丰富的触发器和I/O引脚。

（4）FPGA是ASIC电路中设计周期最短、开发费用最低、风险最小的器件之一。

（5）FPGA采用高速CHMOS工艺，功耗低，可以与CMOS、TTL电平兼容。

目前FPGA的品种很多，主要由Altera公司与Xilinx公司生产，两家公司各占半壁江山。2015年，Altera公司被Intel公司收购，2021年Xilinx公司被AMD公司收购。

Altera公司拥有业内最先进的FPGA、CPLD和结构化ASIC技术、全面内嵌的软件开发工具、最佳的IP内核、可定制嵌入式处理器、现成的开发包、专家设计服务等。配合Altera公司推出Quartus Ⅱ开发软件，适合新器件和大规模FPGA的开发。Quartus Ⅱ与Matlab的接口，利用IP核在Matlab中快速完成数字信号处理的仿真和最终FPGA实现。Altera的主流FPGA分为两大类：一类侧重低成本应用，容量中等，性能满足一般的逻辑设计要求，如Cyclone、Cyclone Ⅱ等；另一类侧重于高性能应用，容量大，性能满足各类高端应用，如Startix、Stratix Ⅱ等，用户可以根据自己实际应用要求进行选择。在性能可以满足的情况下，优先选择低成本器件。

Xilinx公司是全球领先的可编程逻辑完整解决方案的供应商。Xilinx公司成立于1984年，Xilinx公司首创了FPGA这一创新性的技术，并于1985年首次推出商业化产品。配合Xilinx公司ISE软件Vivado、开发套件（EDK）和Xinlinx IP核，Xilinx可编程逻辑解决方案缩短了电子设备制造商开发产品的时间并加快了产品面市的速度，从而降低了制造商的风险。Xilinx两类主流产品是Spartan和Virtex系列芯片，前者主要面向低成本的中低端应用,是目前业界成本最低的一类FPGA;后者主要面向高端应用,属于业界的顶级产品。这两个系列的差异仅限于芯片的规模和专用模块上,都采用了先进的制造工艺,具有相同的卓越品质。

二、FPGA芯片的内部结构

FPGA芯片主要由三部分组成,内部包括可编程输入/输出单元IOB(Input Output Block)、可配置逻辑块CLB(Configurable Logic Block)和内部连线(Interconnect)三个部分,如图3-1所示。FPGA通过提供可配置逻辑块实现逻辑功能。不同品牌、不同系列的FPGA芯片往往会设置RAM模块、时钟管理模块等功能。下面对三部分功能分别进行介绍。

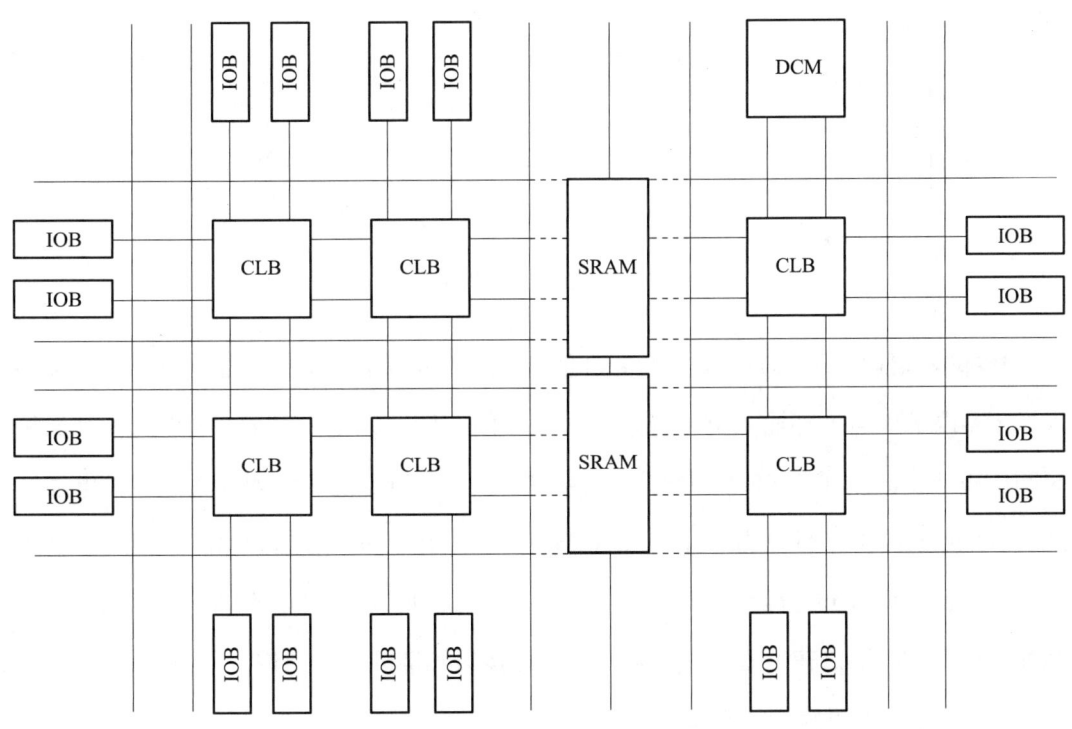

图3-1　FPGA芯片的内部结构

(一)可编程输入/输出单元(IOB)

可编程输入/输出单元简称I/O单元,是芯片与外界电路的接口部分,完成不同电气特性下对输入/输出信号的驱动与匹配要求,其结构如图3-2所示。FPGA内的 I/O 按组分类，每组都能够独立支持不同的 I/O 标准。通过软件的灵活配置，可适配不同的电气标准与 I/O 物理特性，可以改变上、下拉电阻，可以调整驱动电流的大小。

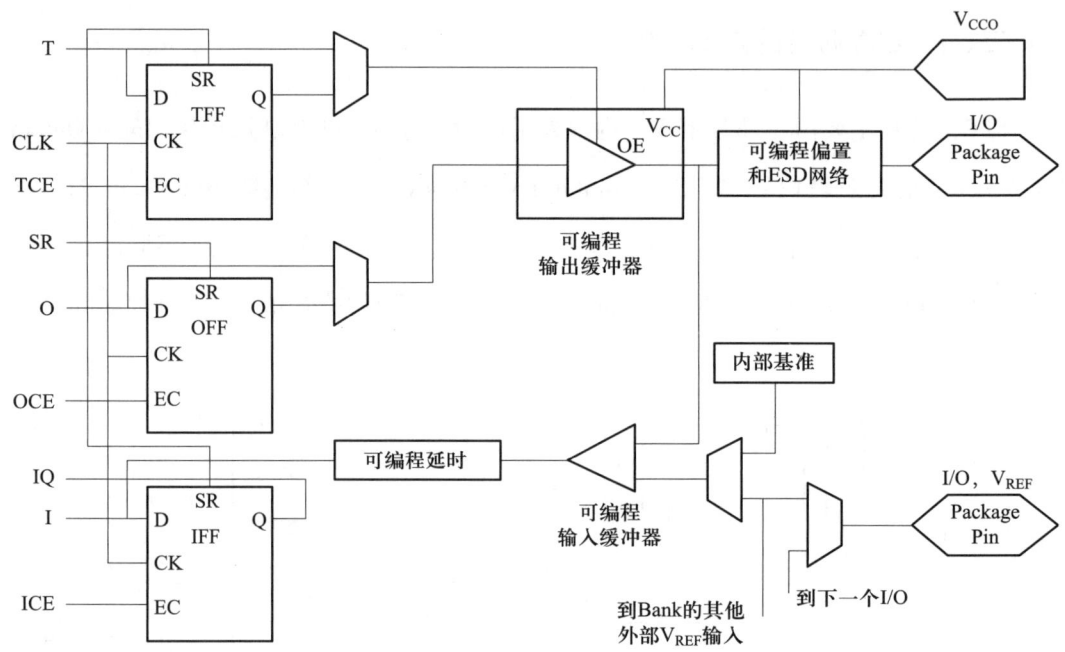

图 3-2　IOB 内部结构示意图

外部输入信号可以通过 IOB 模块的存储单元输入到 FPGA 的内部，也可以直接输入 FPGA 内部。当外部输入信号经过 IOB 模块的存储单元输入 FPGA 内部时，其保持时间（Hold Time）的要求可以降低，通常默认为 0。为了便于管理和适应多种电器标准，FPGA 的 IOB 被划分为若干个组（Bank），每个 Bank 的接口标准由其接口电压 V_{CCO} 决定，一个 Bank 只能有一种 V_{CCO}，但不同 Bank 的 V_{CCO} 可以不同。只有相同电气标准的端口才能连接在一起，V_{CCO} 电压相同是接口标准的基本条件。

（二）可配置逻辑块（CLB）

CLB 是 FPGA 内的基本逻辑单元，是实现逻辑功能的主要部分。CLB 的实际数量和特性会因器件的不同而不同，但是每个 CLB 都包含一个可配置开关矩阵，此矩阵由 4 或 6 个输入信号、一些选型电路（数据选择器等）和触发器组成。开关矩阵是高度灵活的，可以对其进行配置以便处理组合逻辑、移位寄存器或 RAM。每个 CLB

模块不仅可以用于实现组合逻辑、时序逻辑，而且可以配置为分布式 RAM 和分布式 ROM。

（三）内部连线（Interconnect）

布线资源连通 FPGA 内部的所有单元，而连线的长度和工艺决定信号在连线上的驱动能力和传输速度。FPGA 芯片内部有丰富的布线资源，根据工艺、长度、宽度和分布位置的不同而划分为 4 种不同的类别。第一类是全局布线资源，用于芯片内部全局时钟和全局复位 / 置位的布线；第二类是长线资源，用于完成芯片 Bank 间的高速信号和第二全局时钟信号的布线；第三类是短线资源，用于完成基本逻辑单元之间的逻辑互连和布线；第四类是分布式布线资源，用于专有时钟、复位等控制信号线。在实际中设计者不需要直接选择布线资源，布局布线器可自动根据输入逻辑网表的拓扑结构和约束条件选择布线资源来连通各个模块单元。

三、FPGA 开发流程

基于 FPGA 的数字系统的开发流程需要多个 EDA 软件开发工具的支持。典型的有 Intel 公司的 Quartus II 开发平台、Xilinx 公司的 ISE 开发平台等，经典的仿真软件有 Siemens 公司的 Modelsim 软件等。EDA 软件开发工具一般实现如下功能：设计输入、综合与优化、布局布线 / 适配、编程 / 下载、功能仿真与时序仿真等。

（一）设计输入

该部分实现将数字电路或系统的设计输入计算机。目前的 EDA 设计输入通常支持原理图输入和硬件描述语言（HDL）源代码输入两种方法。原理图输入，在原理图编辑环境下，调用器件库，实现器件之间的连线。HDL 输入，用 HDL 描述电路或系统功能。

（二）综合与优化

输入的电路可以用原理图形式描述，或用 HDL 描述，要将这样的电路在具有特定结构的器件（如 FPGA）中实现，需要将它转化为能与器件的基本结构相对应的一系列物理单元（如逻辑门）以及这些单元之间的互连，这个过程就是综合。综合器的输入是高层描述的电路，如用原理图形式或用 HDL 描述的电路；综合器的输出是一个用来描述转化后的物理单元及其互连结构的文件,这个文件称为网表文件。综合器的综合过程必须针对某一特定 FPGA 产品,因此综合后的电路是硬件可实现的。

除了产生网表文件,综合器还可以对电路按照系统设置进行优化,形成一个与设计输入功能相同,但性能更好的电路。例如,如果一个逻辑功能模块的实现可以有多种方式,那么综合器能够根据设计者性能参数定义的要求,自动选择更利于满足该性能指标的实现方式。

(三) 布局布线 / 适配

布局布线 / 适配工具也称为适配器,用于精确定义如何在一个给定的目标芯片上实现所设计的电路或系统。FPGA 通常由多个模块构成,每个模块都能编程实现一些逻辑功能。布局就是在 FPGA 的众多模块中,为网表文件中的各个逻辑功能块在 FPGA 芯片中选择适当的位置去实现。布线则是利用芯片中的互连线路连接各个布局后的逻辑功能块。布局布线 / 适配过程的输入是综合器产生的网表文件;输出是可用于目标芯片最终实现的配置文件,它包含 FPGA 中可编程开关的配置信息。

(四) 编程 / 下载

编程 / 下载工具通过编程器或下载电缆将配置文件下载到目标芯片中,从而完成设计电路或系统的物理实现。

(五) 功能仿真与时序仿真

功能仿真用于测试电路或系统设计的功能是否与预期相同。功能仿真器的输入是综合器产生的网表文件,并要求用户给定仿真过程中用到的各个输入信号的取值。功能仿真过程不考虑电路的延迟特性,它评估并显示电路对应于各输入情况下的输出结果。仿真结果通常以波形图的形式描述。

实际的电路往往需要满足一些时间性能指标,有些电路在构建后可能会因为信号的延迟而不能正确操作。可能的信号延迟有两种,一种是逻辑功能块内部产生的延迟,另一种是逻辑功能块间连线产生的延迟。时序仿真器将布局布线工具产生的配置文件作为输入,对所设计电路或系统的延迟进行评估,其结果可用来检测形成的电路是否满足时序要求。

在 EDA 软件工具支持下,基于 FPGA 芯片设计与开发流程如图 3-3 所示。

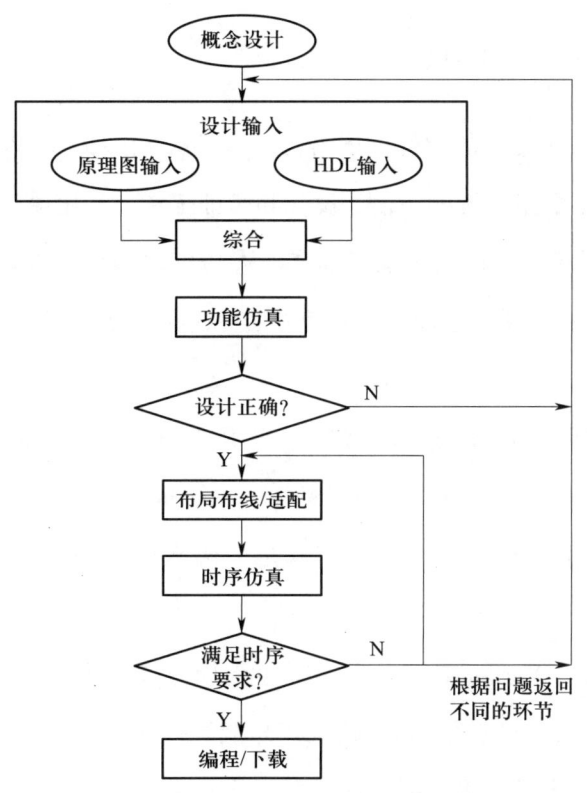

图 3-3 基于 FPGA 芯片设计与开发流程

第三节　Verilog 语言概述

考核知识点及能力要求：

- 掌握 Verilog 硬件描述语言的设计思想；
- 掌握 Verilog 硬件描述语言的基本语法；
- 掌握 Verilog 硬件描述语言的基本语句。

一、Verilog HDL 的发展

Verilog HDL 是一种常用的硬件描述语言，可以从系统级、电路级、门级到开关级等抽象层次进行数字电路系统的建模、设计和验证工作。利用该语言可以设计出简单的门级电路，甚至功能完整的数字电路系统。从 Verilog HDL 的设计之初到目前的广泛应用，经过 30 多年的发展，已经成为数字电路和数字集成电路中使用最广泛的设计语言。

Verilog HDL 定义了完善的语法规则，对每个语法结构都定义了清晰的模拟、仿真语义。它从 C 语言中继承了多种操作符和结构，具有较强的扩展建模能力。Verilog HDL 的核心子集相对紧凑，可以满足大多数建模应用的要求，容易学习和掌握。

在功能设计方面，Verilog HDL 采用描述性建模方式，通过行为描述、数据流描述和结构性描述等方式，可以对电路、输入信号激励和响应监控方式进行设计。同时，提供编程语言接口，通过该接口可以在仿真、验证期间进行外部访问设计，包括仿真的具体控制和运行。目前，Verilog HDL 语言广泛用于数字集成电路设计中。

二、Verilog HDL 的设计思想和可综合性

在数字集成电路设计过程中，设计者使用 Verilog HDL 进行关键性步骤的开发和设计。其基本过程是，首先使用 Verilog HDL 对硬件电路进行描述性设计，利用 EDA 综合工具将其综合成一个物理电路，然后进行功能验证、定时验证和故障覆盖验证。

与计算机软件所采用的高级程序语言（C 语言）类似，Verilog HDL 是一种高级程序设计语言，程序编写较简单，设计效率很高。然而，它们面向的对象和设计思想却完全不同。

软件高级程序语言是对通用型处理器（如 CPU）的编程，主要是在固定硬件体系结构下的软件化程序设计。处理器的体系结构和功能决定了可以用于编程的固定指令集，设计人员的工作是调用这些指令，在固化的体系结构下实现特定的功能。

Verilog HDL 等硬件描述语言对电路的设计是将基本的最小数字电路单元（如门单元、寄存器、存储器等）通过连接，构成具有特定功能的硬件电路。在数字集成电路

中，这种最小的单元是工艺厂商提供的设计标准库或定制单元；在 FPGA 中，这种最小的单元是芯片内部已经布局的基本逻辑单元。设计人员通过描述性语言调用和组合这些基本单元实现特定的功能，因而其基本的电路可以灵活构成。

Verilog HDL 给设计者提供了几种描述电路的方法。设计者可以使用结构描述方式把逻辑单元互连在一起进行电路设计，也可以采用抽象描述方式对大规模复杂电路进行设计，如对有限状态机、数字滤波器、总线和接口电路的描述等。由于硬件电路的设计目标是最终产生的电路，因此 Verilog HDL 程序设计的正确性需要通过对综合后电路的正确性进行验证来实现。逻辑上相同的电路在物理电路中的形式却有可能完全不同。对于 Verilog HDL 程序设计而言，数字电路的描述性设计具有一定的设计模式，这与 C 语言等高级软件程序设计是不同的。

三、Verilog HDL 的基础知识

Verilog HDL 语法来源于 C 语言基本语法，其基本词法约定与 C 语言类似。程序的语言要素也称为词法，是由符号、数据类型、运算符和表达式构成的，其中符号包括空白符、注释符、标识符和转义标识符、关键字、数值等。

（一）空白符

空白符包括空格符（\b）、制表符（\t）、换行符和换页符。空白符使代码看起来结构清晰，阅读起来更方便。在编译和综合时，空白符被忽略。

例：空白符使用示例。

```
initial begin a=3'b101; b=3'b110; end
相当于：
Initial
begin
a=3'b101;
b=3'b110;
end
```

（二）注释符

Verilog HDL 中允许插入注释，标明程序代码功能、修改、版本等信息，以增强程序的可阅读性，并帮助管理文档。Verilog HDL 中有两种形式的注释。

单行注释：单行注释以"//"开始，Verilog HDL 忽略从此处到行尾的内容。

多行注释：多行注释以"/*"开始，到"*/"结束，Verilog HDL 忽略其中的注释内容。

需要注意的是，多行注释不允许嵌套，但是单行注释可以嵌套在多行注释中。

例：注释符使用示例。

```
单行注释：
assign a=b+c;                        //单行注释
多行注释：
assign a[7: 0]=b[7: 0]&c[7: 0];      /* 注释行 1
                                        注释行 2*/
```

（三）标识符和转义标识符

在 Verilog HDL 中，标识符用来命名信号、模块、参数等，它可以是任意一组字母、数字、$ 符号和 _（下画线）符号的组合。应该注意的是，标识符的字母区分大小写，并且第一个字符必须是字母或者下画线。

例：以下标识符都是合法的。

```
number
NUMBER          // 与 number 不同
_MM_G5
B_78
```

例：以下标识符都是不正确的。

```
60number        // 标识符不允许以数字开头
in*             // 标识符中不允许包含字符 *
x+y-z           // 标识符中不允许包含字符 + 和 -
```

（四）关键字

Verilog HDL 内部已经使用的词称为关键字或保留字，它是 Verilog HDL 内部的专用词，是事先定义好的确认符，用来组织语言结构。用户不能随便使用这些关键字。需注意的是，所有关键字都是小写的。例如，ALWAYS 不是关键字，它只是标识符，与 always（关键字）是不同的。

（五）数值

Verilog HDL 有四种基本的逻辑数值状态，用数字或字符表达数字电路中传送的逻辑状态和存储信息。Verilog HDL 逻辑数值中，x 和 z 都不区分大小写。也就是说，0x1z 与值 0X1Z 是等同的。Verilog HDL 中的四值电平逻辑含义见表 3–1。

表 3–1　　　　　　　　　　Verilog HDL 中的四值电平逻辑含义

状态	含义
0	低电平、逻辑 0 或"假"
1	高电平、逻辑 1 或"真"
x 或 X	不确定或未知的逻辑状态
z 或 Z	高阻态

在数值中，下画线符号"_"除了不能放于数值的首位外，可以随意用在整型数与实型数中，它们对数值大小没有任何改变，只是为了提高可读性。例如，16'b1011000110001100 和 16'b1011_0001_1000_1100 数值大小是相同的，只是后一种表达方式的可读性更强。

（六）运算符

Verilog HDL 中的运算符和优先级见表 3–2。

表 3–2　　　　　　　　　　Verilog HDL 中的运算符和优先级

运算符	功能	优先级
!、~	反逻辑、位反相	高
*、/、%	乘、除、取模	↓
+、-	加、减	↓
<<、>>	左移、右移	低

续表

运算符	功能	优先级
<、<=、>、>=	小于、小于或等于、大于、大于或等于	高 ↓ 低
==、!=、===、!==	等、不等、全等、非全等	
&	按位与	
^、^~	按位逻辑异或和同或	
|	按位逻辑或	
&&	逻辑与	
||	逻辑或	
?:	条件运算符	

条件运算符（?：）是比较特殊的运算符，根据某些条件的状态在几个可能的信号或值之间进行选择。它涉及语法中使用的三个操作数：

conditional_expression ? true_expression: false_expression

如果条件表达式 conditional_expression 的计算结果为 1（true），则选择 true_expression 表达式的值；否则，将选择 false expression 的值。例如，语句：

F=(B<C)?(D+5): (D+2);

意思是：如果 B 小于 C，F 的值为 D+5，否则 F 的值为 D+2。条件运算符既可以用于连续赋值语句，也可以用于 always 块中的过程性语句。

四、Verilog 经典语句介绍

（一）过程赋值语句

过程块中的赋值语句称为过程赋值语句。过程性赋值是在 initial 语句或 always 语句内的赋值，它只能对寄存器数据类型的变量赋值。对于多位宽的寄存器变量（矢量），还可以只对其中的某一位或某几位进行赋值。对于存储器类型的，则只能通过选定的地址单元，某个字进行赋值。还可以将前述各类变量用连接符拼接起来，构成一个整体作为过程赋值语句的左端。

过程赋值语句有阻塞赋值语句和非阻塞赋值语句两种。

1. 阻塞赋值语句

阻塞赋值语句的操作符号为"="，其语法格式如下：

```
变量 = 表达式
```

当一个语句块中有多条阻塞赋值语句时，如果前面的赋值语句没有完成，则后面的语句就不能被执行，仿佛被阻塞了一样，因此称为阻塞赋值方式。

阻塞赋值语句的特点：在语句块中，各条阻塞赋值语句将按照排列顺序依次执行；在并行语句块中的各条阻塞赋值语句则同时执行，没有先后之分。执行阻塞赋值语句的顺序是，先计算等号右端表达式的值，然后立刻将计算的值赋给左边的变量，与仿真时间无关。

2. 非阻塞赋值语句

非阻塞赋值语句的操作符号为"<="，其语法格式如下：

```
变量 <= 表达式
```

如果在一个语句块中有多条非阻塞赋值语句，则后面语句的执行不会受到前面语句的限制，因此称为非阻塞赋值方式。

非阻塞赋值语句的特点：在语句块中，各条非阻塞赋值语句的执行没有先后之分，排在前面的语句不会影响后面语句的执行，各条语句并行执行。执行非阻塞赋值语句的顺序是，先计算右端表达式的值，然后将计算的值赋给左边的变量。

阻塞赋值语句和非阻塞赋值语句可以用于数字逻辑电路设计和测试仿真程序中。在数字逻辑电路设计中，阻塞赋值语句和非阻塞赋值语句对电路的描述差别很大，使用不同的赋值语句，产生的电路差异可能很大。

（二）过程连续赋值语句

过程连续赋值可以在 always 和 initial 过程语句中对连线型和寄存器型变量类型进行赋值操作。在 Verilog HDL 中，过程连续赋值语句有两种类型：赋值、重新赋值语句（assign、deassign）和强制、释放语句（force、release）。值得注意的是，过程连续赋值不能够对寄存器型变量进行位操作。

1. 赋值语句和重新赋值语句

赋值语句和重新赋值语句采用的关键字是"assign"和"deassign",语法格式分别如下:

```
assign< 寄存器型变量 >=< 赋值表达式 >;
```

和

```
deassign< 寄存器型变量 >;
```

赋值语句只能用于对寄存器型变量赋值,不可用于对连线型变量赋值;重新赋值语句用于释放 assign 对寄存器型变量的连续赋值,作用后,该寄存器变量仍将保持 deassign 语句执行前的原有取值。也就是说,使用 assign 给寄存器型变量赋值之后,该值将一直保持在这个寄存器上,直至遇到 deassign。

2. 强制语句和释放语句

强制语句和释放语句采用的关键字是" force"和" release",可以对连线型和寄存器型变量进行赋值操作,force 语句的优先级高于 assign 语句。其语法格式分别如下:

```
force< 寄存器或连线型变量 >=< 赋值表达式 >;
```

和

```
release< 寄存器或连线型变量 >;
```

当 force 语句对寄存器型变量赋值时,变量的当前值被 force 覆盖,因而限制了其他驱动源的作用,直至遇到 release(释放语句,作用类似于 deassign)语句,变量才得以释放,被重新赋值。这种语句主要用于 Verilog HDL 仿真测试程序中,便于对某种信号进行临时性的赋值和测试。

(三)条件分支语句

Verilog HDL 的条件分支语句有两种:if 语句和 case 语句。

1. if 语句

if 语句就是判断所给的条件是否满足，然后根据判断的结果来确定下一步操作。条件语句只能在 initial 和 always 语句引导的语包块（begin-end）中使用，模块的其他部分都不能使用。If 语句有三种形式：

形式 1：

```
if（条件表达式）语句块；
```

形式 1 中，当条件表达式成立（逻辑值为 1）时，执行后面的语句块；当条件表达式不成立时，后面的语句块不被执行。

形式 2：

```
if（条件表达式）
语句块 1；
else
语句块 2；
```

形式 2 中，当条件表达式成立时，执行后面的语句块 1，然后结束条件语句的执行；当条件表达式不成立时，执行 else 后面的语句块 2，然后结束条件语句的执行。

形式 3：

```
if（条件表达式 1）
语句块 1；
else if（条件表达式 2）
语句块 2；
...
else
语句块 n；
```

形式 3 是多路选择控制，执行的过程是：首先判断条件表达式 1，若为真则执行语句块 1，若假则继续判断条件表达式 2，然后选择是否执行语句块 2，依此类推。

从条件表达式 1 到条件表达式 n 的顺序排序，可以看出这种形式的条件语句是分先后次序的，本身隐含一种优先级关系。

2. case 语句

相对于 if 语句只有两个分支而言，case 语句是一种可实现多路分支选择控制的语句，比 if-else 语句更为方便和直观。case 语句多用于多条件译码电路的设计，如描述译码器、数据选择器等器件功能，case 语句的语法格式如下：

```
case（控制表达式）
值 1：语句块 1
值 2：语句块 2
    …
值 n：语句块 n
default：语句块 n+1
endcase
```

case 语句的执行过程是：当 case 语句中控制表达式的值与值 1 相同时，执行语句块 1；当控制表达式的值与值 2 相同时，执行语句块 2；依此类推。如果控制表达式的值与上面列出的值 1 到值 n 都不相同，则执行 default 后面的语句块 n+1。

当用 case 语句对控制表达式和其后的值进行比较时，必须是一种全等比较，必须保证两者的对应位全等。case 语句的真值表见表 3-3。

表 3-3　　　　　　　　　　case 语句的真值表

case	0	1	x	z
0	1	0	0	0
1	0	1	0	0
x	0	0	1	0
z	0	0	0	1

值 1 到值 n 必须各不相同，一旦判断到与某值相同并执行相应语句块后，case 语句的执行便结束。default 选项相当于 if-else 语句中的 else 部分，可依据需要使用或者不使用，当前面已经列出了控制表达式的所有可能值时，default 可以省略。case 语句的所有表达式值的位宽必须相等，因为只有这样，控制表达式和分支表达式才能进行对应位的比较。

（四）循环语句

1. while 语句

关键字"while"所引导的循环语句表示的是一种"条件循环"。while 语句根据条件表达式的真假来确定循环体的执行，当指定的条件表达式取值为真时才会重复执行循环体，否则就不执行循环体。其语法格式如下：

> while（条件表达式）语句或语句块；

其中，"条件表达式"表示循环体得以继续重复执行时必须满足的条件，它常常是一个逻辑表达式。在每一次执行循环体之前都要对这个条件表达式是否成立进行判断。

while 语句的执行过程可以描述为：先判断条件表达式是否为真，如果是，则执行后面的语句，接着再回来判断条件表达式是否仍为真，只要是真，再执行语句。直至某一次执行完语句后，判断出条件表达式的值为非真时，结束循环过程。为保证循环过程的正常结束，通常在循环体内部必定有一条语句用以改变条件表达式的值。

2. for 循环

关键字"for"所引导的循环语句也表示一种"条件循环"，只有在指定的条件表达式成立时才进行循环。其语法格式如下：

> for（循环变量赋初值；循环结束条件；循环变量增值）语句块；

for 语句的执行过程是：先给"循环变量赋初值"，然后判断"循环结束条件"，若其值为真，则执行 for 语包中指定的语句块，然后进行"循环变量增值"操作，这一过程进行到循环结束条件满足时，for 循环语句结束。

第四节　经典数字电路与 Verilog 实现

考核知识点及能力要求：

- 掌握经典数字电路原理；
- 掌握经典数字电路基于 Verilog 硬件描述语言的设计方法；
- 掌握经典数字电路基于 Verilog 硬件描述语言的验证设计方法。

下面介绍经典数字电路原理以及 Verilog 实现，经典数字电路是构成复杂数字集成电路的基础，通过对经典数字电路的组合设计可以实现复杂数字集成电路功能。

一、数据选择器原理与 Verilog 实现

（一）数据选择器简介

数据选择器（Multiplexer，简称 MUX）进行 n 位地址输入、2 的 n 次幂位数据输入、1 位数据输出。每次在输入地址的控制下，从多路输入数据中选择一路输出，其功能类似于一个单刀多掷开关，如图 3-4 所示。在 ASIC 和 FPGA 的器件库中，通常都有不同输入端口的数据选择器，可以利用这些器件构成功能更加复杂的电路。

下面介绍最简单的数据选择器——2 选 1 数据选择器（见图 3-5）。图 3-5a 给出了常用的符号、

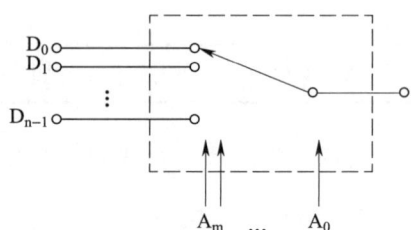

图 3-4　数据选择器框图及等效开关

真值表和电路图。选择输入 w_0 或 w_1 作为数据选择器的输出。数据选择器的功能可以用真值表的形式来描述，如图 3-5b 所示。

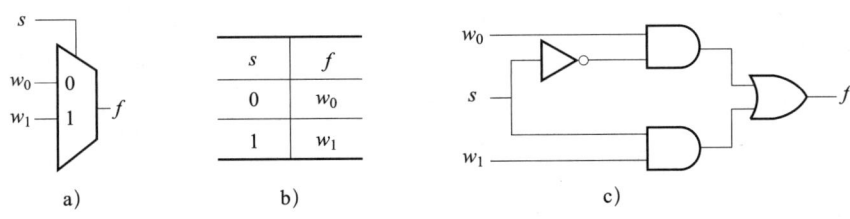

图 3-5　2 选 1 数据选择器

a）符号　b）真值表　c）电路图

2 选 1 数据选择器可以在赋值语句中使用条件运算符定义。该模块名为 mux2to1，其输入为 x0、x1 和 s，输出为 f。信号 s 用于选择判据。如果选择输入 s 的值为 1，那么输出 f 等于 x1；否则，f = x0，代码如下：

```
module mux2to1 (x0,    x1,    s,    f);
input x0,    x1,    s;
output f;
assign f = s ? x1 : x0;
endmodule
```

2 选 1 数据选择器测试程序：

```
`timescale 1 ps/ 1 ps
module mux2to1_vlg_tst ();
reg s;
reg x0;
reg x1;
wire f;
mux2to1 i1 (
    .f (f),
```

```
        .s (s),
        .x0 (x0),
        .x1 (x1)
    );
    initial
    begin
        x0=8'd 0;
        x1=8'd 1;
        s=8'd 1;
    #100_000
        x0 = 8'd 0;
        x1 = 8'd 1;
        s = 8'd 0;
    #100_000
        x0 = 8'd 0;
        x1 = 8'd 1;
        s = 8'd 1;
    #100_000
        x0 = 8'd 1;
        x1 = 8'd 0;
        s = 8'd 1;
    #100_000
        x0 = 8'd 1;
        x1 = 8'd 0;
        s = 8'd 0;
    #100_000
    $stop;
    end
endmodule
```

if-else 语句可以用来描述 2 选 1 数据选择器。if 语句声明当 s 为 0 时 f 被赋值为 x0。否则，f 被赋值为 x1，代码如下：

```
module mux2to1 (x0,    x1,    s,    f);
input x0,    x1,    s;
output reg f;
always @ (x0,    x1,    s)
if (s = =0)
f =x0;
else
f = x1;
endmodule
```

上述程序测试程序与 2 选 1 数据选择器测试程序一致仿真结果参考图 3-6。

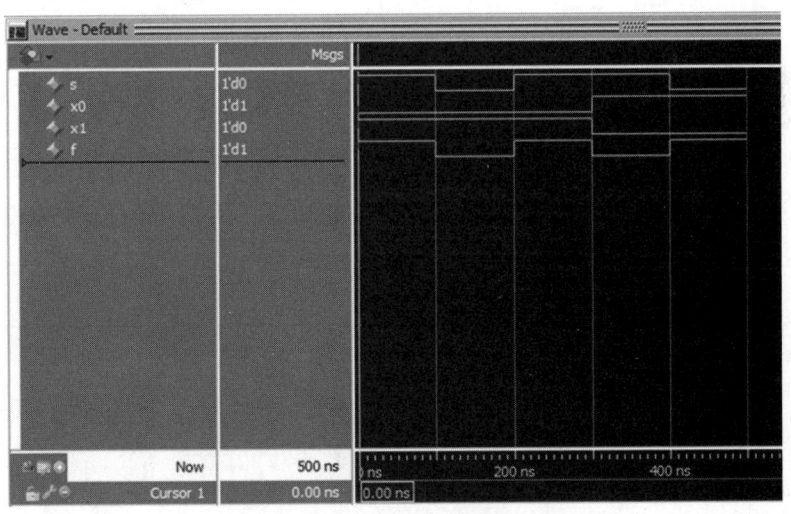

图 3-6　2 选 1 数据选择器仿真结果

常见的 4 选 1 数据选择器如图 3-7 所示。

图 3-7c 部分给出了乘积和的电路。它表示了以下公式：

$$f=\bar{s}_1\bar{s}_0 w_0+\bar{s}_1 s_0 w_1+s_1\bar{s}_0 w_2+s_1 s_0 w_3 \tag{3-1}$$

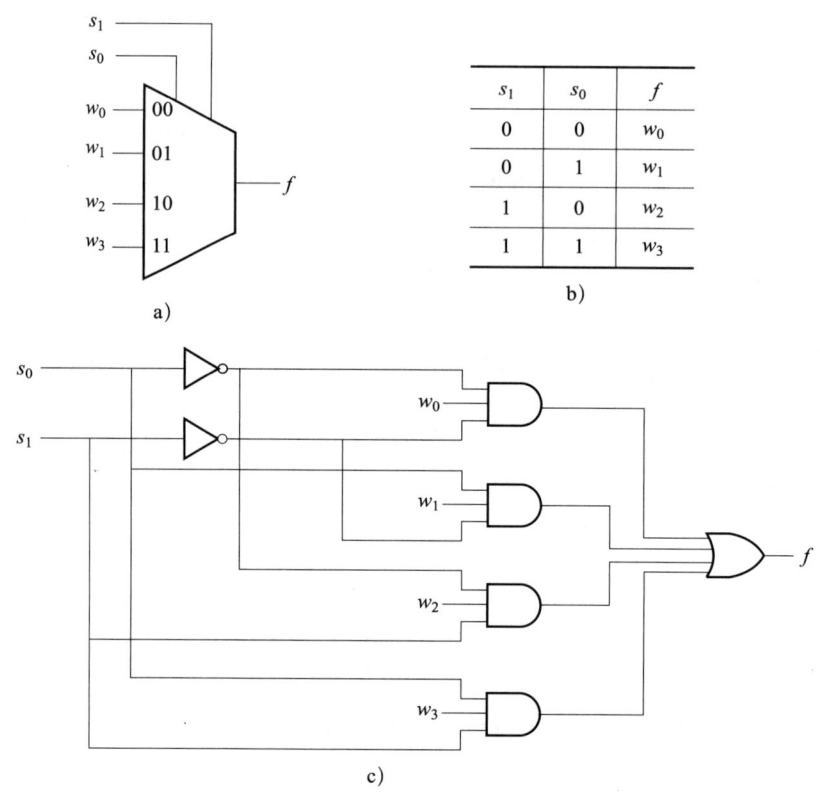

图 3-7 常见的 4 选 1 数据选择器

a）符号　b）真值表　c）电路图

if-else 语句可用于实现复杂的数据选择器。使用向量 X［0：3］和 if-else 语句可实现 4 选 1 数据选择器。这里定义了一个四位向量 X，代替单位信号 X0、X1、X2 和 X3。另外，S 的四个不同值被指定为十进制，而不是二进制，代码如下：

```
module    mux4to1 (X,    S,    f);
input    [0: 3] X;
input    [1: 0] S;
output    reg f;
always @(X,    S)
if (S == 0)
f = X[0];
else if (S == 1) f = X[1];
```

```
else if (S == 2) f = X[2];
else
f = X[3];
endmodule
```

4 选 1 数据选择器测试程序：

```
`timescale 1 ps/ 1 ps
module mux4to1_vlg_tst ();
reg [1: 0] S;
reg a;
reg b;
reg c;
reg d;
wire f;
mux4to1 i1 (
    .S (S),
    .a (a),
    .b (b),
    .c (c),
    .d(d),
    .f(f)
);
initial
begin
        S=2'b00; a=0; b=0; c=0; d=1;
    #200  S=2'b00; a=0; b=0; c=1; d=0;
    #200  S=2'b00; a=0; b=1; c=0; d=0;
    #200  S=2'b00; a=1; b=0; c=0; d=0;
```

```
        #200  S=2'b01; a=0; b=0; c=0; d=1;
        #200  S=2'b01; a=0; b=0; c=1; d=0;
        #200  S=2'b01; a=0; b=1; c=0; d=0;
        #200  S=2'b01; a=1; b=0; c=0; d=0;
        #200  S=2'b10; a=0; b=0; c=0; d=1;
        #200  S=2'b10; a=0; b=0; c=1; d=0;
        #200  S=2'b10; a=0; b=1; c=0; d=0;
        #200  S=2'b10; a=1; b=0; c=0; d=0;
        #200  S=2'b11; a=0; b=0; c=0; d=1;
        #200  S=2'b11; a=0; b=0; c=1; d=0;
        #200  S=2'b11; a=0; b=1; c=0; d=0;
        #200  S=2'b11; a=1; b=0; c=0; d=0;
end
endmodule
```

同时 case 语句用来定义一个 4 选 1 数据选择器也很方便。选择向量 S 可以有 4 个值，它们可以是十进制的，但也可以是二进制的，代码如下：

```
module    mux4to1 (X, S, f);
input[0: 3]X;
input[1: 0]S;
output reg f;
always @ (X, S)
case (S)
0: f = X[0];
1: f = X[1];
2: f = X[2];
3: f = X[3];
```

```
    endcase

endmodule
```

上述程序测试程序与 4 选 1 数据选择器测试程序一致仿真结果参考图 3-8。

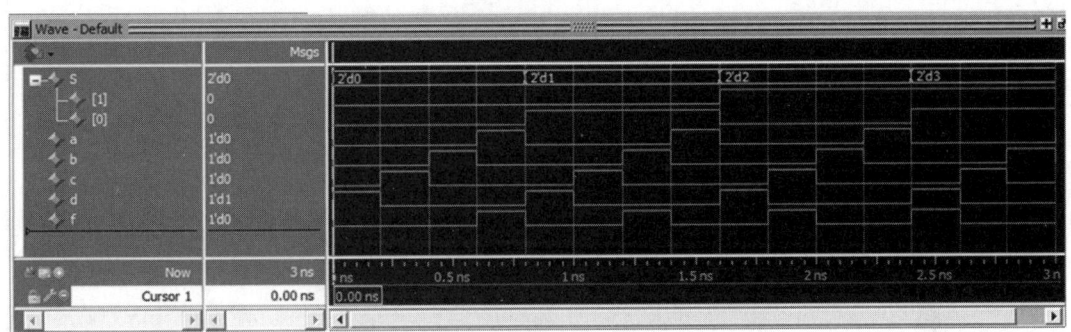

图 3-8　if-else 语句 4 选 1 数据选择器仿真结果

8 选 1 数据选择器可以有多种实现方法。8 选 1 数据选择器可以由多个 2 选 1 数据选择器构成，也可以采用抽象描述方式进行设计：可以采用 2 选 1 数据选择器串行连接，也可以用树形连接分成三级实现，如图 3-9 所示。

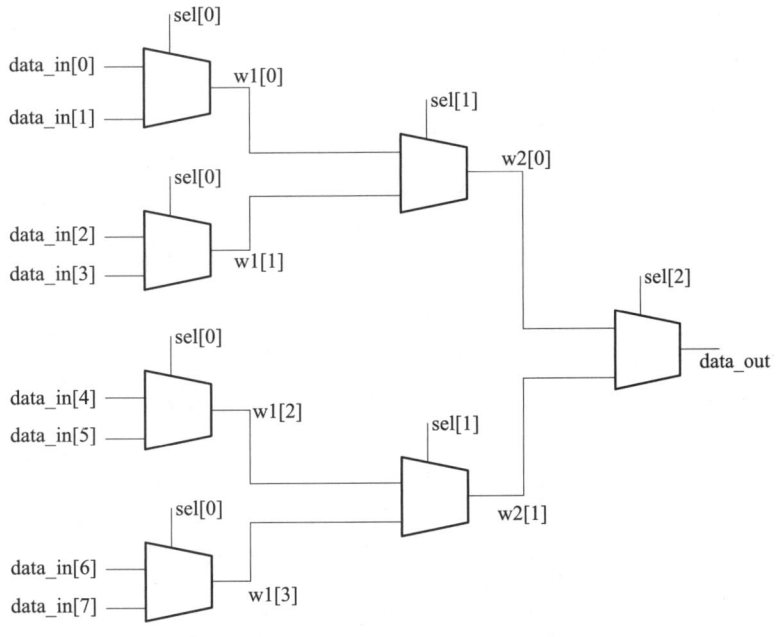

图 3-9　树形连接的 8 选 1 数据选择器电路图

采用多个2选1分三级树形连接，实现8选1数据选择器的Verilog语言描述如下：

```verilog
module mux8to1_2(data_out, data_in, sel);
output data_out;
input[7: 0]    data_in;
input[2: 0]    sel;
wire[3: 0]     w1;
wire[1: 0]     w2;
assign    w1=sel[0]?{ data_in[7], data_in[5], data_in[3], data_in[1]}:
{ data_in[6], data_in[4], data_in[2], data_in[0]};
assign    w2= sel[1]? {w1[3], w1[1]}: {w1[2], w1[0]};
assign    data_out=sel[2]?w2[1]: w2[0];
endmodule
```

8选1数据选择器测试程序：

```verilog
'timescale 1 ps/ 1 ps
module mux8to1_vlg_tst();
reg [7: 0] data_in;
reg [3: 0] sel;
wire out;
mux8to1 i1 (
    .data_in(data_in),
    .out(out),
    .sel(sel)
);
initial
begin
```

```
    sel = 3'b000;
    data_in = 8'b11010111;
#100;
    sel = 3'b001;
#100;
    sel = 3'b010;
#100;
    sel = 3'b011;
#100;
    sel = 3'b100;
 #100;
    sel = 3'b101;
#100;
    sel = 3'b110;
#100;
    sel = 3'b111;
#100;
$stop;
end
endmodule
```

数据选择器的设计可以采用 case 语句直接进行设计。在这种设计式中，只需考虑选择信号列表就可以实现功能更复杂的数据选择器。

```
module mux8to1(out,    sel,    data_in);
output out;
input [7: 0] data_in;
```

```verilog
input [3: 0] sel;
reg out;
always @(data_in or sel)
case(sel)
3'b000: out <= data_in[0]; // 当 sel=3'b000, 输出 out 值 = data_in[0]
3'b001: out <= data_in[1]; // 当 sel=3'b001, 输出 out 值 = data_in[1]
3'b010: out <= data_in[2]; // 当 sel=3'b010, 输出 out 值 = data_in[2]
3'b011: out <= data_in[3]; // 当 sel=3'b011, 输出 out 值 = data_in[3]
3'b100: out <= data_in[4]; // 当 sel=3'b100, 输出 out 值 = data_in[4]
3'b101: out <= data_in[5]; // 当 sel=3'b101, 输出 out 值 = data_in[5]
3'b110: out <= data_in[6]; // 当 sel=3'b110, 输出 out 值 = data_in[6]
3'b111: out <= data_in[7]; // 当 sel=3'b111, 输出 out 值 = data_in[7]
endcase
endmodule
```

上述程序测试程序与 8 选 1 数据选择器测试程序一致仿真结果参考图 3-10。

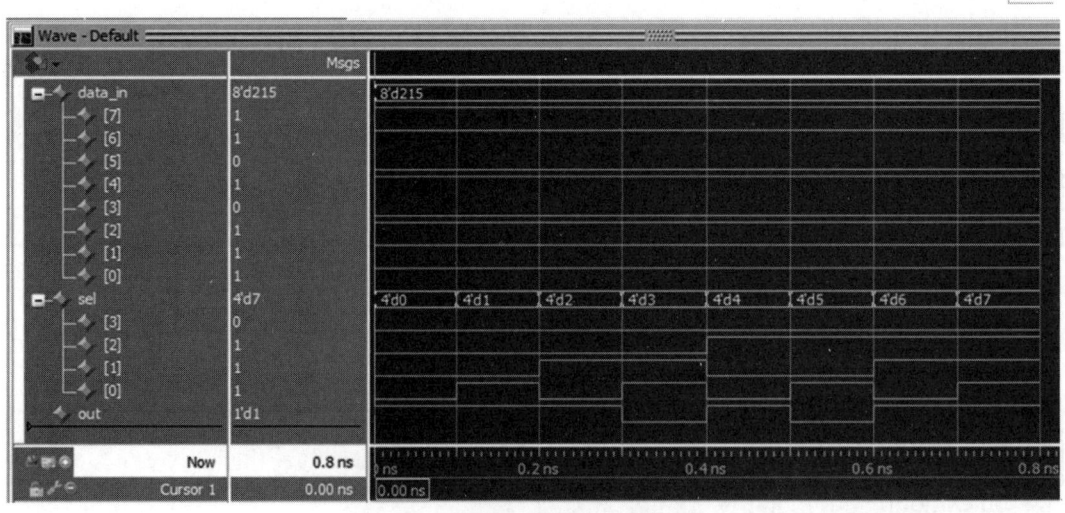

图 3-10　8 选 1 数据选择器仿真结果

（二）利用数据选择器合成逻辑函数

数据选择器在实际应用中有很多用途，除了通过级联等方式构成复杂数据选择器之外，还可以实现合成逻辑函数。考虑图 3-11a 中的例子。真值表定义了函数 f、w_1、w_2。这个功能可以通过一个 4 选 1 数据选择器来实现，其中真值表中每一行的 f 值作为常量连接到数据选择器的输入端。数据选择器选择输入由 w_1 和 w_2 驱动。因此，对于 w_1、w_2 的每一个赋值，输出 f 等于真值表对应一行中的函数值。

上面的实现方式简单，但效率不高。可以通过操作图 3-11b 所示的真值表得以实现，它允许 f 由一个 2 选 1 数据选择器实现。其中一个输入信号 w_1 在这个例子中被选为 2 选 1 数据选择器的选择输入。对于 w_1 的每一个值，真值表将被重新绘制来表示 f 的值。当 $w_1=0$ 时，f 的值与输入 w_2 相同，当 $w_1=1$ 时，f 的值与输入 $\overline{w_2}$ 相同。实现真值表的电路如图 3-11c 所示。

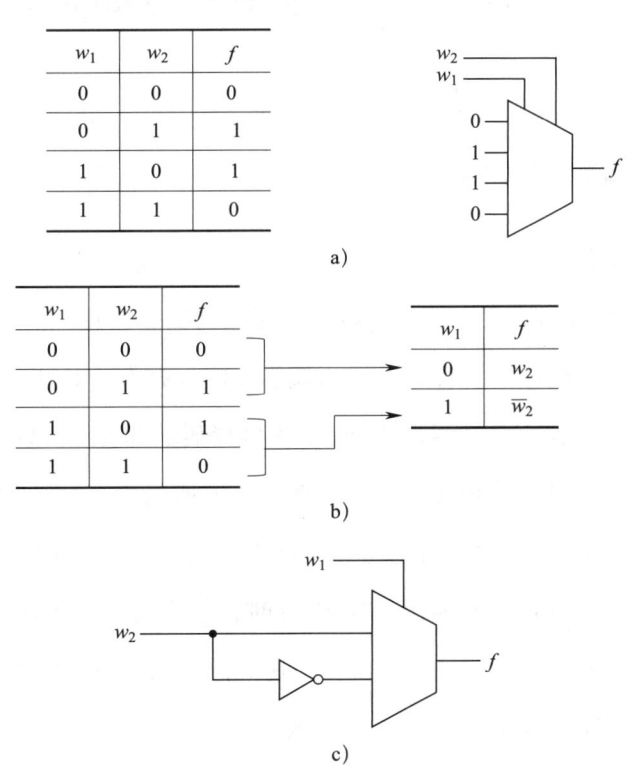

图 3-11 运用数据选择器实现逻辑功能函数

a）通过 4 选 1 的数据选择器实现电路功能　b）真值表修改　c）电路图

图 3-12 表示如何使用 2 选 1 数据选择器实现函数 $f=w_1 \oplus w_2 \oplus w_3$。由图 3-12 可知，当 $w_1=0$ 时，$f=w_2 \oplus w_3$；当 $w_1=1$ 时，$f=\overline{w_2 \oplus w_3}$。电路中的 I 号数据选择器产生 $w_2 \oplus w_3$，II 号数据选择器利用 w_1 的值选择 $w_2 \oplus w_3$ 或者 $\overline{w_2 \oplus w_3}$。通过两个 2 选 1 数据选择器实现三项输入异或电路。

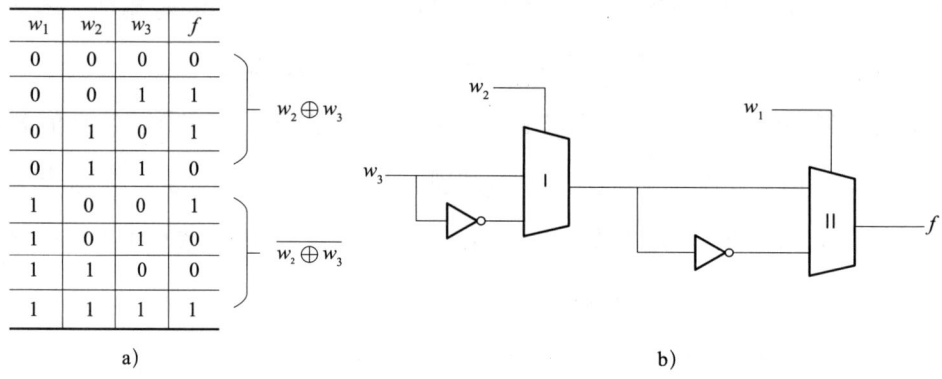

图 3-12 利用 2 选 1 数据选择器实现三项输入异或电路图

a）真值表　b）电路图

二、译码器原理与 Verilog 实现

（一）译码器简介

译码是将二进制代码所表示的信息翻译成相应的状态信息。实现译码功能的电路称为译码器。N 位二进制译码器有 N 个输入端和 2 的 N 次幂个输出端，一般称为 $N-2^N$ 线译码器。常见的译码器有 2-4 线译码器、3-8 线译码器和 4-16 线译码器。

图 3-13a 所示为 2-4 线译码器的符号，图 3-13b 所示为 2-4 线译码器的逻辑电路原理图。E_n 为使能端（或称选通控制端），高电平有效。当 $E_n=1$ 时，允许译码器工作，$y_0 \sim y_3$ 中只允许一个为有效电平输出。当 $E_n=0$ 时，禁止译码器工作，所有输出 $y_0 \sim y_3$ 均为高电平。2-4 线译码器真值表见表 3-4。其中，w_1、w_0 为地址输入端，w_1 为高位。y_0、y_1、y_2、y_3 为状态信号输出端，高电平有效。

第三章 数字电路基本概念和 Verilog 语言简介

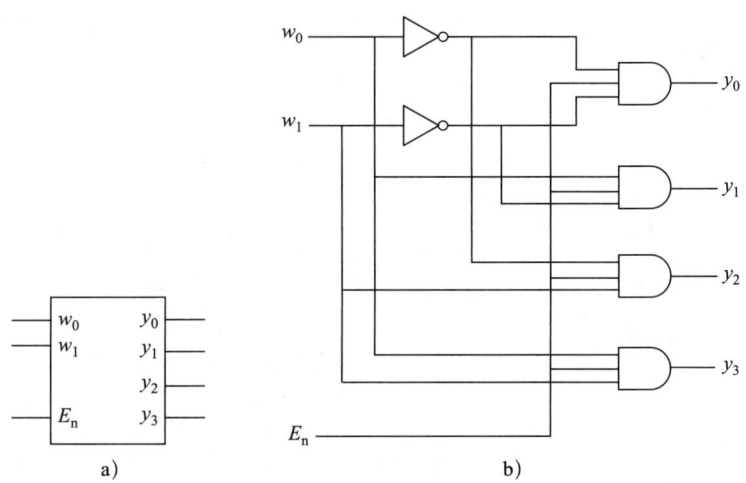

图 3–13 2–4 线译码器

a) 2–4 线译码器的符号 b) 2–4 线译码器的逻辑电路原理图

表 3–4   2–4 线译码器的真值表

E_n	w_1	w_0	y_0	y_1	y_2	y_3
0	x	x	0	0	0	0
1	0	0	1	0	0	0
1	0	1	0	1	0	0
1	1	0	0	0	1	0
1	1	1	0	0	0	1

2–4 线译码器用 case 语句描述实现，模块名字为 dec2to4。数据输入为两位矢量 A，使能输入为 E，高电平有效。这四个输出由四位向量 Y 表示，高电平有效。译码器的 Verilog HDL 程序代码如下：

```
module dec2to4(Y, E, A);
output [3: 0]Y;
input [1: 0] A;
input E;
reg [3: 0]Y;
always @(E or A)
case ({E, A})
```

```
3'b0??: Y=4'b0000;
3'b100: Y=4'b0001;
3'b101: Y=4'b0010;
3'b110: Y=4'b0100;
3'b111: Y=4'b1000;
default:  Y=4'b0000;
endcase
endmodule
```

2-4 线译码器测试程序：

```
'timescale 1 ps/ 1 ps
module dec2to4_vlg_tst();
reg [1: 0] A;
reg E;
wire [3: 0]  Y;
dec2to4 i1 (
    .A(A),
    .E(E),
    .Y(Y)
);
initial
begin
 A =2'd00;
 E = 1;
 #100
 A =2'd01;
 E = 1;
```

```
    #100
     A =2'b10;
     E = 1;
    #100
     A =2'b11;
     E = 1;
    #100
     A =2'b10;
     E = 0;
    #100
     A =2'b01;
     E =0;
    #100
    $stop;
    end
endmodule
```

2-4 线译码器的仿真结果如图 3-14 所示。

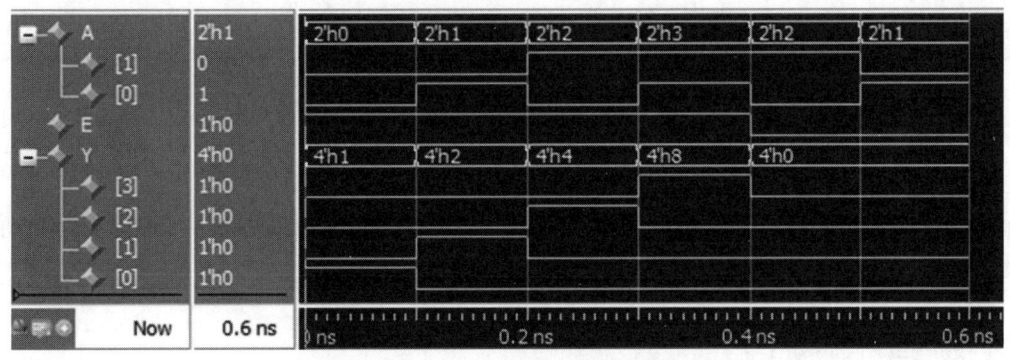

图 3-14　2-4 线译码器的仿真结果

2-4 线译码器可以使用 if-else 和 case 语句的组合来实现。首先对 E 使能位进行判断，如果 E 为 1，则对输出 Y 进行判断；否则，输出 Y 的所有四位都设为 0。

```
module dec2to4(A, Y, E);
input [1: 0]A;
input E;
output [0: 3]Y;
always@(A, E)
begin
if(E == 0)
Y= 4'b0000;
else
case(A)
0: Y = 4'b0001;
1: Y = 4'b0010;
2: Y = 4'b0100;
3: Y = 4'b1000;
endcase
end
endmodule
```

上述 Verilog 程序可以实现 2-4 线译码器电路。但是如果只用 if-else 以及 case 语句来实现 $n-2^n$ 线译码器程序则显得复杂。使用 for 循环可以有效解决上述问题。循环的效果是重复 if-else 语句，for k = 0，…，n。当 Wi 和 En 都为 1 时，则在第 i 次循环迭代将 Yi 设为 1。该结构可以很好地实现任意 $n-2^n$ 线译码器，用上述方法实现 4-16 线译码器程序代码如下。

```
module dec4to16(W, Y, En);
input [3: 0]W;
```

```
input En;
output reg [0: 15]Y;
integer k;
always@(W, En)
for (k =0; k <=15; k=k+1)
if ((W ==k)&&(En ==1)) Y[k]=1;
else
Y[k]=0;
endmodule
```

4-16 线译码器测试程序：

```
'timescale 1 ps/ 1 ps
module dec4to16_vlg_tst();
reg En;
reg [3: 0] W;
wire [0: 15]  Y;
dec4to16 i1 (
    .En(En),
    .W(W),
    .Y(Y)
);
initial
begin
    W=0000;
    En=1;
#100_000;
```

```
        W=0001;
    En=1;
#100_000;
    W=0100;
    En=1;
#100_000;
    W=0101;
    En=1;
#100_000;
    W=1001;
    En=1;
#100_000;
    W=1100;
    En=1;
#100_000;
    W=0111;
    En=1;
#100_000;
    W=0100;
    En=0;
#100_000;
$stop;
end
endmodule
```

4-16 线译码器也可以通过运用 5 个 2-4 线译码器组成树形结构实现。

4-16 线译码器的仿真结果如图 3-15 所示。

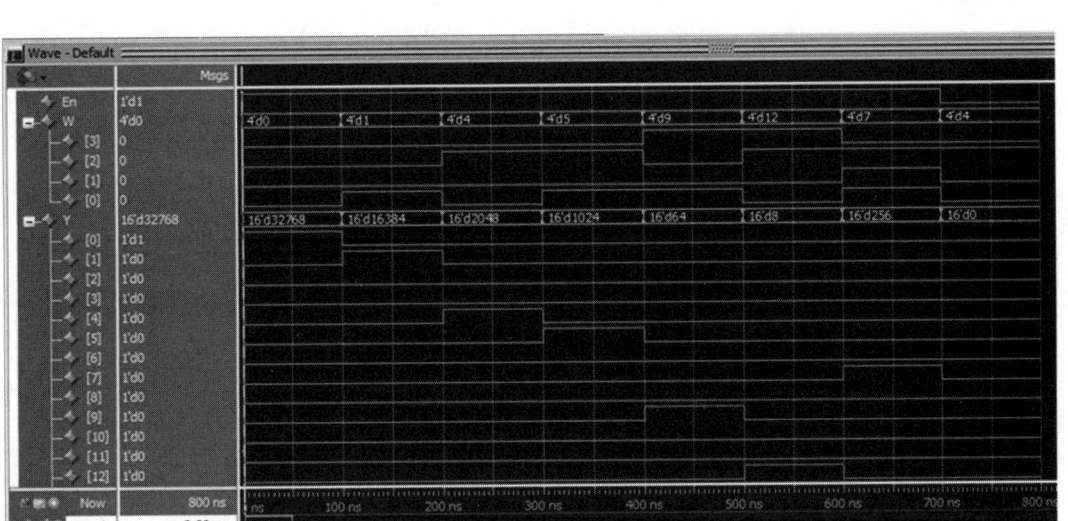

图 3-15 4-16 线译码器的仿真结果

```
module dec4to16 (W,   Y,   E);
input [3: 0] W;
input E;
output [0: 15] Y;
wire [0: 3] M;
dec2to4   Dec1   (W[3: 2],   M[0: 3],   E);
dec2to4   Dec2   (W[1: 0],   Y[0: 3],   M[0]);
dec2to4   Dec3   (W[1: 0],   Y[4: 7],   M[1]);
dec2to4   Dec4   (W[1: 0],   Y[8: 11],   M[2]);
dec2to4   Dec5   (W[1: 0],   Y[12: 15],   M[3]);
endmodule
```

（二）BCD7 段译码器原理与 Verilog 实现

7 段数码管是数字电路中常用的显示器件，通过 BCD7 段译码器的加入可以很好地控制数码管显示的内容，下面介绍 BCD7 段译码器（见图 3-16）。7 段数码管分为共阳和共阴两种，本节以共阴数码管 BCD7 段译码器为例进行讲解，其真值表见表 3-5。

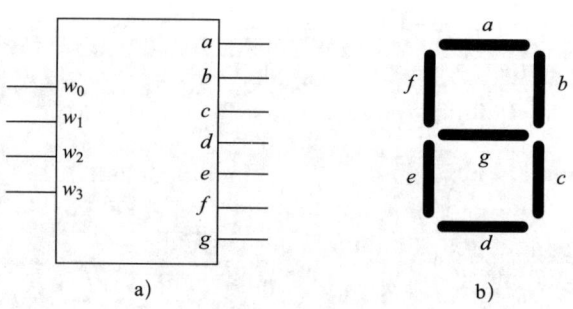

图 3-16 BCD7 段译码器

a）符号 b）7 段数码管示意图

表 3-5 共阴极 BCD7 段译码器真值表

w_3	w_2	w_1	w_0	a	b	c	d	e	f	g
0	0	0	0	1	1	1	1	1	1	0
0	0	0	1	0	1	1	0	0	0	0
0	0	1	0	1	1	0	1	1	0	1
0	0	1	1	1	1	1	1	0	0	1
0	1	0	0	0	1	1	0	0	1	1
0	1	0	1	1	0	1	1	0	1	1
0	1	1	0	1	0	1	1	1	1	1
0	1	1	1	1	1	1	0	0	0	0
1	0	0	0	1	1	1	1	1	1	1
1	0	0	1	1	1	1	1	0	1	1

使用 Verilog 中 case 语句能很好地实现 7 段 BCD 译码器功能。bcd 输入是名为 bcd 的 4 位向量，而 7 个输出是名为 led 的 7 位向量，程序代码如下：

```
module seg7(bcd, leds);
input[3: 0]bcd;
output[6: 0]leds;
reg[6: 0]leds;
always @(bcd)
```

```
begin
case(bcd)
4'b0000: leds=7'b1111110;
4'b0001: leds=7'b0110000;
4'b0010: leds=7'b1101101;
4'b0011: leds=7'b1111001;
4'b0100: leds=7'b0110011;
4'b0101: leds=7'b1011011;
4'b0110: leds=7'b1011111;
4'b0111: leds=7'b1110000;
4'b1000: leds=7'b1111111;
4'b1001: leds=7'b1111011;
default: leds=7'bx;
endcase
end
endmodule
```

7 段 BCD 译码器测试程序：

```
'timescale 1 ps/ 1 ps
module seg7_vlg_tst();
reg [3: 0] bcd;
wire [6: 0]  leds;
seg7 i1 (
   .bcd(bcd),
   .leds(leds)
);
initial
```

```
begin
bcd=4'b0000;
#100_000;
bcd=4'b0001;
#100_000;
bcd=4'b0010;
#100_000;
bcd=4'b0011;
#100_000;
bcd=4'b0100;
#100_000;
bcd=4'b0101;
#100_000;
bcd=4'b0110;
#100_000;
bcd=4'b0111;
#100_000;
bcd=4'b1000;
#100_000;
bcd=4'b1001;
#100_000;
bcd=4'b1111;
#100_000;
$stop;
end
endmodule
```

BCD7 级译码器仿真结果如图 3-17 所示。

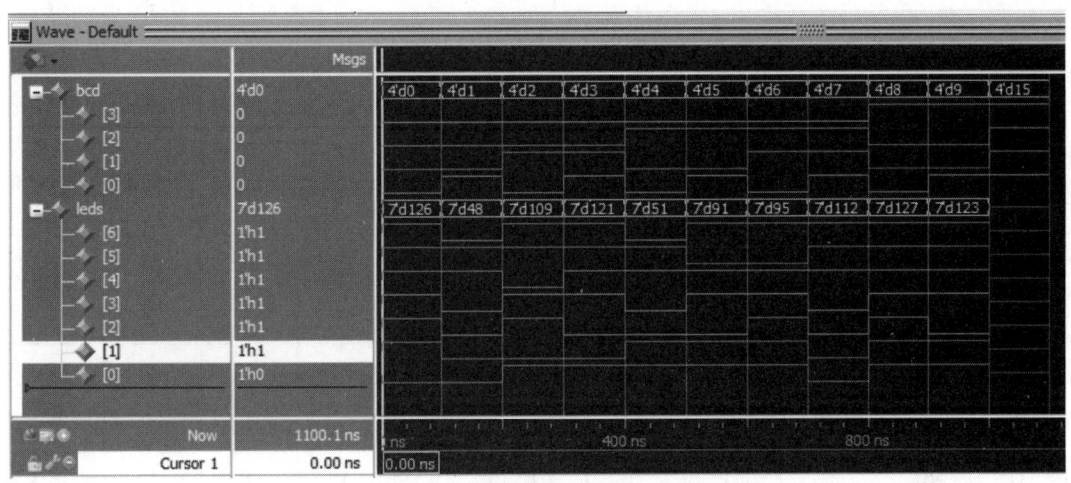

图 3-17 BCD7 段译码器仿真结果

三、编码器原理与 Verilog 实现

（一）编码器简介

用文字、符号或数码表示特定对象的过程称为编码。在数字电路中用二进制代码表示有关的信号称为二进制编码。实现编码操作的电路叫作编码器。用 n 位二进制代码对 $N=2^n$ 个信号进行编码的电路，叫作二进制编码器。3 位二进制可以对 8 个信号进行编码。二进制编码器具有如下特点：任何时刻只允许输入一个有效信号，不允许同时出现两个或两个以上的有效信号。假设编码器规定高电平为有效电平，则在任何时刻只有一个输入端为高电平，其余输入端为低电平。同理，如果规定低电平为有效电平，则在任何时刻只有一个输入端为低电平，其余输入端为高电平。因而其输入是一组有约束（互相排斥）的变量。

常见的编码器有 4-2 线编码器、8-3 线编码器和 16-4 线编码器。这里主要介绍 8-3 线编码器。图 3-18 所示为 3 位二进制 8-3 线编码器框图，它的输入是 $I_0 \sim I_7$，共 8 个高电平有效信号，它的输出是 3 位二进制代码 F_2、F_1、F_0，输出与输入的对应关系见表 3-6。

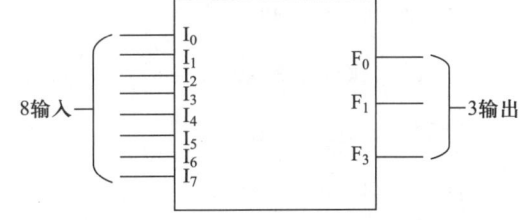

图 3-18 3 位二进制 8-3 线编码器框图

表 3-6　　　　　　　　　　3 位二进制 8-3 线编码器真值表

| \multicolumn{8}{c|}{输入} | \multicolumn{3}{c}{输出} |
I_0	I_1	I_2	I_3	I_4	I_5	I_6	I_7	F_2	F_1	F_0
1	0	0	0	0	0	0	0	0	0	0
0	1	0	0	0	0	0	0	0	0	1
0	0	1	0	0	0	0	0	0	1	0
0	0	0	1	0	0	0	0	0	1	1
0	0	0	0	1	0	0	0	1	0	0
0	0	0	0	0	1	0	0	1	0	1
0	0	0	0	0	0	1	0	1	1	0
0	0	0	0	0	0	0	1	1	1	1

8-3 线编码器的 Verilog HDL 程序代码如下：

```verilog
module code_8to3(F, I);
output[2: 0]F;
input [7: 0]I;
reg [2: 0]F;
always@(I)
case(I)
8'b00000001: F=3'b000;
8'b00000010: F=3'b001;
8'b00000100: F=3'b010;
8'b00001000: F=3'b011;
8'b00010000: F=3'b100;
8'b00100000: F=3'b101;
8'b01000000: F=3'b110;
8'b10000000: F=3'b111;
default: F=3'bx;
```

```
endcase
endmodule
```

8-3 线编码器测试程序:

```
'timescale 1 ps/ 1 ps
module code_8to3_vlg_tst();
reg [7: 0] I;
wire [2: 0]  F;
code_8to3 i1 (
    .F(F),
    .I(I)
);
initial
begin
I=8'b00000001;
#100_000;
I=8'b00000010;
#100_000;
I=8'b00000100;
#100_000;
I=8'b00001000;
#100_000;
I=8'b00010000;
#100_000;
I=8'b00100000;
#100_000;
I=8'b01000000;
```

```
        #100_000;
        I=8'b10000000;
        #100_000;
        I=8'b00011000;
        #100_000;
        $stop;
      end
    endmodule
```

8-3 线编码器的仿真结果如图 3-19 所示。

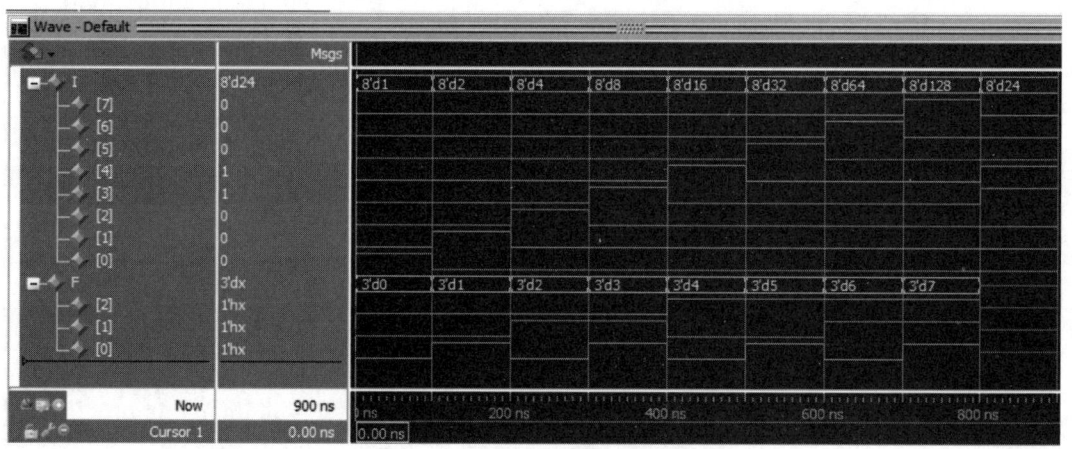

图 3-19 8-3 线编码器的仿真结果

（二）优先级编码器

在优先级编码器中，每个输入都有一个与之关联的优先级级别。编码器输出显示具有最高优先级的输入。当一个高优先级的输入发生时，其他低优先级的输入被忽略。8-3 优先级编码器的真值表见表 3-7。它假设 I_0 优先级最低，I_7 优先级最高。输出 F_2、F_1、F_0 表示最高优先级输入值为 1 的二进制数。输出 z 表示输入的条件，当至少有一个输入等于 1 时，它被设置为 1。当所有输入都等于 0 时，它被设置为 0，在这种情况下，输出 F_2、F_1、F_0 是没有意义的，因此真值表的第一行可以被视为对 F_2、F_1、F_0 不关心的条件。

表 3–7　　　　　　　　　　优先级编码器真值表

输入								输出			
I_0	I_1	I_2	I_3	I_4	I_5	I_6	I_7	F_2	F_1	F_0	z
0	0	0	0	0	0	0	0	d	d	d	0
1	0	0	0	0	0	0	0	0	0	0	1
x	1	0	0	0	0	0	0	0	0	1	1
x	x	1	0	0	0	0	0	0	1	0	1
x	x	x	1	0	0	0	0	0	1	1	1
x	x	x	x	1	0	0	0	1	0	0	1
x	x	x	x	x	1	0	0	1	0	1	1
x	x	x	x	x	x	1	0	1	1	0	1
x	x	x	x	x	x	x	1	1	1	1	1

优先级编码器的行为是最容易理解的。以真值表的最后一行为例，当输入 $I_7=1$ 时，输出设置为 $F_2F_1F_0=111$。因为 I_7 具有最高的优先级，并不受 I_6、I_5、…、I_0 的值的影响。为了反映 I_6、I_5、…、I_0 的值是不相关的，用真值表中的符号 x 来表示。输出值由输入有效值中具有最高优先级的位决定。Verilog 提供了 case 语句的两种变体，它们以不同的方式处理 z 值和 x 值。casez 语句将 case 选项和控制表达式中的所有 z 值视为"不关心"。casex 语句将所有 z 值和 x 值视为"不关心"。casex 能很好地实现优先级编码器，代码如下：

```
module priority(I,   F,    z);
input[7: 0]I;
output[2: 0]F;
output z;
reg [2: 0] F;
reg z;
always @(I)
```

```verilog
begin
    z=1;
    casex(I)
        8'b1xxxxxxx: F =7;
        8'b01xxxxxx: F=6;
        8'b001xxxxx: F=5;
        8'b0001xxxx: F=4;
        8'b00001xxx: F=3;
        8'b000001xx: F=2;
        8'b0000001x: F=1;
        8'b00000001: F=0;
        default: begin
            z=0;
            F=3'bx;
            end
    endcase
end
endmodule
```

优先级编码器测试程序：

```verilog
'timescale 1 ps/ 1 ps
module priority_vlg_tst();
reg [7: 0] I;
wire [2: 0]  F;
wire z;
priority i1 (
```

```
    .F(F),
    .I(I),
    .z(z)
);
initial
begin
I=8'b 00100100;
#100_000;
I=8'b 00000011;
#100_000;
I=8'b 11111000;
#100_000;
I=8'b 01001001;
#100_000;
I=8'b 00001111;
#100_000;
$stop;
end
endmodule
```

利用循环语句能实现优先级编码器，编码如下。该代码可以更方便地扩展实现任意 $n-2^n$ 二进制编码器，仅需修改输入 I 的位宽为 $[(2^n-1):0]$，修改输出 F 的位宽为 $[(n-1):0]$，修改循环次数 k 为 2^n。

```
module priority (I,   F,   z);
input [7: 0] I;
output [2: 0] F;
```

```
output z;
reg [2: 0] F;
reg z;
integer k;
always @(I)
begin
    F=3'bx;
    z=0;
    for (k=0; k < 8; k=k+1)
        if(I[k])
            begin
                F=k;
                z=1;
            end
    end
endmodule
```

上述程序测试程序与优先级编码器测试程序一致仿真结果参考图 3-20。

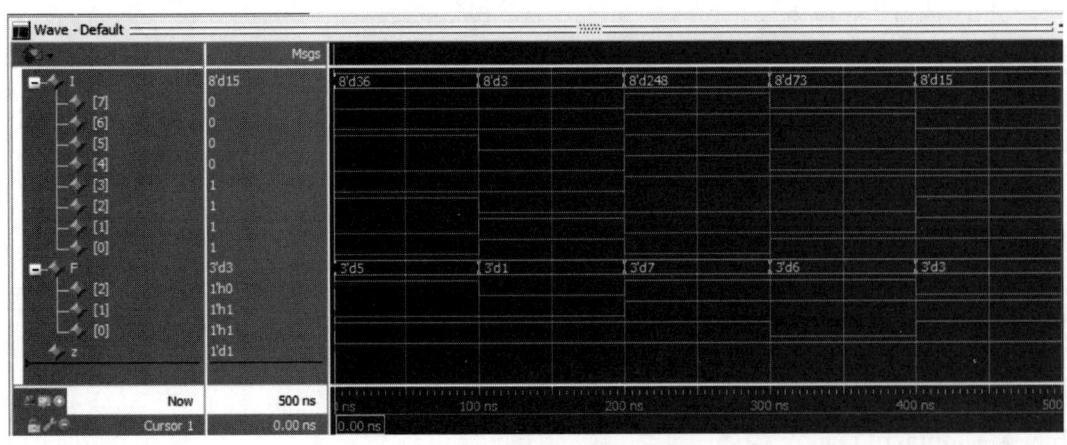

图 3-20 优先级编码器的仿真结果

四、加法器原理与 Verilog 实现

加法器是一种较为常用的逻辑运算器件,被广泛用于计算机、通信和多媒体数字集成电路中。在实际系统中,操作码以补码的形式输入,由于减法可以通过减数的补码与被减数的补码相加实现,因此加法器可同时实现加法和减法逻辑功能。

图 3-21 显示了 1 位二进制半加器运算的 4 种情况,被加数 x 与加数 y 相加,得到和 s 与进位 c。1 位二进制半加器的真值表见表 3-8。1 位二进制半加器逻辑电路通过与门和异或门组合实现,如图 3-22 所示。

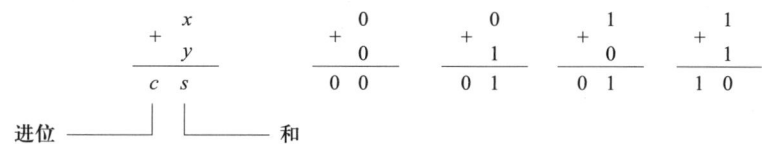

图 3-21 1 位二进制半加器运算

表 3-8　　　　　　　　　　1 位二进制半加器真值表

x	y	Carry c	Sum s
0	0	0	0
0	1	0	1
1	0	0	1
1	1	1	0

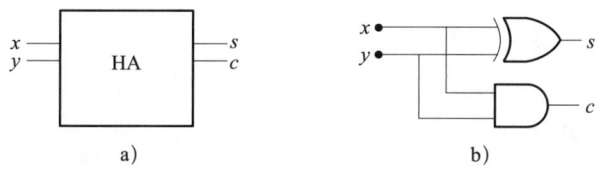

图 3-22 1 位二进制半加器符号及逻辑电路图

a）1 位二进制半加器符号　b）1 位二进制半加器逻辑电路图

考虑来自低位的进位的加法器运算为全加运算。实现全加运算的电路称为全加器。1 位二进制全加器,实现输入第 i 位被加数 x_i、第 i 位加数 y_i 与来自低位的进位 c_i 相加,输出为第 i 位和 s_i 与向高位的进位 c_{i+1}。1 位二进制全加器可由两个 1 位二进制半加器组合实现,其电路原理图如图 3-23 所示。1 位二进制全加器的真值表见表 3-9。

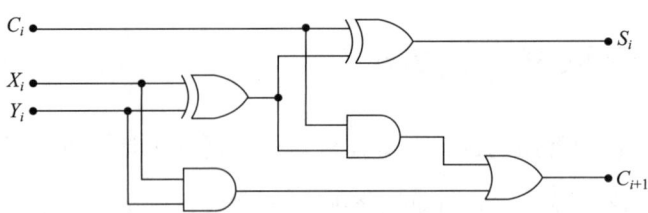

图 3-23　1 位二进制全加器实现电路原理图

表 3-9　　　　　　　　　　1 位二进制全加器的真值表

x_i	y_i	c_i	s_i	c_{i+1}
0	0	0	0	0
0	0	1	1	0
0	1	0	1	0
0	1	1	0	1
1	0	0	1	0
1	0	1	0	1
1	1	0	0	1
1	1	1	1	1

Verilog HDL 可以用不同的描述方式写出 1 位全加器，其综合电路是相同的，仅仅是描述风格不同。在此给出两种不同的风格：利用连续赋值语句实现和利用行为描述方式实现。

（1）利用连续赋值语句实现。

```
module fulladd(Cin, x, y, s, Cout);
    input Cin, x, y;
    output s, Cout;
    assign s=x^y^Cin;
    assign Cout=(x & y) | (x & Cin) | (y & Cin);
endmodule
```

全加器测试程序：

```verilog
'timescale 1 ps/ 1 ps
module fulladd_vlg_tst();
reg Cin;
reg x;
reg y;
wire Cout;
wire s;
fulladd i1 (
    .Cin(Cin),
    .Cout(Cout),
    .s(s),
    .x(x),
    .y(y)
);
initial
begin
Cin=0;
x=0;
y=0;
#100;
Cin=0;
x=0;
y=1;
#100;
Cin=0;
```

```
x=1;
y=0;
#100;
Cin=0;
x=1;
y=1;
#100;
Cin=1;
x=0;
y=0;
#100;
Cin=1;
x=0;
y=1;
#100;
Cin=1;
x=1;
y=0;
#100;
Cin=1;
x=1;
y=1;
#100;
$stop;
end
endmodule
```

（2）利用行为描述方式实现。

```
module fulladd (Cin, x, y, s, Cout);
input Cin, x, y;
output s, Cout;
assign {Cout, s}=x+y+Cin;
endmodule
```

上述程序测试程序与全加器测试程序一致仿真结果参考图 3-24。

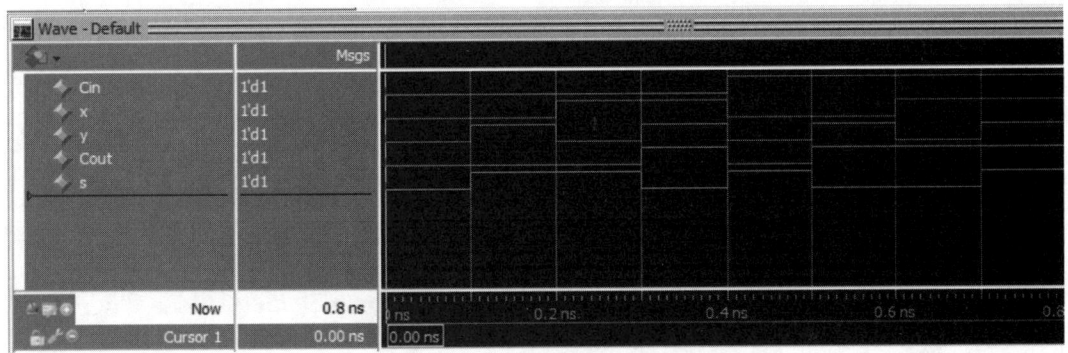

图 3-24 1 位全加器赋值语句仿真结果

采用行为描述方式可以提高设计的效率，对于一个典型的多位加法器的行为描述设计，在代码中运用 parameter 语句，通过改变 parameter 的数值可以实现代码中输入和输出信号的位宽的改变，实现任意位全加器。例如，一个 4 位全加器可以采用如下 Verilog HDL 程序代码实现：

```
module addern(Cout, Sum, X, Y, Cin);
parameter n=4;
output[n-1: 0] Sum;
output Cout;
input[n-1: 0] X, Y;
```

```
input Cin;
assign {Cout, Sum}=X+Y+Cin;
endmodule
```

4 位全加器测试程序：

```
'timescale 1 ps/ 1 ps
module js_vlg_tst();
reg eachvec;
reg Cin;
reg [3: 0] X;
reg [3: 0] Y;
wire Cout;
wire [3: 0]  Sum;
integer i, j;
js i1 (
    .Cin(Cin),
    .Cout(Cout),
    .Sum(Sum),
    .X(X),
    .Y(Y)
);
always #5 Cin=~ Cin;
initial
begin
X=0;Y=0;Cin=0;
for(i=1;i<16;i=i+1)
```

```
    #10 X=i;
  end
  initial
  begin
  for(j=1;j<16;j=j+1)
    #10 Y=j;
  end
endmodule
```

4 位全加器的仿真结果如图 3-25 所示。

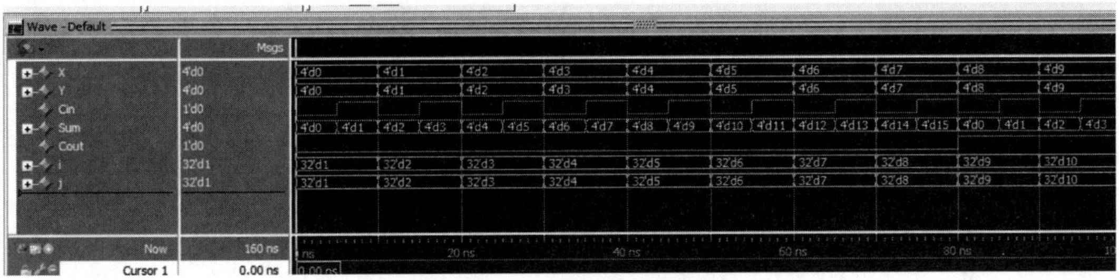

图 3-25 4 位全加器的仿真结果

五、算数比较器原理与 Verilog 实现

算数比较器用来对两个二进制数的大小进行比较，或检测逻辑电路是否相等。算数比较器包含两部分功能：一是比较两个数的大小，二是检测两个数是否一致。

多位数据比较器的比较过程由高位到低位逐位进行，而且只有在高位相等时，才进行低位比较。以 4 位数据比较器为例，在进行 A_3、A_2、A_1、A_0 和 B_3、B_2、B_1、B_0 的比较时，首先比较最高位 A_3 和 B_3。如果 $A_3>B_3$，那么不管其他几位数为何值，结果均为 A>B；若 $A_3<B_3$，结果为 A<B。如果 $A_3=B_3$，就必须通过比较低一位 A_2 和 B_2 来判断 A 和 B 的大小。如果 $A_2=B_2$，就必须通过更低一位 A_1 和 B_1 来判断大小，直到最后一位的比较。4 位数据比较器的真值表见表 3-10。4 位数据比较器的电路原理图如图 3-26 所示。

表 3-10　　　　　　　　　　　　4 位数据比较器的真值表

输入				输出		
$A_3\ B_3$	$A_2\ B_2$	$A_1\ B_1$	$A_0\ B_0$	AltB	AeqB	AgtB
$A_3>B_3$	x x	x x	x x	0	0	1
$A_3<B_3$	x x	x x	x x	1	0	0
$A_3=B_3$	$A_2>B_2$	x x	x x	0	0	1
$A_3=B_3$	$A_2<B_2$	x x	x x	1	0	0
$A_3=B_3$	$A_2=B_2$	$A_1>B_1$	x x	0	0	1
$A_3=B_3$	$A_2=B_2$	$A_1<B_1$	x x	1	0	0
$A_3=B_3$	$A_2=B_2$	$A_1=B_1$	$A_0>B_0$	0	0	1
$A_3=B_3$	$A_2=B_2$	$A_1=B_1$	$A_0<B_0$	1	0	0
$A_3=B_3$	$A_2=B_2$	$A_1=B_1$	$A_0=B_0$	0	1	0

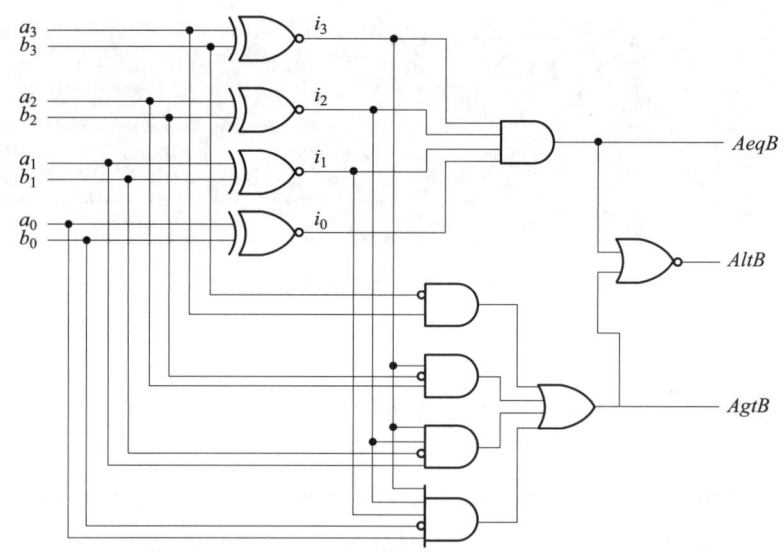

图 3-26　4 位数据比较器的电路原理图

采用 Verilog 描述程序代码如下：

```
module compare (A,    B,    AeqB,    AgtB,    AltB);
input [3: 0] A,    B;
output Aeq B,    AgtB,    AltB;
```

```
reg AeqB,    AgtB,    AltB;
always @(A or B)
begin
    AeqB=0;
    AgtB=0;
    AltB=0;
    if(A==B)
        AeqB=1;
    else if (A > B)
        AgtB=1;
    else
        AltB=1;
end
endmodule
```

4 位数据比较器测试程序：

```
'timescale 1 ps/ 1 ps
module compare_vlg_tst();
reg [3: 0] A;
reg [3: 0] B;
wire AeqB;
wire AgtB;
wire AltB;
compare i1 (
    .A(A),
    .AeqB(AeqB),
    .AgtB(AgtB),
```

```
            .AltB(AltB),
            .B(B)
    );
    initial
    begin
        A=4'b1100;
        B=4'b1011;
    #100_000;
        A=4'b0010;
        B=4'b1000;
    #100_000;
        A=4'b0100;
        B=4'b0011;
    #100_000;
        A=4'b0001;
        B=4'b0000;
    #100_000;
        A=4'b1111;
        B=4'b1101;
    #100_000;
        A=4'b0100;
        B=4'b0100;
    #100_000;
    $stop;
    end
    endmodule
```

4 位数据比较器的仿真结果如图 3-27 所示。

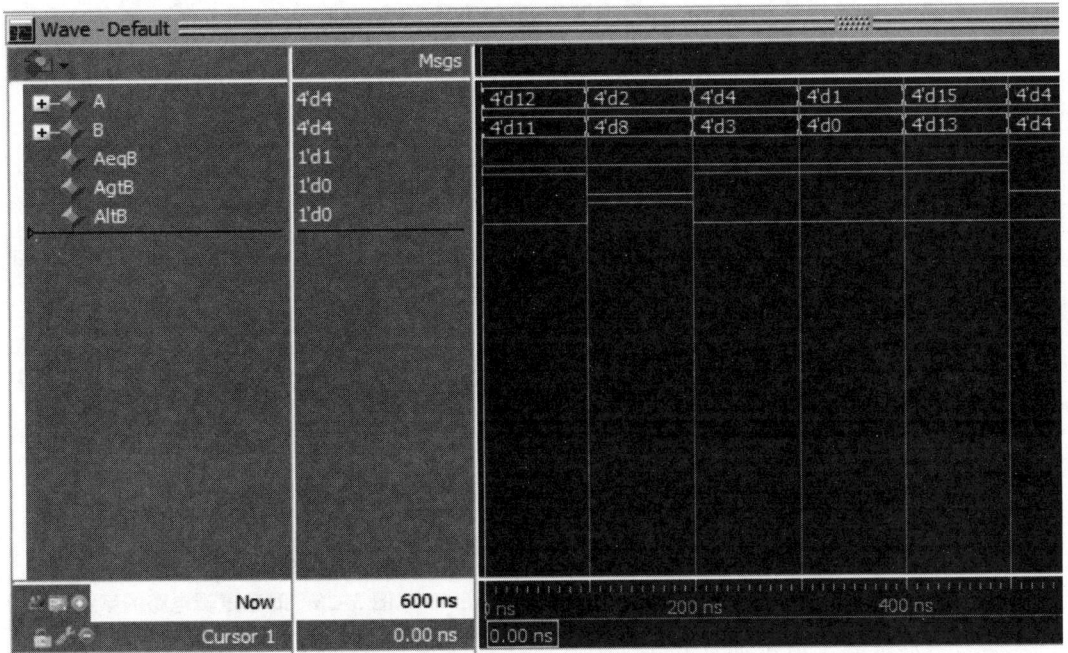

图 3-27　4 位数据比较器的仿真结果

第五节　经典时序逻辑电路与 Verilog 实现

考核知识点及能力要求：

- 掌握经典时序逻辑电路原理；
- 掌握经典时序逻辑电路基于 Verilog 硬件描述语言的设计方法；
- 掌握经典时序逻辑电路基于 Verilog 硬件描述语言的验证设计方法；

- 掌握状态机的设计原理；
- 掌握状态机的基于 Verilog 硬件描述语言的设计方法；
- 掌握状态机的基于 Verilog 硬件描述语言的验证设计方法。

时序逻辑电路是数字电路的重要组成部分。之前介绍的经典组合数字电路，输出状态只由输入的当前状态决定。本章介绍的时序电路，输出状态不仅与当前的输入状态有关，而且与之前电路的状态有关，这类电路被称作时序逻辑电路。时序逻辑电路在结构上有两个特点：第一，包含组合电路和存储电路两个部分，存储电路是必不可少的；第二，存储电路的状态至少有一个作为组合电路的输入，与其他输入共同决定电路的输出。时序逻辑电路的系统框图如图 3-28 所示。

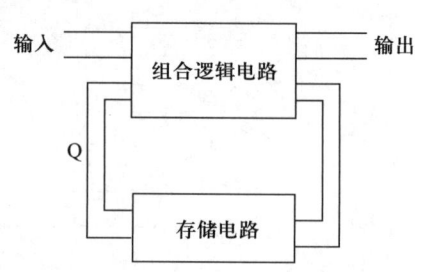

图 3-28 时序逻辑电路的系统框图

按照存储电路中触发器的状态变化方式，时序逻辑电路可以分为同步时序逻辑电路和异步时序逻辑电路两种。其中，同步时序逻辑电路所有触发器的状态是在同一时钟作用下完成的，异步时序逻辑电路触发器的状态变化不是同时发生的。按照输出信号是否和输入信号有关，时序逻辑电路可以分为输出信号只与存储电路状态有关的 Mealy 型时序电路，以及输出状态与存储电路状态有关，同时也与输入信号相关的 Moore 型时序电路。

一、触发器原理与 Verilog 实现

（一）触发器简介

触发器是常见的时序器件，包括 D 触发器、JK 触发器和 T 触发器等，它们是数字系统中最基本的底层时序单元，其中 D 触发器是最简单、最常用和最具代表性的时序元器件。下面介绍边沿 D 触发器，在触发边沿到来时，将输入端的值存入其中，并且这个值与当前存储的值无关。在两个有效的脉冲边沿之间，D 的跳转不会影响触发器存储的值，但是在脉冲边沿到来之前，输入端 D 必须有足够的建立时间，保证信号稳定。D 触发器符号及电路原理图如图 3-29 所示。

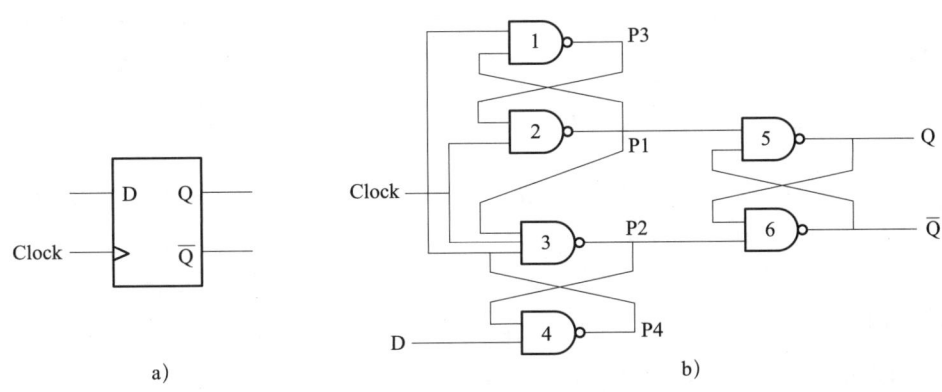

图 3-29 D 触发器符号及电路原理图

a) D 触发器符号 b) D 触发器电路原理图

运用 Verilog HDL 语言可以很好地实现 D 触发器功能。在 always 后面的敏感信号表中，posedge clk 是时钟边沿敏感描述，表示当 clk 的上升沿时候，执行 always 语句模块。其中 "<="符号可以实现非阻塞赋值。采用 Verilog 描述程序代码如下：

```verilog
module dff1(clk, clr, rst, d, q);    //clr 是清零信号，rst 是复位信号
input clk, clr, rst, d;
output q;
reg q;
always@(posedge clk or posedge clr)
begin
if(clr==1'b1)q<=1'b0;
else if (rst==1'b1)q<=1'b1;
else q<=d;
end
endmodule
```

D 触发器测试程序：

```verilog
`timescale 1 ps/ 1 ps
module dff1_vlg_tst();
```

```verilog
reg clk;
reg clr;
reg d;
reg rst;
wire q;
dff1 i1 (
    .clk(clk),
    .clr(clr),
    .d(d),
    .q(q),
    .rst(rst)
);
initial
begin
     clk=1'b0;
        forever #5 clk=~clk;
end
initial
begin
    clr=1'b0;
    rst=1'b0; d=1'b0;
    #10 rst=1'b1 ; clr=1'b0 ; d=1'b0;
    #10 rst=1'b1 ; clr=1'b1 ; d=1'b1;
    #10 rst=1'b0 ; clr=1'b0 ; d=1'b1;
    #20 d=1'b0;
    #20 d=1'b1;
end
endmodule
```

D 触发器的仿真结果如图 3-30 所示。

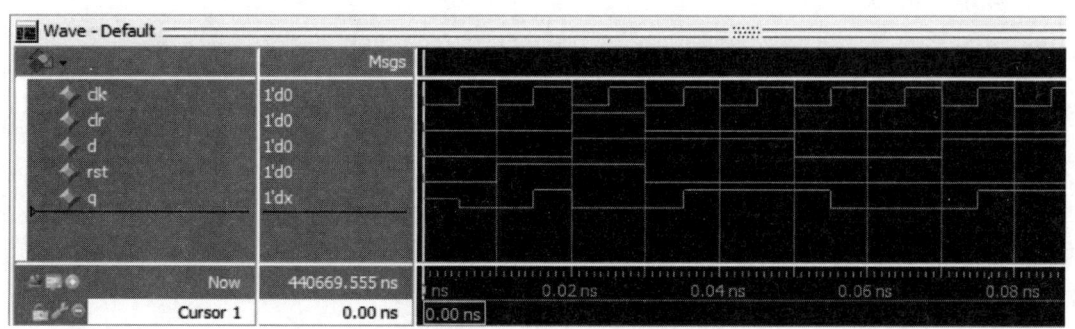

图 3-30 D 触发器的仿真结果

D 触发器是一种多功能的存储元件，可有多种用途。通过一些简单的逻辑电路来驱动其输入，D 触发器可实现不同类型的存储元件。在一个上升沿触发的 D 触发器，在 T 信号的控制下，将输出信号反馈到输入信号，使得输入信号 D 等于 Q 或 $\overline{Q}$ 的值。在时钟的每个上升沿，触发器可能会改变其状态。当 T=0 时，D=Q，状态保持不变，Q（t+1）=Q（t）；当 T=1 时，D=$\overline{Q}$，状态改变 Q（t+1）= $\overline{Q(t)}$。实现上述逻辑功能的器件称为 T 触发器。T 触发器符号及电路原理图如图 3-31 所示。

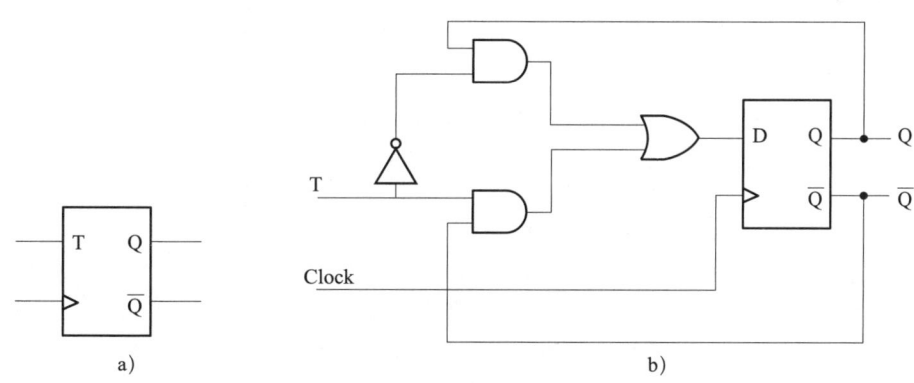

图 3-31 T 触发器符号及电路原理图

a) T 触发器符号　b) T 触发器电路原理图

采用 Verilog 描述的程序代码如下：

```
module t1(clk,   rst,   T,   Q);   //rst 是复位信号
input clk,   rst,   T;
```

```
output Q;
reg Q;
always@(posedge clk or posedge rst)
begin
if (rst==1'b1) Q<=1'b0;
else if (T==1'b1) Q= ~ Q;
else Q=Q;
end
endmodule
```

T 触发器测试程序：

```
'timescale 1 ps/ 1 ps
module t1_vlg_tst();
reg T;
reg clk;
reg rst;
wire Q;
t1 i1 (
    .Q(Q),
    .T(T),
    .clk(clk),
    .rst(rst)
);
initial
begin
    clk=1'b0;
```

```
        forever #5 clk=~clk;
    end
    initial
    begin
        rst=1'b0;T=1'b0;
        #10 rst=1'b1; T=1'b1;
        #10 rst=1'b0; T=1'b1;
        #20 T=1'b1;
        #20 T=1'b0;
        #20 T=1'b1;
    end
endmodule
```

T 触发器的仿真结果如图 3-32 所示。

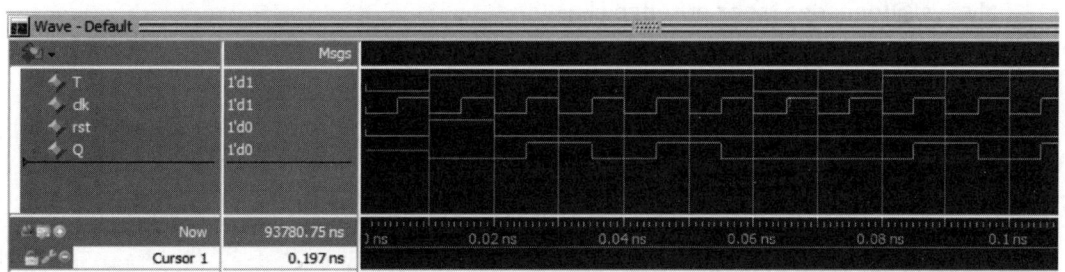

图 3-32　T 触发器的仿真结果

（二）利用 D 触发器实现寄存器

寄存器是数字逻辑电路的基础器件之一，主要实现对数据的暂存。寄存器的存储功能是由触发器组合实现的，一个触发器可以存储一位二进制数据或编码，如果要储存 n 位二进制数据或编码，则需要 n 个触发器来构成寄存器。使用 4 个边沿 D 触发器实现 4 位寄存器的方法如图 3-33 所示。4 个边沿 D 触发器是时钟端 clk 和复位端 rst 分别并联，时钟是一个时钟，为同步器件。每个脉冲边沿到达时钟端时，$D_0 \sim D_3$ 端的数据存储到对应的 D 触发器中。采用 Verilog 描述程序代码如下：

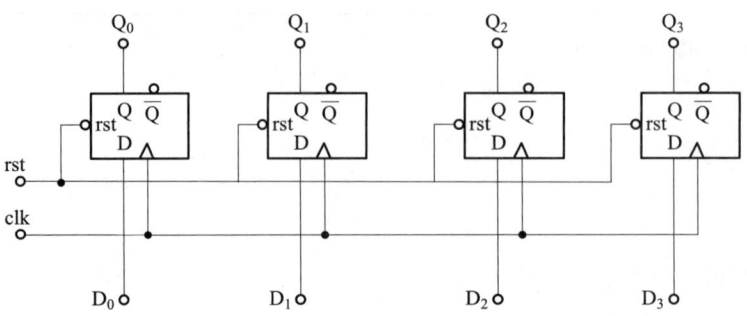

图 3–33　由边沿 D 触发器构成的 4 位寄存器

```
module flow_led(D,  clk,  rst,  Q);
 parameter n=4;
 input[n-1: 0] D;
 input clk, rst;
 output [n-1: 0] Q;
 reg [n-1: 0] Q;
 always @(negedge rst or posedge clk)
   if(!rst)
      Q<=0;
   else
      Q<=D;
endmodule
```

边沿 D 触发器测试程序:

```
'timescale 1 ps/ 1 ps
module flow_led_vlg_tst();
reg [3: 0] D;
reg clk;
reg rst;
```

```
    wire [3: 0]    Q;
    flow_led i1 (
        .D(D),
        .Q(Q),
        .clk(clk),
        .rst(rst)
    );
    initial
    begin
        clk=1'b0;
        forever #5 clk=~clk;
    end
    initial
    begin
        rst=1'b0;D=4'b0011;
        #10 rst=1'b1; D=4'b0011;
        #20 rst=1'b1; D=4'b1100;
        #10 rst=1'b0;D=4'b0011;
        #10 rst=1'b0;D=4'b1100;
    end
    endmodule
```

  由边沿 D 触发器构成的 4 位寄存器的仿真结果如图 3-34 所示。

  移位寄存器是一种特殊的寄存器，在实现基本数据缓存功能的同时，还可以在时钟脉冲的作用下实现逐位移动。因此，移位寄存器除了实现基本的寄存器存储功能之外，还可以实现串并转换或并串转换等功能。图 3-35 所示为由边沿 D 触发器构成的移位寄存器。该 4 位移位寄存器，时钟是一个时钟，为同步 4 位移位寄存器。当 $\overline{\text{shift}}$ /load

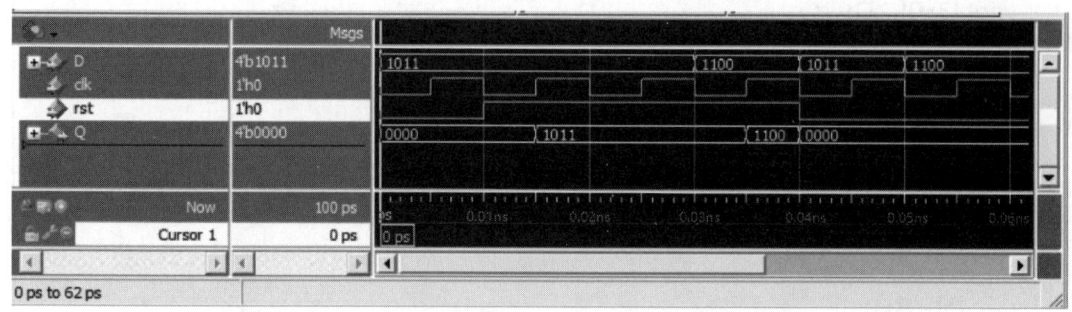

图 3-34　由边沿 D 触发器构成的 4 位寄存器的仿真结果

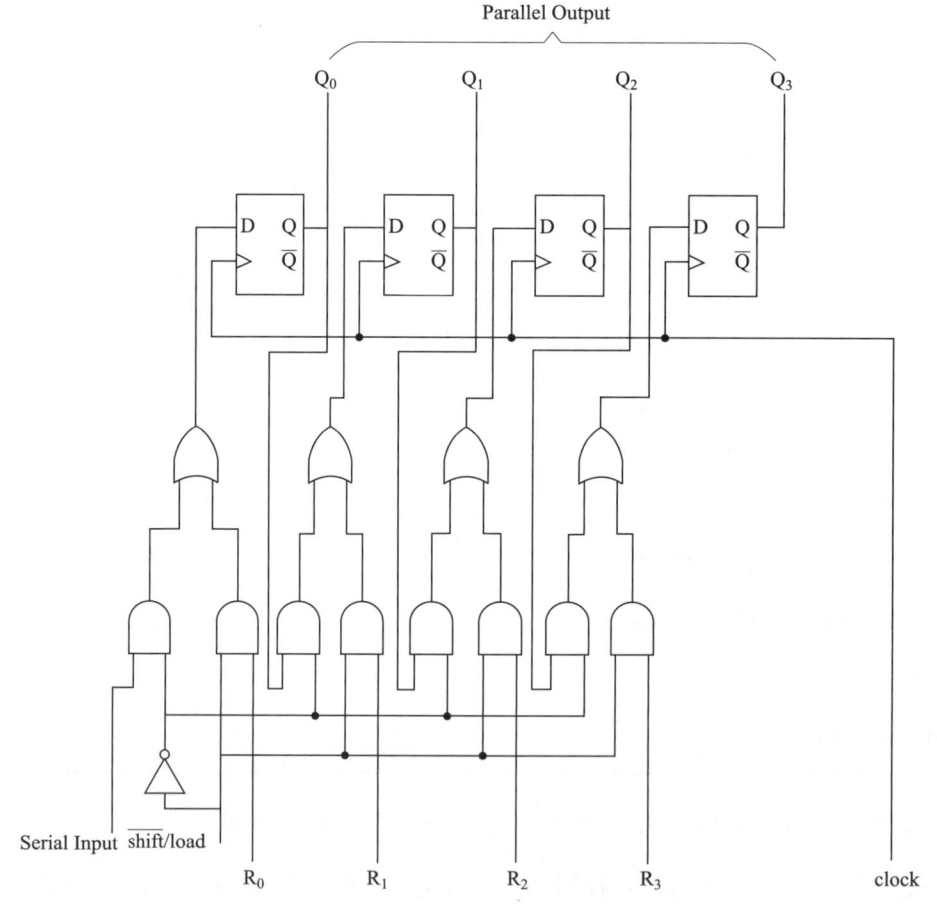

图 3-35　由边沿 D 触发器构成的移位寄存器

引脚为高电平时，4 位输入数据通过并行引脚一次性读入 4 个 D 寄存器中；当 $\overline{\text{shift}/\text{load}}$ 引脚为低电平时，输入数据从 Serial input 引脚一位一位传送到 D 寄存器中。随后从 4 个 D 寄存器输出引脚 $Q_0Q_1Q_2Q_3$ 一次性读出，实现从串行输入并行输出的转变。采用 Verilog 描述程序代码如下，其中 Clock 为时钟脉冲，L 为 $\overline{\text{shift}/\text{load}}$ 引脚输入，R 为 n 位并行输入，w 为 Serial input 串行输入，Q 为 n 位并行输出。

```verilog
module shiftn(R, L, w, Clock, Q);
parameter n=4;
    input [n-1: 0] R;
    input L, w, Clock;
    output [n-1: 0] Q;
    reg [n-1: 0] Q;
    integer k;
    always @(posedge Clock)
        if (L)
            Q <=R;
        else
            begin
            for(k=0;k<n-1;k=k+1)
                Q[k+1]<=Q[k];
            Q[0]<=w;
            end
endmodule
```

移位寄存器测试程序：

```verilog
`timescale 1 ps/ 1 ps
module shiftn_vlg_tst();
```

```verilog
reg Clock;
reg L;
reg [3: 0] R;
reg w;
wire [3: 0]  Q;
shiftn i1 (
    .Clock(Clock),
    .L(L),
    .Q(Q),
    .R(R),
    .w(w)
);
initial
begin
    Clock=1'b0;
    forever #5 Clock=~Clock;
end
initial
begin
    L=1'b1;R=4'b0011;w=1'd1;
    #20 L=1'b0; w=1'd0;
    #20 w=1'd1;
    #20 w=1'd0;
    #20 w=1'd1;
end
endmodule
```

由边沿 D 触发器构成的移位寄存器的仿真结果如图 3-36 所示。

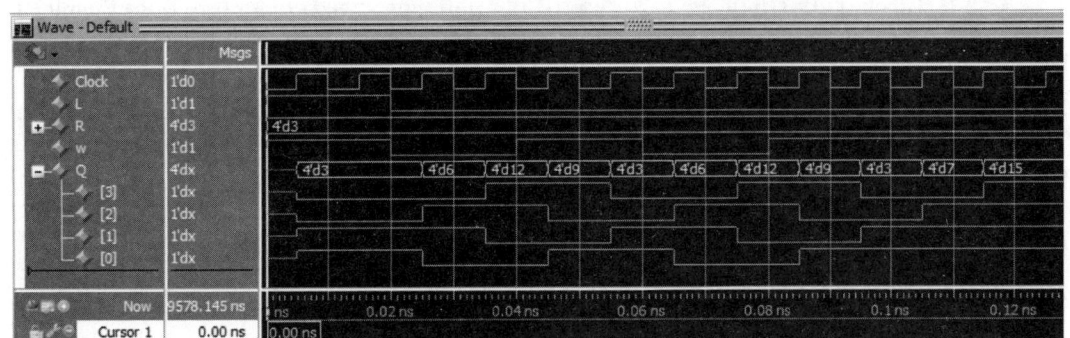

图 3-36　由边沿 D 触发器构成的移位寄存器的仿真结果

（三）利用 T 触发器实现计数器

计数器是最常用的数字逻辑电路之一，其基本功能是对脉冲数量进行计数。计数器基本功能可通过 T 触发器实现，在每个脉冲到达 CP 端时触发器输出端都会跳变，这种跳变可以看作对脉冲的计数。假设 T 触发器初始状态为 0，第一个脉冲到达后，触发器状态变为 1，触发器状态能够反映脉冲数目。然而由于触发器数目的限制，单个 T 触发器的计数范围为 0 到 1（即其模为 2）。把触发器进行适当组合能构成有更大计数范围的计数器。对于 n 个触发器构成的计数器，其最大模值与其状态数相等，为 2^n。除基本计数功能外，计数器还常与时钟信号结合实现分频器或定时器功能，也常被用作脉冲发生器、节拍发生器等。

计数器有不同的分类，根据计数器触发方式，可以将计数器分为同步计数器和异步计数器。根据计数过程中计数的增减还可以将计数器分为加法计数器、减法计数器和可逆计数器。加法计数器在计数过程中，计数值随计数脉冲递增，减法计数器为递减，可逆计数器可以通过模式控制端选择工作在递增或递减两种模式。接下来简要介绍同步计数器和异步计数器。

1. 同步计数器

利用 T 触发器的翻转特性可设计实现最简单的计数器。图 3-37 中 4 个 T 触发器时钟 Clock 端并联，4 个触发器随计数脉冲同时触发，是一个同步计数器。Clear 为异步清零控制端，4 个 T 触发器 Clear 端并联，低电平有效。每个 T 触发器的输入端均与使能引脚 Enable 连接，当 Enable=1 时，T 触发器实现计数功能，同时 1 的输入，确保 T 触发器在 Clock 上升沿的时候，实现输出状态的翻转。当第一个 T 触发器 Enable=1 时，每个计数脉冲上升沿其输出状态 Q_0 都反转；第二个触发器，当 $Q_0=1$ 且 Enable=1 时，计数脉冲上升沿其输出状态 Q_1 反转；第三个触发器，当 $Q_0=1$、$Q_1=1$ 且 Enable=1 时，计数脉冲上升沿其输出状态 Q_2 反转；第三个触发器，当 $Q_0=1$、$Q_1=1$、$Q_2=1$ 且 Enable=1 时，计数脉冲上升沿其输出状态 Q_3 反转。如图 3-37 所示，除第一个触发器外，每个触发器的输入为其前面所有触发器输出的与，其状态反转周期为其上一个触发器的 2 倍。设计数脉冲频率为 f，则各触发器输出信号频率从左到右依次为 $f/2$、$f/4$、$f/8$ 和 $f/16$，可见计数器可以起到对时钟信号进行分频的作用。

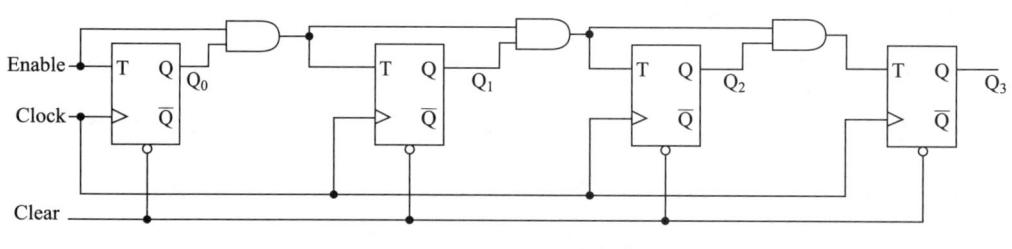

图 3-37　同步递增计数器

同步递增计数器采用 Verilog 描述程序代码如下：

```verilog
module upcount(Clear,    Clock,    Enable,    Q);
    input Clear,    Clock,    Enable;
    output [3: 0] Q;
    reg [3: 0] Q;
    always @(negedge Clear or posedge Clock)
        if (!Clear)
            Q <=0;
        else if (Enable)
            Q <=Q + 1;
endmodule
```

同步递增计数器测试程序：

```verilog
'timescale 1 ps/ 1 ps
module upcount_vlg_tst();
reg Clear;
reg Clock;
reg Enable;
wire [3: 0]  Q;
upcount i1 (
    .Clear(Clear),
    .Clock(Clock),
    .Enable(Enable),
    .Q(Q)
);
initial
begin
    Clock=1'b0;
    forever #10 Clock=~Clock;
end
initial
begin
    Clear=1'b0;Enable=1'b1;
#30 Clear=1'b1; Enable=1'b1;
#80 Clear=1'b0;
end
endmodule
```

同步递增计数器的仿真结果如图 3-38 所示。

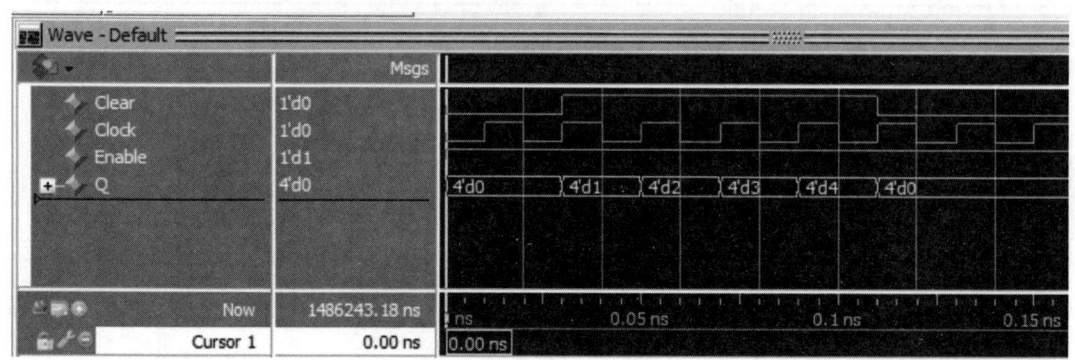

图 3-38　同步递增计数器的仿真结果

2. 异步计数器

图 3-39 展示了模值 16 的异步计数器，该计数器由 4 个下降沿 T 触发器组成，4 个触发器清零端并联构成置 1 控制端 Set。与同步时钟计数器不同，异部触发器中各触发器时钟输入端不并联，第一个触发器的时钟输入来自计数脉冲 clock，后面的各个触发器的时钟输入均来自前一个触发器的输出端，例如，T_1 时钟输入来自 T_0 输出 $\overline{Q}$，以此

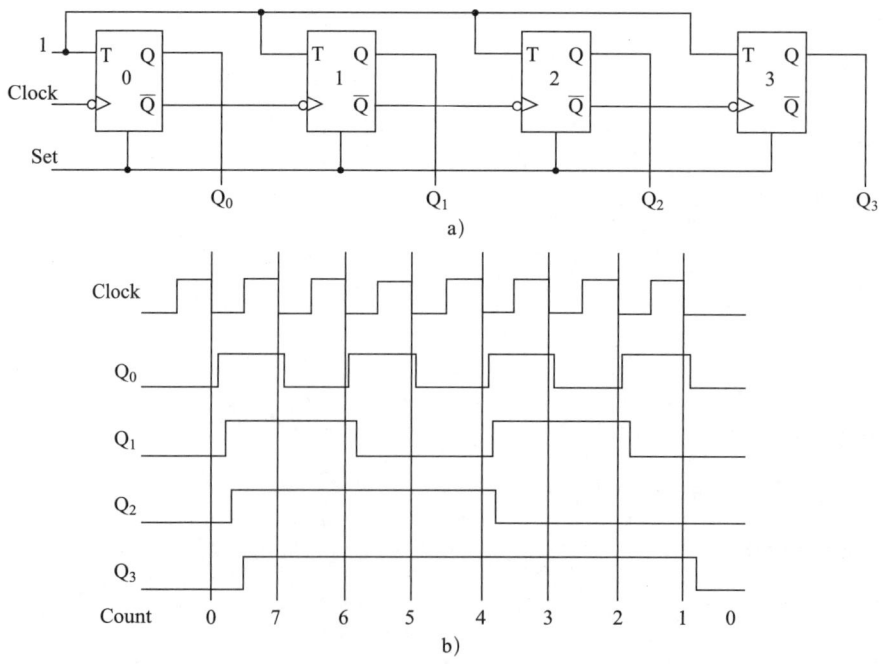

图 3-39　异步递减计数器

a）电路图　b）时序图

类推。启动计数器，进行置 1 确保初始状态为 1111，第一个计数脉冲下降沿到达后，Q_0 翻转为 0，$Q_1 \sim Q_3$ 均不变为 1；Q_1 以 Q_0 的 $\overline{Q_0}$ 输出作为时钟信号输入，当第二个计数脉冲下降沿到达后，Q_0 翻转为 1，$\overline{Q_0}$ 产生从 1 到 0 翻转形成下降沿，Q_1 翻转为 0，Q_2、Q_3 不变，以此类推。计数脉冲 clock 频率为 f，Q_0 触发器输出的跳变频率为 $f/2$，Q_1 触发器输出的跳变频率为 $f/4$，由此可知第 N 个触发器输出的跳变频率为 $f/2^{N+1}$。异步递减计数器采用 Verilog 描述的程序代码如下：

```verilog
module downcount(Set,    Clock,    Q);
    input Set,    Clock;
    output [3: 0] Q;
    reg [3: 0] Q;
    always @(posedge Set or negedge Clock)
        if (Set)
            Q <=4'b1111;
        else
            Q <=Q - 1;
endmodule
```

测试程序：

```verilog
'timescale 1 ps/ 1 ps
module downcount_vlg_tst();
reg Clock;
reg Set;
wire [3: 0]  Q;
downcount i1 (
    .Clock(Clock),
    .Q(Q),
    .Set(Set)
```

```
);
initial
begin
    Clock=1'b0;
    forever #10 Clock= ~ Clock;
end
initial
begin
    Set=1'b1;
    #20 Set=1'b0;
end
endmodule
```

异步递减计数器的仿真结果如图 3-40 所示。

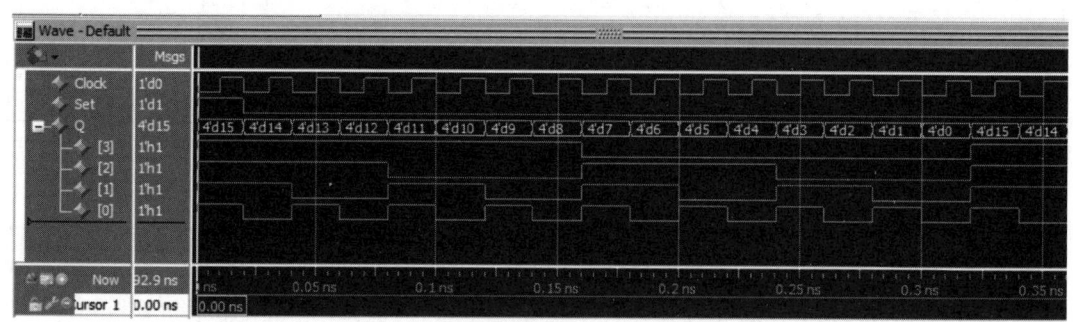

图 3-40 异步递减计数器的仿真结果

通过设置 up_down 变量可以有效实现计数器的加法计数或者减法计数，为 1 时实现加法计数，为 0 时实现减法计数。该计数器通过装载信号 L 的控制实现数据 R 下载到计数器中。采用 Verilog 描述程序代码如下：

```
module updowncount(R, Clock, L, E, up_down, Q);
    parameter n=4;
```

```verilog
    input [n-1: 0] R;
    input Clock,  L,  E,  up_down;
    output [n-1: 0] Q;
    reg [n-1: 0] Q;
    integer direction;
    always @(posedge Clock)
        begin
        if (up_down)
            direction=1;
        else
            direction=-1;
        if (L)
            Q <=R;
        else if (E)
            Q <=Q + direction;
        end
endmodule
```

测试程序:

```verilog
'timescale 1 ps/ 1 ps
module updowncount_vlg_tst();
reg Clock;
reg E;
reg L;
reg [3: 0] R;
reg up_down;
```

```verilog
    wire [3:0] Q;
    updowncount i1 (
        .Clock(Clock),
        .E(E),
        .L(L),
        .Q(Q),
        .R(R),
        .up_down(up_down)
    );
    initial
    begin
        Clock=1'b0;
        forever #5 Clock= ~ Clock;
    end
    initial
    begin
            up_down=1'b1; L=1'b0 ; E=1'b1; R=4'b0010;
    #10     up_down=1'b1; L=1'b1 ; E=1'b0;
    #10     up_down=1'b1; L=1'b1 ; E=1'b0;
    #10     up_down=1'b1; L=1'b0 ; E=1'b1;
    #50     up_down=1'b0; L=1'b0 ; E=1'b1;
    #30     up_down=1'b1; L=1'b1 ; E=1'b0; R=4'b0111;
    #10     up_down=1'b1; L=1'b0 ; E=1'b1;
    #30     up_down=1'b0; L=1'b0 ; E=1'b1;
    #30
    $stop;
    end
endmodule
```

设置 up_down 变量计数器的仿真结果如图 3-41 所示。

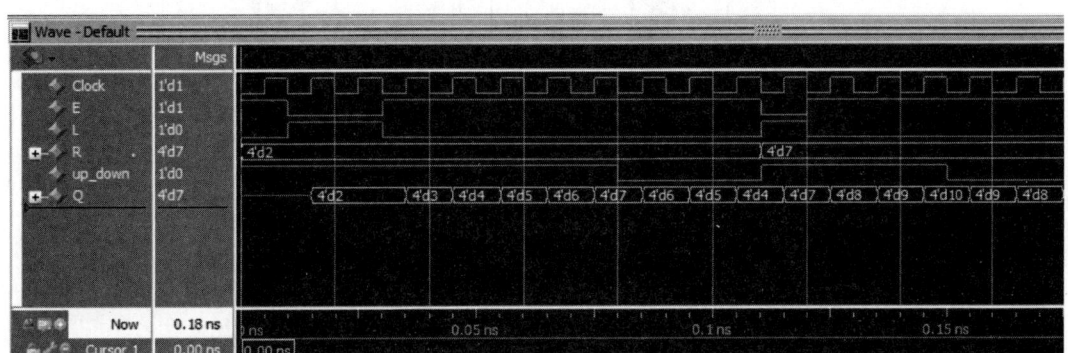

图 3-41　设置 up_down 变量计数器的仿真结果

二、状态机原理与 Verilog 实现

有限状态机可以分为同步和异步两种，本书只讨论有限同步状态机，后文提到的有限状态机均指有限同步状态机。有限状态机是时序电路的通用模型，任何时序电路都可以表示为有限状态机，在由时序电路表示的有限状态机中，各个状态之间的转移总是在时钟的触发下进行的，状态信息存储在寄存器中。因为状态的个数是有限的，所以称为有限状态机。同其他时序电路一样，有限状态机也由两部分组成：存储电路和组合逻辑电路。存储电路用来生成状态机的状态，组合逻辑电路用来提供输出以及状态机跳转的条件。

根据输出信号的产生方式，有限状态机可以分为米利型（Mealy）和摩尔型（Moore）两类。Mealy 型状态机的输出与当前状态和输入有关，Moore 型状态机的输出仅依赖于当前状态，而与输入无关，如图 3-42 所示。

状态机的编码方式很多，由此产生的电路也不相同。常见的编码方式有 3 种，即二进制编码、格雷编码和一位独热（One Hot）编码。

（1）二进制编码：其状态寄存器是由触发器组成的。N 个触发器可以构成 2^n 个状态。二进制编码的优点是使用的触发器个数较少，节省了资源；缺点是状态跳转时可能有多个 bit（位）同时变化，引起毛刺，造成逻辑错误。

（2）格雷编码：与二进制编码类似。格雷编码状态跳转时只有一个 bit（位）发生变化，减少了产生毛刺和一些暂态的可能。

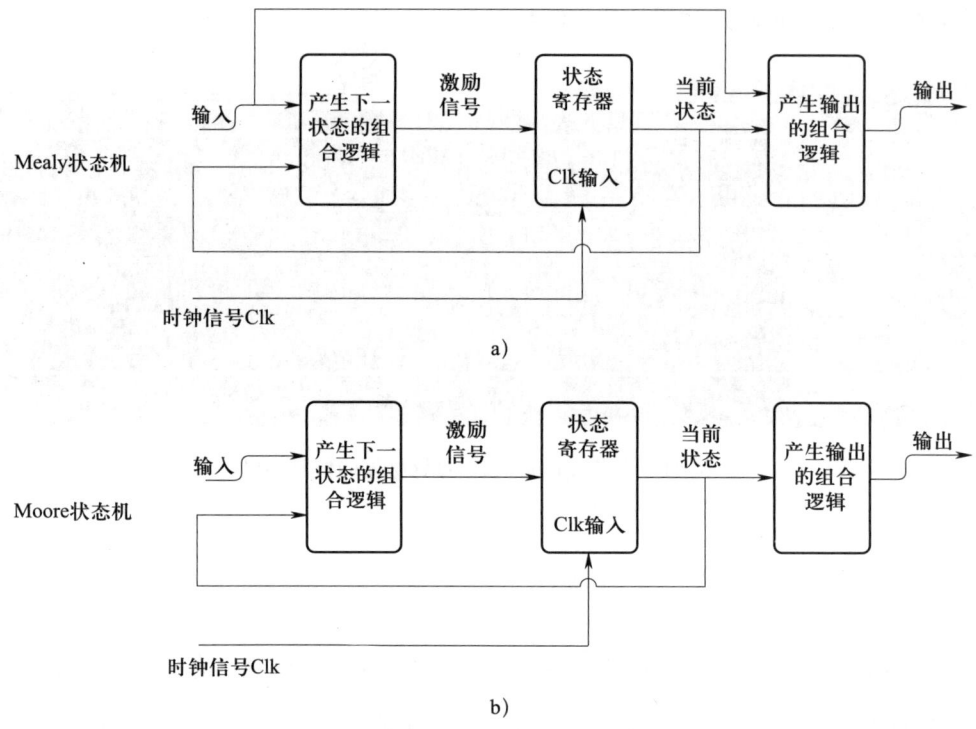

图 3-42 有限状态机

a）Mealy 状态机　b）Moore 状态机

（3）一位独热（One Hot）编码：这是对 n 个状态采用 n 个 bit（位）来编码，每个状态编码中只有一个 bit 为 1，如 0001、0010、0100、1000。一位独热（One Hot）编码增加了使用触发器的个数，但该种编码方式为以后的译码提供了方便，能有效地节省和简化组合电路。

在 Verilog HDL 中，状态机描述方法较多，常用的有两段式和三段式两种。

（一）状态机的两段式描述方法

将状态机分为当前状态和次状态，系统会自动将次状态更新到当前状态，输入更新在次状态上。输出和状态切换在两个 always 循环块中执行，第一个 always 循环块通过同步时序描述决定系统状态标志的自动跳转，第二个 always 循环块通过组合逻辑判断决定系统根据不同状态下的输入进行状态的跳转及输出。两段式描述方法便于阅读、理解和维护，但存在容易产生毛刺、不利于约束布局布线等缺点。

```verilog
//第一个 always 块，描述从现态转移到次态
always @(posedge clk or negedge rst_n)     //异步复位
  if(！ rst.n)   current-state <=IDLE;
  else   current_state <=next_state;       //使用的是非阻塞赋值
//第二个 always 块，描述组合逻辑，包括转移条件以及状态内容
always@ (current_state or 输入信号 )       //电平触发
begin
  next state=x;     //要初始化,使得系统复位后能进正确的状态
    case(current_state)
      S1: if(...)
        next_state=S2;                     //阻塞赋值
        outl<=1'b1;                        //注意是非阻塞逻辑
        ...
    endcase
end
```

（二）状态机的三段式描述方法

三段式状态机将状态分为当前状态和次状态，系统会自动将次状态更新到当前状态，输入更新在次状态上，当前状态决定输出的值。输出、状态更新和状态切换在 3 个 always 块中执行，第一个 always 块决定系统状态标志的自动跳转，第二个 always 块决定系统根据不同状态下的输入进行状态的切换，第三个 always 块根据系统当前状态决定输出的值。三段式结构中，2 个时序 always 块分别用来描述现态逻辑转移及输出赋值。组合 always 块用于描述状态转移条件。这种结构是寄存器输出，输出无毛刺，但是对复杂的状态机来说，会消耗更多的逻辑单元。

```verilog
//第一个 always 模块，时序逻辑，描述现态转移到次态
always @(posedge clk or negedge rst_n)        //异步复位
    if(!rst_n) current_state <= IDLE;
    else current_state < =next_state;         //注意，使用的是非阻塞赋值
//第二个 always 模块，组合逻辑，描述状态转移条件
always@( current_state or 输入信号 )          //电平触发
    begin
    next state =x;                            //要初始化，使得系统复位后能进入正确的状态
    case(current_state)
        S1： if(...)
        next_state=S2;                        //阻塞赋值
        .....
    endcase
end
//第三个 always 块，时序逻辑，描述输出
always@(posedge clk or negedge rst_n)
    begin
    case(next_state or 输入信号 ) //这里也可以是 current_state 根据电路要求选用
        S1:
        out1<=1'b1;
        S2:
        out1<=1'b0;
        default...     // default 的作用是免除综合工具综合出锁存器
    endcase
end
```

三、状态机应用实例

下面介绍状态机常用的两个场景,首先看一下用 Verilog HDL 设计状态机实现顺序脉冲发生器。顺序脉冲发生器又称脉冲分配器,它将高电平脉冲依次分配到不同的输出上,保证在每个时钟周期内只有一路输出高电平,不同时钟上的高电平脉冲依次出现在所有输出端。

以 4 位顺序脉冲发生器为例,它有 4 路输出 S_0、S_1、S_2、S_3,每路输出上高电平脉冲依次出现,输出在 1000、0100、0010、0001 之间循环。4 位顺序脉冲发生器电路状态转移图如图 3-43 所示,它由 4 个状态构成,每个状态中"1"的个数都是 1 个,表示每个时钟周期内只有一路输出端为高电平,而且是轮流出现,因此生成了顺序脉冲信号。

对 4 个状态的状态机编码只需要两位二进制编码即可,采用两段式 Verilog HDL 程序设计代码,Verilog 为并行语句,always 模块间顺序的改变不影响执行结果:

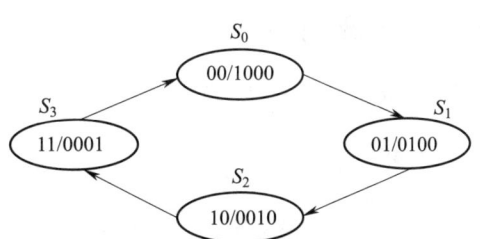

图 3-43 4 位顺序脉冲发生器电路状态转移图

```
module state4(OUT,   clk,   rst_n);
output [3: 0]OUT;
input clk;
input rst_n;
reg [3: 0] OUT;
reg [1: 0] STATE,  next_STATE;
always @(STATE)
case(STATE)
2'b00:
begin
OUT<=4'b1000;
```

```
            next_STATE <= 2'b01;
          end
      2'b01:
          begin
            OUT<=4'b0100;
            next_STATE <=2'b10;
          end
      2'b10:
          begin
            OUT<=4'b0010;
            next_STATE <=2'b11;
          end
      2'b11:
          begin
            OUT<=4'b0001;
            next_STATE <= 2'b00;
          end
      endcase
// always 模块，时序逻辑，描述现态转移到次态
always@(posedge clk or negedge rst_n)
if(!rst_n) STATE <= 2'b00;
else STATE <= next_STATE;
endmodule
```

测试程序：

```
'timescale 1 ps/ 1 ps
module state4_vlg_tst();
```

```
reg clk;
reg rst_n;
wire [3: 0]  OUT;
state4 i1 (
    .OUT(OUT),
    .clk(clk),
    .rst_n(rst_n)
);
initial
begin
 clk = 1'b0;
 forever #5 clk=~clk;
end
initial
begin
 rst_n= 0;
#10;
 rst_n= 1;
#100;
end
endmodule
```

4位顺序脉冲发生器电路的仿真结果如图 3-44 所示。

电子密码锁是一种通过密码输入来控制电路或是芯片工作（访问控制系统），从而控制机械开关的闭合，完成开锁、闭锁任务的电子产品。必须按照顺序输入密码才可以开锁，以密码"8356"为例，需按照"8"→"3"→"5"→"6"输入密码方可解锁，状态如图 3-45 所示。

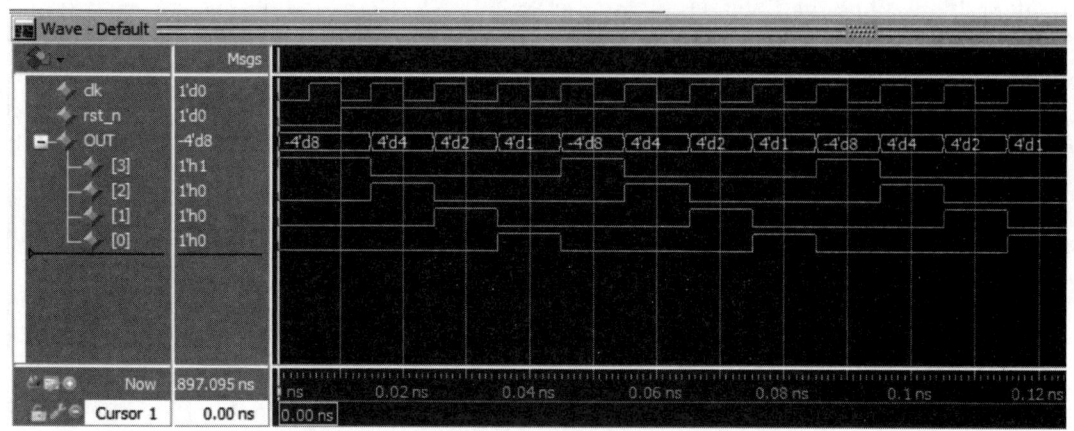

图 3-44　4 位顺序脉冲发生器电路的仿真结果

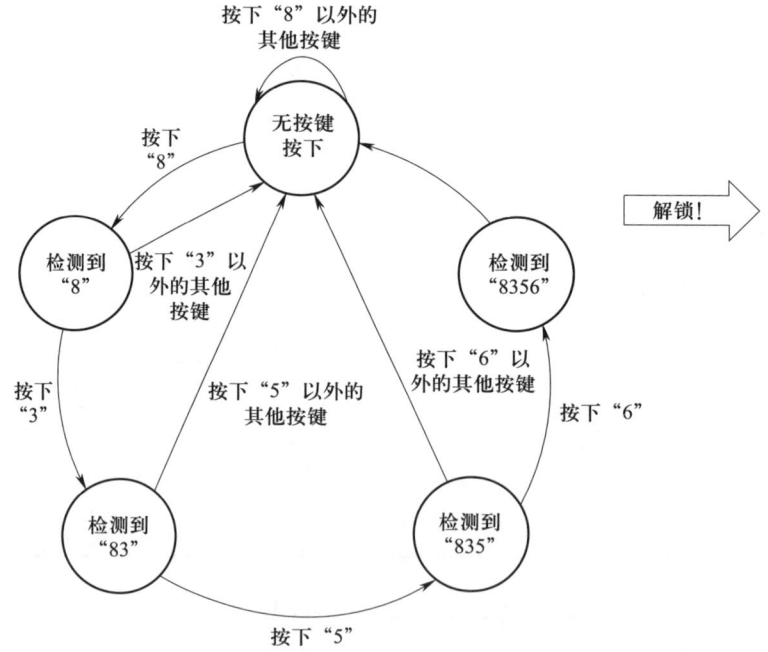

图 3-45　电子密码锁状态图

采用两段式 Verilog HDL 程序设计代码如下：

```verilog
module mimasuo(
    input clk,
    input rst_n,
    input [4: 0]data_in,
    output reg flag
);

    reg [3: 0]c_state;
    reg [3: 0]n_state;

    parameter s0=4'b0001;
    parameter s1=4'b0010;
    parameter s2=4'b0100;
    parameter s3=4'b1000;

    always@(posedge clk or negedge rst_n)begin
        if(!rst_n)
            c_state<=s0;
        else
            c_state<=n_state;
    end

    always@(*)begin
        case(c_state)
            s0: begin
```

```
                    if(data_in ==4'b1000) n_state=s1;
                    else n_state=s0;
                end
            s1: begin
                    if(data_in ==4'b0011) n_state=s2;
                    else n_state=s0;
                end
            s2: begin
                    if(data_in ==4'b0101) n_state=s3;
                    else n_state=s0;
                end
            s3: begin
                    if(data_in ==4'b0110) n_state=s0;
                    else n_state=s0;
                end
            endcase
    end

    always@(posedge clk or negedge rst_n)begin
        if(!rst_n)
            flag <=1'b0;
        else if((c_state ==s3) & (data_in =4'b0110))
            flag <=1'b1;
        else
            flag <=1'b0;
    end
endmodule
```

测试程序:

```verilog
`timescale 1 ps/ 1 ps
module mimasuo_vlg_tst();
reg clk;
reg [4: 0] data_in;
reg rst_n;
wire flag;
mimasuo i1 (
    .clk(clk),
    .data_in(data_in),
    .flag(flag),
    .rst_n(rst_n)
);
initial
begin
clk=1'b0;
forever #5 clk=~clk;
end
initial
begin
rst_n=0;
#10;
rst_n=1'b1; data_in=4'b1000;
#10;
rst_n=1'b1; data_in=4'b0011;
#10;
data_in=4'b0110;
```

```
#10;
data_in=4'b1000;
#10;
data_in=4'b0011;
#10;
data_in=4'b0101;
#10;
data_in = 4'b0100;
#10;
data_in = 4'b1000;
#10;
data_in = 4'b0011;
#10;
data_in = 4'b0101;
#10;
rst_n=1'b1; data_in = 4'b0110;
#10;
end
endmodule
```

密码锁状态图的仿真结果如图 3-46 所示。

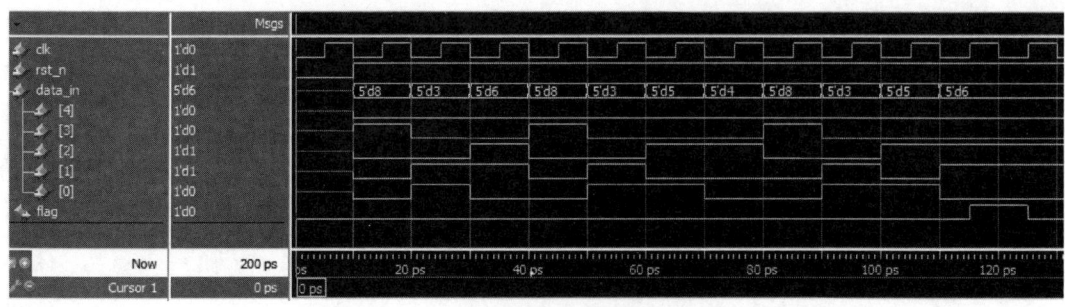

图 3-46　密码锁状态图的仿真结果

思考题

1. 尝试编写 Verilog 硬件描述语言程序实现模值 8 的异步递增计数器。

2. 有限状态机有一个 8 位二进制输入 w 和一个 1 位二进制输出 z,当输入 w 的前 4 位为 1001 或 1111 时,输出 $z=1$,其他情况 $z=0$,尝试编写 Verilog 硬件描述语言程序实现上述功能。

3. 数字系统电路的特点是什么?

4. 数字集成电路采用什么设计方法实现?

5. 常用的 FPGA 芯片有哪些?

6. 阻塞赋值语句和非阻塞赋值语句的用法区别有哪些?

7. 循环语句 while 语句和 for 语句的用法区别有哪些?

8. 试分析如下程序实现什么逻辑电路功能。

```
module problem (W, En, y0, y1, y2, y3)
    input [1: 0]W;
    input En;
    output y0, y1, y2, y3;
    reg y0, y1, y2, y3;
    always@ (W or En)
    begin
      y0=0;
      y1=0;
      y2=0;
      y3=0;
      if (En)
        if (W==0) y0=1;
```

```
            else if (W==1) y1=1;
            else if (W==2) y2=1;
            else y3=1;
        end
endmodule
```

第四章
微机原理知识

微机原理知识是设计高级集成芯片的基础知识。开展高级集成电路芯片设计的前提是掌握经典芯片的结构,如 Intel 8086 芯片、MCS-51 系列单片机、STM32 嵌入式芯片等,上述知识是设计高级集成电路芯片所必需的基础知识。

- **职业功能:** 掌握经典芯片的构成,奠定芯片设计基础。
- **工作内容:** 设计芯片结构及各个功能部件。
- **专业能力要求:** 根据芯片参数指标,设计芯片结构。
- **相关知识要求:** 模拟电路、数字电路基础知识。

第一节　微型计算机系统概述

考核知识点及能力要求:
- 理解微型计算机系统概念；
- 理解微型计算机系统经典结构。

自 1946 年世界第一台电子计算机问世以来，计算机技术得到了突飞猛进的发展，短短几十年已经历了四代更替：电子管计算机、晶体管计算机、集成电路计算机和大规模/超大规模集成电路计算机。微型计算机是以超大规模集成电路的中央处理器（Central Processing Unit，CPU）为核心部件，配以内存储器、外存储器、输入设备（如键盘、鼠标等）和输出设备（如显示器等）等，再配以操作系统和应用系统所构成的计算机系统。随着微型计算机发展，微型计算机的结构也由冯·诺依曼结构发展到哈佛结构，下面分别对这两种结构进行介绍。

一、冯·诺依曼结构

冯·诺依曼结构如图 4-1 所示，是以控制器（Control Unit）、运算器［又称为算术/逻辑运算单元 ALU（Arithmetical/Logical Unit）］为核心，配合存储器、输入设备和输出设备五部分组成。控制器主要功能是计算机的"神经中枢"，用于分析指令、根据指令要求产生协调各部件工作的控制信号。运算器的主要功能是进行算术运算和逻辑运算。存储器用来存放指令和数据以及计算的中间结果和最后结果。输入设备用来输

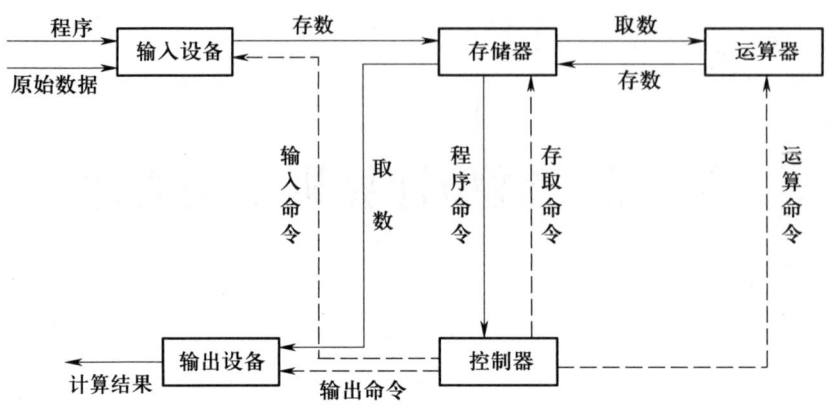

图 4-1 冯·诺依曼结构

入程序和数据。输出设备用来输出计算结果。

冯·诺依曼结构一方面采取存储程序方式,数据和程序均以二进制代码形式存放在内存相应地址中;另一方面采取程序控制方式,通过执行指令直接发出控制信号控制计算机操作,而由计数器控制指令的执行。

二、哈佛结构

哈佛结构是一种将程序存储和数据存储分开的存储器结构,它的主要特点是将程序指令和数据分别存放在两个独立的存储空间中,每个存储器独立编址、独立访问,能有效缓解程序执行时调用存储器的瓶颈问题,如图4-2所示。

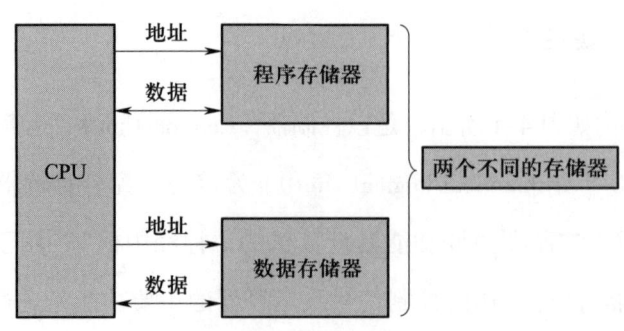

图 4-2 哈佛结构

哈佛结构的中央处理器首先到程序储存器中读取程序指令内容，解码后得到数据地址，再到相应的数据储存器中读取数据，并进行下一步的操作。程序储存和数据储存分开，数据和指令的储存可以同时进行，提高数据处理能力。

第二节　经典芯片概述

考核知识点及能力要求：

- 理解 Intel 8086 芯片内部结构；
- 理解 MCS-51 系列单片机内部结构；
- 理解 STM32 嵌入式芯片内部结构。

一、Intel 8086 芯片

（一）Intel 8086 芯片内部结构

微处理器是微型计算机系统的中央控制器件，是控制核心。典型微处理器的结构如图 4-3 所示。微处理器通常由运算器和控制器组成，配以相关的寄存器实现控制功能。

1. 运算器

运算器又称算术逻辑单元，用来进行算术或逻辑运算以及移位循环等操作。参加运算有两个操作数，一个来自累加器 A（Accumulator），另一个来自内部数据总线，可以是数据缓冲寄存器 DR（Data Register）中的内容，也可以是寄存器阵列 RA（Register Array）中某个寄存器的内容。计算结果送回累加器 A 暂存。

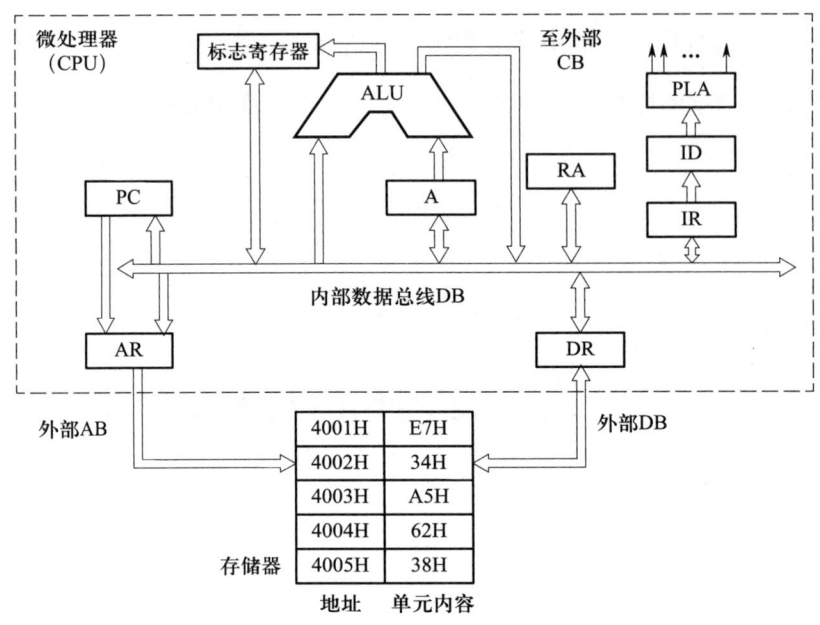

图 4-3 典型微处理器的结构

2. 控制器

控制器又称控制单元 CU（Control Unit），是全机的指挥控制中心。它负责把指令逐条从存储器中取出，经译码分析后向全机发出取数、执行、存数等控制命令，以保证正确完成程序所要求的功能。

（1）指令寄存器 IR（Instruction Register）

指令寄存器用来存放从存储器取出的将要执行的指令码。当执行一条指令时，先把它从内存取到数据缓冲寄存器 DR 中，然后再传送到指令寄存器 IR 中。

（2）指令译码器 ID（Instruction Decoder）

指令译码器用来对指令寄存器 IR 中的指令操作码字段（指令中用来说明指令功能的字段）进行译码，以确定该指令应执行什么操作。指令译码器可以想象为字典，其中存储了各种指令的含义，以及接到这些指令后如何动作。

（3）可编程逻辑阵列 PLA（Programmable Logic Array）

可编程逻辑阵列用来产生取指令和执行指令所需要的各种微操作控制信号，并经过控制总线 CB 送往有关部件，从而使计算机完成相应的操作。

3. 内部寄存器阵列

内部寄存器通常包括若干个功能不同的寄存器或寄存器组。

（1）程序计数器 PC（Program Counter）

程序计数器有时也被称为指令指针 IP（Instruction Pointer）。它被用来存放下一条要执行指令所在存储单元的地址。在程序开始执行前，必须将它的起始地址，即程序的第一条指令所在的存储单元地址送入 PC。当执行各条指令时，程序计数器的值在不断递增，以使其保持将要执行的下一条指令的地址。该地址实际上就是程序计数器所存储的内容，它被放置到地址总线上以后，CPU 就能够获取所需的指令。由于大多数指令是按顺序执行的，所以修改办法通常只是简单地对 PC 加 1。但遇到跳转等改变程序执行顺序的指令时，后继指令的地址（即 PC 的内容）将从指令寄存器 IR 中的地址字段得到。

（2）地址寄存器 AR（Address Register）

地址寄存器用来存放正要取出的指令的地址或操作数的地址。由于在内存单元和 CPU 之间存在操作速度上的差异，所以必须使用地址寄存器来保持地址信息，直到完成内存的读/写操作为止。

在取指令时，PC 中存放的指令地址送到 AR，根据此地址从存储器中取出指令。

在取操作数时，将操作数地址通过内部数据总线送到 AR，再根据此地址从存储器中取出操作数；在向存储器存入数据时，也要先将待写入数据的地址送到 AR，再根据此地址向存储器写入数据。

（3）数据缓冲寄存器 DR（Data Register）

数据缓冲寄存器用来暂时存放指令或数据。从存储器读出时，若读出的是指令，经 DR 暂存的指令经过内部数据总线送到指令寄存器 IR；若读出的是数据，则通过内部数据总线送到运算器或有关的寄存器。同样，当向存储器写入数据时，首先将其存放在数据缓冲寄存器 DR 中，然后经数据总线送入存储器。

可以看出，数据缓冲寄存器 DR 是 CPU 和内存、外部设备之间信息传送的中转站，用来补偿 CPU 和内存、外部设备之间在操作速度上存在的差异。

（4）指令寄存器 IR（Instruction Register）

指令寄存器用来保存从存储器取出的将要执行的指令码，以便指令译码器对其操作码字段进行译码，产生执行该指令所需的微操作命令。

（5）累加器 A（Accumulator）

累加器是使用最频繁的一个寄存器。在执行算术逻辑运算时，它用来存放一个操作数，而运算结果通常又放回累加器，其中原有信息随即被破坏。所以，顾名思义，累加器是用来暂时存放 ALU 运算结果的。显然，CPU 中至少应有一个累加器。目前 CPU 中通常有很多个累加器。当使用多个累加器时，就变成了通用寄存器堆结构，其中任何一个既可存放目的操作数，也可存放源操作数。例如，8086\8088CPU 就采用了这种累加器结构。

（6）标志寄存器 FLAGS（Flag Register）

标志寄存器有时也称为程序状态字 PSW（Program Status Word）。它用来存放执行算术运算指令、逻辑运算指令或测试指令后建立的各种状态码内容以及对 CPU 操作进行控制的控制信息。标志位的具体设置及功能随微处理器型号的不同而不同。编写程序时，可以通过测试有关标志位的状态（0 或 1）来决定程序的流向。

（二）微处理器冯·诺依曼结构

微处理器需要配合存储器、输入设备和输出设备共同构成具有冯·诺依曼结构微型计算机。微型计算机大多采用总线结构，只有存储器与 CPU 通过总线直接连接，其他设备都通过相应接口与 CPU 连接，因此通常将 CPU 和内存储器一起称为主机，而其余设备则称为外部设备，微处理器、存储器、输入设备和输出设备通过经典三总线结构构成微型计算机，其外部结构框图如图 4-4 所示。

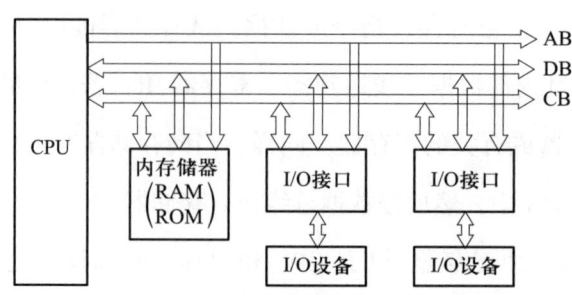

图 4-4　微型计算机的外部结构框图

把 CPU、存储器（Memory）和输入/输出 I/O（Input/Output）设备三个主要组成部分，用系统总线把它们连接在一起。总线（Bus）就是连接系统中各扩展部件的一组公共信号线。按其功能通常把系统总线分为三组：数据总线 DB（Data Bus）、地址总线 AB（Address Bus）、控制总线 CB（Command Bus）。系统总线把 CPU、存储器和 I/O 设备连接起来，用来传送各部分之间的信息。

数据总线用于在 CPU 与存储器之间或 CPU 与 I/O 端口之间传送信息。数据总线的位数与 CPU 与外部处理信息的宽度是一致的。数据总线是双向的，即可以进行两个方向的数据传送，因为 CPU 需要通过它发送和接收信息。计算机的处理能力与它的数据总线数量相关。

某个设备（存储器的每个存储单元或 I/O 设备接口电路中的每个端口）要想被 CPU 识别，它必须先被分配一个地址。这个地址必须是唯一的。地址线用于传送 CPU 送出的地址信号，以便进行存储单元和 I/O 端口的选择。地址总线是单向的，只能由 CPU 向外发出。地址总线的位数决定 CPU 可直接访问的存储单元的数目。例如，n 位地址可以产生 2^n 个连续地址编码，因此可访问 2^n 个存储单元，即通常所说的寻址范围为 2^n 地址单元。

控制线实际上就是一组控制信号线，包括 CPU 发出的（例如，对地址线选中的存储单元是读还是写，等等）以及从其他部件送给 CPU 的。对于一条控制信号线，其传送方向是单向的。图 4-4 中控制线作为一个整体，用双向表示。

二、MCS-51 系列单片机

单片机是把微型计算机中的微处理器、存储器、I/O 接口、定时器/计数器、串行接口、中断系统等电路集成到一片集成电路芯片上形成的微型计算机。单片机属于微型计算机的一种，它集成了微型计算机中的大部分功能部件，工作的基本原理一样。单片机针对测控领域应用而产生，具有体积小、功耗低等优点，广泛应用于各种控制系统和分布式系统中。比较常见的单片机如下：Intel 公司生产的 MCS-51 系列单片机，包括 8031、8051 和 8751 等型号；ATMEL 公司生产的 89 系列单片机包括 89C、89LV 和 89S 等型号；宏晶科技公司生产的 STC 系列单片机，以及恩智浦公司生产的 M68 系列单片机。

（一）MCS–51 增强型单片机功能结构

MCS–51 增强型单片机功能结构如图 4–5 所示。

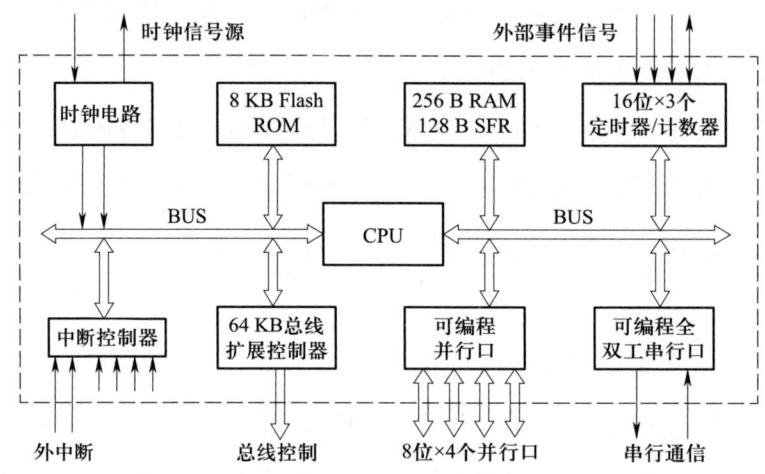

图 4–5　MCS–51 增强型单片机功能结构图

MCS–51 增强型单片机主要包括以下九个功能部分：

（1）一个 8 位的微处理器 CPU。

（2）8 KB 的片内程序存储器 Flash ROM，用于烧录运行的程序。

（3）256 B 的片内数据存储器 RAM（基本型的 RAM 为 128 B），在程序运行时可以随时写入和读出数据，用于存放函数相互传递的参数、接收的外部数据、运算的中间结果、最后结果以及显示的数据等；128 B 特殊功能寄存器（SFR）控制单片机各个部件的运行。单片机存储器采用哈佛结构，程序存储器和数据存储器分别存放在 2 个存储器中。

（4）3 个 16 位的定时器/计数器（基本型仅有 2 个定时器），每个定时器/计数器可以设置为计数方式，用于对外部事件信号进行计数，也可以设置为定时方式，满足各种定时要求。

（5）一个管理 6 个中断源（基本型是 5 个中断源）、2 个优先级的中断控制器。

（6）4 个 8 位并行 I/O 端口，每个端口既可以用于输入，也可以用于输出。

（7）一个全双工的 UART（通用异步接收发送器）串行 I/O 端口，用于单片机之间的串行通信，或者单片机与 PC 机、其他设备、其他芯片之间的串行通信。

（8）片内振荡电路和时钟发生器，只要外面接上晶振或输入振荡信号，就可产生单片机运行所需要的各种时钟信号。

（9）一个可寻址 64 KB 外部数据存储器，还可寻址 64 KB 外部程序存储器的三总线的控制电路。

以上各个部分通过片内总线相连，在 CPU 的控制下协调工作，实现用户程序的各种功能。

（二）8051 内部 CPU

8051 内部 CPU 是一个字长为二进制 8 位的中央处理单元。8051 内部 CPU 也是由运算器和控制器构成的。

1. 运算器

运算器以算术逻辑运算单元 ALU 为核心，包含累加器 A、B 寄存器、暂存器、标志寄存器 PSW 等许多部件，且能实现算术运算、逻辑运算、位运算、数据传输等处理。

算术逻辑运算单元 ALU 是一个 8 位的运算器，它不仅可以完成 8 位二进制数据加、减、乘、除等基本的算术运算，而且可以完成 8 位二进制数据逻辑"与"、"或"、"异或"、循环移位、求补、清零等逻辑运算，并且具有数据传输、程序转移等功能。ALU 可实现位运算器，可以对一位二进制数据进行置位、清零、求反、测试转移及位逻辑"与""或"等处理。

累加器 A 为一个 8 位的寄存器，是 CPU 中使用最频繁的寄存器。ALU 进行运算时，数据绝大多数都来自累加器 A，运算结果也通常送回累加器 A。在 MCS-51 指令系统中，绝大多数指令中都要求累加器 A 参与处理。

寄存器 B 称为辅助寄存器，它是为乘法和除法指令而设置的。进行乘法运算时，累加器 A 和寄存器 B 在乘法运算前存放乘数和被乘数，运算完，通过寄存器 B 和累加器 A 存放结果。在除法运算前，累加器 A 和寄存器 B 存入被除数和除数，运算完用于存放商和余数。

标志寄存器 PSW 是一个 8 位的寄存器，用于保存指令执行结果的状态，以供程序查询和判别，PSW.7 为最高位，PSW.0 为最低位，PSW 的格式如下：

| CY | AC | F_0 | RS_1 | RS_0 | OV | F_1 | P |

① 进位标志位 CY：用于表示加减运算过程中最高位 A_7（累加器最高位）有无进位或借位。进行加法运算时，若累加器 A 中最高位 A_7 有进位，则 CY=1；否则，CY=0。在减法运算时，若 A_7 有了借位，则 CY=1；否则，CY=0。此外，CPU 在进行移位操作时也会影响这个标志位。

② 辅助进位标志位 AC：用于表示加减运算时低 4 位（A_3）有无向高 4 位（即 A_4）进位或借位。若 AC=0，表示加减过程中 A_3 没有向 A_4 进位或借位；若 AC=1，表示加减过程中 A_3 向 A_4 有了进位或借位。

③ 用户标志位 F_0：F_0 标志位的状态通常不是机器在执行指令过程中自动形成的，而是由用户根据程序执行需要传送指令确定的。一经设定便由用户程序自检测，以决定用户程序流向。

④ 寄存器选择位 RS_1 和 RS_0：8051 共有 8 个工作寄存器，分别命名为 $R_0 \sim R_7$，工作寄存器 $R_0 \sim R_7$ 常常被用户用来进行程序设计，但它在 RAM 中的实际物理地址是可以根据需要选定的。RS_1 和 RS_0 的目的是提供给用户使用，用户通过 RS_1 和 RS_0 的状态可以方便地决定 $R_0 \sim R_7$ 的实际物理地址，对应关系见表 4–1。

表 4–1 RS_1 和 RS_0 工作寄存器组的选择

RS_1	RS_0	寄存器组	$R_0 \sim R_7$ 地址
0	0	组 0	00~07H
0	1	组 1	08~0FH
1	0	组 2	10~17H
1	1	组 3	18~1FH

⑤ 溢出标志位 OV：可以指示运算过程中是否发生了溢出，在机器指令过程中自动形成。若机器在执行运算指令过程中，累加器 A 中运算结果超过了 8 位能表示的范围，即 –128~+127，则 OV 标志自动置 1；否则，OV=0。

⑥ 用户标志位 F_1：用户可以用于存储数据。

⑦奇偶校验位 P：PSW.0 为奇偶标志位 P，用于指令运算结果中 1 的个数的奇偶性，若 P=1，则累加器 A 中 1 的个数为奇数；若 P=0，则累加器 A 中 1 的个数为偶数。

2. 控制器

控制部件是单片机的控制中心，包括定时和控制电路、指令寄存器、指令译码器、程序计数器 PC、堆栈指针 SP、数据指针 DPTR 以及信息传送控制部件等。它先以振荡信号为基准产生 CPU 的时序，从 ROM 中取出指令到指令寄存器，然后在指令译码器中对指令进行译码，产生执行指令所需的各种控制信号，送到单片机内部的各功能部件中，指挥各功能部件产生相应的操作，完成对应的功能。

（1）程序计数器 PC

程序计数器 PC 是一个二进制 16 位的程序地址寄存器，专门用来存放下一条将要执行指令的内存地址，能自动加 1。8051 程序计数器 PC 由 16 个触发器构成，故它的编码范围为 0000H ~ FFFFH，共 64 K。也就是说，8051 对程序存储器的寻址范围为 64 KB。

（2）堆栈指针 SP

堆栈指针 SP 是一个 8 位寄存器，能自动加 1 或减 1，专门用来存放堆栈的栈顶地址。堆栈是一种能按"先进后出"或"后进先出"规律存数据的 RAM 区域。这个区域可大可小，常称为堆栈区。8051 片内 RAM 共有 128 B，地址范围为 00H ~ FFH，故这个区域中任何一个子域都可以用作堆栈区，即作为堆栈来使用。

（3）数据指针 DPTR

数据指针 DPTR 是一个 16 位寄存器，由两个 8 位寄存器 DPH 和 DPL 拼成。DPH 为 DPTR 的高 8 位，DPL 为 DPTR 的低 8 位。DPTR 可以用来存放片内 ROM 的地址，也可以用来存放片外 RAM 和片外 ROM 地址，主要用于访问片外 RAM。

三、STM32 嵌入式芯片

目前市场上常见的嵌入式芯片是基于 ARM 框架结构设计的，例如，三星公司生产的 Samsung S3C2410 系列，恩智浦公司生产的 NXPi、MX 6UL 系列和意法半导体生产的 STM32 系列。这里介绍 STM32 系列芯片，该系列芯片具有高性能、低成本、低功耗等特点，应用广泛。下面以 STM32F42/43 系列芯片总线框架为例进行介绍，如图 4-6 所示。该系列芯片总线不再是单一的总线结构，通过总线矩阵组合对各部分信号传输进行控制。

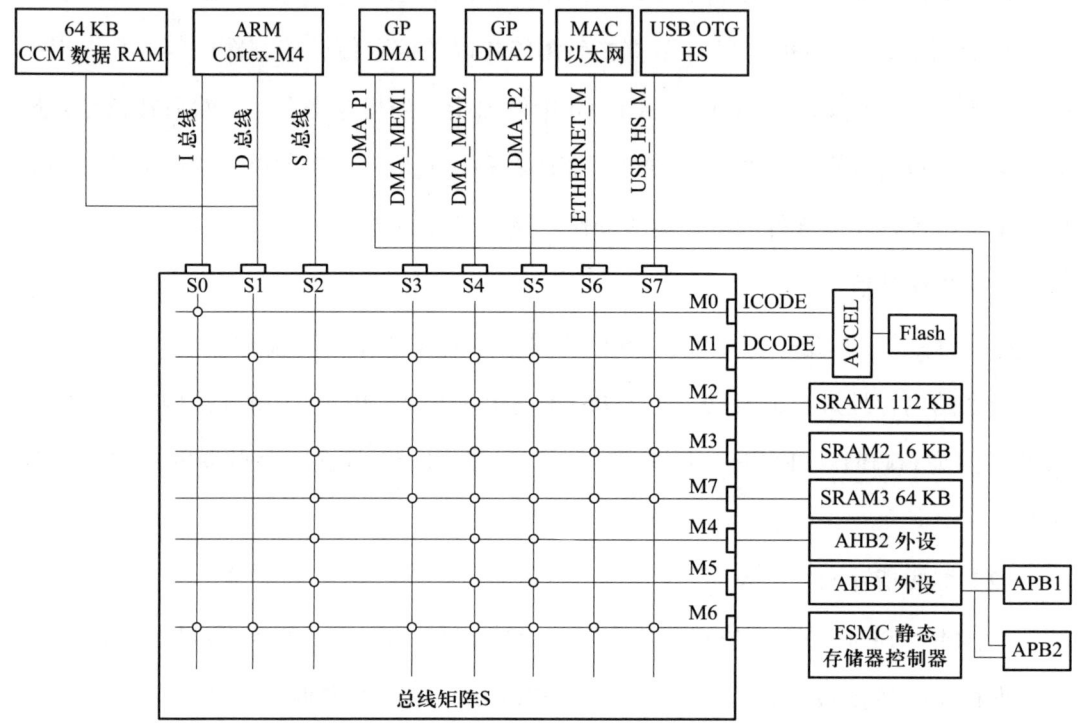

图 4-6　STM32F42/43 系列芯片总线框架

主系统由 32 位多层先进高性能总线（Advanced High-performance Bus，AHB）矩阵构成。总线矩阵用于主控总线之间的访问仲裁管理。仲裁采取循环调度算法。总线矩阵可实现以下部分互连：

纵向主控总线是 Cortex-M4 内核 I 总线、D 总线和 S 总线、直接存储器访问 Direct Memory Access1（DMA1）存储器总线、DMA2 存储器总线、DMA2 外设总线、以太网 DMA 总线、USB OTG HS DMA 总线。横向被控总线是内部 FLASH ICODE 总线、内部 FLASH DCODE 总线、主要内部 SRAM1（112 KB）、辅助内部 SRAM2（16 KB）、辅助内部 SRAM3（64 KB）。下面分别介绍各个总线功能。

(1) I 总线（S0）：此总线用于将 Cortex-M4 内核的指令总线连接到总线矩阵。内核通过此总线获取指令。此总线访问的对象是包含代码的存储器（内部 Flash/SRAM 或通过 FSMC 的外部存储器）。

(2) D 总线（S1）：此总线用于将 Cortex-M4 数据总线和 64 KB CCM 数据 RAM 连接到总线矩阵。内核通过此总线进行立即数加载和调试访问。此总线访问的对象是包含代码或数据的存储器（内部 Flash 或通过 FSMC 的外部存储器）。

(3) S 总线（S2）：此总线用于将 Cortex-M4 内核的系统总线连接到总线矩阵。此总线用于访问位于外设或 SRAM 中的数据。也可通过此总线获取指令（效率低于 ICODE）。此总线访问的对象是 112 KB、64 KB 和 16 KB 的内部 SRAM，包括 APB 外设在内的 AHB1 外设、AHB2 外设以及通过 FSMC 的外部存储器。

(4) DMA 存储器总线（S3、S4）：此总线用于将 DMA 存储器总线主接口连接到总线矩阵。DMA 通过此总线来执行存储器数据的传入和传出。此总线访问的对象是数据存储器：内部 SRAM（112 KB、64 KB、16 KB）以及通过 FSMC 的外部存储器。

(5) DMA 外设总线（S5）：此总线用于将 DMA 外设主总线接口连接到总线矩阵。DMA 通过此总线访问 AHB 外设或执行存储器间的数据传输。此总线访问的对象是 AHB 和 Advanced Peripheral Bus（APB）外设以及数据存储器：内部 SRAM 以及通过 FSMC 的外部存储器。

(6) 以太网 DMA 总线（S6）：此总线用于将以太网 DMA 主接口连接到总线矩阵。以太网 DMA 通过此总线向存储器存取数据。此总线访问的对象是数据存储器：内部 SRAM（112 KB、64 KB 和 16 KB）以及通过 FSMC 的外部存储器。

(7) USB OTG HS DMA 总线（S7）：此总线用于将 USB OTG HS DMA 主接口连接到总线矩阵。USB OTG DMA 通过此总线向存储器加载/存储数据。此总线访问的对象是数据存储器：内部 SRAM（112 KB、64 KB 和 16 KB）以及通过 FSMC 的外部存储器。

(8) AHB/APB 总线桥（APB）：借助两个 AHB/APB 总线桥 APB1 和 APB2，可在 AHB 总线与两个 APB 总线之间实现完全同步连接，从而灵活选择外设频率。

思考题

1. 与冯·诺依曼结构相比,哈佛结构的优点是什么?
2. Intel 8086、MCS-51 和 STM32 的总线结构分别是什么?

第五章
集成电路工艺流程知识

集成电路属于技术型产业,在实际生产中对其工艺标准要求非常高。掌握集成电路工艺的相关原理和流程,对集成电路相关人才的培养至关重要。本章内容涵盖集成电路的制造工艺流程,涉及氧化、扩散、光刻、刻蚀、离子注入、薄膜沉积等。这几方面的内容为后续集成电路的设计奠定了基础。

- **职业功能:** 学习集成电路的工艺原理和流程,为掌握芯片制造技术奠定基础。
- **工作内容:** 分析集成电路中硅单晶的结构和制备工艺(氧化、掺杂、光刻、刻蚀等)对器件性能的影响。
- **专业能力要求:** 根据硅单晶的基本结构和工作原理,确定合适的集成电路制备工艺。
- **相关知识要求:** 集成电路工艺原理、半导体物理等相关基础知识。

第一节　硅单晶的制备

考核知识点及能力要求：
- 了解硅的基本结构；
- 理解硅单晶的制备流程。

这一部分介绍将沙子变成半导体级硅的制备，再将其生长为晶体、加工为镜面硅片的工艺过程。

一、硅材料性质

硅材料是半导体工业中最重要且应用最广泛的元素半导体材料，是微电子工业和太阳能光伏工业的基础材料。它既具有元素含量丰富、化学稳定性好、无环境污染等优点，又具有良好的半导体材料特性。

物理性质：硅是自然界中分布最为广泛的元素之一，在地壳中的含量仅次于氧。硅有无定形硅和晶体硅两种同素异形体。晶体硅为灰黑色，如图 5-1 所示，无定形硅为黑色，密度 2.32～2.34 g/cm^3，熔点 1 410 ℃，沸点 2 355 ℃，晶体硅属于原子晶体，不溶于水、硝酸和盐酸，溶于氢氟酸和碱液，硬而有金属光泽。

化学性质：硅属元素周期表第三周期 IVA 族，原子序数 14，相对原子质量为 28.085。硅晶体中原子以共价键结合，在常压下，晶体硅具有金刚石型结构。硅的化合物有二价和四价，其中四价化合物比较稳定。硅在自然界中主要以氧化物和硅酸盐的形式存在，硅晶体在常温下化学性质非常稳定，但在高温下，硅几乎能与所有物质发生化学反应。硅有明显的非金属特性，可以溶于碱金属氢氧化物溶液，产生硅酸盐和氢气。晶体硅结构如图5-2所示。

图5-1　晶体硅

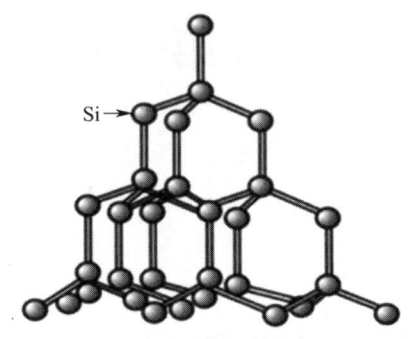

图5-2　晶体硅结构

电学性质：硅具有优良的半导体电学性质。禁带宽度适中，为1.12 eV。载流子迁移率较高，电子迁移率为1 350 cm^2/（V·s），空穴迁移率为480 cm^2/（V·s）。本征电阻率在室温下高达2.3×10^5 Ω·cm，掺杂后电阻率可控制在$10^{-5} \sim 10^{10}$ Ω·cm的宽广范围内，能满足制造各种器件的需要。硅单晶的非平衡少数载流子寿命较长，在几十微秒至1毫秒。在实际应用中，通过掺入少量电活性杂质来控制硅材料的电阻率，从而达到控制硅材料和器件的半导体性质的目的。硅材料的导电性还受到光、电、磁、温度等环境因素的影响。在单晶硅中掺入微量的第IIIA族元素，形成p型硅半导体；掺入微量的VA族元素，形成n型半导体。n型硅材料和p型硅材料相连，组成pn结，这是所有硅半导体器件的基本结构，具有单向导电性。与其他半导体材料一样，硅材料组成的pn结在光作用下能产生电流，如太阳能电池等。

二、硅晶体的生长

（一）直拉法

直拉法是运用熔体的冷凝结晶驱动原理，在固液界面处，借由熔体温度下降，将产生由液态转换成固态的相变化。直拉法分为两种，即坩埚直拉法和无坩埚直拉法。坩埚直拉法设备如图5-3所示。

基本过程如下：

（1）装料：将多晶硅原料与掺杂剂小心装入石英坩埚内。

（2）抽真空、检漏、调压：将单晶炉密闭后抽真空，并使用氩气冲洗2~3次，最后抽极限真空，判断炉子泄漏率，泄漏率合格之后开启真空阀和氩气阀，设定氩气流量和炉压，使炉内达到单晶生长所需的压力条件。

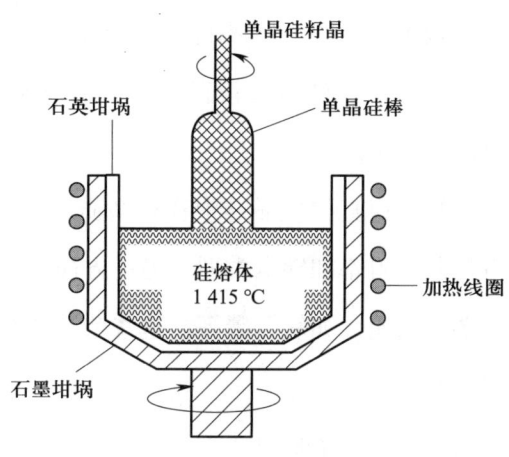

图5-3 坩埚直拉法设备

（3）引晶：通过电阻加热，将装在坩埚中的多晶硅熔化，并保持略高于硅熔点的温度，将籽晶进入熔体，然后以石英一定速度向上提拉籽晶并同时旋转引出晶体。

（4）缩颈：生长一定长度的缩小的细长颈的晶体，以防籽晶中的位错延伸到晶体中。

（5）放肩：将晶体控制到所需直径。

（6）等径生长：根据熔体和单晶炉的情况，控制晶体等径生长到所需长度。

（7）收尾：直径逐渐缩小，离开熔体。

（8）降温：降低温度，取出晶体，待后续加工。

采用直拉法时，必须考虑以下问题。首先是根据技术要求，选择合适的单晶生长设备。其次是掌握一整套单晶硅的制备工艺、技术，主要包括：

（1）单晶硅系统内的热场设计，确保晶体生长有合理稳定的温度梯度。

（2）单晶硅生长系统内的氩气气体系统设计。

（3）单晶硅夹持技术系统设计。

（4）为了提高生产效率的连续加料系统设计。

（5）单晶硅制备工艺的过程控制。

优点：直拉法比区熔法更容易生长并获得较高氧含量和大直径的单晶硅棒。根据现有工艺水平，采用直拉法已可以生长出大直径单晶硅棒，主要用于生产低功率的集成电路元件和单晶硅太阳能电池。与区熔单晶硅相比,由于直拉单晶硅的制造成本较低,机械强度较高,易于制备大直径单晶,所以半导体领域主要应用直拉单晶硅。

缺点:直拉单晶硅中存在杂质。一方面,直拉单晶硅需要有意掺入电活性杂质,以控制电阻率和导电类型。另一方面,在直拉单晶硅生长和加工过程中会引入其他不需要的杂质,如氧、碳等。这些杂质和存在的缺陷对硅器件性能有较大影响,必须严格控制。

(二)区熔法

区熔法分为水平区熔法和立式悬浮区熔法。前者主要用于Ge、Ga、As等材料的提纯和单晶生长。后者主要用于硅,这是由于硅的熔点高,化学性能活泼,容易受到异物污染,不能采用水平区熔法。区熔法设备如图5-4所示。

原理:区熔法是运用硅熔体具有较大的表面张力和较小的密度,据此特性使硅熔融区呈悬浮状态。硅熔体不接触其他任何物体,因而不会被污染。此外,在这种方法中,硅中杂质因为分凝及蒸发效应而被分离,故可生长出远比直拉法生长纯度高的单晶硅。

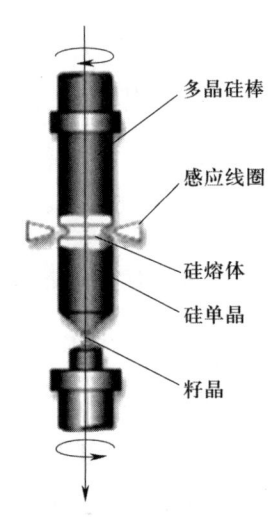

图5-4 区熔法设备

过程:利用热能在棒料的一端产生一熔区,再熔接单晶籽晶。调节温度使熔区缓慢地向棒的另一端移动,通过整根棒料,生长成一根单晶。

优点:生长出的单晶硅纯度很高。主要用于生产高反压、大功率电子元件和制备红外探测器。

缺点:生长周期较长,晶棒尺寸较小,成本较高。

三、硅锭 – 硅圆片加工工艺

在半导体器件生产中,硅晶圆片占据十分重要的地位,从单晶拉制后形成的硅锭到能在半导体行业中实际应用的单晶硅片,中间需要经历晶棒裁切与检测、外径研磨、切片、倒角、表面平整化、清洗、检验和包装等步骤。

（一）晶棒裁切与检测

刚拉制成的单晶硅棒如图 5-5 所示。其中，硅棒的头部和尾部的部分是不符合使用条件的，所以需要切除单晶硅棒的头部、尾部及超出客户规格的部分，将单晶硅棒分段成切片设备可以处理的长度，同时还需要切取试片测量单晶硅棒的电阻率、含氧量等参数来判断该硅棒是否符合半导体器件生产的要求。

图 5-5　刚拉制成的单晶硅棒

（二）外径研磨

由于在拉单晶的过程中，单晶硅棒的直径不可能一直保持在目标直径，所以为了得到标准直径的硅棒，如 6 inch、8 inch、12 inch 等，需要对拉制的单晶硅棒进行滚磨处理，滚磨后的硅棒表面光滑，直径均匀。之后在单晶硅棒的某个晶面研磨出一个平面，作为参考面，该平面主要是为了确定硅片的晶面，以方便日后加工使用。

（三）切片

单晶硅切片加工是集成电路产业和光伏产业的重要环节，其加工方式和加工质量直接影响晶片的出片率、硅片衬底和光伏太阳能电池板的生产成本。随着晶片尺寸的不断增大，线锯切片技术已成为目前单晶硅片的主流切片加工技术。其切片加工过程如图 5-6 所示。将锯丝以一定的方式缠绕并张紧在导轮上，从而组成相互平行的线网，在切片加工过程中，导轮及收、放线轮驱动锯丝进行往复运动，工件垂直于线网进给，从而实现单晶硅的多片切割。根据磨粒施加方式不同，线锯切片技术分为游离磨料线锯切片技术和金刚石线锯切片技术，如图 5-7 所示。

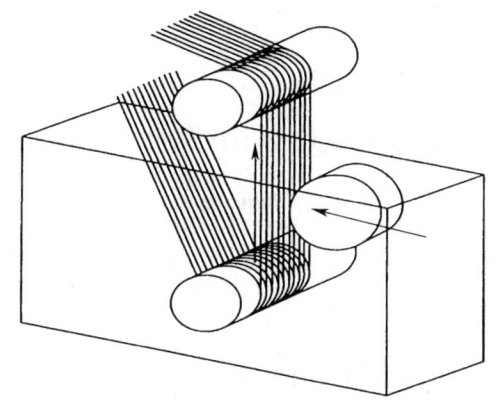

图 5-6　线锯切片加工过程示意图

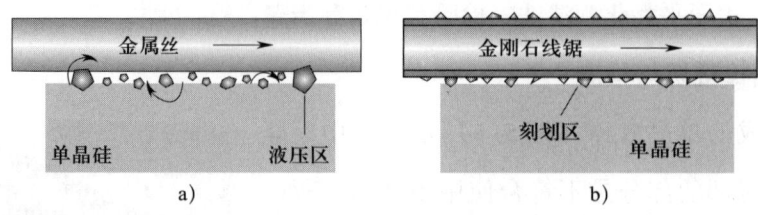

图 5-7　线锯切片技术示意图

a）游离磨料线锯切片技术　b）金刚石线锯切片技术

游离磨料线锯切片技术主要靠光滑的金属丝驱动研磨液中的磨粒（金刚石或碳化硅微粉）对单晶硅做滚压嵌入作用，从而实现材料去除，如图 5-7a 所示，此时材料的去除机理是三体磨粒磨损。磨粒的滚压钎入会在晶片表面造成大量的裂纹和凹坑，加工后的硅片面型精度难以保证；且磨粒对单晶硅滚压钎入的同时，对金属丝（锯丝）也具有相同的材料去除作用，严重影响锯丝的使用寿命。当锯切大尺寸工件时，锯缝深、窄，磨粒难以进入参与硅片去除，使锯切加工效率降低；且磨粒在锯切加工区域分布不均，容易引起较大的晶片厚度偏差。此外，游离磨料线锯切片技术还具有磨料回收困难、容易造成环境污染等缺点。

金刚石线锯切片技术是将金刚石磨粒固定在高强度金属丝表面，形成固结磨粒线锯，通过线锯上固结的磨粒对单晶硅进行刮擦、耕犁来去除其材料，如图 5-7b 所示，此时材料的去除机理是二体磨粒磨损。金刚石线锯切片技术切缝小、晶体材料的出片率高、切片表面质量好，其锯切加工效率大约是游离磨料线锯切片技术的 2.5 倍。同时，水基切削液的使用也使其对环境更友好。因此，金刚石线锯切片技术是目前应用最广泛的单晶硅切片加工技术。

（四）倒角

由于完成切割工序的硅片厚度较小，边缘非常锋利，容易造成碎片。倒角的目的是通过机械加工使得硅片边缘形成指定形貌的光滑边缘，倒角后的硅片有较低的中心应力，因而更牢固，并且在以后的芯片制造中不容易产生碎片，如图 5-8 所示。

（五）表面平整化

表面平整化主要包含研磨、腐蚀、化学机械抛光三种操作。

1. 研磨

研磨是指通过一系列操作除去切片和轮磨所造成的锯痕及表面损伤层，有效改善单晶硅片的翘曲度、平坦度与平行度，达到一个抛光过程可以处理的规格，如图 5-9 所示。硅片研磨加工质量直接影响其抛光加工质量及抛光工序的整体效率，甚至影响半导体器件的性能。单晶硅是一种硬脆材料，对其进行研磨，磨料主要具有滚轧作用和微切削的作用，材料的破坏以微小破碎为主，研磨加工后的理想表面形态是由无数微小破碎痕迹构成的均匀无光泽表面。进行硅片研磨时，重要的是控制裂纹的大小和均匀程度。

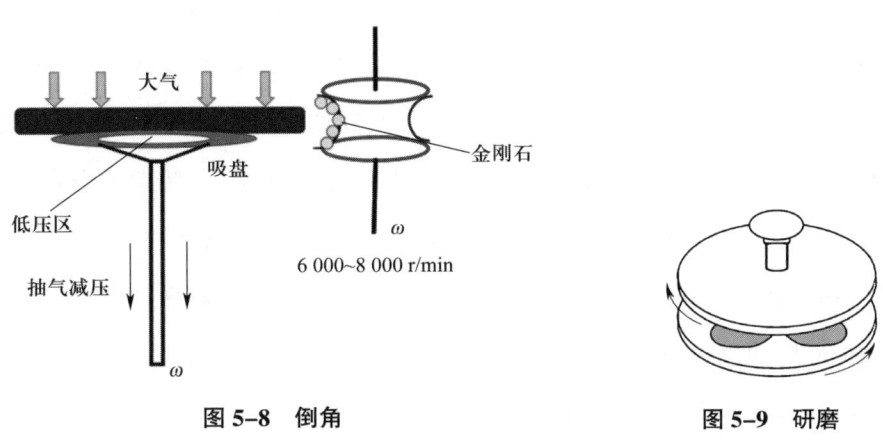

图 5-8　倒角　　　　　　　　图 5-9　研磨

2. 腐蚀

硅片在经过切片、研磨等机械加工之后，其表面受加工应力的影响会产生少量的损伤层。将这些损伤去除时，要尽可能减小附加损伤。通常采用的方法是化学腐蚀，目前常用的腐蚀方法分为碱腐蚀和酸腐蚀。

酸腐蚀主要采用由 70% 左右的浓硝酸（HNO_3）和 50% 左右的氢氟酸（HF）组成的混合腐蚀液，两者体积比为 10∶1。具体操作流程是将硅片完全浸没在腐蚀液中，同时搅动腐蚀液，腐蚀一定的时间后小心取出清洗。具体化学反应式如下：

$$3Si + 4HNO_3 \longrightarrow 3SiO_2 + 2H_2O + 4NO\uparrow$$

硅被氧化后形成一层致密的二氧化硅薄膜，不溶于水和硝酸，但能溶于氢氟酸，这样腐蚀过程连续不断地进行。具体化学反应式如下：

$$SiO_2 + 6HF \longrightarrow H_2SiF_6 + 2H_2O$$

碱腐蚀是采用热的浓碱溶液（30%的氢氧化钠溶液）。具体操作流程为将硅片完全浸没在腐蚀液中，同时搅动腐蚀液，腐蚀一定的时间后小心取出清洗。具体化学反应式如下：

$$Si + 2NaOH + H_2O \longrightarrow Na_2SiO_3 + 2H_2\uparrow$$

酸、碱两种腐蚀的腐蚀机制不同，酸腐蚀是各向同性腐蚀，没有方向性和选择性，这就会使硅片表面的微小起伏随着腐蚀进行而不断放大，而碱腐蚀是各向异性腐蚀，具有选择性，当腐蚀硅片表面的损伤层后，腐蚀反应就会趋于缓慢，接近停止。此外，酸腐蚀是放热反应，碱腐蚀是吸热反应，这就使碱腐蚀过程比酸腐蚀过程更好控制。这两种腐蚀过程条件不同，碱腐蚀过程中，碱腐蚀速率受腐蚀剂流动的影响不显著，片内腐蚀速率基本一致，而且腐蚀过程不需要引入气泡辅助，只需要适当旋转和抛动，另外腐蚀过程释放大量的气体，起到"自均匀"的效果，碱腐蚀过程对局部起伏影响不大，所以碱腐蚀能维持较为良好的表面平整度，容易得到相对好的抛光之后的局部平整度；而酸腐蚀过程中需要使用硅片旋转、抛动及打气泡等方式来改善平整度，这使同一枚硅片内部的中心区域的腐蚀条件与外围区域有差别，硅片中心区域是液体运动的"涡核"，而且酸腐蚀硅片中心热量集中，容易造成腐蚀不均匀，腐蚀完成后靠近中心区域的表面起伏相对剧烈，进而影响抛光过程，因此，抛光后相应区域的局部平整度较差。

3. 化学机械抛光

硅片抛光的目的是得到一个光滑、平整、无损伤的硅表面。目前，硅片抛光多采用化学机械抛光，抛光运动过程类似于研磨加工，但整个抛光过程的材料去除是在机械作用与化学作用的交替过程中完成的，可形成超光滑无损伤的加工表面，为后续集成电路制备打好基础。

化学机械抛光工作原理如图5-10所示。整个系统主要由3部分组成，分别是夹持硅片进行抛光的抛光头、安装抛光垫的工作台和抛光液的供给设备。在抛光过程中，硅片被吸附或粘在抛光头上，并施加一定压力，使待加工表面与抛光盘接触。抛光头和工作台在电机的驱动下可按照一定转速旋转，通常情况下，抛光头和工作台的转速基本一致。由纳米或者微纳米磨粒和化学溶液组成的抛光液通过抛光液供给装备添加到抛光盘表面，然后通过工作台转动时的离心力使其均匀分布在抛光盘表面。抛光过程中抛光液与硅片间发生化学反应，使得硅片表面生成比较容易去除的物质，然后由磨粒与硅片表面的机械摩擦作用将生成的物质去除，通过化学和机械的交替作用实现对工件表面的超精密抛光。

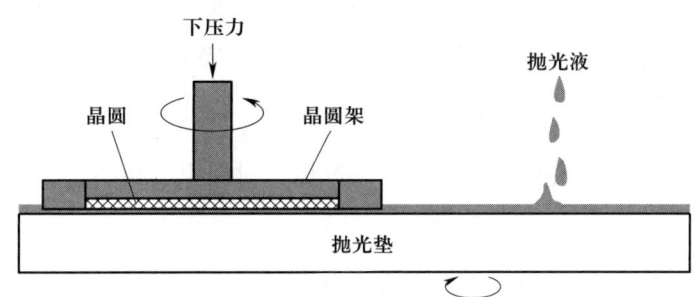

图 5-10 化学机械抛光工作原理示意图

化学机械抛光的化学反应机理比较复杂，影响因素很多。根据抛光对象的不同，具体的抛光机理也有差别。通过对硅片表面各种材料在化学机械抛光过程中化学机理的研究与总结，得到化学机械抛光的化学反应通式，具体如下：

$$\alpha M + \beta R \xrightarrow{k_1} nL + mD$$

其中，M 为未与抛光液发生反应前的材料；R 为抛光液中的氧化剂、络合剂等反应物；L 为反应后生成的易于去除的反应物薄膜；D 为反应生成的副产物，如气体和溶于抛光液中的化学反应物等；α、β、n、m 为系数；k_1 为速度参数，其值由氧化剂性质决定。

硅片在化学机械抛光过程中一般使用碱性抛光液，如二氧化硅碱性溶液、氧化镁水剂、二氧化钛碱性溶液等。目前最常用的是二氧化硅碱性抛光溶液。其化学反应式如下：

$$Si + 2OH^- + H_2O \longrightarrow SiO_3^{2-} + 2H_2 \uparrow$$

化学机械抛光综合了化学抛光和机械抛光的优势。它解决了纯化学抛光过程中的表面平整度和平行度差的问题,也弥补了纯机械抛光过程中表面光洁度差、损伤层厚度大的缺点。化学机械抛光在获得较高表面质量的同时,还能兼顾一定的抛光效率,是目前能够实现基片全局平整化的唯一方式。化学机械抛光具有很多优点,具体如下:

(1)对不同材料和表面进行全局平坦化,对多层金属互连介质中的绝缘体、导体等不同材料进行全局平坦化。

(2)在一次化学机械抛光过程中同时实现对多种材料的平坦化加工。

(3)弥补材料表面的缺陷,减少表面起伏,改善表面形貌,提高集成电路产品的可靠性。

(4)化学机械抛光过程中不会产生有害气体,对健康影响小。

(六)清洗

在硅片加工过程中,与硅片接触的媒介都可能对硅片造成污染。污染途径可能来自水、大气、设备、各类化学试剂以及人为加工造成的污染。污染可以分为以下几种:①颗粒污染,主要是一些聚合物、光致抗蚀剂等。②有机物污染,它可以有多种存在方式,如润滑油、松香、蜡等,如果这些物质没有得到有效清洗,后面的加工过程会受到很大影响。③金属污染,它在硅片上主要以共价键、范德华引力和电子转移3种形式存在。金属的存在会破坏掉氧化层,导致雾状缺陷或微结构缺陷。硅片表面污染如图5-11所示。

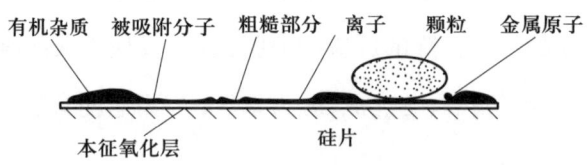

图5-11 硅片表面污染示意图

20世纪70年代以前,清洗半导体材料所用的方法仍是较为传统的方法,主要为机械法和化学法。机械法采用在清洗剂中进行超声或刷子刷洗。前一种方法常引起硅片破碎,而后一种方法会残留刷毛。化学法采用各种化学试剂,如热硝酸、王水、浓氢氟酸以及混合热酸(浓硫酸-铬酸、浓硫酸-双氧水)。这些方法清洗后会造成环境污染或引入其他杂质，因此不能满足半导体行业的清洗要求。整个行业迫切需要采用新型清洗方式。

1. RCA 清洗法

RCA 清洗法是一种典型的湿式化学清洗。这是第一种系统发展的可应用于裸硅片及氧化硅片的清洗工艺。该方法使用双氧水与酸/碱溶液的混合物进行两步氧化，首先在碱性环境中处理，然后在酸性环境中处理。由于此方法是由 RCA 公司于 20 世纪 60 年代开发的，因此被称为 RCA 清洗法。

RCA 清洗法常用的清洗液为 SC-1 清洗液和 SC-2 清洗液，也就是常用的一号液和二号液。SC-1 清洗液主要用于清洗硅片表面颗粒，SC-2 清洗液主要用于清洗表面金属沾污。该方法的第一步是将晶片浸没在双氧水-氨水混合物的稀溶液或热溶液中，通过氧化溶解表面的二氧化硅去除有机物。在这一步，大部分金属离子，如第一副族、第二副族的金属离子以及金、银、铜、镍、钙、锌、钴和铬离子等都会形成络合物而被溶解、去除。该方法第二步是将晶片浸入双氧水-盐酸混合物的稀释溶液或热溶液中。在这一步，大部分碱金属离子，如铝、铁、镁等在碱性溶液中与氨水形成不可溶络合物的金属离子可被去除，同时可以去除第一步没有去除完全的金属离子。

SC-1 清洗液由氨水、双氧水和去离子水组成，由于双氧水的作用，硅片表面有一层自然氧化膜，呈亲水性，硅片表面和粒子之间可以用清洗液浸透。由于硅片表面的自然氧化层和硅片表面的硅原子能被氨水腐蚀，因此附着在硅片表面的颗粒便落入清洗液中，进而达到去除粒子的目的。在氢氧化铵腐蚀硅片表面的同时，双氧水又在氧化硅片表面形成新的氧化膜。在硅片表面粒子之间存在两种作用力：范德华力和电偶层相互作用力。当电位为同极性时，粒子必须越过位垒才能向硅片表面附着，此时很难发生颗粒吸附现象，硅的电位为负，而大部分粒子只有在碱性条件下电位才为负。

二氧化硅的腐蚀速度随着氨水的浓度升高而加快，与双氧水浓度无关；硅的腐蚀速度也随着氨水浓度升高而加快，当达到一定浓度后为一定值。随着温度升高，颗粒去除率也会提高。

目前在化学腐蚀前先使用超声清洗，进而再使用 SC-1 清洗液进行清洗。SC-1 清洗液配比为 $NH_3·H_2O:H_2O_2:H_2O$ 为 1:1:5，温度为 55 ℃左右。配比亦可提高到 1:1:3，以获得更清洁的表面，去除更难去除的粒子。

SC-2 清洗液由盐酸、双氧水和去离子水组成。与 SC-1 清洗液不同，SC-2 清洗液主要用于去除硅片表面的金属沾污。硅片表面的金属存在的形式是多种多样的，可以原子、氧化物、金属复合物等多种形式存在。在 $3<pH<5.6$ 的酸性溶液中，pH 值越低，金属越不容易附着在硅片上。由于硅以及二氧化硅并不能被溶液腐蚀，因此，SC-2 清洗液并不能起到去除硅片表面颗粒的作用。

2. 超声清洗技术

RCA 清洗法的主要目的是去除晶片表面污染物薄膜，而不能去除颗粒。为了完善清洗技术，RCA 公司又开发了超声清洗技术。在清洗过程中，晶片浸没在清洗液中，利用超高频率的声波能量将晶片正面和背面的颗粒有效去除。超声清洗的主要原理是利用超声波空化效应、辐射压和声流，先将硅片置于槽内的清洗液之中，利用槽底部的超声振子工作，把能量传递给液体，并以声波的形式通过液体。当振动比较强的时候，液体会被撕开，从而产生很多气泡，叫作空穴泡。这些气泡就是超声清洗的关键，它们储存清洗的能量，一旦这些泡碰到硅片表面，便会发生爆破，释放出来的巨大能量就可以清洗硅片的表面。在清洗液中加入合适的表面活性剂，可以增强超声清洗效果，如图 5-12 所示。

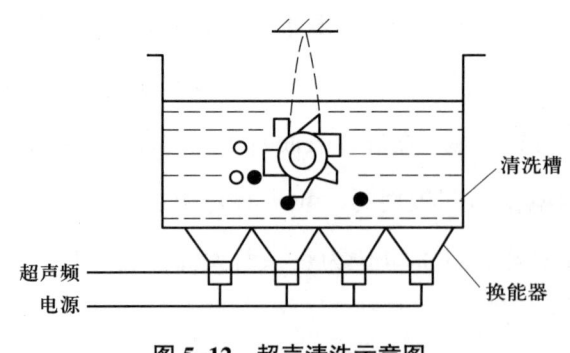

图 5-12 超声清洗示意图

超声清洗有很多优点：清洗速度快，清洗效果比较好，能够清洗各种复杂形状的硅片表面，易于实现遥控和自动化。它的缺陷有以下几个方面：超声波对颗粒大小不同的污染物的清洗效果不一样，颗粒尺寸越大，清洗效果越好；但是，颗粒尺寸变小时，清洗效果不佳，对于粒径只有零点几微米的颗粒，需要利用兆声清洗才能去除；空穴泡爆破时，巨大的能量会对硅片造成一定的损伤。

3. 气相清洗法

气相清洗时，先让片子低速旋转，再加快速度使片子干燥，这时，HF蒸气可以很好地去除氧化膜沾污及金属污染物。该方法对那些结构较深的部分，比如沟槽，能够进行有效清洗。对硅片表面粒子的清洗效果也比较好，并且不会产生二次污染。虽然HF蒸气可除去自然氧化物，但不能有效除去金属污染。

4. 紫外－臭氧清洗法及其他清洗法

紫外－臭氧清洗法是将晶片放置在氧气氛围中用汞灯产生的短波长紫外光进行照射。氧气可吸收185 nm的辐射，从而形成活泼的臭氧和原子氧。此种方法特别适合氧化去除有机物，但对一般的无机物沾污则无能为力。因此，这种方法在传统应用中受到限制，但有某些特殊用途，如GaAs的清洗，需要采用紫外－臭氧清洗法。

另外，还有一些不常见的清洗方法，如干冰清洗法，可极为有效地去除晶片表面的颗粒；利用微波、氯自由基或光诱导解吸附等方法可去除金属离子沾污。近十年来逐渐开发出利用等离子体、超临界流体和气溶胶等进行干法清洗的工艺，这些清洗方法也逐步得到应用。

（七）检验和包装

对硅片完成以上操作之后，还需要对得到的硅片进行最后的检验，以确定其是否符合行业标准，能否用于半导体器件的制造。硅片的检验项目见表5-1。

表5-1	硅片的检验项目
外观	崩边、缺口、表面粗糙度、波纹、凹坑、裂痕、孔洞、清洁度
尺寸	边长、直径、倒角差、垂直度、厚度、厚度偏差、翘曲度
性能	导电型号、电阻率

经过检验合格的硅片需要进行包装，包装是为了保证硅片在运输过程中不会受到损坏、污染。包装好的硅片会被送往各半导体器件制造商投入使用。

第二节　硅的氧化技术

考核知识点及能力要求：

- 了解二氧化硅的结构和基本性质；
- 理解二氧化硅的氧化原理和氧化方法；
- 了解二氧化硅在集成电路中的应用。

一、氧化硅的结构及性质

1. 二氧化硅的结构

二氧化硅是一种无机物，硅原子和氧原子长程有序排列形成晶态二氧化硅，短程有序或长程无序排列形成非晶态二氧化硅，晶态与非晶态二氧化硅结构如图 5-13 所示。二氧化硅晶体是以硅氧四面体为基本结构形成的立体网状结构，在晶体结构中，硅原子的 4 个价电子与 4 个氧原子形成 4 个共价键，硅原子位于正四面体的中心，4 个氧原子位于正四面体的 4 个顶点上，每个硅原子与 4 个氧原子相连，每个氧原子与 2 个硅原子相连。二氧化硅晶体立体结构及平面结构如图 5-14 所示，晶体中最小环由 12 个原子（6 个硅原子和 6 个氧原子）构成，每个硅被 6 个环所共用，晶体中硅氧原子个数比为 1∶2，即每个氧原子与两个硅原子相结合。二氧化硅的最简式是 SiO_2，但 SiO_2 不代表一个简单分子（仅表示二氧化硅晶体中硅和氧的原子个数之比）。

2. 物理性质

二氧化硅又称硅石，自然界中存在有结晶二氧化硅和无定形二氧化硅两种。结晶

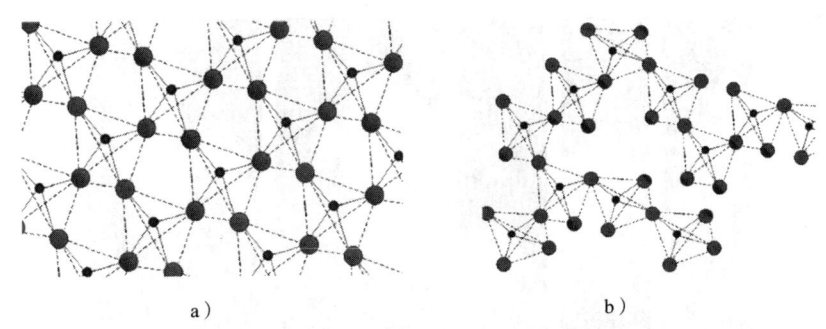

图 5-13 晶态与非晶态二氧化硅结构示意图

a）石英晶格结构　b）非晶态二氧化硅结构

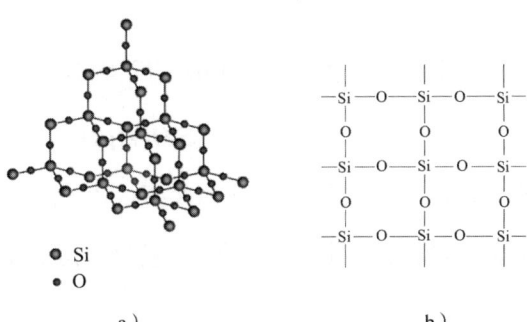

图 5-14 二氧化硅晶体立体结构及平面结构示意图

a）二氧化硅晶体立体网状结构　b）二氧化硅晶体平面结构

二氧化硅因晶体结构不同，分为石英、鳞石英和方石英三种。纯石英为无色晶体，大而透明棱柱状的石英叫水晶，如图 5-15 所示。若含有微量杂质的水晶带有不同颜色，有紫水晶、茶晶、墨晶等。普通的砂是细小的石英晶体，有黄砂（较多的铁杂质）和白砂（杂质小，较纯净）。二氧化硅的密度为 2.2～2.66 g/cm^3，熔点为 1 670 ℃（鳞石英）、1 710 ℃（方石英），沸点为 2 230 ℃，相对介电常数为 3.9。二氧化硅不溶于水，微溶于酸，呈颗粒状态时能和熔融碱类起作用。

3. 化学性质

二氧化硅是硅酸的酸酐，但其不能与水反应生成硅酸。由于硅氧键比较牢固，化学性质十分稳定。二氧化硅是一种酸性氧化物，具有酸性氧化物的一些性质，如在高温下能与碱性氧化物、纯碱等起反应而生成硅酸盐：

$$SiO_2 + CaO \xrightarrow{高温} CaSiO_3$$

$$SiO_2 + Na_2CO_3 \xrightarrow{高温} Na_2SiO_3 + CO_2\uparrow$$

图 5-15 不同颜色的水晶

常温下强碱溶液与二氧化硅缓慢作用生成相应的硅酸盐：

$$SiO_2 + 2NaOH \longrightarrow Na_2SiO_3 + H_2O$$

二氧化硅不与除氟、氟化氢和氢氟酸以外的卤素、卤化氢和氢卤素以及硫酸、硝酸、高氯酸作用。氟化氢（氢氟酸）是唯一可使二氧化硅溶解的酸，生成易溶于水的氟硅酸：

$$SiO_2 + 4HF \longrightarrow SiF_4 \uparrow + 2H_2O$$

二氧化硅能被强还原剂（碳）在高温下还原得粗硅：

$$SiO_2 + 2C \xrightarrow{\text{高温}} Si + 2CO \uparrow$$

二、氧化硅的制备机理

（一）硅的氧化机理

硅常温下暴露在空气中的表面发生氧化：

$$Si + O_2 \longrightarrow SiO_2$$

$$Si + H_2O(O_2) \longrightarrow SiO_2 + H_2O$$

表面的氧化膜逐渐增厚到 40Å 左右就停止了。在高温下，氧化反应将继续进行，氧化膜继续增厚。

氧化过程中硅的消耗可用下面公式计算：

$$d_{Si} = \frac{n_{SiO_2}}{n_{Si}} d_{SiO_2} = \frac{2.2 \times 10^{22}}{5 \times 10^{22}} d_{SiO_2} = 0.44 d_{SiO_2}$$

由此得出结论，每生长 1 μm 厚的二氧化硅约消耗 0.44 μm 厚的硅，如图 5-16 所示。

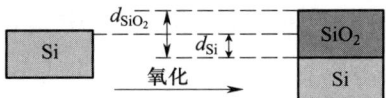

图 5-16 氧化过程中硅的消耗

（二）热氧化过程中杂质的再分布

掺有杂质的硅在热氧化过程中，靠近界面的硅中杂质，将在界面两边的硅和二氧化硅中发生再分布。其决定因素如下：

（1）杂质的分凝现象。

（2）杂质通过 SiO_2 表面逸散。

（3）氧化速率的快慢。

（4）杂质在 SiO_2 中的扩散速度。

分凝系数 m 是指掺有杂质的硅在热氧化过程中，在 $Si-SiO_2$ 界面上的平衡杂质浓度之比。其计算公式如下：

$$m = \frac{杂质在硅中的平衡浓度}{杂质在二氧化硅中的平衡浓度}$$

常用杂质的分凝系数 B 为 0.1~1，P、As 约为 10。

当 $m<1$ 时，在 SiO_2 中是慢扩散的杂质，即在分凝过程中杂质通过 SiO_2 表面损失很少，再分布之后靠近界面处的 SiO_2 中杂质浓度比硅中高。硅表面附近的浓度下降。

当 $m<1$ 时，在 SiO_2 中是快扩散的杂质，分凝过程中杂质通过 SiO_2 表面损失比较厉害，使 SiO_2 中杂质浓度比较低，硅表面的杂质浓度几乎降到零（H_2 气氛中的 B），如图 5-17 所示。

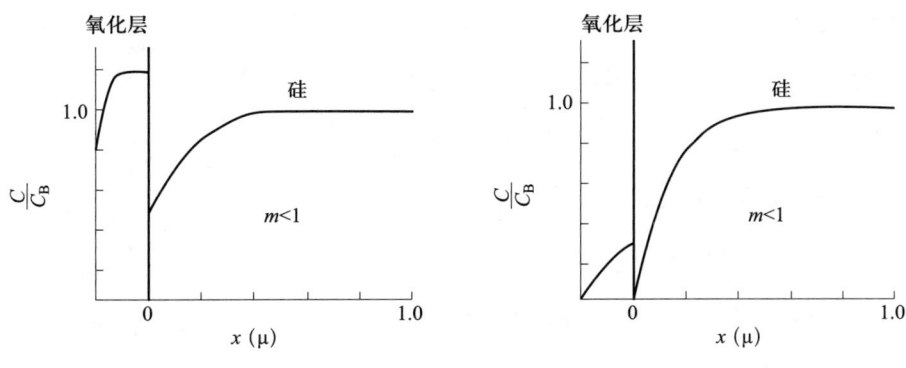

图 5-17 $m<1$ 时的杂质浓度

当 $m>1$ 时，在 SiO_2 中是慢扩散的杂质，再分布之后硅表面的浓度升高（P、As）。

当 $m>1$ 时，在 SiO_2 中是快扩散的杂质，分凝过程中杂质通过 SiO_2 表面损失得厉害，最终使硅表面附近的杂质浓度比体内还要低，如图 5-18 所示。

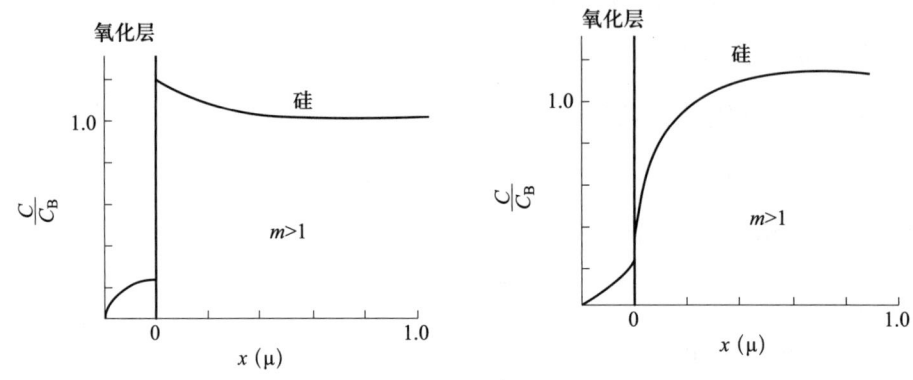

图 5-18　$m>1$ 时的杂质浓度

当 $m=1$ 时，Si 表面杂质浓度同样降低。这是因为一个体积的 Si 氧化之后变成两个体积的 SiO_2，而界面两边具有相等的杂质浓度，故杂质必定从高浓度硅中向低浓度 SiO_2 中扩散，即硅中消耗杂质，以补偿 SiO_2 体积增加所需要的杂质。

再分布对硅表面杂质浓度的影响如下。

（1）磷，$m=10$；在相同温度下，快速的水汽氧化比慢速的干氧氧化所引起的再分布程度大，即水汽氧化 C_S/C_B 值比干氧氧化大；在同一氧化气氛中，温度越高，磷向硅内扩散速度就越快，减小了在表面的堆积，即 C_S/C_B 值下降，如图 5-19 所示。

（2）硼，$m=0.3$；在相同温度下，快速的水汽氧化比慢速的干氧氧化所引起的再分布程度增大，即水汽氧化 C_S/C_B 值比干氧氧化小；在同一氧化气氛中，C_S/C_B 值随温度升高而变大。因为温度升高，扩散速度升高，从而加快补偿硅表面杂质的损耗，如图 5-20 所示。

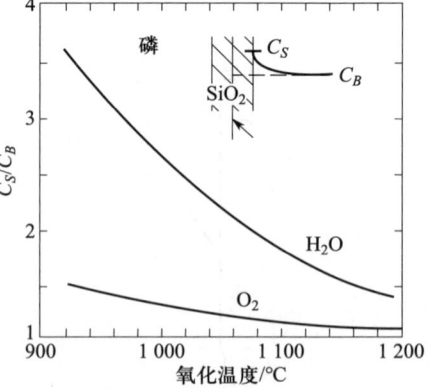

图 5-19　再分布对硅表面磷杂质浓度的影响

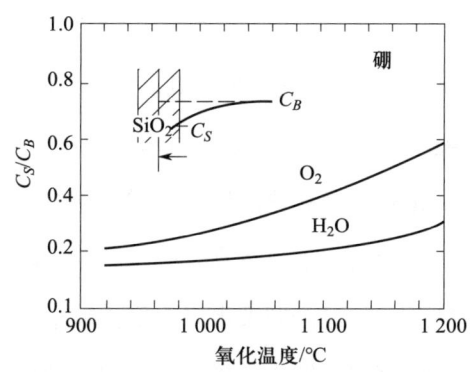

图 5-20　再分布对硅表面硼杂质浓度的影响

三、硅的氧化方法

热氧化是指硅与氧或水汽等氧化剂，在高温下经化学反应生成 SiO_2。

热氧化的特点如下：

（1）热氧化生成的 SiO_2 掩蔽能力最强。

（2）质量最好，重复性和稳定性好。

（3）降低表面悬挂键，从而使表面态密度减小，且能很好地控制界面陷阱和固定电。

（4）每生长一单位厚度的 SiO_2，将消耗约 0.45 单位厚度的硅（台阶覆盖性）。

（5）SiO_2 中所含 Si 的原子密度 $C_{SiO_2}=2.2\times10^{22}/cm^3$。

（6）Si 晶体中的原子密度 $C_{Si}=5.0\times10^{22}/cm^3$。

热氧化工艺按所用的氧化气氛可分为干氧氧化、水汽氧化和湿氧氧化。

干氧氧化是以干燥纯净的氧气作为氧化气氛，在高温下氧直接与硅反应生成二氧化硅。干氧氧化的氧化膜结构致密、均匀性和重复性好、掩蔽能力强、钝化效果好，但生长速率慢。

水汽氧化是以高纯水蒸气或直接通入氢气与氧气为氧化气氛，生长机理是在高温下，由硅片表面的硅原子和水分子反应生成 SiO_2 层，水汽氧化的特点为：氧化速率快，在 1 200 ℃下，水分子的扩散速率比干氧氧化时氧分子的扩散速率快几十倍，故水汽氧化的生长速率较快；但氧化层质量较差，结构疏松，薄膜致密性最差，针孔密度最大。氧化层表面是硅烷醇，易吸附水，所生成氧化层表面与光刻胶黏附性差，易浮胶，使光刻困难。

湿氧氧化过程中用带有水蒸气的氧气代替干氧，氧化剂是氧气和水的混合物，反应过程为：氧气通过 95 ℃ 的高纯水，携带水汽一起进入氧化炉在高温下与硅反应。

湿氧氧化相当于干氧氧化和水汽氧化的综合，其速率介于两者之间。具体的氧化速率取决于氧气的流量和水汽的含量。水温越高，则水汽含量越大，氧化膜的生长速率和质量越接近于水汽氧化的情况；反之，如果水汽含量比较小，则更接近于干氧氧化。

湿氧氧化和水汽氧化都要用到高纯去离子水，如果去离子水的纯度不够高或者水浴瓶等容器沾污，就会使氧化膜的质量受到影响，为此将适当比例混合的高纯氢气和氧气通入氧化炉，在高温下先合成水汽，然后与硅反应生成 SiO_2，就能得到高质量的 SiO_2。

具体的化学反应式如下：

硅与氧：Si（固体）+ O_2 ⟶ SiO_2（固体）

硅与水蒸气：Si（固体）+ $2H_2O$ ⟶ SiO_2（固体）+ $2H_2$↑

三种热氧化方法的特点见表 5-2。

表 5-2　　　　　　　　　三种热氧化方法的特点

氧化方法	氧化速率	均匀性	结构	掩蔽性
干氧氧化	极低	好	致密	好
湿氧氧化	较高	较好	略粗糙	基本满足
水汽氧化	最高	差	粗糙	较差

实际生产过程中，常采用干氧氧化 – 湿氧氧化 – 干氧氧化这一类似三明治结构的生长方式。常规三步热氧化模式既保证了 SiO_2 表面和界面的质量，又解决了生长速率问题。进行干氧氧化和湿氧氧化的氧化炉如图 5-21 所示。

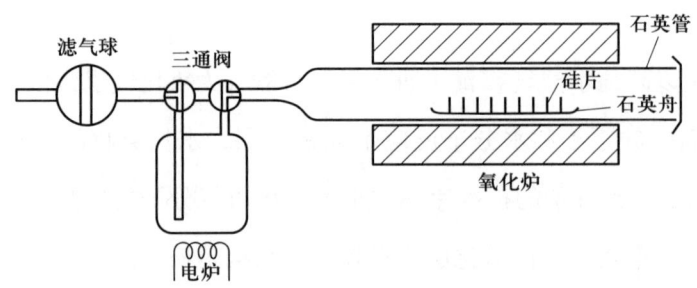

图 5-21　进行干氧氧化和湿氧氧化的氧化炉示意图

四、氧化硅在集成电路中的应用

在微电子工艺中，SiO_2 薄膜因其优越的电绝缘性和工艺的可行性而被广泛采用。在半导体器件中，利用 SiO_2 禁带宽度可变的特性，可作为非晶硅太阳电池的薄膜光吸收层，以提高光吸收效率；还可作为金属－氮化物－氧化物－半导体（MNSO）存储器件中的电荷存储层，集成电路中 CMOS 器件和 Si、Ge MOS 器件以及薄膜晶体管（TFT）中的栅介质层等。

SiO_2 对杂质扩散起到掩蔽作用。在集成电路制造中，几种常见的杂质如硼、磷、砷等在 SiO_2 膜中的扩散比它们在硅中的扩散慢得多。因此，在制作半导体器件的各个区时，最常用的方法是首先在硅圆片表面生长一层 SiO_2 膜，经过光刻、显影后，再刻蚀掉需掺杂区域表面的氧化膜，从而形成掺杂窗口，最终通过窗口有选择地将杂质注入相应的区域。

随着大规模集成电路器件集成度的提高，多层布线技术变得愈加重要，如逻辑器件的中间介质层将增加到 4~5 层，这就要求减小介质层带来的寄生电容。对新型低介电数介质材料的要求是：在电性能方面具有低损耗和低耗电，在机械性能方面具有高附着力和高硬度。在化学性能方面要求耐腐蚀和低吸水性，在热性能方面有高稳定性和低收缩性。目前普遍采用的制备电容介质层的 SiO_2，其介电常数约为 4.0，并具有良好的机械性能。如用于硅大功率双极晶体管管芯平面和台面钝化，提高或保持了管芯的击穿电压，并提高了晶体管的稳定性。这种技术完全达到了保护钝化器件的目的，使器件的性能稳定、可靠，减少了外界对芯片沾污、干扰，提高了器件的可靠性能。

掺杂阻挡层：作为掺杂或注入杂质到硅片中的掩蔽材料，如图 5-22 所示。

注入屏蔽氧化层：用于减小损伤，如图 5-23 所示。

场氧化层：用作单个晶体管之间的隔离阻挡层，使它们彼此隔离，如图 5-24 所示。

栅氧化：用作 MOS 晶体管栅和源漏之间的介质，如图 5-25 所示。

垫氧化层：做 Si_3N_4 缓冲层以减小应力，如图 5-26 所示。

金属间绝缘阻挡层：用作金属层间介质隔离，如图 5-27 所示。

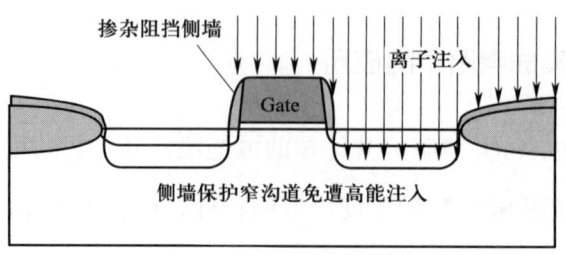

图 5-22 掺杂阻挡层

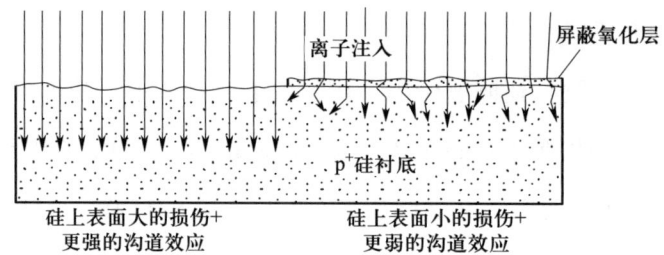

图 5-23 注入屏蔽氧化层

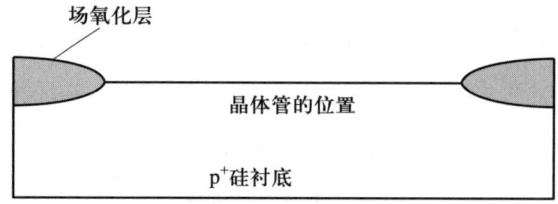

图 5-24 场氧化层

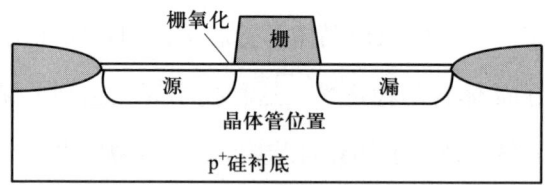

图 5-25 栅氧化

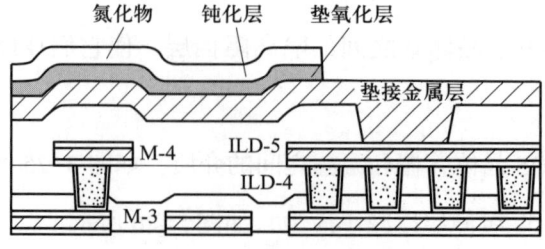

图 5-26 垫氧化层

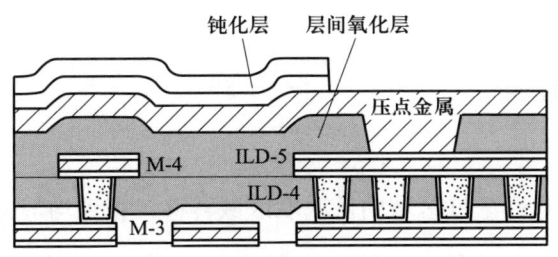

图 5-27　金属间绝缘阻挡层

第三节　集成电路工艺中的掺杂技术

考核知识点及能力要求：
- 了解掺杂的基本原理；
- 理解扩散和离子注入两种掺杂技术的基本原理和流程。

集成电路工艺中常用的掺杂技术主要有两种，即高温（热）扩散和离子注入。掺入的杂质主要有两类。第一类是提供载流子的受主杂质或施主杂质（如 Si 中的 B、P、As），第二类是产生复合中心的重金属杂质（如 Si 中的 Au）。

一、扩散

扩散是向半导体材料中掺改性杂质的重要方法，也是集成电路制造中的重要工艺。在集成电路制造中，固态扩散工艺是将一定数量的某种杂质掺入半导体材料晶体中去，以改变电学性质，同时使掺入杂质的数量、分布形式和深度等都满足要求。目前扩散方法已广泛用来制作晶体管的基极、发射极、集电极，双极器件中的电阻，在 MOS 制造中形成源和漏、互连引线等。

(一)扩散基础理论

1. 基本概念

扩散是物质分子从高浓度区域向低浓度区域转移,直到均匀分布的现象。浓度差、温度高低、粒子大小、晶体结构、缺陷浓度以及粒子运动方式都是决定扩散运动的重要因素。扩散运动的结果将使粒子浓度趋于均匀。气体、液体和固体中都存在扩散运动。不过在常温下,由于固体是凝聚态,粒子之间相互作用很强,扩散运动是很慢的。因此,要加速固体中的扩散运动,往往要在高温下进行。

扩散的发生需要两个必要条件。第一,一种材料中杂质(被掺杂物)的浓度必须高于另一种材料中的浓度;第二,系统内部必须有足够的能量使高浓度的材料进入或通过另一种材料。即杂质在半导体中的扩散是由杂质浓度梯度和温度梯度导致的、使杂质浓度趋于均匀的定向运动。实际上,引起物质在固体中宏观迁移的原因是粒子浓度不均匀,只有当晶体中的杂质存在浓度梯度时才会产生杂质扩散流,而温度高低则是决定杂质粒子跳跃移动速度的因素。

2. 杂质扩散机制

扩散粒子可以是杂质原子或离子,也可以是与基质相同的粒子(自扩散)。杂质原子在半导体中的扩散可以看成是杂质原子在晶格中以空位或间隙原子形式进行的原子运动。杂质在晶体内扩散是通过一系列随机跳跃实现的,这些跳跃在整个三维方向上进行。扩散的微观机构有替位式扩散、间隙式扩散和间隙-替位式扩散3种方式,图5-28所示为固体中两种基本的原子扩散模型。图中空心圆圈表示处在晶格平衡位置的基质晶体原子,"黑点"表示杂质原子。

(1)替位式扩散

在高温下,晶格原子在格点平衡位置附近振动。基质原子有一定的概率获得足够的能量脱离晶格格点而成为间隙原子,因而产生一个空位。杂质进入晶体后,占据晶格原子的原子空位(空格点),在浓度梯度作用下,向邻近原子空位逐次跳跃前进,每前进一步,均必须克服一定的势垒能量,杂质原子由一个格点跳到相邻的另一个格点,替代原来的晶格原子,从而在晶格中移动,如图5-28a所示,为此,要求相

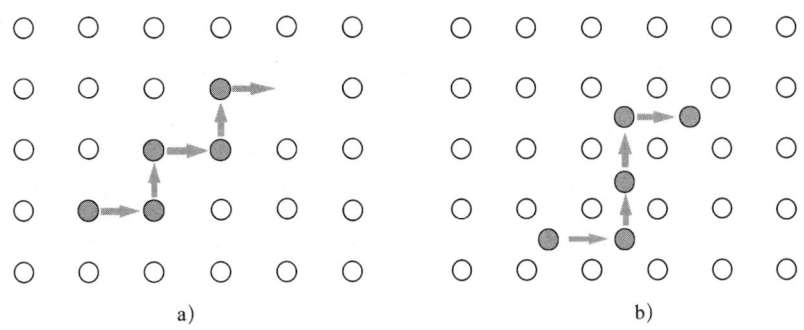

图 5-28 固体中两种基本的原子扩散模型
a) 替位式扩散 b) 间隙式扩散

邻的位置必须是空位。另外，也可能扩散原子通过把它最近邻的替代原子推到近邻的间隙位置，并占据由此产生的空的替代位置来移动。总之，产生替位式扩散必须存在空位。

（2）间隙式扩散

存在于晶格间隙的杂质称为间隙式杂质。间隙式杂质从一个间隙位置到相邻间隙位置的运动称为间隙式扩散。以间隙形式存在于硅中的杂质，主要是那些半径较小的杂质原子，它们在硅晶体中的扩散运动是以间隙方式进行的，如杂质进入晶体后，仅占据晶格间隙，在浓度梯度作用下，从一个原子间隙到另一个相邻的原子间隙逐次跳跃前进。每前进一个晶格间距，均必须克服一定的能量势垒。杂质原子由一个间隙位置跳到相邻的另一个间隙位置，从而在晶格中移动，如图 5-28b 所示。杂质原子的间隙式扩散是挤开交错的压缩区，从一个空隙跳到另一个空隙，势垒也就具有周期性。间隙杂质在晶格间隙位置上的势能极小，相邻的两个间隙之间，对间隙杂质来讲是势能极大位置，即间隙杂质要从一个晶格间隙位置运动到相邻的间隙位置上，也必须越过一个能量势垒（势垒高度 $W=0.6\sim1.2$ eV），这一点是和替位杂质相同的，但势能高低位置两者刚好相反。

（3）间隙-替位式扩散

许多杂质可以替位式或间隙式溶于晶体的晶格，并通过这两类杂质的联合移动来扩散。一个替位原子可能离解成一个间隙原子和一个空位，所以这两种扩散总是相互关联的。这类扩散杂质的跳跃速率随晶格缺陷浓度、空位浓度和杂质浓度的增加而迅速增加。

对于具体的杂质而言,究竟属于哪一种扩散方式,取决于杂质本身的性质。在单晶硅中,不同的杂质元素是以不同方式扩散的。

①替位式杂质:主要是Ⅲ族元素和Ⅴ族元素,具有电活性,在硅中有较高的固溶度。它们多数以替位式进行扩散,扩散速率慢,称为慢扩散杂质,如Al、B、Ga、In、P、Sb、As等。

②间隙式杂质:主要是Ⅰ族元素和Ⅷ族元素,如Na、K、Li、H、Ar等。它们通常无电活性,在硅中以间隙式进行扩散,扩散速率快。这类杂质在微电子器件或集成电路制作中意义不大,对此不再讨论。

③间隙 – 替位式杂质:大多数过渡元素,如Au、Fe、Cu、Pi、Ni、Ag等,以填隙 – 替位式进行扩散,最终位于间隙和替位这两种位置上。位于间隙的杂质无电活性,位于替位的杂质具有电活性。这两种位置杂质的固溶度差别很大,位于同种位置的比例随元素不同而又有很大差别,如Au约90%为电活性的,Ni只有0.1%具有电活性。间隙 – 替位式杂质扩散速率快,比替位式扩散杂质快五六个数量级,因此,被称为快扩散。

(二)扩散杂质的分布

在目前生产中,扩散方式主要有三种,即恒定表面源扩散、有限表面源扩散和两步扩散(前两种扩散方法的结合)。恒定表面源扩散和有限表面源扩散的扩散条件不同,相应的杂质分布和结深都有差别。

1. 恒定表面源扩散

在恒定表面源扩散过程中硅片表面的杂质浓度始终不变,即在整个工艺过程中杂质不断向硅内扩散,但杂质在表面的浓度C始终保持恒定。因此根据恒定表面源扩散工艺的边界和初始条件,可列出扩散方程,并求解得到恒定表面源扩散的杂质按余误差函数分布,在表面浓度一定的情况下,扩散时间越长,杂质扩散就越深,掺杂入硅内的杂质数量也就越多。

当掺杂杂质与衬底原有杂质的导电类型不同时,pn结在两种杂质浓度相等处形成,pn结的深度即为结深。结深是工艺中的一个重要参数,与扩散系数D、扩散时间

t 的平方根成正比，和温度 T 存在指数关系。

需要指出的是，扩散工艺受固溶度的影响，因此恒定源扩散的杂质表面浓度由该杂质在扩散温度下的固溶度所决定，扩散温度在 900～1 200 ℃温度范围内，固溶度在这个温度范围变化并不大，所以恒定表面源扩散难以通过调控温度来控制杂质表面浓度，这恰恰是恒定表面源扩散不足。

恒定表面源扩散的杂质分布如图 5-29 所示。

2. 有限表面源扩散

在衬底片表面先沉积一层杂质作为杂质源，然后开始扩散，在整个工艺过程中不再有新杂质源补充，这就是有限表面源扩散工艺。因此根据有限表面源扩散工艺的边界和初始条件，可列出扩散方程，并求解得到有限表面源扩散的杂质分布为高斯函数分布，扩散时间越长，杂质扩散越深，表面浓度就越低。当扩散时间相同时，扩散温度越高，杂质扩散越深，表面浓度下降也就越多。有限源扩散工艺过程中，表面杂质浓度是可以控制的，这种有利于制作低表面浓度和较深的 pn 结。有限表面源扩散过程中结深不仅受杂质扩散系数、时间、温度的影响，而且受杂质持续变化的表面浓度影响。对于有限源扩散来说，当扩散时间较短时，结深随扩散系数和时间增加而增加；在杂质分布形式相同的情况下，衬底体杂质浓度越大，结深越浅。杂质分布和恒定表面源扩散有很大差别。

有限表面源扩散的杂质分布如图 5-30 所示。

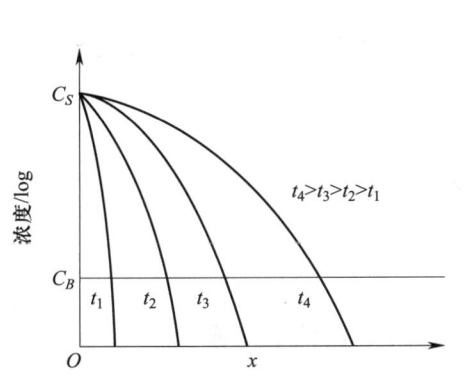

图 5-29　恒定表面源扩散的杂质分布

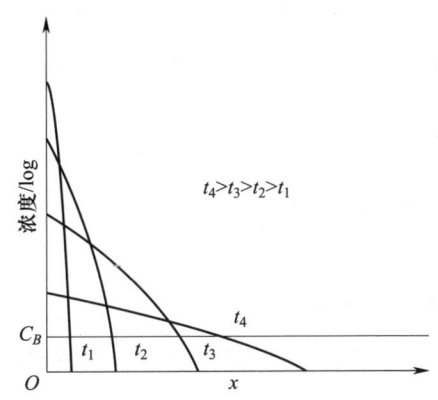

图 5-30　有限表面源扩散的杂质分布

3. 两步扩散

为同时满足对表面浓度、杂质数量、结深以及梯度等方面的要求，实际生产中采用的扩散方法是两步扩散：第一步称为预扩散或者预沉积（恒定表面源扩散），第二步称为主扩散或者再分布（有限表面源扩散）。

第一步在较低温度下，采用恒定表面源扩散方式在硅片表面扩散一层数量一定、按余误差函数形式分布的杂质。由于温度较低，而且时间较短，杂质扩散得很浅，可认为杂质是均匀分布在薄层内且数量可控。主扩散是为了控制表面浓度和扩散深度，将由第一步预沉积引入的杂质作为扩散源，在较高温度下进行氧化、扩散。

经过两步扩散之后的杂质最终分布形式，将由具体情况决定。如果用脚码"1"表示与预扩散有关的参数，用脚码"2"表示与主扩散有关的参数，当 $D_1 t_1 \geq D_2 t_2$ 时，预扩散起决定作用，杂质分布基本上是余误差函数形式，相反则是主扩散起决定作用，杂质基本按高斯函数分布。

4. 影响杂质分布的其他因素

恒定表面源扩散杂质的余误差函数和有限源扩散的高斯函数形式分布能较好地反映实际情况，均能对设计和生产起到积极的指导作用，理论推导过程中对一些情况采取理想化的假设，影响杂质扩散的各种因素并没有全部考虑，所以与实际分布存在一定差异。另外，随着超高频晶体管的发展，尤其是集成电路特征尺寸日益减小，要求杂质掺杂的深度也越来越浅，影响杂质分布的因素都非常重要，如衬底中除了空位外各种类型的点缺陷、发射区推进、氧化增强扩散、扩散系数与杂质浓度的关系、二维扩散等。

二、离子注入

（一）基本概念

随着集成电路超高速发展，特征尺寸越来越小，器件结深越来越浅，基区宽度越来越窄，对掺杂区杂质分布的均匀性和杂质浓度的控制要求很高，传统的扩散已无法精确控制杂质的分布形式及浓度，离子注入掺杂成为超大规模集成电路首选的掺杂技术。离子注入掺杂可分为离子注入和退火再分布两个步骤，不同于扩散的化学过程，离子注入是一个物理过程，注入动作不依赖于杂质与硅片材料的化学反应。掺杂原子在真空条件下，被离化、分离、加速、聚焦，获得几万至几十万（甚至几百万）电子伏能量，形成离子束流，离子束射到固体半导体材料以后，入射离子与半导体的原子核和电子不断发生碰撞，从而损失其能量，经过一段曲折路径的运动，最后因动能耗尽而在半导体材料表面以下停止。离子注入如图 5-31 所示。在集成电路制造中应用离子注入技术主要是为了进行掺杂，达到改变材料电学性质的目的。被掺杂的材料一般称为靶。一束离子轰击靶时，其中一部分离子在靶表面就被反射，不能进入靶内，这部分离子称为散射离子，进入靶内的离子称为注入离子。

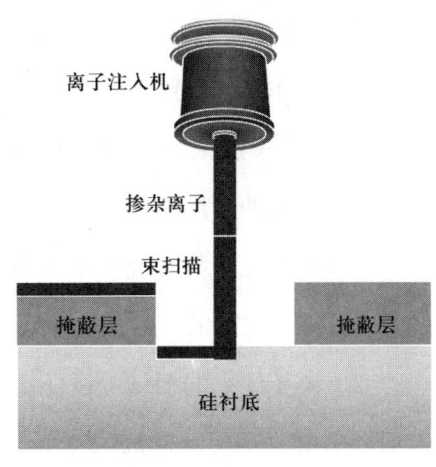

图 5-31　离子注入

（二）离子注入系统

离子注入系统包括离子源、分析磁铁、加速器、中性束偏移器、聚焦系统、偏转扫描系统、工作室等部分，如图 5-32 所示。

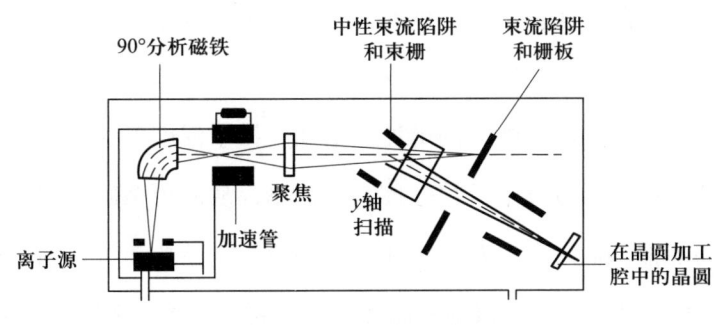

图 5-32　离子注入系统

（1）离子源：用于离化杂质的容器。常用的杂质源气体有 BF_3、AsH_3 和 PH_3 等。一般情况下，离子源提供的是单电荷离子。

（2）分析磁铁：不同离子具有不同的电荷质量比，因而在分析器磁场中偏转的角度不同，由此可分离出所需的杂质离子，且离子束很纯。

（3）加速器：为高压静电场，用来对离子束加速。该加速能量是决定离子注入深度的一个重要参量。

（4）中性束偏移器：利用偏移电极和偏移角度分离中性原子。

（5）聚焦系统：用来将加速后的离子聚集成直径为数毫米的离子束。

（6）偏转扫描系统：用来实现离子束 x、y 轴方向的一定面积内进行扫描。

（7）工作室：放置样品的地方，其位置可调。

（三）离子注入技术的主要特点

（1）注入的杂质离子是通过质量分析器选取出来的，被选取的离子纯度高，能量单一，从而保证了掺杂纯度不受杂质源纯度的影响。另外，注入过程是在清洁、干燥的真空条件下进行的，各种污染降到最低水平。

（2）离子注入的剂量可以任意调节。可以精确控制注入硅中的掺杂原子数目，注入剂量在 $10^{11} \sim 10^{18}/cm^2$ 的较宽范围内，同一平面内的杂质均匀性和重复性可精确控制在 ±1% 内。相比之下，在高浓度扩散时，同一平面内的杂质均匀性最好也只能控制在 5%～10%；在低浓度扩散时，均匀性更差。

（3）离子注入时，衬底一般是保持在室温或低于 400 ℃，因此，像二氧化硅、氮化硅、铝和光刻胶等都可以用来作为选择掺杂的掩蔽膜，给予自对准掩蔽技术更大的灵活性，这是热扩散方法根本做不到的，因为热扩散方法的掩膜必须是能耐高温的材料。

（4）离子注入深度随离子能量的增加而增加。掺杂深度可通过控制离子束能量高低来实现。另外，在注入过程中可精确控制电荷量，从而可精确控制掺杂浓度，因此控制注入离子的能量和剂量，以及多次注入相同或不同杂质，可得到各种形式的杂质分布，对于突变型的杂质分布、浅结的制备，采用离子注入技术很容易实现。

（5）离子注入是一个非平衡过程，不受杂质在衬底材料中的固溶度限制，原则上对各种元素均可掺杂（但掺杂剂占据基质格点而变为激活杂质是有限的），这就使掺杂工艺灵活多样，适应性强。

（6）离子注入时的衬底温度较低，这样避免了高温扩散所引起的热缺陷。

（7）由于注入的直进性，注入杂质是按掩膜的图形近于垂直入射，这样的掺杂方法，横向效应比热扩散小得多，这一特点有利于器件特征尺寸的缩小。

（8）容易实现对化合物半导体的掺杂：化合物半导体是两种或多种元素按一定组分构成的，经高温处理时组分容易发生变化。

（四）碰撞机制

IC 制造中典型的离子注入能量为 5~500 keV；能量的选择不仅要考虑注入离子与靶内自由电子和束缚电子的相互作用，而且要考虑与原子核的相互作用。1963 年，科学家林华德（Lindhard）、沙夫（Scharff）和希奥特（Schiott）首先确立了注入离子在靶内的分布理论，也就是 LSS 理论。注入离子在靶内的能量损失分为两个彼此独立的过程：核阻止和电子阻止，总能量损失为二者之和。

核碰撞指的是注入离子与晶格原子的原子核碰撞。由于注入离子与靶原子的质量一般为同一数量级，因此每次碰撞之后，注入离子会失去一定的能量、发生大角度的散射，靶原子核获得能量，可能离开原来的晶格位置，进入晶格间隙，形成晶格损伤。电子碰撞指的是注入离子与靶内自由电子以及束缚电子之间的碰撞，由于两者质量相差非常大，在每次碰撞中，具有能量损失很少、注入离子路径基本不变的特点，如图 5-33 所示。

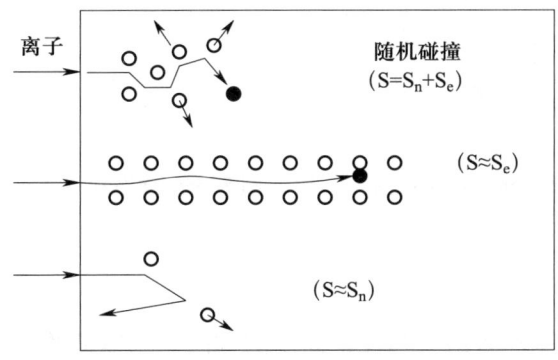

图 5-33　离子注入的碰撞
（S_n 是核碰撞，S_e 是电子碰撞）

（五）注入离子的分布

离子注入掺杂后，杂质离子在靶内分布状态是非常重要的，这与离子注入方向有很大关系，假设注入方向与靶表面方向垂直。少量注入的离子在靶内是分散分布，但是，如果注入大量离子，那么离子分布符合一定的统计规律。

1. 二维分布

在一级近似情况下所得到的高斯分布只是在峰值附近与实际分布符合较好，当离峰值位置较远时有较大的偏离，如图 5-34 所示。

2. 横向效应

横向效应是指注入离子在垂直入射方向的平面内的分布情况。横向效应直接影响 MOS 晶体管的有效沟道长度。对于掩膜边缘的杂质分布，以及离子通过一窄窗口注入，而注入深度又同窗口的宽度差不多时，横向效应的影响更为重要。横向效应不但与注入离子种类有关，而且与入射离子能量有关，如图 5-35 所示。

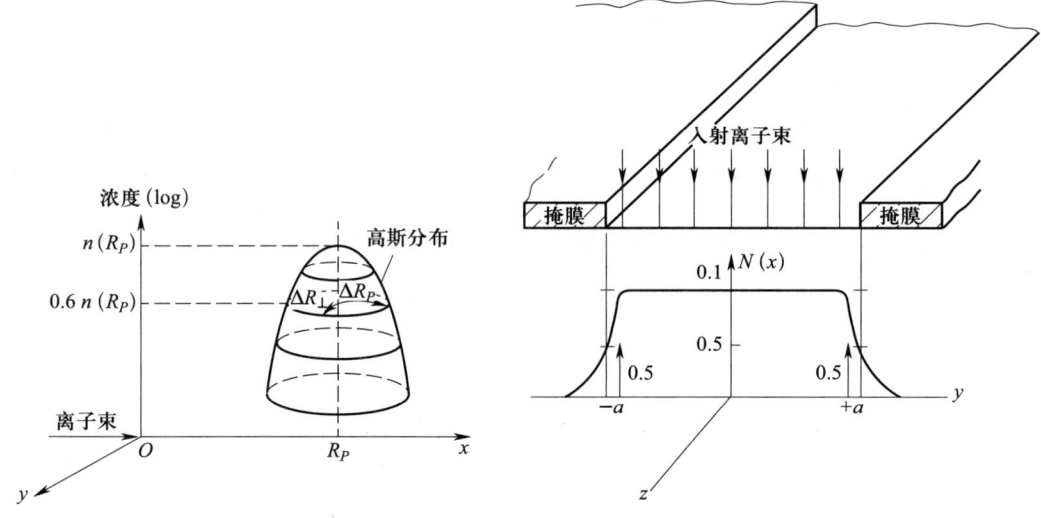

图 5-34 注入离子的二维分布示意图　　图 5-35 通过狭缝注入时的离子分布示意图

3. 沟道效应

对晶体靶进行离子注入时，当注入离子的方向与晶体靶的某个晶向平行时，离子受到的核阻止和电子阻止作用很小，注入深度会大于在无定形靶中的深度，这种现象称为沟道效应。这将导致很难控制注入离子的浓度分布，使注入离子的分布产生一个很长的拖尾，出现拖尾现象，注入杂质离子偏离 LSS 理论的高斯分布。通常采用倾斜角度注入、表面非晶化和增加注入剂量等方法解决沟道效应，另外，后沟道效应是沟道效应的一种，如图 5-36 所示。

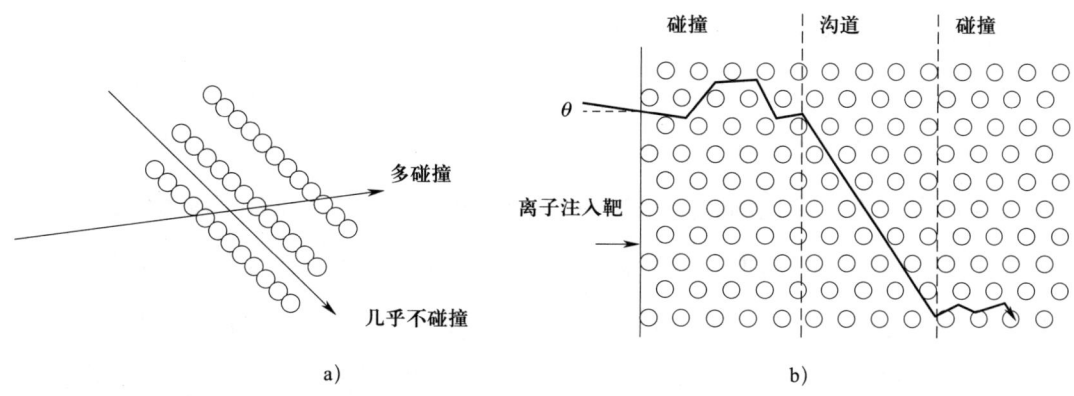

图 5-36 沟道效应

a）常规沟道效应　b）后沟道效应

（六）离子注入损伤

进入靶体内的杂质，通过碰撞把能量传递给靶体原子核和电子，最后停在某一位置，如果原子核和电子获得的能量很大，则靶体内的原子核就离开晶格位置进入晶格间隙，同时留下一个空位，形成空位—间隙缺陷。在相同的入射能量和相同的靶材料下，轻离子注入损伤密度小，但区域较大；重离子注入损伤密度大，但区域较小；注入剂量越大，靶的晶格损伤越严重。如图 5-37 所示。

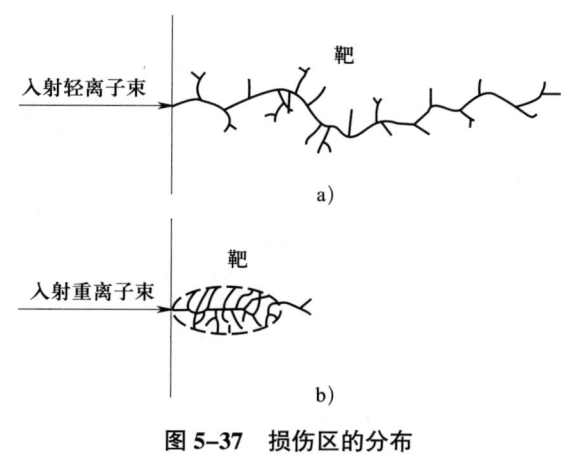

图 5-37 损伤区的分布

a）轻离子　b）重离子

总之，在入射离子运动轨迹的周围会形成大量缺陷，晶格受到损伤。同时在注入的离子中，只有少量离子处在电激活的晶格位置上，大部分注入离子没有激活，不能改变被掺杂材料的电性能。因此，必须采取一定措施恢复衬底损伤，达到注入前的状态，同时电激活注入的杂质离子，达到掺杂目的。

采用离子注入技术进行掺杂的硅片，必须消除晶格损伤，并使注入的杂质实现电激活。采用热退火技术：在一定温度下将离子注入的靶进行适当时间的热处理，消除注入损伤，同时将一定比例的注入离子电激活。因为不同工艺条件下所形成的晶格损伤情况不同，不同器件对电激活要求也不相同，所以具体退火条件和退火方式要根据实际注入情况和要求而定。最初采用传统热退火技术，随着集成电路的发展，对损伤消除以及电学参数恢复程度的要求也越来越高，常规热退火已经不能完全满足要求，近年来又发展了快速退火等新技术。

三、两种掺杂工艺的比较

在集成电路工艺中，高温扩散和离子注入是对半导体材料进行掺杂的两大工艺。扩散是一种材料通过另一种材料的运动，是一种化学过程。扩散发生需要两个条件：浓度差和能量。离子注入是将要扩散的杂质转换为高能离子的形式，然后注入靶材体内的一种掺杂方法，也是目前集成电路工艺制造中常用掺杂工艺。扩散与离子注入的比较见表 5-3。

表 5-3　　　　　　　　　　扩散与离子注入的比较

扩散	离子注入
较高温度下进行，且需要坚硬的掩膜	较低温度下即可进行，对掩膜的要求较低，一般的光刻胶就可以满足要求
掺杂区是各向同性的	掺杂区是各向异性的
不能够独立控制掺杂的浓度和掺杂的结的深度	能够独立控制掺杂的浓度和掺杂的结的深度
只能用于成批的生产工艺	既可用于成批的生产工艺，也可用于单个晶片的生产工艺

第四节　薄膜沉积技术

考核知识点及能力要求：
- 了解常用的薄膜沉积技术；
- 理解常用薄膜沉积技术的基本原理和流程；
- 了解常用薄膜沉积技术的应用。

薄膜生长是半导体制造中一项重要的工艺。制备完整的电子元件除了掺杂和形成 pn 结，还需要广泛分布在器件中的各种薄膜，如半导体薄膜、介质薄膜、金属薄膜等，各种薄膜根据微观结构的不同还可以分为单晶薄膜、多晶薄膜、非晶薄膜。薄膜沉积技术包括物理气相沉积（Physical Vapor Deposition，PVD）、化学气相沉积（Chemical Vapor Deposition，CVD）、外延三种技术。

一、物理气相沉积

物理气相沉积是用物理的方法（如蒸发、溅射等）使镀膜材料气化，在基体表面沉积成膜的方法。物理气相沉积技术中最基本的两种方法就是真空蒸发和溅射。

（一）真空蒸发

真空蒸发是指在高真空环境加热源材料使之气化，源气相转移到衬底，在衬底表面凝结形成薄膜的工艺方法。真空蒸发可以按照对材料源的不同加热方法划分为电阻蒸发、电子束蒸发、激光蒸发等，按照对衬底是否加热划分为冷蒸、热蒸。

真空蒸发具有优点和缺点，其优点包括：设备简单，易操作，薄膜纯度较高，厚度控制精确，成膜速率快，生长机理简单等；其缺点包括：所形成的薄膜与衬底附着力较小，工艺重复性不够理想，台阶覆盖的能力差等。

1. 蒸发原理

蒸发过程是蒸发源分子（原子）从固体表面逸出的过程。在任何外部温度下，固态物质周围环境中都存在该物质的蒸气，平衡时蒸气的压强被称为该物质的饱和蒸气压。当该物质所处的周围环境中该物质的蒸气分压低于该物质的饱和蒸气压时，才能实现该物质的净蒸发；平衡蒸气压高于周围环境中该物质的蒸气分压越多，蒸发速率也就越快。在相同温度下，不同物质的饱和蒸气压是不相同的，但具有恒定的数值。

在高真空环境中，常温下固态的蒸发源受热（或其他能量激发），温度不断升高—熔点—沸点—蒸发达到饱和蒸气压；由固态源物质直接产生源蒸气的过程称为升华。对大多数金属及化合物源而言，需要加热熔化之后才能有效蒸发；只有少数源物质（如 Mg、Cd、Zn 等）是直接升华的。

2. 蒸发工艺

采用真空蒸发技术沉积薄膜应从薄膜沉积速率、蒸发设备、薄膜特性等方面综合设计工艺参数。

（1）薄膜沉积速率

由蒸发原理可得，随着蒸发温度的升高，平衡蒸气压高于周围环境中该物质的蒸气分压越多，蒸发速率也就越快。

（2）蒸发设备

根据薄膜沉积工艺不同所采用的蒸发设备也不相同，但所有蒸发设备都由 4 部分组成，即真空室、真空系统、检测系统、控制台。

（3）薄膜特性

薄膜特性是了解所沉积薄膜的材料特性，主要有薄膜材料成分，各种成分的熔点、沸点、分解温度、平衡蒸气压温度曲线、相图等，以此确定蒸发方式和温度。在此，蒸发方法包括单源蒸发、多源同时蒸发、多源顺次蒸发，如图 5-38 所示。

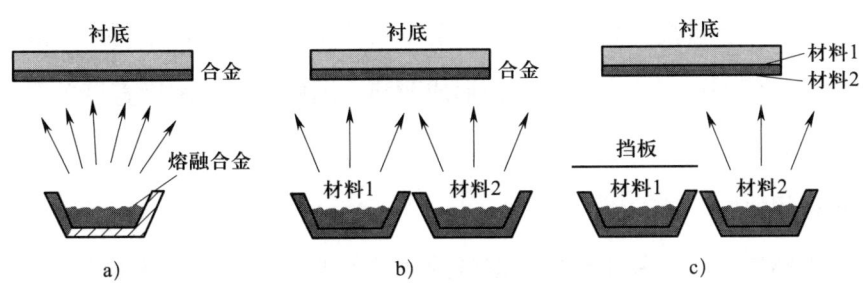

图 5-38 多种蒸发方式

a）单源蒸发　b）多源同时蒸发　c）多源顺次蒸发

（二）溅射

1. 溅射原理

溅射是指在一定的真空环境下电离气体，使之形成等离子体，带正电的气体离子轰击靶阴极，逸溅出的靶原子等粒子气相转移到衬底表面形成薄膜的工艺方法。溅射通常按照激发气体等离子化的电（磁）场划分为直流溅射、射频溅射、磁控溅射等。

溅射法是物理气相沉积薄膜的另一种方法，利用带有电荷的离子在电场中加速后具有一定动能的特点，将离子引向欲被溅射的靶电极。在离子能量合适的情况下，入射离子在与靶表面原子的碰撞过程中使靶原子溅射出来。这些被溅射出来的原子将带有一定的动能，并沿一定方向射向衬底，从而实现了在衬底上的薄膜沉积。

溅射仅是离子对物体表面轰击时可能发生的物理过程之一。如图 5-39 所示，画出了在离子轰击下物体表面可能发生的一系列物理过程，离子对物体表面轰击时可能发生 4 种情况。其中每种物理过程的相对重要性取决于入射离子的能量。利用不同能量的离子与固体表面的不同作用过程，不仅可以实现对物质原子的溅射，而且可以实现离子注入、离子的卢瑟福背射等。

2. 溅射工艺

（1）等离子产生过程

等离子体产生过程是指在一定真空度的气体中通过电极加载电场，气体被击穿形成等离子体，出现辉光放电现象，即有

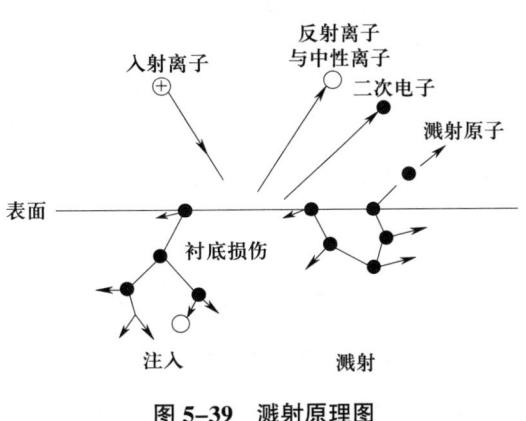

图 5-39 溅射原理图

气体原子（或分子）被离子化的过程。溅射工艺就是使等离子体中的离子轰击靶，溅射出的靶原子飞落到衬底上，从而沉积形成薄膜。因此，离子浓度直接关系到薄膜沉积速率。

（2）溅射阈值

在集成电路制造中，采用溅射法制备的薄膜种类很多，所以需要的靶材种类也就很多。每一种靶材都存在一个能量阈值，低于这个值就不会发生溅射现象。阈值能量为 10～30 eV。入射离子不同时，溅射阈值变化很小，对不同靶材来说，其溅射阈值变化比较明显。

（3）离子轰击靶过程

离子轰击靶过程是指等离子体中的离子在电场作用下加速轰击阴极靶，靶原子及其他粒子飞溅离开靶表面的过程可能发生 4 种现象，而溅射现象仅仅是离子对固体表面轰击时可能发生的现象之一。

究竟会出现哪一种现象主要取决于入射离子的能量。①能量很低的离子会从表面简单地反弹回气相；②能量低于 10 eV 的离子会吸附于固体表面，以热（声子）形式释放其能量；③能量大于 10 keV 的离子，将穿越固体表面数层原子，释放出大多数能量，改变了衬底的物理结构，成为注入离子；④能量为 10 eV～10 keV 时，离子的一部分能量以热的形式释放，其余部分能量转化为与表层原子碰撞造成原子逸出时的动能，逸出原子携带的能量为 10～50 eV。

溅射率也称溅射产额，指被溅射出来的原子数与入射离子数之比，用 S（原子数/离子数）表示，是表征溅射特性一个最重要的物理量，溅射率越高，可沉积到衬底的原子就越多，薄膜沉积速率就越快。溅射率大小与入射离子的入射角、能量和种类、靶材种类等因素有关。

① S 与入射离子能量的关系

图 5-40 给出的是对于不同材料，溅射率与垂

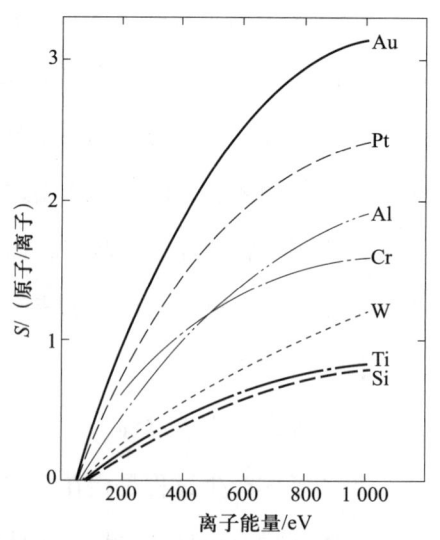

图 5-40 入射离子的能量与物质的溅射率关系

直入射的氩离子能量的关系。由图 5-40 可以看到，入射离子能量大小对物质溅射率有很大影响。首先，只有当入射离子的能量超过一定能量时，才能发生溅射，每种物质的溅射阈值与入射离子种类关系不大，但与被溅射物质的升华热有一定的比例关系。随着入射离子能量的增加，溅射率先增加，其后是一个平缓区，当离子能量继续增加时，溅射率反而下降，此时发生了离子注入现象。

② S 与入射离子种类的关系

如图 5-41 所示，溅射率不但依赖于入射离子的原子量，原子量越大，则溅射率越高。溅射率也与入射离子的原子序数有密切的关系，呈现出随离子的原子序数周期性变化关系，凡电子壳层填满的元素作为入射离子，则溅射率最大。

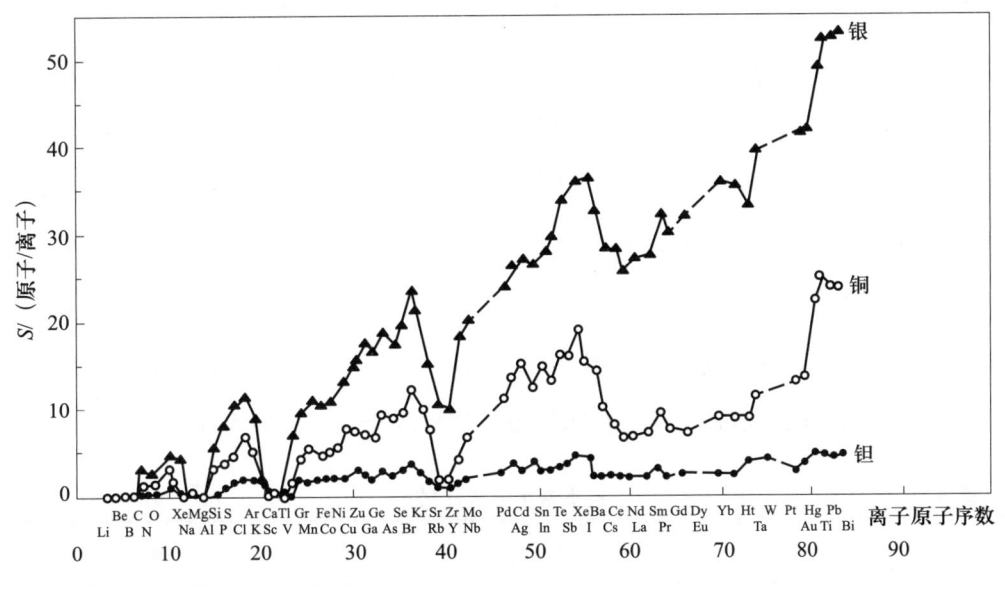

图 5-41　S 与入射离子种类关系图

③ S 与被溅射物质的种类的关系

溅射率还与靶材元素的原子序数有关，随原子序数呈周期性变化，一般规律是随靶元素的原子序数增加而增大。

④ S 与离子入射角的关系

入射角是指离子入射方向与被溅射靶材表面法线之间的夹角。入射离子的入射角度与元素溅射率的关系如图 5-42 所示。由图可以看出，随着入射角 θ 的增加，溅射

率以 $1/\cos\theta$ 规律增加，即倾斜入射有利于提高溅射率，当入射角 θ 接近 80° 时，溅射率迅速下降。

（4）靶原子气相输运过程

靶原子气相输运过程是指从靶面逸出的原子（或其他粒子）气相质量输运到衬底的过程。

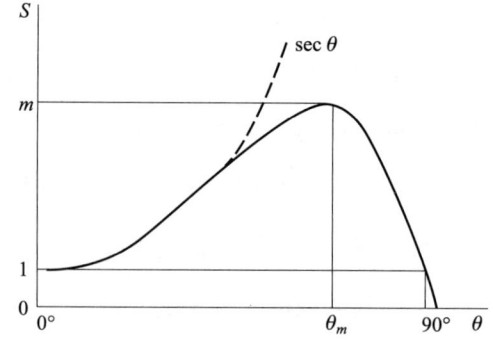

图 5-42　入射离子的入射角度与元素溅射率的关系

（5）薄膜沉积过程

薄膜沉积过程是指到达衬底的靶原子在衬底表面先成核再成膜的过程。和蒸发的成膜过程一样，当靶原子碰撞衬底表面时，或是一直附着在衬底上，或是吸附后再蒸发而离开。与蒸发镀膜相比，溅射的一个突出特点是入射离子与靶原子之间有较大的能量传递，逸出的靶原子从撞击过程中获得了较大的动能。由于能量增加可以提高沉积原子在衬底表面上的迁移能力，提高薄膜的台阶覆盖能力和附着力，因此，溅射薄膜的台阶覆盖特性和附着性都好于蒸发薄膜。

3. 溅射分类

溅射方式较多，如直流溅射、射频溅射、磁控溅射、反应溅射、离子束溅射、偏压溅射等。根据使用要求，可对各种溅射方式进行改进，参见表 5-4。

表 5-4　　　　　　　　　　　各类溅射方式比较

溅射方式	备注
直流溅射	靶材具有很好的导电性，可沉积各类金属，工作气压是薄膜沉积致密化的关键参数，存在临界点
射频溅射	导电性很差的非金属材料的溅射，交流频率不能太低
磁控溅射	沉积速率较高，工作气体压力较低，薄膜质量较好
反应溅射	用于多组分的薄膜沉积
离子束溅射	沉积速率较慢，薄膜质量较好，用于超薄薄膜制备
偏压溅射	改善溅射薄膜的组织结构，例如金属电阻率

二、化学气相沉积

化学气相沉积（Chemical Vapor Deposition，CVD）是制备薄膜的一种常规方法，把含有构成薄膜元素的气态或液态反应剂的蒸气，以合理的流速引入反应室，在衬底表面发生化学反应并沉积成薄膜。CVD工艺得到的是非晶态或者多晶态薄膜，衬底不要求一定是单晶材料，只要衬底具有一定的平整度，能够经受沉积工艺温度，其他工艺条件的控制也没有气相外延要求的那么精确。CVD的基本理论涉及许多方面，主要包括气相化学反应、热力学、动力学、热传导、流体力学、表面反应、等离子反应、薄膜物理等。

（一）CVD 生长动力学

1. CVD 的基本过程

化学气相沉积需要多个连续步骤才能完成，主要步骤如下：

（1）反应剂（或被惰性气体稀释的反应剂）气体以合理的流速被输送到反应室内，气流从入口进入反应室并以平流形式向出口流动，平流区也称为主气流区，其气体流速是不变的，如图5-43所示。

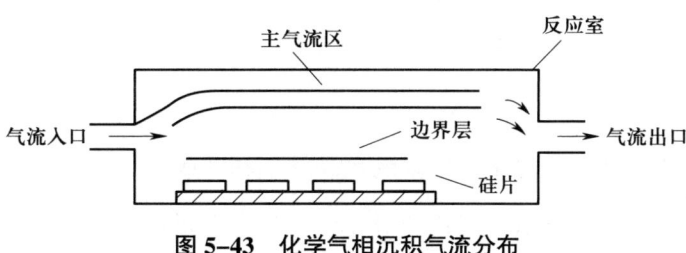

图5-43 化学气相沉积气流分布

（2）反应剂从主气流区以扩散方式通过达界层到达衬底（如硅片）表面，边界层是主气流区与硅片表面之间气流速度受到扰动的气体薄层。

（3）反应剂被吸附在硅片的表面，成为吸附原子（分子）。

（4）吸附原子（分子）在衬底表面发生化学反应，生成薄膜的基本元素并沉积成薄膜。

（5）化学反应的气态副产物和未反应的反应剂离开衬底表面，进入主气流区被排出系统。

化学气相沉积成膜过程如图 5-44 所示。

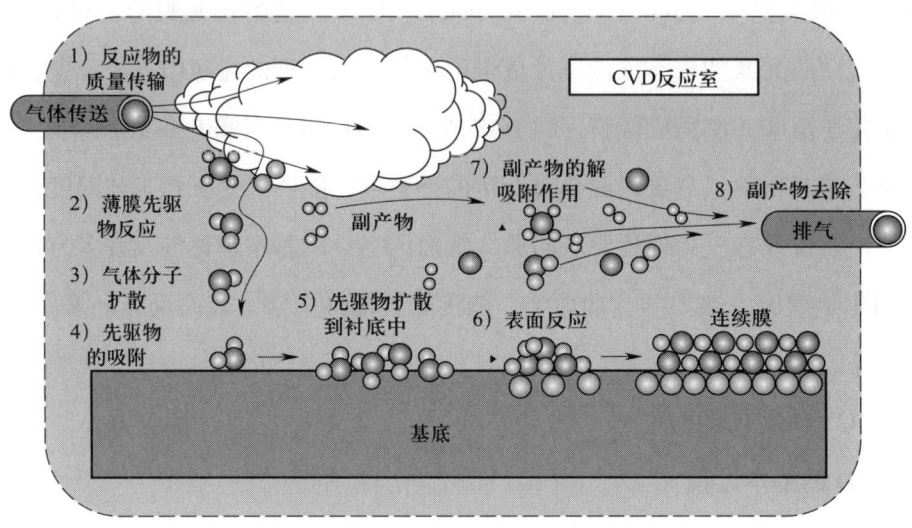

图 5-44 化学气相沉积成膜过程

要完成薄膜沉积，CVD 的化学反应还必须满足以下几个条件：

（1）在沉积温度下，反应剂必须具备足够高的蒸汽压。

（2）除沉积物外，反应副产物必须是挥发性的。

（3）沉积物蒸汽压要足够低，以保证在整个沉积过程中薄膜始终留在衬底表面上。

（4）薄膜沉积时间应该尽量短，以满足高效率和低成本的要求。

（5）沉积温度必须足够低，以避免对先前工艺产生影响。

（6）CVD 不允许化学反应副产物进入薄膜中。

（7）化学反应应该发生在被加热的衬底表面。如果在气相发生化学反应，将导致过早核化，降低薄膜的附着性和密度，增加了薄膜的缺陷，降低了沉积速率，浪费反应气体等。

2. 边界层理论

掌握 CVD 反应室中的流体动力学是相当重要的，因为它关系到反应剂输运（转移）到衬底表面的速度，也关系到反应室中气体的温度分布，温度分布对薄膜沉积速率以及薄膜均匀性都有重要影响。CVD反应室中的气压很高，以至于可以认为流体是黏滞性的，即气体分子的平均自由程远小于反应室的几何尺寸，这时就可以认为气体为黏滞性流动。由于气体本身的黏滞性，当气流流过一个静止的固体表面时，硅片表面或侧壁与气流之间就存在摩擦力。这个摩擦力使紧贴硅片表面或者侧壁的气流速度为零、在离表面或侧壁一定距离处，气流速度平滑地过渡到最大气流速度U_{max}，即主气流速度，在主气流区域内的气体流速是均匀的。于是在靠近硅片表面附近就存在一个气流速度受到扰动的薄层，在此薄层内气流速度变化很大，在垂直气流方向存在很大的速度梯度。如果假设沿主气流方向没有速度梯度，而沿垂直气流方向的流速为抛物线型变化，这就是著名的泊松流（Poisseulle Flow）。如图5-45所示，气体从反应室左端进气口以均匀柱形流进，并以完全展开的抛物线型流出。

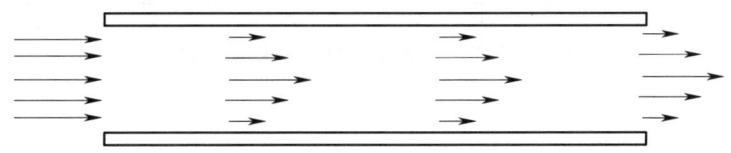

图5-45 进入管形反应室中的气流展开为抛物线型的情况

紧靠硅片表面的反应剂浓度因发生化学反应而降低，也就是说在气流速度受到扰动的薄层内，沿垂直气流方向还存在反应剂的浓度梯度。气流中出现浓度梯度时，反应剂将以扩散方式从高浓度区向低浓度区运动。这个速度受到扰动并按抛物线型变化，同时还存在反应剂浓度梯度的薄层被称为边界层，如图5-46所示。

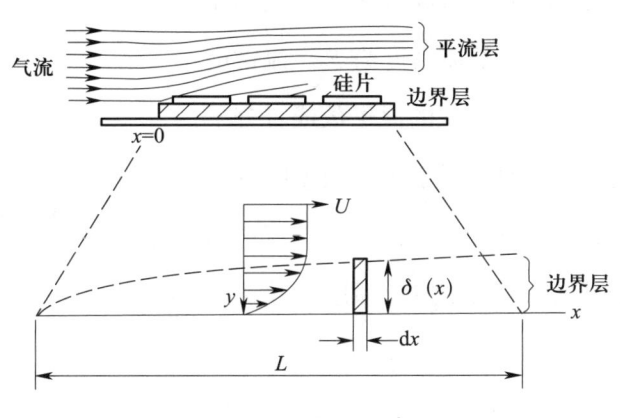

图5-46 边界层示意图

边界层是一个过渡区域,存在于气流速度为零的硅片表面与气流速度为 U_m 的主气流区之间。图 5-47 描述了在平行于气体流动方向上边界层的形成机制、进入反应室的气体,当运动到平板基座的边界时,由于摩擦力作用,流速受到扰动,边界层开始形成,边界层厚度随离基座边界距离的增加而增厚。

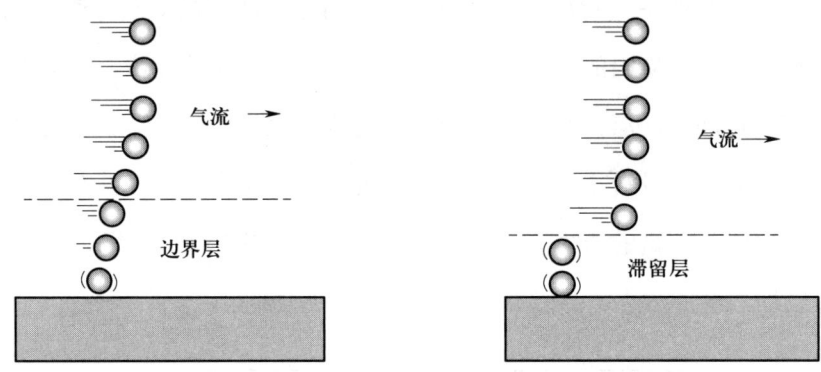

图 5-47　平行于气体流动方向上边界层的形成机制

3. Grove 模型

CVD 过程主要受两步工艺过程控制,即气相输运过程和表面化学反应过程。Grove 模型认为,控制薄膜沉积速率有两个重要环节。一是反应剂在边界层中的输运过程,二是反应剂在衬底表面上的化学反应过程。

图 5-48 所示为 Grove 模型的基本原理图。

图 5-48 给出了反应剂的浓度分布,从主气流到衬底(硅片)表面的反应剂流密度为 F_1,反应剂在表面反应后沉积成固态薄膜的流密度为 F_2。流密度定义为单位时间内通过单位面积的原子数或者分子数。该模型所描述的基本原理对于不同类型的气体均适用。假定流密度 F_1 正比于反应剂在主气流中的浓度 C_g 与在硅表面处的浓度 C_s 之差,则流密度 F_1 可表示为:

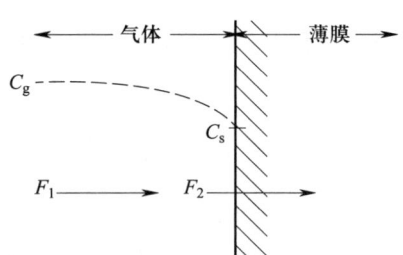

图 5-48　Grove 模型的基本原理图

$$F_1 = h_g (C_g - C_s) \tag{5-1}$$

比例系数 h_g 被称为气相质量输运(转移)系数。

假定在表面经化学反应沉积成薄膜的速率正比于反应剂在表面的浓度，则流密度 F_2 可表示为：

$$F_2 = k_s C_s \tag{5-2}$$

k_s 为表面化学反应速率常数。在此模型中，反应副产物离开衬底表面的过程没有考虑。在稳定状态下，两个流密度应当相等，即 $F_1 = F_2 = F$。由式（5-1）和式（5-2）可得：

$$C_s = \frac{C_g}{1 + k_s/h_g} \tag{5-3}$$

由式（5-3）可以看到，薄膜沉积过程存在两种极限情况：① $h_g \gg k_s$ 时，C_s 趋向于 C_g，这种情况下的沉积速率受表面化学反应速率控制。产生这种极限情况的原因是从主气流输运到硅片表面的反应剂数量大于在该温度下表面化学反应所需要的数量。② $h_g \ll k_s$ 时，C_s 趋于 0。该情况的沉积速率受质量输运速率控制。产生这种极限情况的原因是表面化学反应所需要的反应剂数量大于在该温度下由主气流输运到衬底表面的数量。

如果薄膜沉积速率由表面化学反应速率控制，那么沉积速率对温度变化就非常敏感，这是因为表面化学反应对温度变化非常敏感。也就说当反应剂到达表面的速率（数量）超过了表面化学反应对反应剂的消耗速率（数量），沉积速率就由表面化学反应控制。表面化学反应速率随温度升高而呈指数增加。对于一个确定的表面反应，当温度升高到一定程度时，由于反应速度加快，输运到表面的反应剂数量低于该温度下表面化学反应所需要的数量，这时的沉积速率将转为由质量输运控制，反应速度基本不再随温度变化而变化。

综上所述，在高温情况下，沉积速率通常为质量输运控制；在低温情况下，沉积速率通常为表面化学反应控制。在实际过程中，控制 CVD 薄膜沉积速率的机制发生改变的温度依赖反应激活能和反应室中的气流等情况。

Grove 模型是一个简化模型，之所以说是简化模型，是因为它忽略了反应产物的流速以及温度梯度对气相物质输运的影响。尽管存在诸多简化，Grove 模型成功预测了薄膜沉积过程中的两个区域（物质输运速率限制区域和表面反应速度限制区域），同时也提供了从沉积速率数据中对 h_g 值和 k_s 值的有效估计。

（二）CVD 沉积系统及分类

1. CVD 沉积系统

在 ULSI 的制造工艺中已经发展了多种 CVD 技术，可以按照沉积温度、反应室内部压力、反应室器壁温度、沉积反应激活方式等进行分类。

CVD 反应室通常是开流系统，反应剂（或被稀释的反应剂）气体，或者携带液态源蒸气的气体，不断由反应室的进气口进入，反应后的剩余反应剂、稀释气体、携带气体、反应的副产物等又不断由反应室的出气口流出。反应室中的气体速度应当足够小，才可以认为反应室中的气压是均匀的，同时要保证反应室中的气体以层状形式流动，不希望产生湍流。

CVD 系统通常包含如下子系统：①气态源或液态源；②气体输入管道；③气体流量控制系统；④反应室；⑤基座加热及控制系统（有些系统的反应激活能通过其他方法引入）；⑥温度控制及测量系统。

（1）CVD 的气态源

在 CVD 过程中可以用气态源，也可以用液态源，但目前气态源正在被液态源取代。因液态源有如下好处：CVD 中使用的许多气体是有毒、易燃、腐蚀性强的气体，如果在室温下是液态的，那么就会更安全一些。液体的气压比气体的气压要小得多，因此，在泄漏事故中，液体溢出也只是在有限的区域，产生致命的超剂量的危险性就比较小。

（2）质量流量控制系统

CVD 系统和其他设备，例如，干法刻蚀机、扩散炉等都要求进入反应室的气流速度是精确可控的。在实际应用中，有的是通过控制反应室的气压来控制气体流量，更为普遍的方法是直接控制气流流量，后者是由质量流量控制系统实现的。质量流量控制系统主要包括质量流量计和阀门，它们位于气体源和反应室之间，而质量流量计是质量控制系统中最核心的部件。气流流量的单位是体积/单位时间，这里的体积是在标准温度和标准气压下的体积，每分钟 1 cm^3 的气体流量就是指在温度为 273 K、1 个标准大气压下、每分钟通过 1 cm^3 体积的气体。

（3）CVD 反应室的热源

在 CVD 过程中，薄膜是在高于室温的温度下沉积的。反应室的侧壁温度保持在 T_w，而放置硅片的基座温度恒定在 T_s，当 $T_w=T_s$ 时，称作热壁式 CVD 系统；当 $T_w<T_s$ 时，称作冷壁 CVD 系统。即使在冷壁系统中，其侧壁温度也高于室温。有多种加热方法使沉积系统达到所需要的温度。

第一类是电阻加热法，利用缠绕在反应管外侧的电阻丝进行加热，反应室侧壁与硅片温度相等（$T_w=T_s$），形成一个热壁系统。对于这种情况，CVD 过程是由表面反应速度控制的，所以必须准确控制温度。电阻加热法也可以只对放置硅片的基座进行加热，硅片的温度高于反应室侧壁的温度，形成冷壁系统。

第二类是采用电感加热或者高能辐射灯加热，这两种方法是直接加热基座和硅片，也是一种冷壁式系统，在电感加热方式中，射频电源加到缠绕在反应管外围的射频线圈时，在沉积室内的基座（如石墨）上产生涡流，导致基座和硅片的温度升高。绝缘的沉积室侧壁不能被射频场加热，是一种冷壁式系统。对于由高能辐射灯加热的系统，沉积室侧壁是由可以透过辐射射线的材料制成的，所受加热程度远低于硅片和基座。

2. CVD 系统的分类

根据需要已发展了多种化学气相沉积技术，可以按照沉积温度、沉积室内的压力、沉积室壁温度、沉积反应的激活方式等进行分类。目前常用的 CVD 系统有常压化学气相沉积（APCVD）、低压化学气相沉积（LPCVD）、等离子增强化学气相沉积（PECVD）、原子层沉积技术（ALD）等。

（1）常压化学气相沉积（APCVD）

常压化学气相沉积（Atmospheric Pressure CVD，APCVD），是最早出现的 CVD 工艺，其沉积过程在大气压下完成，APCVD 系统结构较为简单，并且生长速率快，目前仍被普遍应用。

APCVD 的反应器多采用射频线圈直接对基座加热，所以属于冷壁结构，这种反应器对薄膜厚度控制效果良好（实验室用 APCVD 设备通常采用这种类型的反应器）。目前 APCVD 工艺主要用于二氧化硅薄膜制备。

APCVD 工艺的主要缺点就是有气相反应形成的颗粒物。尽管设备是冷壁式系统，但在常压下反应仍可能在气相发生，形成颗粒，这将造成沉积薄膜质量下降、表面形态差、密度低等问题。通过降低反应剂浓度，添加足够剂量的氮气或其他惰性稀释气体，能够避免气相反应发生，这也会降低沉积速率。

APCVD 工艺温度一般控制在气相质量输运限制区，薄膜沉积速率对衬底表面反应剂浓度敏感，对衬底温度控制要求不是很严格，这与冷壁式反应器衬底温度远高于气流温度，气流变化会引起衬底温度略有起伏相适合。所以，工艺过程中精确控制反应剂成分、计量和气相质量输运过程，对提高沉积薄膜质量和获得合理的沉积速率起着重要作用。

（2）低压化学气相沉积（LPCVD）

低压化学气相沉积（Low Pressure CVD，LPCVD）是在 APCVD 之后出现的又一种以热激活方式沉积薄膜的 CVD 工艺方法。通常 LPCVD 的反应室气压在 1~100 Pa 调节，主要用于沉积介质薄膜。LPCVD 设备也有多种结构类型。图 5-49 所示为水平式反应器和立式反应器。

LPCVD 水平式反应器如图 5-49a 所示，它与 APCVD 的不同之处除了增加了真空系统以外，还使用普通的电阻加热方式，衬底硅片垂直放置在热壁式反应器（炉管）内，这些都和普通扩散炉一样。水平式 LPCVD 与 APCVD 相比具有以下优点：衬底的装载量大大增加，可达几百个硅片，更适合大批量生产；气体用量大为减少，节约了原材料；使用结构简单且功耗低的电阻加热器，降低了生产成本。因此，水平式 LPCVD 更适合作为批量化生产的标准工艺，目前已基本替代 APCVD，被广泛用于介质薄膜的制备。

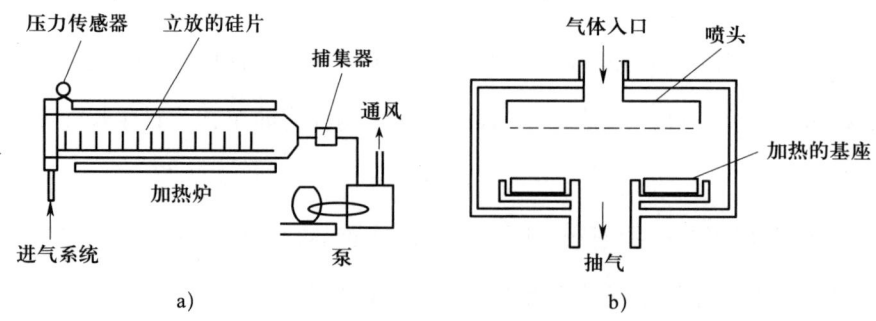

图 5-49 水平式反应器和立式反应器

a）水平式反应器　b）立式反应器

在立式反应器中，反应剂气体由喷头进入反应室，直接扩散到硅片表面。新型LPCVD设备多是采用立式反应器结构，一方面硅片是水平摆放在石英支架上，利于批量生产中机械手装卸硅片；另一方面更利于气流均匀流动，使反应剂扩散到衬底硅片表面，沉积的介质薄膜的均匀性好于水平式LPCVD。

在说明LPCVD优缺点时以水平式CVD展开说明，在批量生产中，衬底是紧密均匀排列的，为了让每一片衬底表面的反应剂均匀，必须让反应剂的扩散速率快。因为扩散系数与工作空间的气压成反比，降低气压可提高扩散系数，但随着气压的降低，衬底表面边界层厚度有所增加。所以，在保证实验正常的前提下，适当提高气压是衬底密集摆放的前提。

在低压情况下，反应剂密度大幅度降低，反应剂在气相和墙壁发生反应的现象明显减少，颗粒物产生减少，并且在机械泵作用下较重的颗粒被抽走，所以LPCVD颗粒污染现象好于APCVD。LPCVD薄膜质量的影响因素有温度、工作室气压、各种反应剂气压、气流均匀性及气流速度。此外，工艺卫生对薄膜质量有很大影响。

（3）等离子增强化学气相沉积（PECVD）

等离子增强化学气相沉积（Plasma Enhanced CVD，PECVD）是采用等离子体技术把电能耦合到气体中，激活并维持化学反应进行薄膜沉积的一种工艺方法。为了能够在较低温度下发生化学气相沉积。必须利用一些能源来提高反应速率，进而降低化学反应对温度的敏感度。PECVD是用等离子体来增强低温下的化学反应速率。目前，在集成电路工艺中，只要是需要在较低温度沉积的介质薄膜或多晶硅薄膜，就可以用PECVD工艺。

图5-50所示为改进型PECVD系统，衬底放在一组平行极板附近，由于衬底是垂直放置，衬底之间的空间相当窄。因为相间的电极连接在射频发生器相反的两端，所以在每一个单独的衬底硅片之间都产生等离子体。这种反应器衬底硅片的装载量大大增加，但是，也会出现气相反应带来的颗粒污染现象，以及气缺效应带来的膜厚不均匀问题。

可以采用以下几种方法来削弱气缺现象的影响：

①由于反应速度随着温度升高而加快，可通过在水平方向上逐渐提高温度来加快反应速度，从而提高了沉积速率，补偿气缺效应的影响，减小各处沉积厚度的差别。然而，薄膜质量与沉积温度有极大的关系，所以这并不是一种理想的方法。

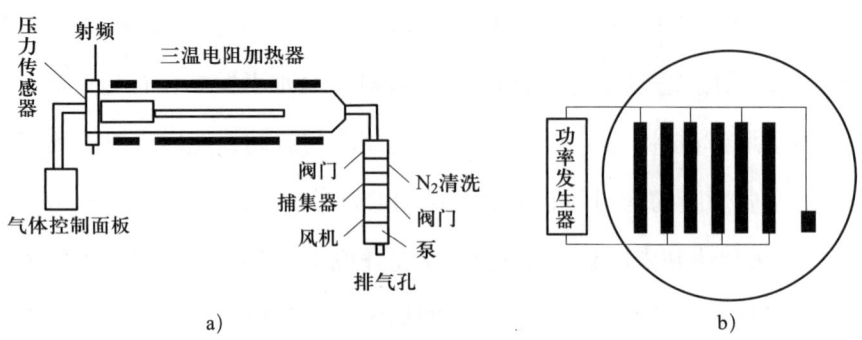

图 5-50 改进型 PECVD 系统示意图
a）正视图 b）侧视图

②采用分布式的气体入口，就是反应剂气体通过一系列气体口注入反应室中。这种技术需要特殊设计的沉积室来限制注入气体所产生的气流交叉效应。

③增加反应室中的气流速度。当气流速度增加时，靠近气体入口处的沉积速率不变，在单位时间内，薄膜沉积所消耗的反应剂绝对数量也就没有改变，但所消耗的比例降低了，更多的反应剂气体能够输运到下游，在各个硅片上所沉积的薄膜厚度也变得更均匀一些。

PECVD 除了具有较低工艺温度的优势之外，通常所沉积薄膜的台阶覆盖性、附着性也好于 APCVD。但是，采用 PECVD 得到的薄膜由于沉积温度较低，生成的副产物气体未完全排出，一般含有高浓度的氢，有时也含有相当剂量的水和氮，因此薄膜疏松，密度低。

PECVD 是典型的表面反应速率控制沉积方法，因此要想保证薄膜的均匀性，就需要精确控制衬底温度。此外，影响薄膜沉积速率与质量的主要因素还有反应器结构、射频功率强度和频率、反应剂和稀释剂气体剂量、抽气速率等。PECVD 制备的薄膜适合作为集成电路或分立器件芯片的钝化和保护介质薄膜。

（4）原子层沉积技术（ALD）

原子层沉积技术（ALD）也称为原子层外延（ALE）技术，是一种基于有序、表面自饱和反应的化学气相沉积薄膜的方法。ALD 与传统化学气相沉积（CVD）技术不同的是，所用的气相先驱体通过交替脉冲的方式进入反应腔，先驱体彼此在气相中不相遇，通过惰性气体冲洗隔开并实现先驱体在基片表面的单层饱和吸附反应。其反应属于自限制性反应,即当一种先驱体与另一种先驱体反应达到饱和时,反应自动终止。基于原子层生长的自限制性特点,以原子层沉积制备的薄膜具有优异的厚度控制性能,可以通过控制脉冲的周期数来精确控制薄膜生长的厚度。

由于先驱体是通过交替脉冲的方式进入反应腔,原子层沉积中,薄膜生长是以一种周期性的方式进行的。一个周期包括四个阶段:第一种先驱体蒸气通入反应腔体;惰性气体冲洗;第二种先驱体蒸气通入反应腔体;惰性气体冲洗。每个周期薄膜生长一定的厚度,通过控制这种周期的次数可以得到所需厚度的薄膜。

从图 5-51 可以看到,在一个周期内,第一个脉冲的气相先驱体与基片表面产生化学吸附,形成一单分子层。多余的先驱体在第二次脉冲中惰性气体冲洗中排出反应腔,完成一个半周期反应。当第二种反应先驱体通入,与第一种已吸附的先驱体产生限制性反应达到饱和,多余的第二种先驱体在第四步输入的惰性气体冲洗中排出反应腔体,这样达到了薄膜厚度精确控制、优异的保形性、良好的可重复性、可以制备尖锐的界面、基于先驱体之间高度的反应活性,因此,可以使材料利用更充分,可以在低温下制备高质量的材料,可以在连续工艺过程中制备多层结构口。

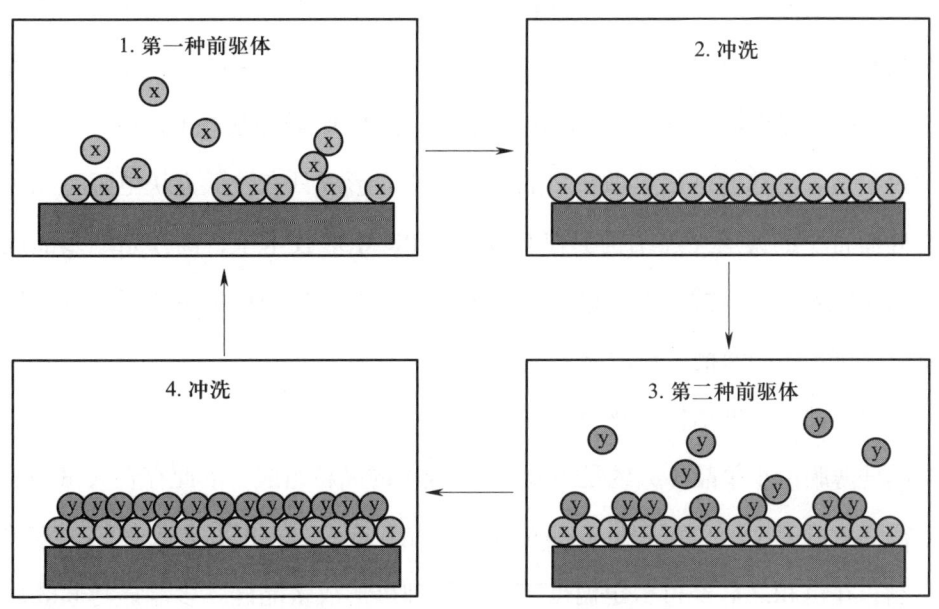

图 5-51　原子层沉积过程原理图

反应需要在一定的条件下才能发生，原子层沉积也有自己的生长窗口。在原子层沉积过程中，温度是影响 ALD 过程中先驱体饱和吸附的重要因素之一。图 5-52 所示为原子层沉积的温度窗口。

如图 5-52 所示，在 ALD 温度窗口外，温度过高则会导致先驱体解吸附或者分解，温度太低

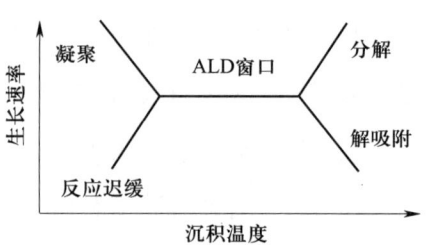

图 5-52　原子层沉积的温度窗口

则会导致先驱体凝聚，反应速率降低等，同时伴随过高或者过低的生长速率。而在 ALD 温度窗口内，先驱体在基片表面的吸附总是饱和的，即薄膜生长速率是不变的。

原子层沉积中所用的先驱体需要满足以下条件：易挥发、自身不分解、与待反应物反应剧烈且完全、对薄膜或者基底不产生刻蚀、不溶解进入薄膜或者基底、副产物不会参与反应、足够的纯度、价格便宜、易于合成和处理、无毒且对环境友好。

（三）CVD 沉积工艺及应用

1. 多晶硅

多晶硅薄膜在集成电路制造中有许多重要应用。实验证明，多晶硅与随后的高温热处理工艺有很好的兼容性，此外在陡峭的台阶上沉积多晶硅时能够获得很好的保形性，因而高掺杂的多晶硅薄膜作为栅电极和互连引线在 MOS 集成电路中得到广泛的应用。在某些工艺中，可以使用多层多晶硅技术，并且可以在多晶硅上热生长或者沉积一层二氧化硅，以保证层与层之间的电学隔离。在 MOS 器件制造工艺中，常常将高电导率的钨、钛、钴等的硅化物做在多晶硅上，从而形成具有较低方块电阻（相对单独的多晶硅而言）的薄层互连结构。在双极以及 BiCMOS 技术中，高掺杂的多晶硅薄膜也用来制作发射极。低掺杂多晶硅薄膜在 SRAM 中可用作高值负载电阻，也可用来填充介质隔离技术中的深槽（或浅槽）。

（1）多晶硅的物理结构以及力学特性

多晶硅薄膜由小单晶（大约是 100 nm 量级）的晶粒组成，因此存在大量的晶粒间界。值得注意的是，原位沉积的硅膜可能是非晶，或者是多晶，与具体工艺有关。如果是非晶，在沉积之后经过一定温度下的热处理可形成多晶硅。多晶硅薄膜表现出许多与单晶硅相近的性质。

多晶硅晶粒内部的性质非常相似于单晶硅（如扩散常数以及替位杂质的性质都大致与单晶硅相近）。但多晶硅的晶粒间界是一个具有高密度缺陷和悬挂键的区域，这是由晶粒间界不完整性和晶粒表面原子周期性排列受到破坏导致的。晶粒间界的高密度缺陷和悬挂键使多晶链具有两个重要特性，这两个特性对杂质扩散及杂质分布产生重要影响。也就是说，在晶粒间界处的扩散系数明显高于晶粒内部的扩散系数，杂质沿晶粒间界的扩散速度比单晶粒内部的扩散速度要快得多。即使晶粒间界只占多晶硅空间的一小部分，但沿着这些途径的扩散也会使整个多晶硅的杂质扩散速度明显增加。杂质的分布也同样受到晶粒间界的影响，高温时存在于晶粒内的杂质，在低温时由于分凝作用，一些杂质会从晶粒内部运动到晶粒间界，而在高温下又会返回到晶粒内。

（2）多晶硅的电学特性

多晶硅薄膜的电学特性与其本身的半导体性质、结构和掺杂等情况有密切关系。多晶硅中的每个单晶晶粒内的电学行为和单晶硅的电学行为相似。在单晶硅中，一般通过高掺杂得到较低的电阻率。

在一般的掺杂浓度下，同样的掺杂浓度，多晶硅的电阻率比单晶硅的电阻率高得多，这主要是由两个方面引起的：①在热处理过程中，一些掺杂原子跑到晶粒间界处，而这些间界处的掺杂原子不能有效贡献自由载流子，而晶粒内的掺杂浓度降低了，因此同单晶硅相比，掺杂浓度虽然相同，但多晶硅的电阻率比单晶硅的电阻率高得多。②晶粒间界处含有大量的悬挂键，这些悬挂键可以俘获自由载流子，因此降低了自由载流子的浓度，同时晶粒间界俘获电荷使邻近的晶粒耗尽，并且引起多晶硅内部电势的变化。晶粒间界电势的变化对载流子的迁移非常不利，同时也使电阻率增大。晶粒间界为 0.5~1.0 nm 宽，可以模型化为独立的、带宽增大的一个非晶区。此外，晶粒间界的缺陷也使载流子的迁移率降低，从而导致电阻率增大。但在高掺杂的情况下，多晶硅的电阻率与单晶硅的电阻率相差不大。

根据上面对电阻率增大的讨论，对多晶硅电阻的变化与掺杂浓度和晶粒尺寸之间的关系就可以做定性的解释。首先，晶粒尺寸大的薄膜（同样掺杂浓度下）有较低的电阻率。由于随着晶粒尺寸的增大，晶粒体积增大快于表面积增大，所以由尺寸较大的晶粒所形成的多晶硅薄膜有相对较小的晶粒间界密度，从而可以观察到其电阻率接近单晶硅的电阻率。其次，晶粒尺寸的大小和掺杂浓度相互作用，决定每一个晶粒耗尽的程度。较小的晶粒比较大的晶粒更容易完全耗尽，并且高掺杂浓度导致耗尽区更窄，因而使晶粒完全耗尽更困难。如果晶粒完全耗尽，电阻率增大就非常剧烈。结果在高阻区（晶粒尺寸很小，或者掺杂浓度很低，从而使晶粒完全耗尽）和低阻区（晶粒尺寸很大，掺杂浓度很高）之间有一个尖锐的转变区域。

（3）化学气相沉积多晶硅

多晶硅薄膜的沉积主要是采用 LPCVD 工艺，在 580～650 ℃下热分解硅烷实现的。这是因为 LPCVD 技术沉积的薄膜具有均匀性好、高纯度、经济等优点，从而得到广泛应用。大多数多晶硅沉积是在低压、热壁式反应室中完成的。在沉积过程中，硅烷首先被吸附在衬底表面，并按下式反应顺序完成沉积：

$$SiH_4（吸附）=SiH_2（吸附）+H_2（气）$$

$$SiH_2（吸附）=Si（固）+H_2（气）$$

硅烷被吸附之后，紧接着就是硅烷的热分解，中间产物是 SiH_2 和 H_2。随后 SiH_2 分解形成固态硅薄膜和气态氢。总的化学反应式如下：

$$SiH_4（吸附）=Si（固）+2H_2（气）$$

值得注意的是，SiH_4 在气相中也可以分解，但是要形成致密的、没有缺陷的多晶硅薄膜，分解反应应该在表面进行。如果在气相中发生分解反应，则将在气相中凝聚成核，当这些颗粒到达表面时，比较容易生成粗糙的多孔硅层，这种薄膜不适合 IC 的要求。当气体中所含硅的浓度很大时，硅烷容易发生气相分解反应，为了避免出现这种情况，就需要使用稀释气体。同氢气相比，如果稀释气体是氮或氩等惰性气体，则硅烷的气相分解更容易发生，因为氢气是反应生成物中的一种，所以抑制分解反应进行。

（4）沉积条件对多晶硅结构及沉积速率的影响

多晶硅的结构、表面形态和特性依赖于沉积温度、压力、掺杂类型、浓度以及随后的热处理过程。在温度低于 580 ℃时沉积的薄膜基本上是非晶态。在高于 580 ℃时，沉积的薄膜基本是多晶的。另外，在 580 ℃的温度下，以较慢的沉积速率（大约 5 nm/min，而 600 ℃时为 10 nm/min）直接沉积非晶薄膜的表面更为平滑（相对于沉积温度为 600 ℃以及 620 ℃下的薄膜而言），而且这个平滑表面在经历 900～1 000 ℃的退火后仍然保持平整。晶粒的平均尺寸随着薄膜的厚度指数增加。图 5-53 给出的是在一定的温度范围内，多晶硅沉积速率与压力之间的关系。由图可以看到沉积速率随压力上升而加快，图中的混合形态是指多晶与非晶的混合。

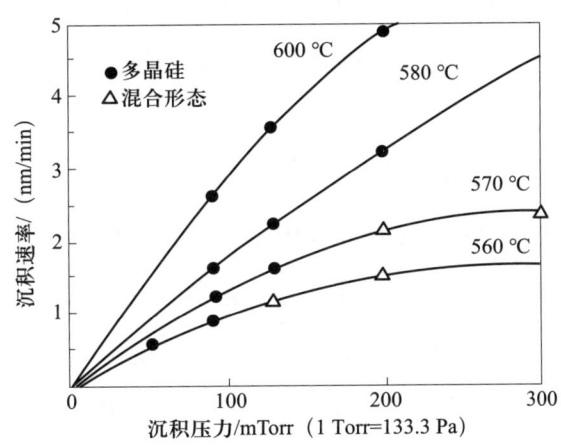

图 5-53　在一定的温度范围内多晶硅沉积速率与压力之间的关系

（5）多晶硅的掺杂技术

实现对多晶硅的掺杂主要有三种工艺，即扩散掺杂、离子注入掺杂和原位掺杂。在大多数应用中，多晶硅是非掺杂沉积，随后通过扩散或者离子注入实现掺杂。

①多晶硅的扩散掺杂

扩散掺杂在沉积完成之后进行，在较高温度（900～1 000 ℃）过程中实现。这种方法的好处在于能够在多晶硅薄膜中掺入浓度很高的杂质，从而可获得较低的电阻率。因扩散掺杂的温度较高，从而可通过一步完成掺杂和退火两个工艺过程。扩散掺杂的缺点是工艺温度较高、薄膜表面粗糙程度增加。

②多晶硅的离子注入掺杂

离子注入掺杂是离子注入和随后的退火。这种方法的优点是可以精确控制掺入杂质的数量，并且适合于不需要太高掺杂的多晶硅薄膜。离子注入形成的高掺杂多晶硅电阻率大约是扩散掺杂形成的多晶硅电阻率的 10 倍。选择合适的注入能量可使杂质浓度的峰值处于薄膜的中央处，在随后的退火过程中（大约 900 ℃，30 min）使掺入杂质实现重新分布和激活。

③多晶硅的原位掺杂

原位掺杂指的是杂质原子在薄膜沉积的同时被结合到薄膜中,也就是说一步完成薄膜沉积和对薄膜的掺杂。要实现原位掺杂,在向反应室输入沉积薄膜所需要的反应气体的同时,还要输入沉积杂质的反应气体。原位掺杂虽然比较简单,但薄膜厚度的控制、掺杂的均匀性以及沉积速率都随着掺杂气体的加入变得复杂。

2. 二氧化硅

化学气相沉积的二氧化硅薄膜在 ULSI 工艺中有广泛且重要的应用。主要是作为多晶硅与金属层之间的绝缘层、多层布线中金属层之间的绝缘层、MOS 晶体管的栅极介质层、吸杂剂、扩散源、扩散和离子注入工艺中的掩膜、防止杂质外扩的覆盖层以及钝化层等。对所沉积的二氧化硅薄膜来讲,希望厚度均匀,结构性能好,化学沾污要低,与衬底之间有良好的黏附性,具有较小的应力以防止碎裂,具有良好的完整性以获得较高的介质击穿电压,具有较好的台阶覆盖以满足多层互连的要求,针孔密度要低,具有较低的 K 值以获得高性能器件、高产量等。

CVD 的二氧化硅也是由 Si-O 四面体组成的无定型网络结构,一般而言,沉积的 SiO_2 同热生长 SiO_2 相比,密度较低,硅和氧数量之比与热生长 SiO_2 也存在轻微的差别,因而薄膜的力学和电学特性也就有所不同。高温沉积或者在沉积之后进行高温退火,都可以使 CVD SiO_2 薄膜的特性接近于热生长 SiO_2 的特性。

(1) CVD SiO_2 的方法

CVD SiO_2 可以通过各种不同的反应来完成。反应选择取决于系统,以及对温度的要求等。CVD SiO_2 的重要沉积参数包括温度、压力、反应剂的浓度、掺杂剂的压力、系统配置、总的气体流量以及硅片间距等。如今已经有多种 CVD SiO_2 的方法和系统配置,按温度主要可以分成两大类:低温(300~450℃)CVD SiO_2 和中温(650~750℃)CVD SiO_2。

①低温 CVD SiO_2

以硅烷为源的低温 CVD SiO_2,利用硅烷和氧气反应,在低温下通过 CVD 方法可以完成不掺杂 SiO_2 薄膜的沉积,化学反应式如下:

$$SiH_4(\text{气}) + O_2(\text{气}) \longrightarrow SiO_2(\text{固}) + 2H_2(\text{气})$$

在上述反应中，由大量 N_2 气稀释的 SiH_4 与过量氧的混合气体在加热到 250～450 ℃ 的硅片表面上，硅烷和氧气反应生成二氧化硅并沉积在硅片表面上，同时也会发生硅烷的气相分解反应。在 310～450 ℃ 的温度范围内，沉积速率随着温度升高而缓慢增加，当升高到某个温度时，表面吸附或者气相扩散将限制沉积过程。在恒定温度下，可以通过增加氧气对硅烷的比率来提高沉积速率。如果不断增加氧气的比例，最终将会导致沉积速率下降，因为当衬底表面存在过量的氧，从而会阻止硅烷的吸附和分解。当沉积温度升高时，氧气对硅烷的比例一定要增加，直到能够获得最大的沉积速率。

利用硅烷和 N_2O 反应，在 PECVD 系统中也可以实现低温二氧化硅薄膜的沉积，反应气体为氩气稀释的 SiH_4 和 N_2O（或者 NO），反应温度为 200～400 ℃，化学反应式如下：

$$SiH_4（气）+2N_2O（气）\longrightarrow SiO_2（固）+2N_2（气）+2H_2（气）$$

TEOS 为源的低温 PECVD SiO_2，在 PECVD 系统中，以 $Si(OC_2H_5)_4$，即 TEOS 为源，在低温（< 450 ℃）下沉积的 SiO_2 薄膜，同低温下以硅烷为源进行 APCVD 所沉积的 SiO_2 相比，其薄膜具有更好的台阶覆盖和间隙填充特性。在 PECVD 中，由于等离子体的增强作用，在沉积速率相同情况下，沉积温度可以相对降低，正因为这个优点，PECVD 技术被用来形成多层布线中金属层之间的绝缘层沉积。以 TEOS 为反应剂的 PECVD 的二氧化硅，其沉积温度为 250～425 ℃，气压为 266.6～1 333 Pa，沉积速率为 250～800 nm/min，在 PECVD 中，TEOS 和 O_2 的反应式如下：

$$Si(OC_2H_5)_4+O_2 \longrightarrow SiO_2+副产物$$

②中温 CVD SiO_2

TEOS 替代 SiH_4 除了安全以外，在中等温度下，使用 TEOS 沉积的二氧化硅薄膜有更好的保形性。当沉积温度控制在 680～730 ℃ 时，使用 TEOS 沉积未掺杂的二氧化硅薄膜，其沉积速率（大约 25 nm/min）足以满足 IC 生产的要求。当温度低于 600 ℃ 时，沉积速率降低到不可接受的程度，实际沉积温度范围为 675～695 ℃，但是，如果铝层已经沉积，这个温度是不允许的。化学反应式如下：

$$Si(OC_2H_5)_4 \longrightarrow SiO_2+4C_2H_4+2H_2O$$

在 650～800 ℃ 的温度范围内，TEOS CVD 的沉积速率随着温度升高而指数增加，表面激活能为 1.9 eV。沉积速率同时也依赖于 TEOS 的分压，在较低的分压时，二者呈线性关系；当吸附在表面的TEOS饱和时，沉积速率开始趋向饱和。以TEOS为反应剂，采用LPCVD的二氧化硅薄膜通常有较好的保形性，可作为金属沉积之前的绝缘层（如在多晶硅和金属层之间的绝缘层），也可形成隔离层（作为MOSFETs的LDD）。

③ TEOS与臭氧混合源的二氧化硅沉积

在APCVD工艺过程中，在低于500℃时即使在TEOS中加入足够量的氧，沉积速率也不会得到显著提高。而在TEOS中加入臭氧作为反应剂通过APCVD沉积SiO_2，可以得到很高的沉积速率。由$TEOS/O_3$沉积的SiO_2薄膜有非常好的保形性，可以很好地填充沟槽以及金属线之间的间隙。使用$TEOS/O_3$技术沉积薄膜时，还会遇到一些问题。首先，沉积速率依赖于薄膜沉积的表面材料。要保证在各种材料的表面上有一个相间的沉积速度，应该在$TEOS/O_3$沉积之前用PECVD方法沉积一层薄的二氧化硅层。其次，$TEOS/O_3$沉积的氧化层中由于含有一些Si—OH键，如果暴露在空气中，它就比PECVD的二氧化硅层更容易吸收水汽。再次，由于与空气中水汽的反应，薄膜的机械应力也会发生变化。由于上述原因，一般在$TEOS/O_3$沉积的氧化层上面再用PECVD方法沉积一层二氧化硅作为保护层。最后，$TEOS/O_3$沉积的氧化层就像三明治一样夹在两层PECVD的氧化层之间，形成了三层的绝缘层结构。

（2）CVD SiO_2薄膜的台阶覆盖

在集成电路工艺中，希望CVD薄膜对其下方的图形是保形覆盖。保形覆盖是指无论衬底表面有什么样的倾斜图形，在所有图形的上面水平方向和竖直方向上都能沉积有相同厚度的薄膜，具体覆盖情况取决于薄膜种类、反应系统的类型和沉积条件，如图5-54所示。

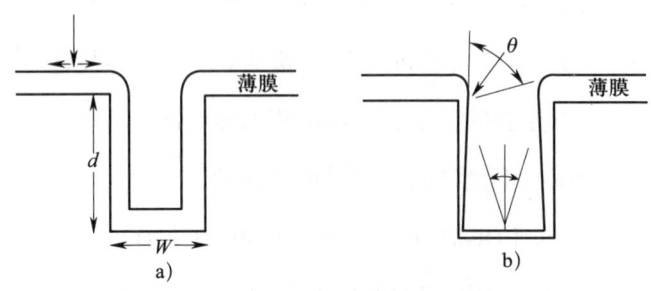

图5-54 SiO_2薄膜台阶覆盖类型

a）保形覆盖 b）非保形覆盖

（3）CVD 掺杂 SiO_2

在低温下通过硅烷热分解法很容易沉积未掺杂和掺杂的二氧化硅薄膜，面对以 TEOS 为源沉积的二氧化硅薄膜进行掺杂则有些困难。

①磷硅玻璃

在沉积二氧化硅的气体中同时掺入 PH_3，就可形成磷硅玻璃（PSG）。PSG 在高温下可以流动，从而可以形成更平坦的表面，使随后沉积的薄膜有更好的台阶覆盖，如图 5-55 所示。

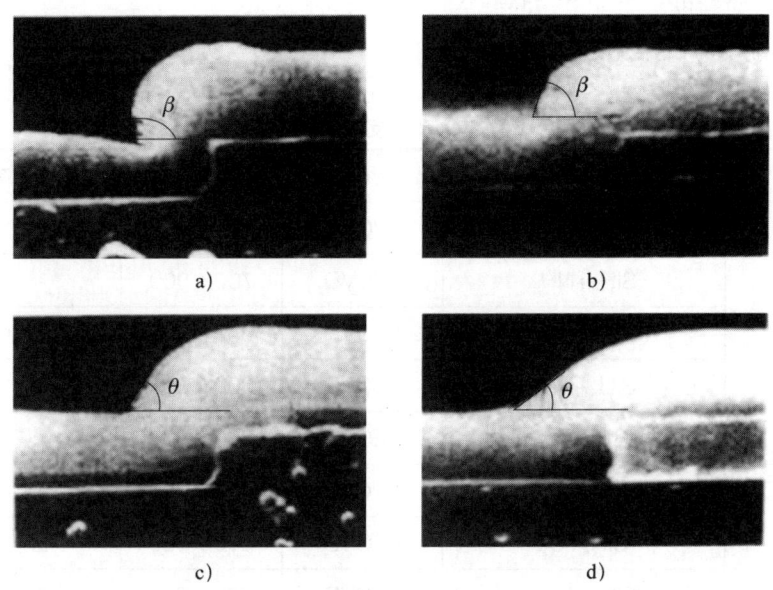

图 5-55　坡角减小的程度反映出 PSG 流动的程度

a）不含磷　b）含磷 2.2%　c）含磷 4.6%　d）含磷 7.6%

②硼磷硅玻璃

为了实现对衬底上陡峭台阶的良好覆盖，采用玻璃体进行平坦化是一步重要工艺。在沉积磷硅玻璃的反应气体中掺入硼源（如 B_2H_6），可以形成三元氧化薄膜系统（B_2O_3-P_2O_5-SiO_2），也就是硼磷硅玻璃（BPSG），从而可以获得在 850 ℃下的玻璃回流平坦化，这个温度比 PSG 回流需要的温度（1 000~1 100 ℃）低，从而降低了浅结中的杂质扩散。BPSG 薄膜广泛应用于金属沉积之前，使金属层与其下面的多晶硅之间绝缘，在 DRAM 中电容的介质以及金属之间的绝缘层。

3. 氮化硅

氮化硅（Silicon Nitride）薄膜是无定型的绝缘材料，在 ULSI 中的主要应用如下：

（1）集成电路的最终钝化层和机械保护层（尤其是塑料封装的芯片）。

（2）硅选择性氧化的掩蔽膜。

（3）DRAM 电容中作为 O–N–O 叠层介质中的一种绝缘材料。

（4）作为 MOSFETs 的侧墙（如用于形成 LDD 结构的侧墙以及形成自对准硅化物过程中的钝化层侧墙）。

（5）作为浅沟隔离的 CMP 停止层。

CVD 系统反应总结见表 5-5。

表 5-5 CVD 系统反应总结

沉积薄膜	反应剂	沉积方式	温度 /℃	注释
多晶硅	SiH_4	LPCVD	580~650	可以进行原位掺杂
氮化硅	SiH_4+NH_3	LPCVD	700~900	
	$SiCl_2H_2+NH_3$	LPCVD	650~750	
	SiH_4+NH_3	PECVD	200~350	
	SiH_4+N_2	PECVD	200~350	
二氧化硅	SiH_4+O_2	APCVD	300~500	台阶覆盖差
	SiH_4+O_2	PECVD	200~350	台阶覆盖差
	SiH_4+N_2O	PECVD	200~350	
	$Si(OC_2H_5)_4$ [TEOS]	LPCVD	650~750	液态源，保形覆盖
	$SiCl_2H_2+N_2O$	LPCVD	850~900	保形覆盖
掺杂的二氧化硅	$SiH_4+O_2+PH_3$	APCVD	300~500	PSG
	$SiH_4+O_2+PH_3$	PECVD	300~500	PSG
	$SiH_4+O_2+PH_3+B_2H_6$	APCVD	300~500	BPSG
	$SiH_4+O_2+PH_3+B_2H_6$	PECVD	300~500	BPSG

4. 金属

在 ULSI 互连中，许多金属薄膜也是采用化学气相沉积方法制备的，如钨、铅、钛、铜等。在这些金属薄膜中，对于特征尺寸在 1 μm 以下的多层互连结构中，只有钨得到了广泛应用。但由于CVD的潜在优点（好的台阶覆盖和很强的间隙填充能力）必然会驱动开发其他金属薄膜的CVD技术。

（1）钨的化学气相沉积

难熔金属（如W、Ti、Mo、Ta等）在硅集成电路的互连系统中已经被广泛研究与应用。它们的电阻率比Al及其合金要大，但是比相应的难熔金属硅化物及氮化物的电阻率要低。在这些金属中，钨尽管不能单独作为栅材料和全部的互连材料，但却在互连中得到了广泛应用。在IC互连系统中，钨的主要用途有两个方面。其一，最重要的用途是填充（钨插塞），例如，可用钨填满两个铝层之间的通孔以及填满接触孔。之所以选用钨作为填充材料，是因为CVD钨要比PVD铝有更好的通孔填充能力。当接触孔和通孔的最小尺度大于1 μm时，用Al膜就可以实现很好的填充。然而对于特征尺寸小于1 μm的工艺，由于接触孔和通孔的深宽比变得太大，PVD铝已无法完全填充接触孔和通孔，而CVD钨则能够完全填充，所以CVD钨被广泛应用，并且延续了几代工艺（直至0.18 μm）。不能完全填充接触孔和通孔的填充结构被称作非完全填充。其二，CVD钨也被用作局部互连材料。与铝、铜相比，由于钨的电导率较低，因而只能用于短程互连线，而铝和铜仍然用于全局互连。

钨的化学气相沉积通常在冷壁、低压系统中进行。钨的化学气相沉积源主要有WF_6、WCl_6和$W(CO)_6$，但WF_6是更理想的钨源。WCl_6的熔点为275 ℃，在室温下$W(CO)_6$和WCl_6一样，都是高蒸气压的固体。WF_6的沸点为17 ℃，较低的气化温度使得WF_6能以气态形式向反应室中输送，输送方便容易，而且可以精确控制流量。WF_6是通过钨和氟气之间的反应制得的，在几步提纯之后可以得到很纯的WF_6（99.999%）。WF_6的主要缺点是费用高，它占覆盖式CVD钨整个过程费用的50%。WF_6从容器到反应室通过的所有管道都需要加热，以防止WF_6凝聚。

WF_6可以与硅、氢、硅烷发生还原反应，并均能沉积所需要的钨。硅与WF_6的还原反应式如下：

$$2WF_6（气）+3Si（固）\longrightarrow 2W（固）+3SiF_4（气）$$

（2）硅化钨的化学气相沉积

采用化学气相沉积来制备的WSi_x薄膜成为这一应用中最广泛采用的一种。采用

WSi$_x$膜的polycide在IC存储器芯片中被大量用作字线和位线。WSi$_x$也可作为覆盖式钨的附着层。在polycide栅结构中用于制备WSi$_x$的操作步骤如图5-56所示。应当指出的是，WSi$_x$是以覆盖方式沉积在掺杂的多晶硅薄膜上，然后被刻蚀形成polycide栅结构。使用化学气相沉积WSi$_x$更优于其他方法：①这个操作不需要高真空的环境就可生产高纯度的WSi$_x$膜；②产量可观；③比PVD有更好的台阶覆盖；④各硅片之间有较好的均匀性。以下为用于沉积WSi$_x$薄膜的化学反应式：

$$WFe(气) + 2SiH_4(气) \rightarrow WSi_2(固) + 6HF(气) + H_2(气)$$

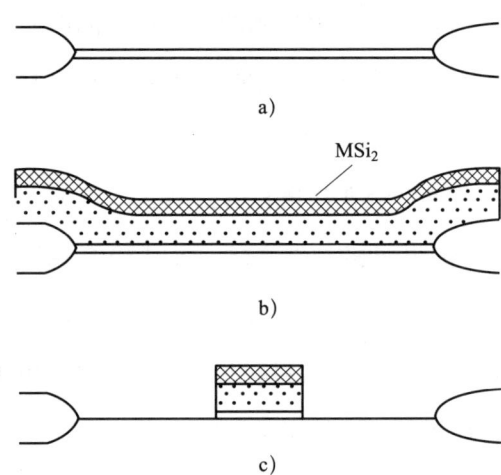

图5-56 在polycide栅结构中用于制备WSi$_x$的操作步骤
a）生长栅氧化层 b）CVD沉积多晶硅和WSi$_x$
c）在金属多晶硅化物上形成图形

（3）TiN的化学气相沉积

在硅集成电路工艺中，硅是无法透过TiN层的，而且TiN可以阻挡其他材料向硅中扩散，因为杂质在TiN中的扩散激活能很高（如Cu在TiN薄膜中的扩散激活能是4.3 eV，而在金属中的扩散激活能一般只有1~2 eV）。TiN的化学稳定性和热稳定性很好，其熔点为2 950 ℃，在薄膜状态下，TiN的电阻率只有25~75 μΩ·cm。

TiN的沉积方法之一是通过TiCl$_4$和NH$_3$反应，在热LPCVD中完成，因为沉积温度高于铝所能够承受的温度，所以只可以用在接触孔的沉积。TiN的沉积方法之二是使用金属有机化合物，沉积温度与铝互连的温度相近，因而既可以用在通孔的沉积中，也可以用在互连线的接触孔的沉积中，TiCl$_4$/NH$_3$在LPCVD过程依照如下反应式进行：

$$6TiCl_4（气）+8NH_3（气）\longrightarrow 6TiN（固）+24HCl（气）+N_2（气）$$

三、外延

在集成电路工艺中，外延是指在单晶衬底（如硅片）上、按衬底晶向生长单晶薄膜的工艺过程。从广义上说，外延也是一种化学气相沉积（CVD）工艺。在外延工艺中，可根据需要控制外延层的导电类型、电阻率、厚度，而且这些参数不依赖于衬底情况。生长有外延层的硅片称为外延片。通常在低阻衬底材料上生长高阻外延层的工艺称为正向外延，反之称为反向外延。如果生长的外延层和衬底是同一种材料，那么这种工艺就称为同质外延。如果外延生长的薄膜材料与衬底材料不同，或者说生长化学组分，甚至物理结构与衬底完全不同的外延层，相应的工艺就称为异质外延。通常所谈到的外延指的是同质外延，在本章中也是如此。

在外延生长过程中，根据向衬底输送原子的方式可以把外延生长分为三种类型，这三种类型分别叫作气相外延（VPE）、液相外延（LPE）和固相外延（SPE）。因为气相外延技术成熟，能很好地控制薄膜厚度、杂质浓度和晶体的完整性，所以在硅工艺中一直占据主导地位。在气相外延中，为了保证外延层的晶体完整性，外延必须在高温（800～1 150 ℃）下进行，这是气相外延的缺点。因为高温工艺加重了扩散效应和自掺杂效应，影响了对外延层掺杂情况的控制。液相外延主要应用在Ⅲ－Ⅴ族化合物（如 GaAs 和 InP）的外延层制备中。而固相外延在离子注入后的退火过程中得到了应用，因为高剂量的离子注入往往会使注入区由晶体变为非晶区，这个非晶区可在低温退火过程中通过固相外延转变为晶体。

（一）硅气相外延基本原理

目前生长硅外延层主要有4种源，它们是四氯化硅（$SiCl_4$）、三氯硅烷（$SiHCl_3$）、二氯硅烷（SiH_2Cl_2）和硅烷（SiH_4）。每种硅源都有自身的特性，使它们分别在不同需求中得到应用。

1. 外延薄膜的生长模型

在外延生长过程中，反应剂先被生长的表面吸附，反应后生成硅和一些副产物，副产物必须立即被排出，而生成的硅则按衬底晶向生长成薄膜。为了促进薄膜生长，硅原子必须始终保持被表面吸附的状态，被吸附的硅原子称为吸附原子。

如果吸附原子迁移过程受到抑制，就有可能生成多晶薄膜。原子稳定性受到沉积速率和温度的限制。在任意特定的沉积温度下，都存在最大沉积率。超过最大沉积率，会生成多晶薄膜；低于最大沉积率，会生成单晶外延层。

2. 化学反应过程

生长硅外延层的硅源有很多种，每种源的总反应式很简单，但是却不能给出反应过程中的中间产物，例如，$SiCl_4$ 氢还原法的总反应式如下：

$$SiCl_4（气）+2H_2（气）\longrightarrow Si（固）+4HCl（气）$$

上面的总反应并不能很好地描述完整的反应次序、气相种类、衬底吸附物质等。有人研究了 Si-Cl-H 系统的热力学原理，在研究中，他们用 SiH_2Cl_2、$SiHCl_3$、$SiCl_4$ 中的任何一种与 H_2 混合作为反应剂，用质量分光计来确定反应气体中的激活物质。他们发现反应室中除了开始引入的物质外，还有其他物质存在，如图 5-57 所示，这些物质的存在表明了在反应过程中，实际上有很多中间物质产生，只是产生中间物质的反应受到很多因素的影响。

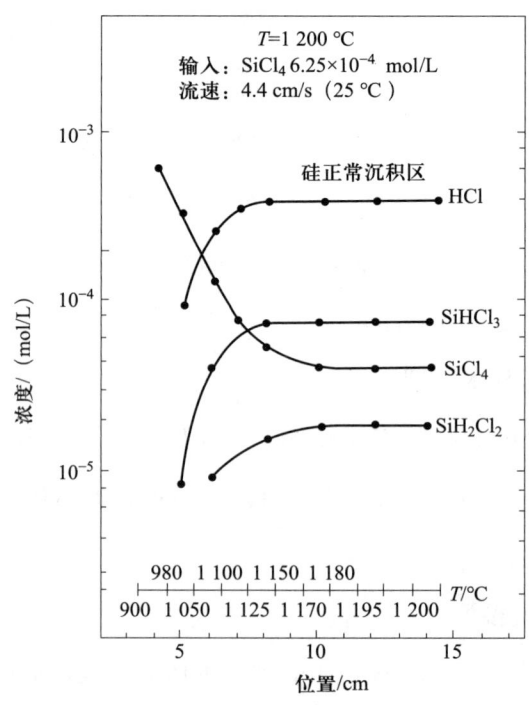

图 5-57　用取样法测得反应室内四种气态物质浓度的典型分布情况

（二）外延层中的杂质分布

外延工艺的一大优势是可以精确控制外延层中的掺杂浓度，而器件就是做在这个外延层上。在外延工艺中，不但希望外延层具有完美的晶体结构，而且对厚度、导电类型、电阻率等方面的要求很高。另外，希望外延层与衬底之间具有突变型的杂质分布，即使对相同导电类型的杂质也是如此。尤其是随着微波器件和超高速集成电路的发展，不但要求外延层越来越薄，而且要求界面两边的杂质分布越来越陡。但是，$SiCl_4$ 氢还原法外延是在高温下进行的，衬底中的杂质因蒸发而进入边界层，其中的一部分可能进入主气流而被排出，但也会有一部分滞留在边界层内，从而改变了气相中的杂质成分和浓度，实际外延生长是在变化后的气氛中进行的。另外，在高温下衬底中的杂质与外延层中的杂质互相扩散也非常严重，使衬底与外延层之间形成缓变结，甚至使 pn 结发生位移。总之，由于上述原因，引起外延层中的杂质分布偏离了所希望的情况。因此，$SiCl_4$ 氢还原法外延主要用在传统的工艺中。下面讨论一下相关问题。

1. 掺杂原理

外延层中的杂质原子是在外延生长过程中被结合到外延层的晶格中。杂质沉积过程与外延层生长过程相似，也存在质量输运和表面化学反应控制两个区域。但杂质源和硅源的化学动力学性质不同，使外延生长过程变得更为复杂。例如，杂质的掺入效率不但依赖于生长温度、生长速率、气流中掺杂剂相对于硅源的摩尔数、反应室的几何形状，而且依赖于掺杂剂自身的特性等。衬底的取向可能强烈影响杂质掺入数量，有迹象表明，掺杂效率可能随外延层的结晶质量而变化。掺杂剂的掺入行为除受温度影响外，还受外延生长速率的影响。另外，由于掺杂剂与硅之间的表面竞争反应，对基质材料的生长速率也将产生一定的影响。

2. 扩散效应

外延工艺中大多数是在重掺杂衬底上生长轻掺杂的外延层，衬底一般为均匀掺杂。在外延生长过程中，杂质可以通过多种渠道进入生长的外延薄膜中。最重要的是扩散效应和自掺杂效应。其中，扩散效应指的是衬底中的杂质与外延层中的杂质在外延生长时互相扩散，引起衬底与外延层界面附近的杂质浓度缓慢变化的现象。

扩散效应对界面附近杂质分布情况的影响，与温度、衬底和外延层的掺杂情况、杂质类型以及扩散系数、外延层生长速度和缺陷等因素有关。由于扩散效应的存在，常用的Ⅲ族、Ⅴ族杂质，如硼、磷等，对薄外延层中杂质分布的影响是不可忽视的，所以应尽量削弱扩散效应的影响。

3. 自掺杂效应

在外延生长过程中，衬底和外延层中的杂质因热蒸发或因化学反应的副产物对衬底或外延层的腐蚀，都会使衬底和（或）外延层中的杂质进入边界层中，改变边界层中的掺杂成分和浓度，从而导致外延层中杂质的实际分布偏离理想情况，这种现象称为自掺杂效应。自掺杂效应是气相外延的本征效应，不可能完全避免。

（三）外延工艺影响因素

1. 生长速度与温度之间的关系

图 5-58 给出了以 $SiCl_4$、$SiHCl_3$、SiH_2Cl_2 和 SiH_4 为硅源时，硅外延层生长速率和温度之间的函数关系。从图中可以看到以下几个特点：首先，生长率依赖于所选用的硅源，在所有温度下，SiH_4 的生长率最高，接下来按 SiH_2Cl_2、$SiHCl_3$ 和 $SiCl_4$ 的顺序递减；其次，图中可以观察到两个生长区域，即低温区（A区）和高温区（B区），在高温区，生长速率对温度变化不敏感，生长速率由气相质量输运控制，并且对反应室的几何形状和气流有很大的依赖性。在高温区中表面化学反应速率常数很大，决定外

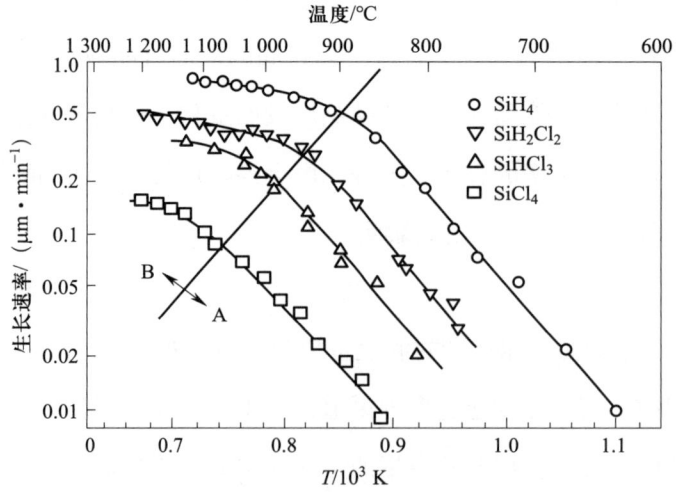

图 5-58　各种硅源生长速率与温度的关系

延生长速率的主要因素应是单位时间内反应剂输运到衬底表面的数量，或是化学反应的副产物通过扩散方式离开衬底表面的速率。对应这个区域的外延生长称为质量输运或者扩散控制过程。在高温区中，生长速率与携带气体中所含反应剂的分压近似呈线性关系。

在低温区（A 区），生长速率对温度的变化非常敏感，生长速率是由表面化学反应控制的。说明这个区域是表面化学反应速率或者反应化学动力学控制外延生长过程，也就是说化学反应的速度决定着生长速率，化学反应激活能约为 1.5 eV。激活能（Arrhenius 曲线在 A 区的斜率）实际上与所使用的硅源无关，这就说明了控制反应速率的机制在所有情况下都是相同的，对这种现象的一种解释是反应表面对氢的解吸。氢会占据硅的表面位置，如果不被排出，将会阻止新的硅原子加入生长的薄膜中。这个模型已经得到了证实。研究发现，当使用氢气作为载气时，SiH_2Cl_2 浓度增加，生长速率趋于饱和，而使用氮气时就不会发生饱和现象。

2. 生长速率与反应剂浓度的关系

图 5–59 给出的是 $SiCl_4$ 氢还原法外延过程中，硅外延生长速率与 $SiCl_4$ 摩尔浓度的关系，即与 $SiCl_4$ 浓度的关系，实际上外延生长速率主要受两个过程控制，一是氢还原 $SiCl_4$ 析出硅原子的过程，二是被释放出来的硅原子在衬底上生成单晶层的过程。也就是说，$SiCl_4$ 被氢还原析出硅原子的速度，以及析出的硅原子有规则地排列在衬底上的速度中较慢的一个将决定外延生长速率。当 $SiCl_4$ 浓度较小时，$SiCl_4$ 被氢还原析出硅原子的速度远小于被释放出来的硅原子在衬底上生成单晶的速度，因此化学反应速度控制着外延层的生长速率。当 $SiCl_4$ 浓度增加时，化学反应速度加快，即释放硅原子的速度加快，生长速率也就提高了。当 $SiCl_4$ 浓度大到一定程度时，化学反应释放出的硅原子速度大于硅原子在衬底表面的排列生长速度，此时在衬底表面的排列生

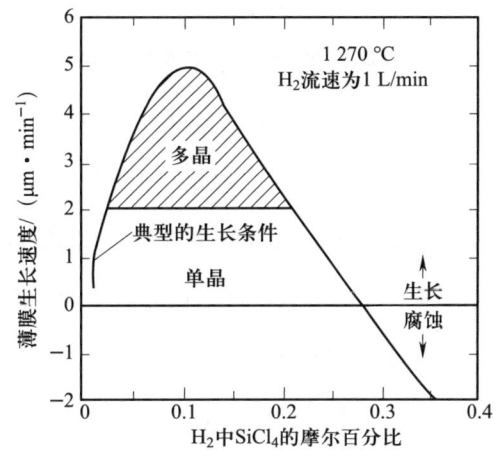

图 5–59 硅外延生长速率与 $SiCl_4$ 摩尔浓度的关系

长速度就控制着外延生长速率。进一步增大 SiCl₄ 浓度,也就是当 Y 值达到 0.1 时,生长速率开始减小。当 SiCl₄ 的浓度增长到 0.27 时,逆向反应发生,硅被腐蚀。在正常温度下,当反向腐蚀越来越严重时,生长速率反而下降,当氢气中 SiCl₄ 的摩尔分数大于 0.28 时,只存在腐蚀反应。

SiH₄ 反应与氯硅烷源反应有根本不同,在正常温度下的反应是不可逆的。

在外延生长过程中,并不希望衬底被腐蚀,所以 SiCl₄ 浓度不宜太高。但为了缩短生长时间,提高生长速率,SiCl₄ 浓度又不能太低。此外,还应考虑生长速率对外延质量的影响,因此,要根据各种因素确定 SiCl₄ 浓度。

3. 生长速率与气体流速的关系

进入反应室的反应剂(与携带气体混合非常均匀),由于摩擦力作用,在主气流与衬底表面之间存在一个边界层。反应剂只能通过扩散方式穿过边界层到达衬底表面,因此,边界层的厚度直接关系到反应剂到达衬底表面的速度。如果到达衬底表面的反应剂能立即发生反应,生成外延层,则边界层的厚度就直接关系到外延层的生长速度;边界层的厚度正比于 $(\mu x/\rho U)^{1/2}$,其中,x 为离基座头部的距离,U 为主气流速度,μ 为气体的黏滞系数,ρ 为气体密度。由此可知,气体流速越大,边界层越薄,则在相同时间内转移到单位衬底表面上的反应剂数量就越多。采用 SiCl₄ 氢还原法时,外延温度为 1 200 ℃ 左右,到达衬底表面的反应剂会立即发生反应,因此,在其他条件相同的情况下,气体流速越大,外延层生长速率也就越快。

4. 衬底晶向对生长速率的影响

衬底表面的取向对外延生长速率也有一定的影响。不同晶面的键密度不同,键合能力就存在差别,因而就会对生长速率产生一定的影响。例如,硅的(111)晶面的双层原子面之间的共价键密度最小,键合能力弱,故外延层生长速率慢,(110)晶面之间的原子键密度大,键合能力强,外延层生长速率快。

5. 压力的影响

反应室内压力降低,反应剂分压变小及生长动力学控制过程的变化,在硅源的摩尔浓度相同时,生长速率一般要下降。在压力一定条件下,可通过调整硅源浓度来提高生长速率。低压外延层的厚度和电阻率都有明显改善,这是因为在低压时,反应管内的气流以层流形式流动,在热基座和冷壁之间不存在因温度差而引起的旋涡型气流。

6. 温度的影响

低压外延时,随着压力的降低,生长外延层的温度下限也可随之下降,生长速率可随温度升高而增加。当温度达到某个值时,生长速率不随温度上升而变化,这是生长过程由表面化学反应控制转为质量输运控制的结果。

(四)相关测试表征

1. 外延层缺陷类型及分析检测

外延层缺陷按所在位置可以划分为两类,一类是显露在外延层表面的缺陷,这类缺陷可以用肉眼或者金相显微系统观察到,通常称为表面缺陷,主要有云雾状表面、角锥体、划痕、星状体、麻坑等;另一类是存在于外延层内部的晶格结构缺陷,主要有位错和层错。另外,还有些缺陷起源于外延层内部,甚至是衬底内部,如衬底中的线位错,外延生长时一直延伸到外延层表面,这类缺陷很难说是属于表面缺陷还是属于内部缺陷。外延层主要缺陷如图 5-60 所示。

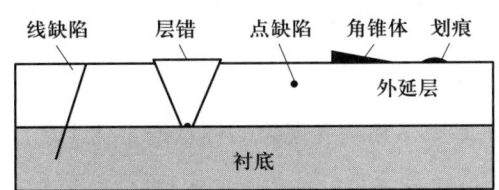

图 5-60 外延层主要缺陷

检测、分析外延层缺陷及其产生原因非常重要,除了是对外延片规格的判定依据外,也是提高外延生长质量、改进工艺的前提。生长好的外延片,首先直接观察表面情况,通过显微系统检测(镜检)外延层表面缺陷。

内部缺陷检测,需要利用化学腐蚀和镜检相结合的方法——逐层腐蚀镜检完成。腐蚀检法是破坏性检测方法。目前在新型的外延设备上有对生长过程进行在线检测的系统,例如,MBE 采用高能电子衍射仪,可以实时观察晶体表面结构,了解晶体生长情况。

2. 图形漂移、畸变、消失现象

外延图形的漂移和畸变现象是指在外延生长之前,硅片表面可能存在凹陷图形,外延生长之后，本该在外延表面相应位置出现完全相同的图形，却发生了图形漂移、畸变，甚至消失的现象，如图 5-61 所示。

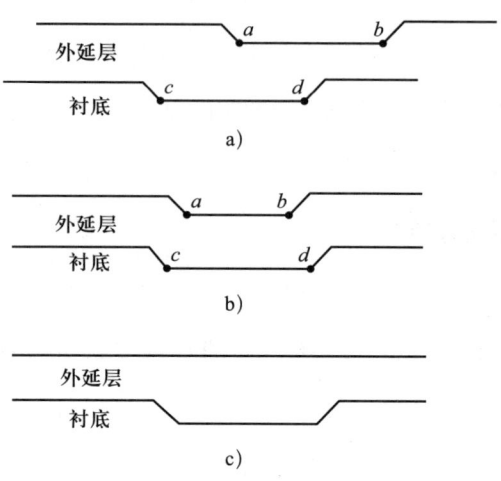

图 5-61　图形漂移、畸变、消失现象
a）图形漂移　b）图形畸变　c）图形消失

进行外延片镜检时，有时会观察到外延图形漂移和畸变现象，而图形漂移和畸变现象依赖于衬底取向、掺杂类型、浓度和掩埋扩散以及外延的工艺方法、生长温度、硅源的选择等具体情况。图形漂移和畸变现象的程度通常随工艺温度升高而减小，随着外延生长速率增大而增大。低压外延可以减小图形漂移和畸变现象的程度。

外延图形的漂移和畸变现象是多重因素共同作用造成的。主要因素有衬底取向、生长速率和温度，以及硅源等。

在外延生长过程中和完成后，对外延片的质量控制和参数检测，除了前述晶格特性方面的内容之外，外延层参数测量也是重要的检测内容，主要参数有外延层厚度、电阻率、均匀性等。

现代化新型的外延设备在生长室通常会安装实时检测装置，如 MBE 一般会在生长室安装石英振荡测试仪，可以实时检测外延层生长厚度；而离线后对外延层厚度进行测量是普遍采用的方法，主要测量方法有层错检测法、红外干涉法、磨角法等。

电阻率是外延层重要的电学参数，通过测量外延层电阻率及其分布，还可获取外延层掺杂浓度及分布的信息。外延层电阻率的测量采用常规半导体材料电阻率测量方法，如四探针法、扩展电阻法、电容法等。

第五节 光刻与刻蚀技术

考核知识点及能力要求：
- 了解光刻和刻蚀的基本原理；
- 理解光刻和刻蚀的基本过程。

一、光刻基础

（一）光刻原理

光刻是集成电路中精密表面加工工艺，通过曝光和选择性化学腐蚀等工序将掩膜版上的集成电路图形转移到硅片上，掩膜版、光刻胶和光刻机是光刻的三大要素。光刻是半导体制造中的核心工艺，其成本约为整个硅片制造工艺的1/3，耗费时间占整个硅片工艺的40%~60%。

（二）光刻胶

光刻胶是光刻工艺的核心材料，微电子技术中微细图形加工的关键材料之一，是由聚合物、感光剂、溶剂和各种添加剂组成的混合液。光刻胶受到光辐射后发生光化学反应，其内部分子结构发生变化，感光部分和未感光部分在显影液中溶解速度差别很大，利用这种特性，先在光刻胶上形成与掩膜版对应的图形，再利用光刻胶作为保护层进行刻蚀，完成图形转移。

光刻胶分为正胶和负胶，20世纪50年代末，Eastman Kodak公司和Shipley公司分别设计出适合半导体工业需要的正胶和负胶。正胶的感光区域感光后分解，在显影时可以溶解，而没有感光的区域不溶解，因此所形成的光刻胶图形是掩膜版图形的正映像，因而称为正胶。负胶经过曝光的区域发生交联，显影时不溶解，非曝光区域溶解，显影后在光刻胶层上形成的是掩膜版的负映像，所以称为负胶。正胶和负胶性能对比见表5-6。

表5-6　　　　　　　　　　　正胶和负胶性能对比

类型	正胶	负胶
优点	分辨率高，边缘整齐，陡直度好，良品率高	黏附性好，所用的显影剂容易得到，显影过程中图形尺寸相对稳定
缺点	黏附性差，抗碱性较差	分辨率低

光刻胶是光刻工艺的核心，虽然正胶和负胶都可以用于制造半导体器件，正胶光照分解，负胶光照交联，但是正胶的分辨率比负胶高，本书中如果对光刻胶不做特殊说明均指正胶。本节就其中重要的参数加以介绍。

1. 对比度

光刻胶的对比度是曝光剂量–胶膜后曲线的斜率，会直接影响曝光后光刻胶膜的倾角和线宽。

2. 膨胀

光刻胶的膨胀是指光刻胶在显影液中的溶胀情况；在显影过程中，如果显影液渗透到光刻胶中，光刻胶体积就会膨胀，这将导致图形尺寸发生变化，负胶比正胶受影响大。

3. 光敏度

光刻胶的光敏度是指完成所需图形曝光的最小曝光剂量。

4. 抗刻蚀能力和热稳定性

光刻胶的抗刻蚀能力是指光刻胶在图形转移过程中抵抗刻蚀的能力。一般光刻胶需要能够经受200 ℃以上的工作温度，通常干法刻蚀的工作温度比湿法腐蚀要高，这就要求光刻胶能够保证在工作温度下的热稳定。

5. 黏着力

在光刻和腐（刻）蚀的过程中，光刻胶需要牢固地附着在这些物质的表面层上。如果刻蚀过程中，光刻胶与衬底的黏着力不好，则发生钻蚀和浮胶，影响光刻质量，甚至图形丢失。影响光刻黏着力的因素很多，如衬底材料的性质、表面图形及工艺条件等。

6. 溶解度和黏滞度

溶解度主要影响光刻胶的膜厚及流动性，光刻胶黏滞度是影响光刻胶膜厚的因素之一（另一个是甩胶速度）。光刻胶溶解度和黏滞度都受温度影响。

7. 微粒数量和金属含量

微粒和金属离子主要指钠离子、钾离子，将降低器件的性能，一般要求小于50万原子分之一。

8. 储存寿命

光刻胶中的成分会随时间和温度而发生变化。通常负胶的储存寿命比正胶短。

二、光刻工艺

（一）光刻工艺基本流程

在光刻过程中，光刻胶在受到光辐照之后发生光化学反应，在显影液中光刻胶感光部分溶解，非感光部分留在芯片上，完成了第一次图形转移。利用这层剩余的光刻胶图形作为保护膜，可以对感光显影后露出的区域进行刻蚀，或离子注入，从而把光刻胶上的图形转移到硅表面，完成第二次图形转移，由此形成各种器件和电路的结构。光刻工艺流程如图 5-62 所示。

光刻工艺通常包括 3 个主要步骤：曝光、显影、刻蚀（或沉积），这些步骤可以根据工艺要求分别进行细化。光刻工艺细化的步骤如下：

1. 涂胶

涂胶是指在硅片表面形成厚度均匀、附着性强、没有缺陷的光刻胶薄膜。在涂胶之前，硅片一般需要经过脱水烘焙且涂上用来增加光刻胶与硅片表面附着力的化合物。涂胶工艺如图 5-63 所示。

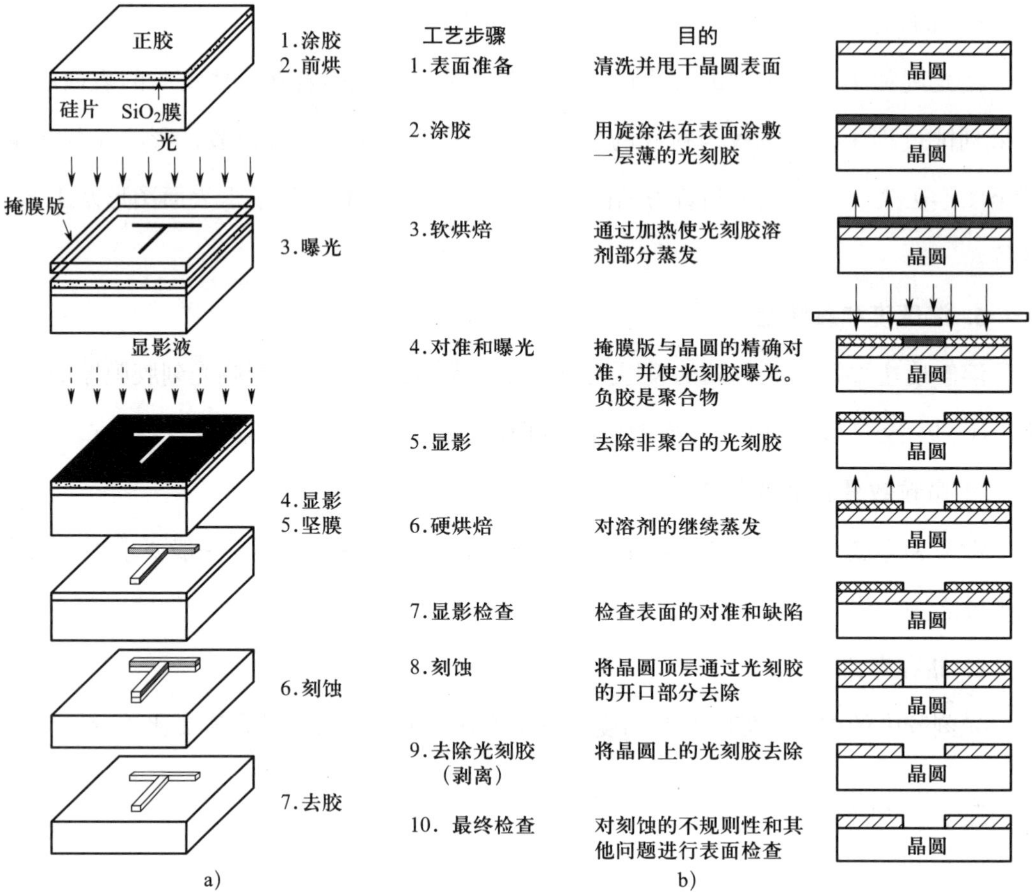

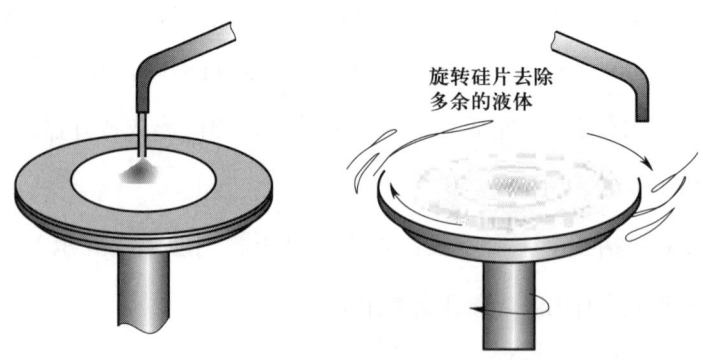

图 5-62 光刻工艺流程示意图

a）光刻工艺细化的步骤　b）光刻十步法工艺

图 5-63 涂胶工艺示意图

2. 前烘

涂胶以后的硅片需要在一定温度下进行烘烤，这一步骤称为前烘。前烘使溶剂从光刻胶中挥发出来，从而减少灰尘污染。

3. 曝光和后烘

光刻胶在经过前烘之后可以进行曝光，感光的光刻胶发生分解（正胶）或交联（负胶）反应。在曝光过程中，在曝光区与非曝光区边界将会出现驻波效应，这将影响显影后所形成的图形尺寸和分辨率。为了降低驻波效应的影响，在曝光后进行后烘。

4. 显影

经过曝光、后烘之后，用显影液溶解光刻胶小分子部分，在光刻胶上形成三维图形（曝光形成的潜在图形），这一步骤称为显影。影响显影效果的主要因素包括曝光时间、前烘的温度和时间、光刻胶的膜厚、显影液浓度、显影液温度、显影液搅动情况等。

5. 坚膜

硅片在经过显影之后，必须进一步增强光刻胶黏附力，需要经历一个高温处理过程，简称坚膜。

6. 刻蚀

曝光显影后，进行刻蚀，这一工艺把光刻胶的图形永久地转移到硅片上。刻蚀工艺主要有两大类：湿法刻蚀和干法刻蚀。

7. 去胶

经过刻蚀或者离子注入之后，已经不再需要光刻胶作为保护层，因此便可以将光刻胶从硅片表面除去，这一步骤称为去胶。

（二）先进光刻工艺过程注意事项

先进光刻工艺过程注意事项包括以下几个方面：

（1）高分辨率。随着集成电路集成度的不断提高，要求光刻的图形越来越精密，分辨率越来越高。

（2）高灵敏度的光刻胶。光刻胶的灵敏度通常是指在集成电路工艺中为了提高产品产量，希望光刻胶具有高感光速度、低曝光时间。

（3）低缺陷。在集成电路芯片制造过程中要保持低缺陷。

（4）进行精密的套刻对准。

(5）提高尺寸硅片的加工能力。

三、刻蚀

刻蚀是把进行光刻前所沉积的薄膜中没有被光刻胶覆盖及保护部分，以化学或物理方式加以去除，完成掩膜图案永久转移到薄膜的工艺。刻蚀分为干法刻蚀和湿法刻蚀两类。

（一）干法刻蚀

干法刻蚀是指利用等离子体激活的化学反应或者利用高能离子束轰击完成去除物质的方法。因为在刻蚀中并不使用溶液，所以称为干法刻蚀。干法刻蚀具有分辨率高、各向异性腐蚀能力强、腐蚀选择比大、均匀性和重复性好、便于连续自动操作等优点。干法刻蚀因原理不同可分为三种，即等离子体刻蚀、离子束刻蚀和反应离子刻蚀。

（1）等离子体刻蚀

等离子体刻蚀是一种化学工艺，使用气体和等离子体能量来进行化学反应。利用放电产生的游离基（游离态的原子、分子或原子团）与材料发生化学反应，形成挥发物，实现刻蚀。等离子体刻蚀具有选择性好、对衬底损伤较小的优点，但各向异性较差。

（2）离子束刻蚀

离子束刻蚀是指通过高能惰性气体离子的物理轰击作用刻蚀，各向异性好，但选择性较差。

（3）反应离子刻蚀

反应离子刻蚀系统结合等离子体刻蚀和离子束刻蚀原理。通过活性离子对衬底的物理轰击和化学反应双重作用刻蚀。同时兼有各向异性好和选择性好的优点。目前，反应离子刻蚀已成为集成电路工艺中主流刻蚀技术。

（二）湿法刻蚀

湿法刻蚀是利用液态化学试剂或溶液通过化学反应进行刻蚀的方法，产物必须为气态或可溶于腐蚀液，反应过程常伴随放气或放热。湿法化学刻蚀在半导体工艺中有广泛应用,具有选择性好、重复性好、生产效率高、设备简单、成本低等优点,缺点则是钻蚀严重,各向同性腐蚀,对图形的控制性较差。

集成电路中最初的刻蚀是使用液体刻蚀剂沉浸的技术,硅片沉浸于装有刻蚀剂的槽中经过一定的时间,传送到冲洗设备中去除残留的酸,再送到最终清洗台以冲洗和甩干,由于湿法刻蚀的各向同性特性而引起的横向刻蚀效应,(湿法刻蚀用于特征图形尺寸大于 3 μm 的产品),低于此水平时,通常采用干法刻蚀。

第六节 金属化及多层互连技术

考核知识点及能力要求:

● 理解金属化及多层互连的常用方法;
● 了解金属化及多层互连技术在集成电路中的应用。

一、金属化及其在集成电路中的应用

集成电路工艺中,金属化也称为金属互连,指的是利用金属及具有金属性质的材料,把芯片上相关的元器件连接起来,形成具有一定功能的电路;同时还要形成电路模块与外部连接的键合点。根据器件复杂度和性能要求,电路可能要求单层金属或多层金属系统。

金属化在芯片中的作用是对器件提供信号、时钟、电源和地线等。

(一)金属化工艺

在中规模集成电路时代,金属化工艺要简单一些,如图 5-64 所示,仅需要单层金属的工艺流程。首先在表层刻蚀连接各个器件/集成电路元件的小孔，它们被称为接触孔；接在连接孔光刻工艺后，通过真空蒸发、溅射或 CVD 技术在整个硅片表面沉积一层导电金属薄层（10 000～15 000 Å）。用传统的光刻和刻蚀工艺或剥离技术将这些层不要的部分去掉；做完这一步之后，芯片表面就留下金属细线，它们被称为"导线""金属线"或"互相连接"。通常来说，为了确保金属和芯片之间具有较好的导电性能，经常在金属光刻之后加入一个热处理步骤，或者称为"合金化"过程。

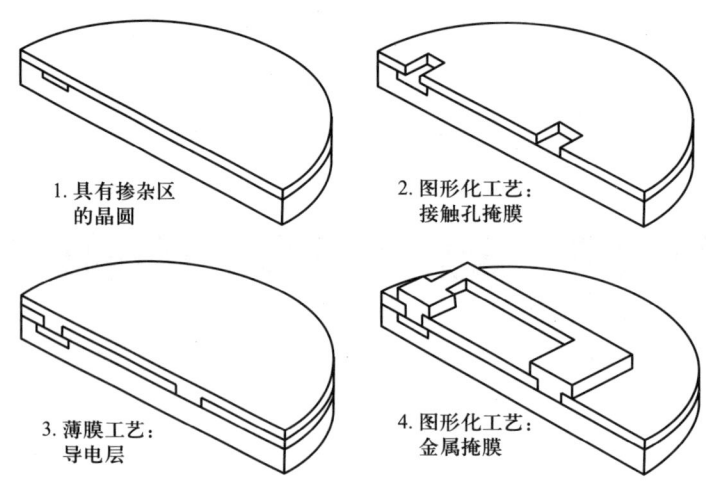

图 5-64　单层金属化工艺流程

（二）金属化材料在集成电路工艺中的分类

金属化材料是集成电路工艺中具有重要功能的一类材料，按其功能可划分三大类：

（1）MOSFET 栅电极材料：早期 nMOS 集成电路工艺中使用较多的是铝栅，目前 CMOS 集成电路工艺技术中最常用的是多晶硅栅。

（2）互连材料：将芯片内的各独立元器件连接成具有一定功能的电路模块。铝是广泛使用的互连金属材料，目前在 ULSI 中，铜互连金属材料得到了越来越广泛的运用。

（3）接触材料：直接与半导体接触，并提供与外部相连的连接点。铝是一种常用的接触材料，但目前应用较广泛的接触材料是硅化物，如铂硅（PtSi）、钴硅（$CoSi_2$）等。

集成电路中使用的金属材料，除了常用的金属（如 Al、Cu、Pt、W 等）以外，还包括重掺杂多晶硅、金属硅化物、金属合金等金属性材料。

（三）集成电路工艺对金属化材料特性的要求

1. 对应用在硅基集成电路中的金属材料或金属合金的基本要求

（1）与 n^+、p^+ 硅或多晶硅能够形成欧姆接触，接触电阻小。

（2）长时期在较高电流密度负荷下，抗电迁移性能要好。

（3）与绝缘体（如 SiO_2）有良好的附着性。

（4）耐腐蚀。

（5）易于沉积和刻蚀。

（6）易于键合，而且键合点能经受长期工作。

（7）多层互连要求层与层之间绝缘性好，不互相渗透和扩散。

2. 金属材料的晶体结构及制备工艺对金属化的影响

在集成电路工艺中，金属化的薄膜可能沉积或生长在各种衬底材料（半导体、绝缘体、金属）上，其薄膜的晶格结构将决定其特性。通常认为外延生长层或单晶层具有最理想的特性。

影响单晶薄膜生长的主要因素有单晶薄膜层和衬底材料的晶格结构匹配程度、界面附着的稳定程度、薄膜晶化特性及稳定性、沉积条件（可能引起热学特性失配）、材料纯净度、后续工艺等。

薄膜层和衬底材料晶格结构的匹配程度是影响外延薄膜层生长最重要的因素。

通常用晶格常数失配因子（η）描述晶格结构的匹配程度，对接触材料和互连材料都希望能有小的晶格常数失配因子。其定义为衬底材料的晶格常数 a_f 与薄膜材料的晶格常数 a_s 之差与衬底材料晶格常数之比，见式（5-4）。

$$\eta = \frac{|a_f - a_s|}{a_f} \tag{5-4}$$

生长理想单晶薄膜层的最好方法是外延生长。采用外延生长可以消除缺陷，并得到具有很好单晶结构的多层异质外延薄膜层，可以提高金属薄膜的性能，降低电阻率和电迁移率，可以得到良好的金属/半导体接触界面或金属/绝缘体接触界面。

3. 金属化对材料电学特性的要求

在集成电路中应用金属材料时，必须考虑的性能主要包括电阻率、电阻率的温度系数、功函数、与半导体接触的肖特基势垒高度。对合金和硅化物材料，其性能与材料中掺入相关原子的数量有关，对与半导体接触的金属材料和栅电极材料，其功函数、与半导体材料的肖特基势垒高度，以及接触电阻都是非常重要的参数。

4. 金属化对材料的机械特性、热力学特性的要求

在多层薄膜体系中通常有应力存在。应力存在对互连体系可靠性产生严重影响，应力可导致互连线出现空洞，互连材料的电迁移也与应力的存在有关。图 5-65 所示为有应力时薄膜层沉积的可能结果。

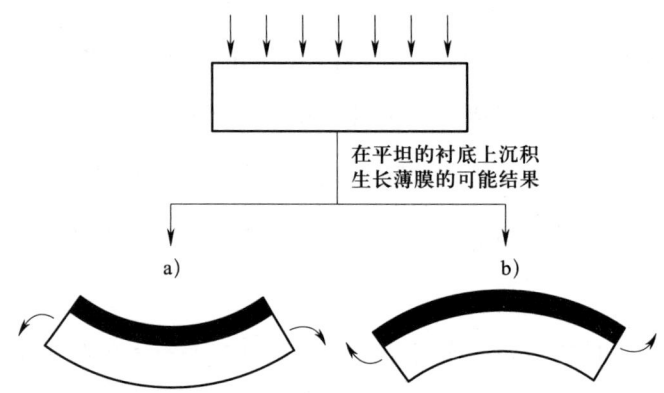

图 5-65 有应力时薄膜沉积的可能结果
a）对应存在张力的情形 b）对应存在压缩力的情形

总的应力 σ 可以分为固有应力 σ_i 和热应力 σ_{th} 两部分，即

$$\sigma=\sigma_i+\sigma_{th} \tag{5-5}$$

固有应力通常与以下因素有关：薄膜层与衬底晶格的失配，薄膜层的微结构与纯净度，薄膜中的缺陷，化学反应引入的改变量，各向异性生长，表面效应（如表面张力），静电学性质的影响。固有应力很大程度上由薄膜层的沉积或生长条件决定，所以多采用工艺优化来减小，甚至消除固有应力。

由于衬底和薄膜层热膨胀系数的不同，以及薄膜层生长（或退火）温度与工作温度的不同，热应力成为一个非常重要的因素，选择热膨胀系数相近的材料也是减小应力的重要方法。

电多层薄膜体系中的应力可以通过沉积（生长）适当的覆盖层来减弱。若第一层薄膜存在张力，而覆盖层存在压缩力时，应力将减小，经过退火后应力转移，主要集中在覆盖层，而原有薄膜层所受应力减小。当第一层薄膜存在压缩力时，覆盖层的作用与存在张力情形类似。可以看出，选择合适的覆盖层对减小薄膜层中的应力非常重要。

金属材料在半导体材料中的扩散有可能导致器件失效，金属与半导体接触界面的可靠性与稳定性，与材料的化学反应特性以及热学特性密切相关，因此，材料的热力学特性以及化学反应特性在互连材料选取和结构设计时都是必须考虑的问题。

二、互连技术

（一）Al 互连

铝是一种经常被采用的金属互连材料，主要优点是：室温下的电阻率仅为 $2.74\ \mu\Omega\cdot cm$，与 n^+ 和 p^+ 硅或多晶硅的欧姆接触电阻可低至 $10^{-6}/cm^2$；Al 与硅、磷硅玻璃、SiO_2、Si_3N_4 等绝缘层的附着性都很好；Al 易于沉积和刻蚀。铝应用于集成电路中的互连引线，主要是采用溅射方法制备，具有沉积速率快、厚度均匀、台阶覆盖能力强的优点。

1. Al–Si 接触中的几个物理现象

（1）Si 在 Al 中的扩散

Si 在 Al 中的溶解度比较高，在 Al 与 Si 接触处，在退火过程中，会有大量的 Si 原子溶到 Al 中。溶解量不仅与退火温度下的溶解度有关，而且与 Si 在 Al 中的扩散情况有关。在 400~500 ℃退火温度范围内，Si 在 Al 薄膜中的扩散系数比在晶体 Al 中大 40 倍。这是因为 Al 薄膜通常为多晶，杂质在晶界的扩散系数远大于在晶粒内的扩散系数。

（2）Al 与 SiO_2 的反应

$$3SiO_2 + 4Al \longrightarrow 3Si + 2Al_2O_3$$

Al 与 SiO_2 反应对 Al 在集成电路中的应用十分重要。Al 与 Si 接触时，可以"吃"掉 Si 表面的自然氧化层，使 Al–Si 的欧姆接触电阻降低；Al 与 SiO_2 的作用改善了集成电路中 Al 引线与下面 SiO_2 的黏附性。

2. Al–Si 接触中的尖楔现象

Si 在 Al 中有可观溶解度这一物理现象，将引起 Al 与 Si 接触中的一个重要问题，那就是 Al 的尖楔现象。尖楔现象：由于硅在铝中的溶解度较大，在 Al-Si 接触中，Si 在 Al 膜的晶粒间界中快速扩散离开接触孔的同时，Al 也会向接触孔内运动、填充因 Si 离开而留下的空间。如果 Si 在接触孔内不是均匀消耗，Al 就会在某些接触点像尖钉一样楔进 Si 衬底中，如果尖楔深度大于结深，就会使 pn 结失效，这种现象就是 Al-Si 接触中的尖楔现象。图 5-66 所示为引线孔处的 Al-Si 接触。

Al-Si 接触的 Al 尖楔现象（见图 5-67）会导致 pn 结短路失效，甚至更加严重的问题。影响"尖楔"深度和形状的因素很多，其中最重要的是 Al-Si 界面的氧化层厚度、厚度的均匀性和衬底的结晶取向。

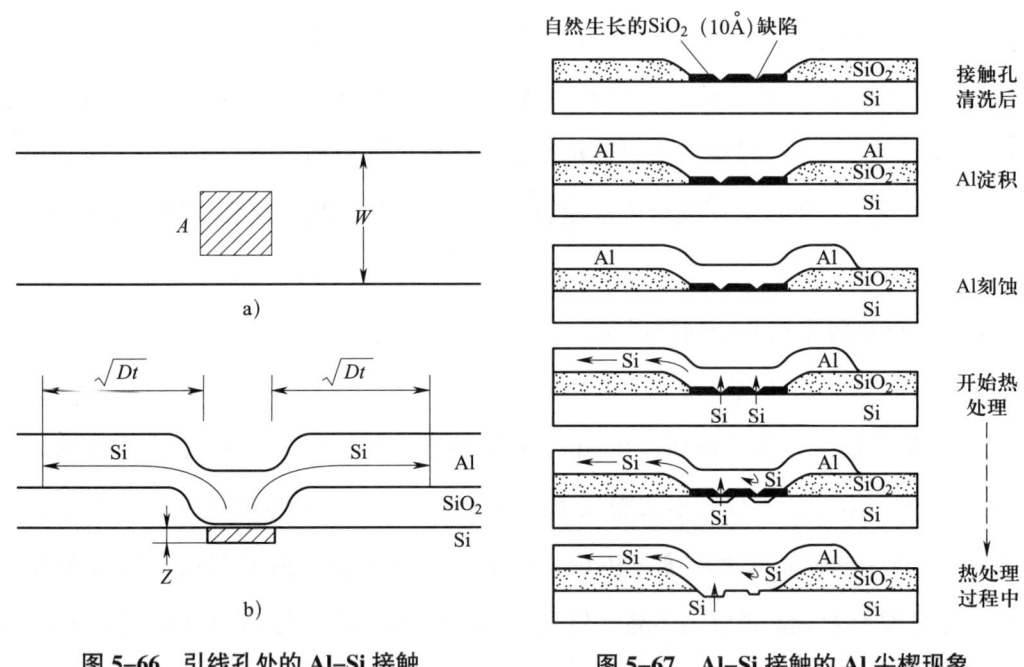

图 5-66 引线孔处的 Al-Si 接触
a) 顶视图　b) 截面图

图 5-67 Al-Si 接触的 Al 尖楔现象

（1）Al-Si 界面的氧化层厚度

如果 Al-Si 界面氧化层比较薄，由于 Al 膜可以"吃"掉薄的 SiO_2，使 Al-Si 作用面积较大，尖楔深度比较浅；如果 Al-Si 界面氧化层比较厚，Al-Si 作用面只限于几个点，尖楔深度较深。

（2）衬底晶向对尖楔形貌的影响

双极集成电路采用（111）硅衬底，由于（111）原子面密度大，面间距大，尖楔倾向于横向扩展；MOS 集成电路采用（100）硅衬底，尖楔倾向于垂直扩展，更容易使 pn 结短路。

3. Al–Si 接触的改进

为了解决 Al 的尖楔问题，改进 Al–Si 接触的方法如下：

（1）采用 Al–Si 合金金属化引线

为了解决 Al 的尖楔问题，在纯 Al 中加入硅至饱和，形成 Al–Si 合金，代替纯 Al 作为接触和互连材料。但是，在较高合金退火温度时溶解在 Al 中的硅，冷却过程中又从 Al 中析出。硅从 Al–Si 合金薄膜中析出是 Al–Si 合金在集成电路中应用的主要限制。

（2）采用 Al- 掺杂多晶硅双层金属化结构

由于 Al-Si 合金存在 Si 析出的问题，Al–Si 接触还可以采用铝 – 掺杂多晶硅双层金属化结构。在沉积铝薄膜之前，先沉积一层重磷或重砷掺杂的多晶硅薄膜，构成 Al- 重磷（砷）掺杂多晶硅双层金属化结构，Al – 掺杂多晶硅双层金属化结构已成功应用于 nMOS 工艺中。减弱铝硅接触中的尖楔现象。

（3）采用 Al- 阻挡层结构

在铝与硅之间沉积一个薄金属层，替代重磷掺杂多晶硅层，阻止铝与硅之间的作用，从而抑制 Al 尖楔现象，这层金属称为阻挡层。为了形成好的欧姆接触，一般采用双层结构，硅化物作为欧姆接触，TiN、TaN 或 WN 作为阻挡层。

4. 电迁移现象及其改进方法

随着芯片集成度的提高，互连引线变得更窄、更薄，电流密度越来越大。在较高的电流密度作用下，互连引线中的金属原子将会沿着电子运动方向进行迁移，其结果会在一个方向形成空洞，使互连引线开路或断裂；而在另一个方向则由于原子堆积而形成小丘，造成光刻的困难和多层布线之间的短路，这种现象就是电迁移现象，电迁移过程中形成的小丘和空洞如图 5-68 所示。

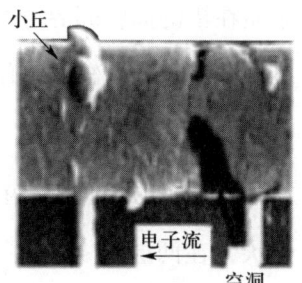

图 5-68 电迁移过程中形成的小丘和空洞

当互连引线中的电流密度较高时,静电场力驱动电子由阴极向阳极运动。高速运动的电子与金属原子发生动量交换,原子受到猛烈的电子冲击力,这就是电迁移理论中的电子风力。同时,金属原子还受静电场力的作用。当互连引线中的电流密度较高时,电子风力大于静电场力,金属原子受到电子风力的驱动,产生了从阴极向阳极的定向扩散,即发生了金属原子的电迁移。在相反方向将有质量耗尽,产生空位的聚合。对于 Al 引线,通常是多晶结构,扩散过程主要是沿着晶粒间界进行的。

常用电迁移中值失效时间来描述电迁移引起的失效。中值失效时间是指同样的直流电流试验条件下,50% 的互连引线失效所用的时间。失效判据为引线电阻增加 100% 改进电迁移的方法。

对 Al 引线来说,提高抗电迁移的方法有很多,常用的有以下几种。

(1)采用"竹状"结构的 Al 薄膜

"竹状"结构的铝引线与常规 Al 引线结构不同,组成多晶体的晶粒从下而上贯穿引线截面,整个引线截面图类似有许多"竹结"的一条竹子,晶粒间界垂直于电流方向,因此不存在晶粒间界的扩散。Al 引线截面的不同结构如图 5-69 所示。

(2)Al-Si-Cu 合金

在铝中附加合金成分,最常用的是 Cu。使金属化材料由纯 Al 变为 Al-Si(1%~2%)-Cu(4%)合金,这些

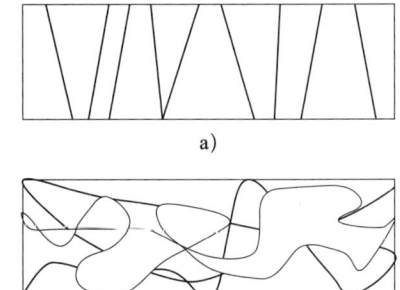

图 5-69 Al 引线截面的不同结构
a)"竹状"结构 b)常规结构

杂质在铝的晶粒间界分凝可以降低铝原子在铝晶粒间界的扩散系数,可以使 MTF 值提高一个量级。但缺点是使引线电阻率增加、Al-Si-Cu 合金不易刻蚀、易受 Cl_2 腐蚀等。

(3)三层夹心结构

三层夹心结构就是在两层 Al 薄膜之间加上一个约 500Å 厚度的过渡金属层。经过退火,在两层 Al 之间形成的金属化合物是很好的 Al 扩散阻挡层,也可以提高抗电迁移的能力。这种方法可以使 MTF 值提高 2~3 量级,但是工艺比较复杂。提高抗电迁移能力的一种有效方法是采用新的互连金属材料,如 Cu。

(二) Cu 及低 K 介质互连工艺

随着集成电路的不断发展，降低互连引线延迟时间成为集成电路发展的重要内容之一。表征互连引线延迟时间的物理量为 RC 常数，R 为引线的电阻，C 为互连系统的电容。因此，采用低电阻率的互连材料 ρ 和低介电常数的介质材料 ε，可以有效降低互连系统的延迟时间。金属铜的电阻率小于 $2.0~\mu\Omega \cdot cm$，低电阻率可以减小引线的宽度和厚度，从而减小了分布电容，并能提高集成电路的密度。此外，铜的抗电迁移性能好。因此铜及低 K 介质互连体系，成为集成电路进入深亚微米阶段以后，为了降低互连引线延迟时间所选择的材料。

Cu 的性质与铝不同，尤其是 Cu 难以刻蚀，Cu 互连不能采用传统的铝互连工艺。以 Cu 作为互连的集成技术是 IC 制造技术进入 $0.18~\mu m$ 及其以下时代必须面对的挑战之一。目前 Cu 互连普遍采用双大马士革 (Dual Damascene)（双镶嵌）工艺，其主要特点是在沉积任何一层互连材料的同时，也对该层与下层之间的通孔 (Via) 进行填充，而 CMP 平整化工艺只对导电金属层材料进行，如图 5-70 所示。与 Al 互连工艺相比，工艺步骤得到简化，工艺成本也相应降低。

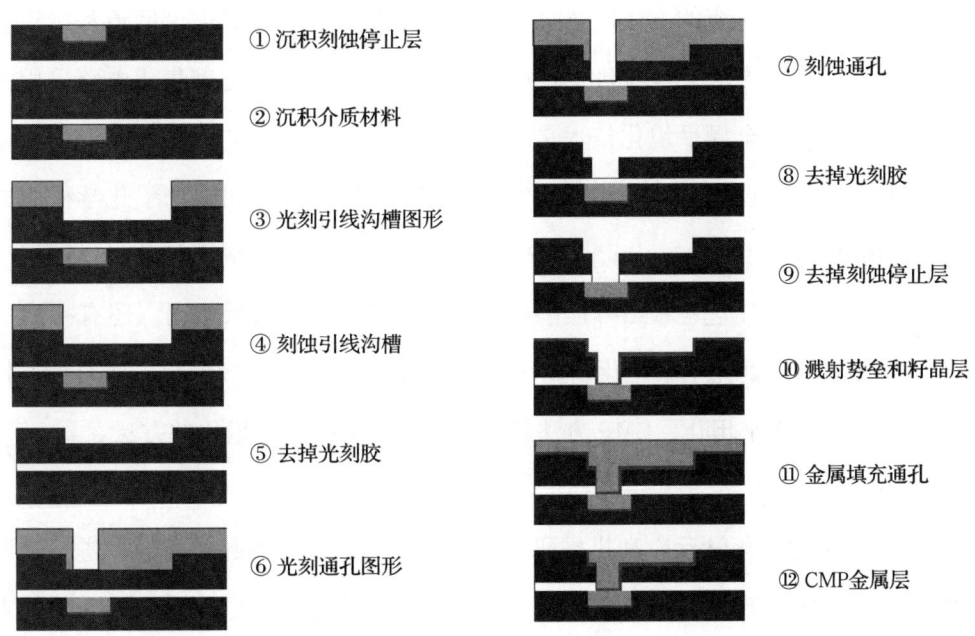

图 5-70 自对准镶嵌结构、低 K 介质与 Cu 互连集成工艺流程图

在以 Cu 为互连的工艺中，涉及以下 7 个关键技术问题：

（1）金属 Cu 的沉积技术；

（2）低 K 介质材料的选择和沉积技术；

（3）势垒层材料的选择和沉积技术；

（4）Cu 的平整化技术（化学机械抛光）；

（5）互连集成工艺中的清洁工艺；

（6）大马士革（镶嵌式）结构的互连工艺；

（7）低 K 介质和 Cu 互连技术中的可靠性问题。

三、平坦化技术

（一）平坦化

在 IC 工艺技术发展过程中，遇到了硅片的表面起伏（即不平坦）这个非常严重的问题，它使亚微米光刻无法进行，表面起伏使光刻胶的厚度不均、超出光刻机的焦深范围，无法实现亚微米线宽的图形转移。

工艺初期采用了传统的方法改善硅片表面的平整度。反刻、玻璃回流和旋涂膜层技术，但这些平坦化方法只能实现局部平坦，效果并不理想。随着集成电路采用大马士革结构的铜布线，全局平坦化技术是实现多层集成的关键工艺；随着图形的尺寸越来越小，对平坦化的要求也越来越高。20 世纪 80 年代 IBM 公司提出了化学机械抛光（Chemical Mechanical Planarization，CMP），CMP 技术可实现全局平坦化，也可用于器件隔离、多层互连等工艺。图 5-71 给出了不同程度平坦化的示意图。还有一类平坦化技术，是使局域达到完全平坦化，使用牺牲层技术可以实现局域完全平坦化。另外，可以使整个硅片表面平坦化，CMP 方法就是可实现整个硅片平坦化的方法。

（二）CMP 技术

CMP 技术是通过化学反应和机械研磨相结合的方法对表面起伏的硅片进行全局平坦化的过程。CMP 机理就表面材料与磨料发生化学反应生成一层相对容易去除的表面层，这一表面层通过磨料中的研磨剂和研磨压力与抛光垫的相对运动被机械地磨去。CMP 的微观作用是化学和机械作用的结合。

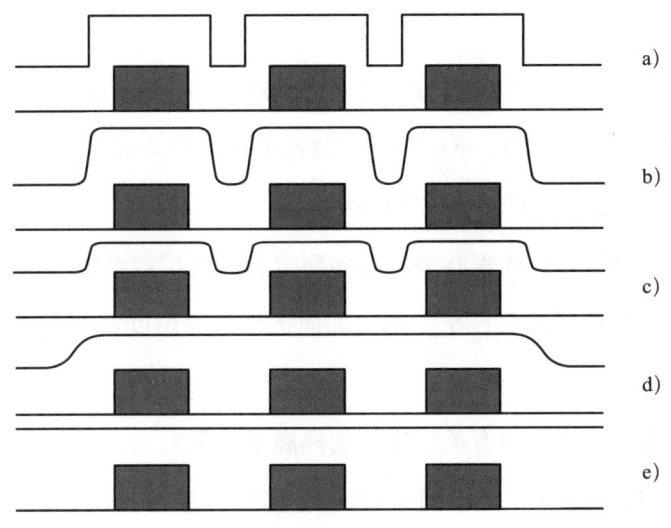

图 5-71 不同程度平坦化

a）未平坦化 b）平滑处理 c）部分平坦化 d）局部平坦化 e）全局平坦化

对金属层和介质（Inter-layer Dielectric，ILD）层都可以利用 CMP 技术实现全局平坦化，图 5-72 所示为 CMP 装置（抛光机）示意图。由图 5-72 可以看到，研磨垫（抛光垫）放在 CMP 装置的研磨盘上，进行 CMP 时，硅片被压在研磨垫上。研磨剂是一种含有研磨材料及化学反应剂的液态物质，化学反应剂可与被抛光材料发生反应并生成易于被研磨掉的薄膜。CMP 不同材料时，其化学反应剂是不同的。另外，在 CMP 过程中，硅片与研磨垫之间的相对运动形式可以是旋转运动，也可以是轨道运动，根据需要选择，并且是可以控制的。

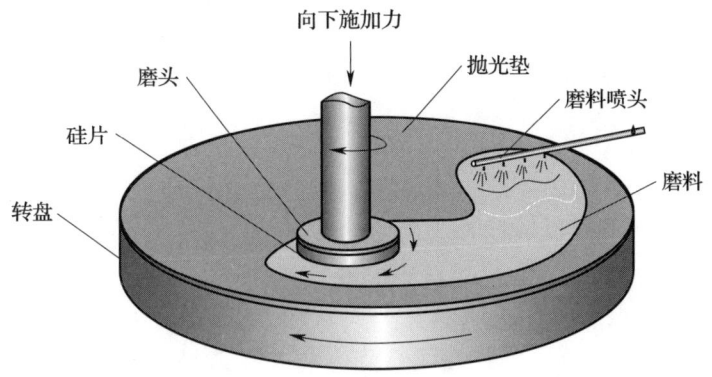

图 5-72　CMP 设备（抛光机）示意图

思考题

1. 涂覆光刻胶前为什么需要进行硅片表面处理？简述常用处理方法及原理。

2. 杂质分凝效应和杂质在 SiO_2 中的扩散速度如何影响杂质在 SiO_2/Si 界面两侧的分布？简要分析硅衬底掺杂对氧化速率的影响。

3. 杂质扩散系数与哪些因素有关？如何测定和表征扩散系数？

4. 离子注入后的热退火有什么作用？如何选择退火温度？如何检测退火效果？为什么存在逆退火现象？

5. 离子溅射率与哪些因素有关？如何选择离子能量？

6. CVD 与 PVD 工艺有什么不同？CVD 有哪些优越性？试分析 CVD 技术的演变特点。

7. 如何概括 CVD 固相薄膜形成的基本原理及物理化学过程？

第六章
集成电路封装设计知识

集成电路封装是集成电路产业链中的重要一环,本章包括以下三个方面的内容:一是集成电路封装的基本概念和功能,集成电路封装的发展和种类;二是芯片互连技术包括引线键合技术、载带自动焊技术和芯片倒装技术;三是介绍几种典型的集成电路封装技术。

- **职业功能:** 根据集成电路封装产品特点,进行封装设计,为不同的封装需求提供解决方案。
- **工作内容:** 集成电路产品的封装工艺开发。
- **专业能力要求:** 了解集成电路封装的基础知识,掌握基本的封装工艺流程。
- **相关知识要求:** 集成电路工艺原理、半导体物理等相关知识。

第一节　集成电路封装技术

考核知识点及能力要求：

- 掌握集成电路封装的概念；
- 了解集成电路封装的发展和种类。

一、集成电路封装技术的概念

集成电路封装技术是指把构成集成电路的芯片、电子组件和各种元件，按规定的电路要求合理布置、组装、键合、互连，并与外部环境隔离，从而达到保护的一种综合的设计与制造技术。这种技术与半导体芯片技术的发展关系密切，随着当前集成电路产业的高速成长，集成电路封装也成为产业中的重要一环。

无论早期的分立晶体管还是如今的集成电路芯片，这些半导体元器件细小柔软且规格较多，为充分发挥其功能，需要对其进行有效保护、密封，以便实现与外电路可靠的电气连接。因此，对集成电路和微电子器件来说，封装具有以下4个基本功能。

（一）为芯片提供机械支撑和环境保护

硅芯片的脆性大，不耐受应力作用，通过封装可以防止外力对芯片的损害，还可以使芯片的热膨胀系数（Coefficient of Thermal Expansion，CTE）与固定的框架或基板相匹配，这样就能缓解由于外部环境变化而产生的应力以及芯片在工作状态发热而产生的应力。另外，芯片的有源器件主要集中在硅表面的几微米厚度的区域，这些有源器件通过芯片表面的互连（铝或铜及其绝缘层）连接起来，这些区域很容易受到周边环境中的水汽或化学物质的侵蚀。因此，避免芯片受到物理机械损伤或外界化学物质侵蚀，尽可能维持或不损伤芯片、电子元件、功能部件的性能，是封装的首要目的。

（二）电气连接

多数电子产品由半导体芯片、微型化无源元件等微电子器件互连组合而成，集成封装技术就构成了硅芯片之间以及与电子系统之间的桥梁。目前，芯片中 MOS 管的典型沟道尺寸已经达到 10 nm 以下，芯片的焊点尺寸在 10 μm 数量级，芯片封装外部引脚尺寸达到 100 μm 数量级宽，它们之间的电信号传输、芯片电源驱动，都是通过封装和组装中的电气互连技术实现的。

（三）IC 外形的标准规格化

标准规格化是指封装的尺寸、形状、引脚数量、节距、长度等有标准规格。芯片的电气端口按标准分布，可以获得更易于在装配中处理的引脚间距，实现组装接口标准化，从而提高后续组装中的处理能力。这样既便于加工，也便于与后续工艺配合，满足生产线的通用性要求，对封装用户、电路板厂家、芯片厂家都很方便。

（四）提供散热通路，散逸半导体芯片工作时产生的热量

随着芯片的数据处理速度提高、功能增加，在单位面积上的电力消耗也相应增长，对 IC 的散热也提出了更高要求，冷却散热功能成为重要的封装考虑因素。若芯片的功耗在 3 W 以上，应在封装上安装散热片或者散热器；若芯片功耗在 10 W 以上，则必须强制冷却。

电子封装虽然保障了芯片功能的发挥，但是它只能使芯片的电性能降低或受到限制，而不能使其自身性能得到提高。这是因为封装增加了裸芯片之间信号传输的距离，延长了传输时间，降低了信号处理速度，增大了信号的衰减和失真。另外，封装对芯片或电子组件模块之间的时钟同步性等都提出了更高的要求。封装的发展方向是，在实现封装功能的情况下，尽量减少封装对芯片性能的影响。因此，封装随着芯片的发展而进步，新一代芯片需要新一代封装技术与之对应。

二、集成电路封装的发展和种类

封装要适应集成电路的发展,就必须开发新的封装材料,设计新的封装结构形式,以满足电子产品在大功率、高速度、高密度、高精度、高可靠性等方面的需要。而高密度封装总的原则是,在保证可靠性的前提下,提高速度、功率、散热能力,增加 I/O 数,减少尺寸和降低成本。微电子封装技术是伴随芯片进步而发展起来的,它的发展史就是芯片性能不断提高、系统不断小型化的历史。以半导体封装为例,其大致可分为以下几个发展阶段,每个阶段都有其典型的封装形式。

第一个阶段可从 20 世纪 50 年代的晶体管封装追溯到 1947 年世界上发明的第一只半导体晶体管,这时的晶体管以三根引线的 TO 型外壳封装为主,主要采取金属玻璃封装工艺,如表 6-1 和图 6-1 所示。

表 6-1　　　　　　　　　　　常见的集成电路封装类型

封装类型	缩写	名称		特征	
		英文名称	中文名称	材质	典型引脚间距
IC 针脚插入型	TO	Transistor Outline	晶体管外形封装	金属 塑料	2.54 mm
	DIP	Dual In-line Package	双列直插封装	塑料 陶瓷	2.54 mm
	SIP	Single In-line Package	单列直插封装	塑料	2.54 mm
	PGA	Pin Grid Array	针栅阵列封装	陶瓷	2.54 mm
SMT 型	SOP	Small Outline Package	小外形封装	塑料	1.27 mm
	QFP	Quad Flat Package	四边引脚扁平	塑料	1.0 mm 0.8 mm 0.65 mm
	LCC	Leadless Chip Carrier	无引线片式载体	陶瓷	1.27 mm 1 mm 0.762 mm
	PLCC	Plastic Leaded Chip Carrier	带引线的塑料芯片载体	塑料	1.27 mm
	BGA	Ball Grid Array	球栅阵列封装		
	CSP	Chip Scale Package	芯片尺寸封装		

第二个阶段为20世纪70年代的通孔插装时代,封装可由人工用手插入PCB的通孔中。芯片以中规模的集成电路芯片为代表,通孔插装时代以TO型封装和双列直插封装为代表,集成电路功能不强,引脚数较小(小于64),板的装配密度不受重视,引脚间距较大,达到2.54 mm或1.27 mm,引脚数的增加将意味着封装尺寸的增大,最大安装密度是10引脚/cm^2。封装材料前期主要是陶瓷封装,为了降低成本,后期推出了塑封技术,其不足之处是信号频率较低,组装密度难以提高,不能满足高效率自动化生产的要求。典型的封装形式有DIP、SIP、ZIP(Zig-zag In-line Package)、PGA等。

图6-1 几种典型的封装形式

第三个阶段是20世纪80年代开始的表面贴装技术(Surface Mount Technology,SMT)时代,芯片以大规模集成电路芯片为代表,SMT时代的代表是小外形封装(SOP)和四边引脚扁平封装(QFP),可以在PCB的两面进行组装,大大提高了引脚数和组装密度,是封装技术的一次革命。当时的贴装技术由日本主导,因此周边引脚的间距为公制(1.0 mm、0.8 mm、0.65 mm、0.5 mm、0.4 mm),并且确定了80%的收缩原则,即引脚间距是按照80%进行递减,其封装体的尺寸固定而周边的引脚间距根据需要变化，提高了生产率。最大引脚数达到 300，安装密度达到 10～50 引脚 /cm²，此时也是金属引脚塑料封装的黄金时代。SMT 技术具有引线短、引线细、间距小、封装密度高、电性能好、体积小、重量轻、厚度小、易于自动化生产等优点，但是在封装密度、I/O 数目以及电路工作频率方面，难以满足高性能的专用集成电路、微处理器芯片发展的需要。

第四个阶段是以 20 世纪 90 年代的球栅阵列（BGA）封装和针栅阵列（PGA）封装为标志，目前实现了芯片尺寸封装（CSP）。BGA 的焊锡球是作为连接点而被排列在封装体的下表面，从而极大地提高了表面安装封装的 I/O 终端数量。现代的小型手提电子产品要求更小、更薄和更轻的产品封装，因而就出现了 CSP，封装体的尺寸与芯片的尺寸相近。BGA 封装的引脚间距为 1.5 mm 和 1.27 mm 两种。引脚间距的扩大降低了失效率并提高了生产效率，BGA 封装的安装密度达到 40～60 引脚 /cm²。

第五个阶段是 20 世纪 90 年代至 21 世纪前 10 年，专用的集成电路模块迅速向多芯片模块（Multi-Chip Module，MCM）发展，即把多块裸芯片组装在一块高密度多层布线基板上，并封装在同一外壳中，组合成具有一定的功能电路模块，实现了多种元件与芯片的集合封装。

第六个阶段，也就是近十年，封装技术达到新的高度，这便是更高级、更精密、更复杂的三维封装技术。这是一种多个芯片在垂直方向堆叠互连的封装技术，其中以硅通孔互连技术（Through Silicon Via，TSV）最具先进性和代表性。TSV 通过在芯片与芯片之间、晶圆与晶圆之间制作垂直导通，实现堆叠芯片的层间互连，能够使得封装密度增加，外形尺寸减小，互连线缩短，提高芯片速度和降低功耗。

集成电路当前进入 3 nm 时代，尺寸的继续减小面临新的瓶颈，但更小的集成电路和系统体积仍是主要的发展趋势，促进封装技术不断进步，向更小的体积、更高的集成度方向发展，其技术性越来越强，适应的工作频率越来越高，而且散热性能越来越好。

集成电路工程技术人员——集成电路基础知识

第二节 芯片键合技术

考核知识点及能力要求：

- 了解芯片贴装的工艺流程和焊接原理；
- 掌握引线键合技术的原理和工艺流程；
- 掌握载带自动焊接技术的概念和工艺流程；
- 掌握倒装焊接技术的工艺流程，了解倒装芯片的凸点技术。

一、芯片贴装

通常所说的芯片是指封装好的集成电路。集成电路是指半导体晶片经过平面工艺加工制造成元件、器件和互连线，并集成在基片表面、内部或之上的微小型化电路或系统。一般来说，"芯片"成本最能影响电子产品整机的成本。

（一）晶圆切割

晶圆（晶片，Wafer）多指单晶硅圆片，由普通硅沙拉制提炼而成，是最常用的半导体材料，按其直径一般分为 4 in、6 in、8 in、12 in 等规格，近来的趋势要向 18 in 规格发展。现在也有用毫米（mm）来描述的规格，12 in 差不多是 300 mm。直径小于 150 mm 的圆片，要在晶锭的整个长度上沿一定的晶向磨出平边，以指示晶向和掺杂类型。直径更大的圆片，在边缘磨出缺口，如图 6-2 所示。

晶圆的成分是硅，硅是由石英砂所精炼出来的，晶圆便是硅元素加以纯化（99.999%），接着是将这些纯硅制成硅晶棒，成为制造集成电路的石英半导体的材

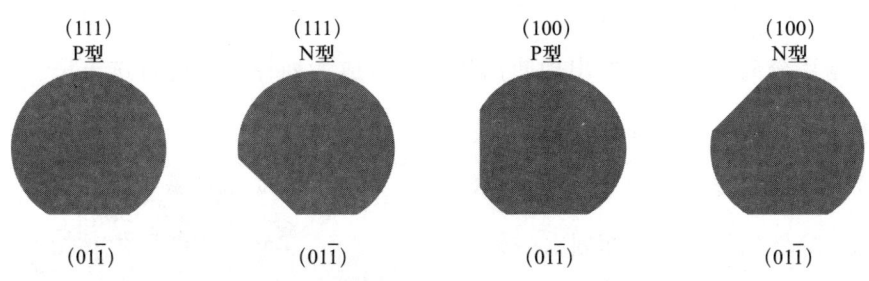

图 6-2 具有指示晶向和掺杂类型的晶圆

料,将其切片就是芯片制作具体需要的晶圆。晶圆越薄,成本越低,但工艺要求越高。

硅圆片越大,同一硅圆片上可生产的 IC 就越多,可降低成本,硅圆片直径越大,其经济性能就越优越。但对材料技术和生产技术要求更高。将硅片切成单个的芯片,并对其进行检测,只有切割后经过检测合格的芯片才可进入下道工序。典型的集成电路晶圆包含一百至数百个芯片(也叫作小片),如图 6-3 所示。

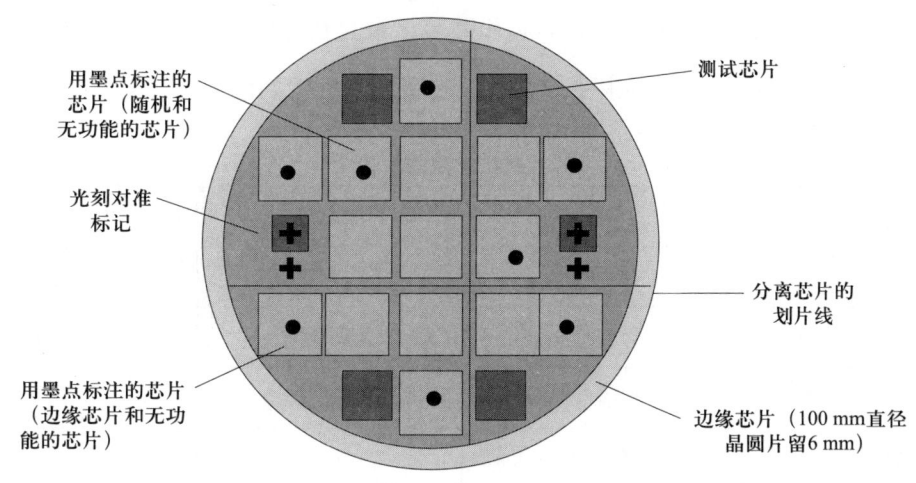

图 6-3 集成电路晶圆

晶圆切割划片有两种方法:钻石划片分离和锯片分离。

(1)钻石划片分离:钻石划片法是第一代划片技术。此方法要求晶片在精密工作台上精确定位,然后用尖端镶有钻石的划片器从划线的中心划过。划片器在晶片表面划出了一条浅痕。晶片通过加压的圆柱滚轴后芯片得以分离。当滚轴滚过晶片表面时,晶片沿着划痕线分离开。当晶片超过一定厚度时，划片法可靠性就会降低。

（2）锯片分离：厚晶片的出现使锯片法发展成为划片工艺的首选方法。此工艺使用了两种技术，并且每种技术开始都用钻石锯片从芯片划线上经过。对于薄的晶片，锯片降低到晶片的表面划出一条深入 1/3 晶片厚度的浅槽。芯片分离的方法仍沿用划片法中所述的圆柱滚轴加压法。还有一种划片法是用锯片将晶片完全锯开成单个芯片。晶圆切割划片如图 6-4 所示。

图 6-4 晶圆切割划片示意图

（二）芯片贴装

芯片贴装是芯片与基座的机械结合，不仅要能使芯片得到牢靠的固定，而且要能实现电连接和满足散热条件。芯片贴装的方法随封装形式而异，传统方法包括金属共晶体芯片贴装、焊锡芯片贴装、玻璃芯片贴装、聚合物黏结芯片贴装等。按照焊接方法需求，芯片黏结常用的材料主要分为无机黏结剂和有机黏结剂，见表 6-2。

表 6-2　　　　　　　　　　芯片黏结常用的材料

无机黏结剂	有机黏结剂		
	热固性	热塑性	光敏性
Au-Si 共晶焊料	环氧树脂	聚酰亚胺	丙烯酸
银玻璃焊膏	聚酰亚胺	苯乙烯	
软焊料合金	聚氨酯		

金属共晶体贴装法是在陶瓷封装中芯片贴装的主要方法，金属共晶体贴装是在芯片和基片之间形成共晶体键合，包括金－硅、金－锗、金－锡等共晶焊接，以金－硅共晶焊最常见。在金－硅共晶焊中，陶瓷载体表面需要进行金属化，即要在陶瓷面上附着一层牢固的金镀层。陶瓷表面先镀一层镍，再在镍上镀一层金。根据相关标准，陶瓷基片的镀金层厚度不得小于 1 270 nm，以保证芯片金－硅共晶体贴装的质量。足

够厚的金层可以阻止镍原子扩散到金表面，与硅反应形成硅化镍。图 6-5 所示为金－硅共晶焊接法的流程。

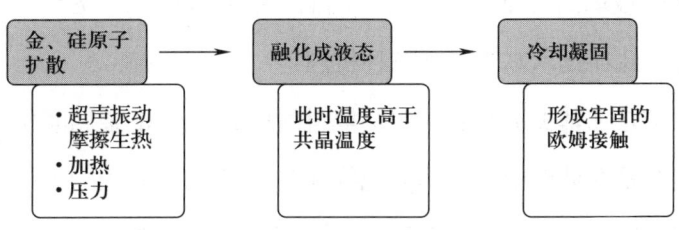

图 6-5　金－硅共晶焊接法的流程

共晶是指一定成分的合金液体在共晶反应温度下，冷却、凝固、结晶为两种或更多致密晶体混合物。在共晶焊接中常使用超声波辅助，超声波使封装基板与硅芯片有摩擦，破坏硅芯片表面的氧化层，有利于贴装焊接。同时，通常使用氮气气氛进行保护，反应在热氮气的气氛中进行，可防止硅的高温氧化。

在塑料封装中上述方法难以消除 IC 芯片与铜引脚架之间的应力，故使用较少。这是由于芯片、框架之间的热膨胀系数（Coefficient of Thermal Expansion，CTE）严重失配，且应力又无处分散，所以合金焊料贴装可能会造成严重的芯片开裂现象。由于金－硅共晶合金焊接是一种生产效率很低的手工操作方法，不适用于高速自动化生产。因而，只在一些有特殊导电性要求的大功率管中，使用合金焊料或使用焊膏连接芯片与焊盘贴装，其他情况应用得很少。

常用的芯片贴装技术还有焊锡芯片贴装法，焊锡芯片贴装法和金属共晶体贴装法都有利于热的传导，但是后者是脆性材料，会对芯片造成应力。而焊锡贴装方式在陶瓷载体和塑封中都可以采用，芯片可以贴装在引线框架上。焊锡芯片贴装法的工艺是在芯片背面依次淀积 Ti-Ni-Ag（Au 等），引线框架基座表面镀银会提高贴装质量。芯片背面和引线框架基座焊盘之间用焊锡 Pb-Sn。其中，95Pb-5Sn 高铅软焊锡比较柔软，可起到缓和由于 CTE 错配引起的应力作用。65Sn-25Ag-10Sb 焊锡合金抗热疲劳更好。

玻璃芯片贴装有两种，一种方法是在陶瓷封装基片的凹槽上涂有玻璃，将这种基片加热到玻璃的熔点以上，完成贴装。背面不需电连接。另一种方法是将掺有银粉的玻璃粉与有机黏结剂混合，制成膏状，涂放在镀金的陶瓷基片上，再放上芯片，在 75 ℃

的温度下干燥 15 min，将溶剂除掉，再在高于 375 ℃的温度下完全烧去有机物。这种贴装层含有大约 80% 的银。这种银－玻璃贴装方法的好处是很少出现空隙，芯片贴装的应力也小。由于玻璃贴装是化学键合，因而贴装强度高。它的热稳定性好，键合强度高，可靠性好。此项技术基于以下三种机理：

（1）金相黏结是在基板上金层与银基填料间形成 Au–Ag 金属间化合物。

（2）化学键合是在玻璃中的金属氧化物和芯片背后的硅间形成。

（3）物理键合是冷却时在芯片背面和载体之间由于存在玻璃的毛细渗透而形成黏结。

聚合物贴装采用有机树脂黏结剂在芯片和封装体之间形成一层绝缘层进行黏结，可掺杂金属（如金或银）形成电连接。黏结剂大多采用环氧树脂，环氧树脂是稳定的线性聚合物，加入固化剂后，环氧基打开形成羟基并交链，从而由线性聚合物交链成网状结构而固化成热固性塑料。聚合物贴装广泛用于低成本塑料封装中。聚合物材料的贴装温度低，应力较小，缺点是热稳定性不好，并且易吸收潮气。聚合物贴装也可以使用薄膜状的聚合物生料固体预制件，简化封装流程。先将聚合物生料膜在较低的温度下贴到硅晶圆片的背面，然后切割晶片而得到分割的带有聚合物生料的芯片，用聚合物薄膜将芯片贴装在芯片基座上。

四种贴装技术的性能对比见表 6–3。

表 6–3   四种贴装技术的性能对比

类型	金属共晶贴装	焊锡贴装	玻璃贴装	聚合物贴装
强度	高	较高	较高	较高
抗疲劳性	高	低	较高	低
导电性	好	好	一般	一般
导热性	好	好	一般	一般
耐蚀性	好	好	一般	一般
成本	高	高	低	低
助焊剂	无	有时有	有	无
退火处理	无	无	无	有
焊接温度	高	较高	低	低
应用领域	陶瓷和塑料封装	陶瓷和塑料封装	陶瓷封装	多用于塑料封装

二、引线键合技术

芯片封装中,在 IC 和封装或基底之间的连接经常使用的方法有引线键合技术、倒装焊接技术和载带自动化焊接技术,这些方法统称为芯片键合技术。

(一)引线键合技术的概念

引线键合(Wire Bonding,WB)是指用微细的金属丝线将芯片上的金属压焊点和封装外壳的引线框架上对应的压焊点相连,实现芯片与封装体之间的信号传输。引线键合技术是集成电路芯片与封装结构之间电路互连最常使用的方法。引线键合技术按工艺技术可分为球形焊接和楔形焊接,都是将细金属线或金属带按顺序打在芯片与引脚架或封装基板的焊垫上而形成电路互连。引线键合技术安装芯片如图 6-6 所示。引线键合技术键合点外观如图 6-7 所示。

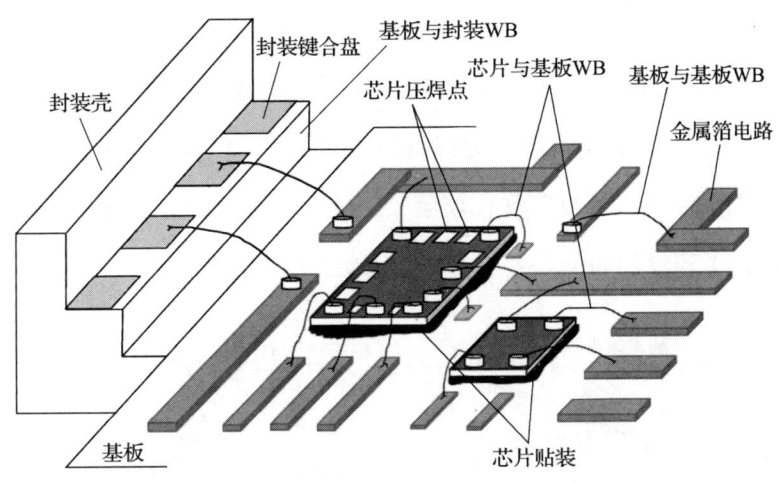

图 6-6 引线键合技术安装芯片示意图

(二)引线键合技术的工艺流程

引线键合技术按原理分为超声波键合(Ultrasonic Bonding,U/S Bonding)、热压键合(Thermo-compression Bonding,T/C Bonding)和热超声键合(Thermo-sonic Bonding)。

超声波键合又称超声焊、引线楔形焊。它是利用超声波发生器产生的能量,通过电致伸缩换能器,在超高频电场感应下,迅速伸缩而产生的弹性振动,经变幅杆传给楔焊头,使之相应振动;同时,在楔焊头上施加一定的压力。楔焊头在这两种力作用

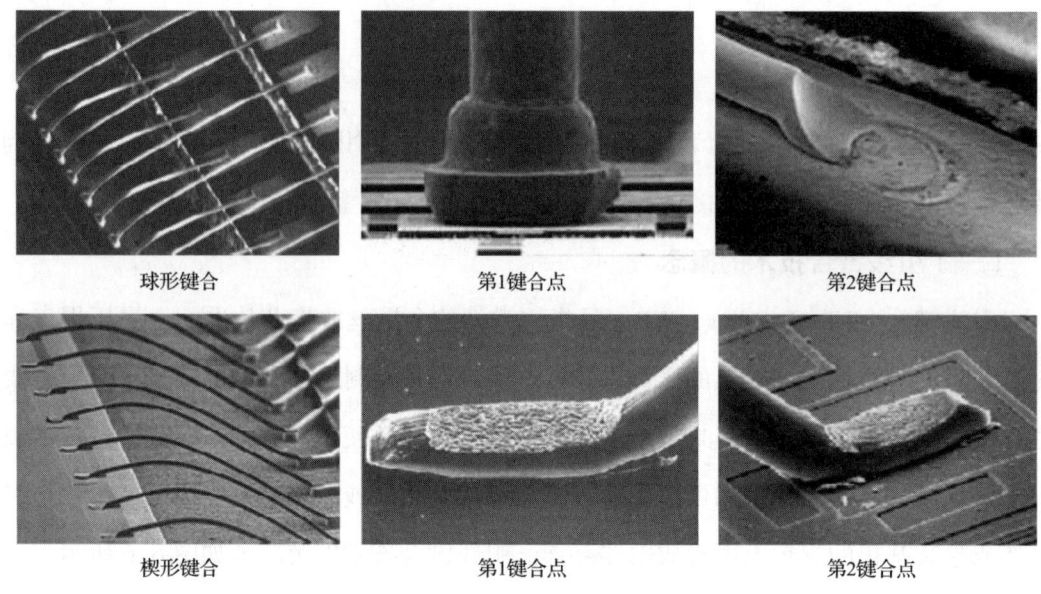

图 6-7 引线键合技术键合点外观

下,带动铝丝在被焊区的金属化层(如铝膜)表面迅速摩擦,使铝丝和铝膜表面产生塑性形变。这种形变也破坏了铝层界面的氧化层,使这两个纯净的金属面紧密接触,达到原子间的"键合"。超声波键合的特点是适合细丝、粗丝以及金属扁带,不需外部加热,对器件无热影响,可以实现在玻璃、陶瓷上的连接,并且适用于微小区域的连接。超声波键合工艺过程如图 6-8 所示。

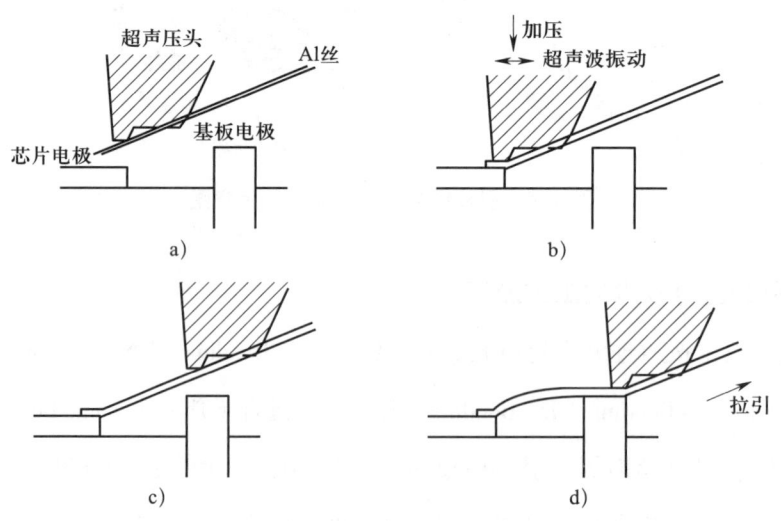

图 6-8 超声波键合工艺过程
a)定位(第 1 次键合) b)键合 c)定位(第 2 次键合) d)键合 – 切断

热压键合是利用加热及压力形成键合。通过加热和加压力，将金属丝 Al 或 Au 和金属焊区压焊在一起。利用微电弧使 $\phi 25\sim 50~\mu m$ 的 Au 丝端头熔化成球状，通过送丝压头将球状端头压焊在裸芯片电极面的引线端子，形成第 1 键合点。然后送丝压头提升，并向基板位置移动，在基板对应的导体端子上形成第 2 键合点，完成引线连接过程。该技术于 1957 年在贝尔实验室被使用，是最早的封装工艺技术，但现在已很少采用。

热超声键合又称金丝球焊，多用于金丝的键合。键合过程首先是用电火花熔化金丝尾部，形成焊球，然后送丝压头下降，施加压力和超声波，金球与芯片上的金属焊区形成球形键合，形成第 1 键合点。接下来，送丝压头提升，牵引金丝形成引线，接着金丝压在封装的引线框架（或者芯片上）的压焊点，形成月牙形的楔形键合，即第 2 键合点。最后，切断金属丝，金属丝伸出送丝压头，用电火花熔化金属丝尾部，环成新的球。以便用于下一循环的球键合。热超声键合同时具有热压键合和超声键合两者的优点。热压键合所需的温度一般在 300 ℃以上，加上超声作用后，热超声键合所需要的温度可降至 200 ℃以下。这样，金丝球焊工艺可以与其他耐温 300 ℃以下的微组装工艺相匹配，在高可靠集成电路封装中广泛应用。

引线键合技术比较见表 6-4。

表 6-4　　　　　　　　　　引线键合技术比较

基本类型	超声波键合	热压键合	热超声键合
可用的丝质及直径	Au 丝，Al 丝 $\phi 10\sim 500~\mu m$	Au 丝 $\phi 15\sim 100~\mu m$	Au 丝 $\phi 15\sim 100~\mu m$
键合丝的切断方法	拉断（超声压头） 拉断（送丝压头） 高电压（电弧）	高电压（电弧） 拉断	高电压（电弧） 拉断
优点	无须加热，对表面洁净度不十分敏感	键合牢固，强度高；在略粗糙的表面上也能键合；键合工艺简单	与热压键合法相比，可以在较低温度、较低压力下实现键合
缺点	对表面粗糙度敏感，工艺控制复杂	对表面清洁度很敏感，应注意温度对元件的影响	需要加热，与热压法相比工艺控制要复杂些
其他	最适合采用 Al 丝	适用于单片式 LSI	适用于多芯片大规模集成电路的内部布线连接

引线键合中常用的焊接线有 Al、Au、Cu、Ag，Al 普遍被作为芯片表面的薄膜多层布线，芯片键合压焊点多数是 Al 的。通常在 Al 线中添加 1% 硅，使铝（软，难成线）加硬，也可添加 0.5%~1%Mg。1% 硅超过了室温铝中硅的可溶解性，这可导致硅沉淀，形成固相硅。升高温度时 Mg-Al 抗劣化性优于 Si-Al。键合金丝是指纯度约为 99.99%、线径为 18~50 μm 的高纯金合金丝，为了增加机械强度，金丝中往往加入铍（Be）或铜，目前，铜布线逐渐被应用。Cu 线具有低成本、机械性能好的特点。但是 Cu 线焊接需在惰性气体环境中进行，防止形成氧化铜。铜比金或铝坚硬，铜线要焊接的金属必须较硬。焊接线的性质见表 6-5。

表 6-5 焊接线的性质

材料	热导率/[W/(m·K)]	熔点/℃	电阻率/(Ω·cm)	TCR[①]/(Ω·m/℃)	弹性模量/GPa	TCE[②]/(1/K)	布氏硬度	伸长度/%
Al	237	660	2.7×10^{-8}	4.3×10^{-11}	35	4.6×10^{-5}	17	50
Au	319	1 065	2.3×10^{-8}	4×10^{-11}	77	1.4×10^{-5}	18.5	4
Cu	403	1 085	1.7×10^{-8}	6.8×10^{-11}	13	1.6×10^{-5}	37	51

① TCR 是电阻的温度系数。

② TCE 是电阻的热膨胀系数。

三、载带自动焊接技术

（一）载带自动焊接技术的概念

载带自动焊接（Tape Automated Bonding，TAB）技术是一种将芯片组装在金属化柔性高分子聚合物载带上的集成电路封装技术；将芯片焊区与电子封装体外壳的 I/O 或基板上的布线焊区用有引线图形金属箔丝连接，是芯片引脚框架的一种互连工艺。图 6-9 所示为带有 Cu 图样的 TAB 膜，薄膜中的孔便于电路的刻蚀，齿轮孔便于带的传送。

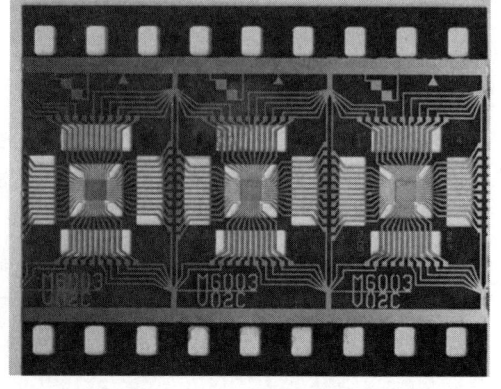

图 6-9 带有 Cu 图样的 TAB 膜

聚合物电路载带也称薄膜载体，单层带厚 35~70 μm，二层和三层带厚 75~125 μm。常用的聚合物有聚酰亚胺（Polyimide，PI）、环氧树脂、聚酯及 BT 树脂。铜是最普遍的载带导体，铝、钢、合金 42 以及厚膜导体也可作为聚合物线路导体。载带自动焊按结构和形状可分为 Cu 箔单层带、Cu-PI 双层带、Cu-粘接剂-PI 三层带和 Cu-PI-Cu 双金属带四种。TAB 单层带为单层的铜箔。通常先冲制出标准的定位传送孔，然后对铜箔进行光刻制作引线，再进行电镀和退火处理，最后在内外引线焊接处局部电镀金。TAB 双层带包含金属箔及 PI 层。载带自动焊接分类如图 6-10 所示。

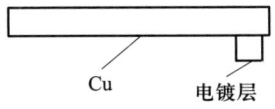 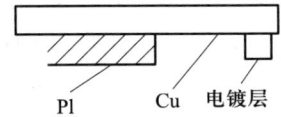 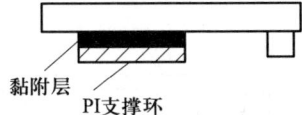

图 6-10 载带自动焊接分类

TAB 单层带具有成本低、制作工艺简单、耐热性能好的优点，但不能老化筛选测试芯片。Cu 箔单层带的制作步骤如下：

（1）冲制标准定位传送孔；

（2）Cu 箔清洗；

（3）Cu 箔叠层；

（4）Cu 箔涂光刻胶（双面）；

（5）刻蚀形成 Cu 线图样；

（6）导电图样 Cu 镀锡退火。

TAB 双层带不使用黏结剂，是直接把铜粘接到聚酰亚胺介质膜上构成的，双层带的特点是可弯曲、成本较低、设计自由灵活、可制作高精度图形、能老化筛选测试芯片，但是带太宽时（35 mm）尺寸稳定性差。TAB 三层带的制作工艺流程如图 6-11 所示。Cu 箔被压实在聚酰亚胺的上面，中间是一层黏结剂。TAB 三层带中 Cu 箔与 PI 粘接性好，可制作高精度图形，可卷绕，适合批量生产，能进行老化和筛选测试芯片，但制作工艺较复杂且成本较高。

（二）载带自动焊接技术的工艺流程

TAB 技术首先在高聚物上做好元件引脚的引线框架，将芯片按其键合区对应放在上面，然后通过热电极一次将所有的引线进行键合。TAB 技术工艺主要是先在芯片上形成凸点，将芯片上的凸点同载带上的焊点通过引线压焊机自动键合在一起，然后对芯片进行密封保护。TAB 技术工艺流程如图 6-12 所示。

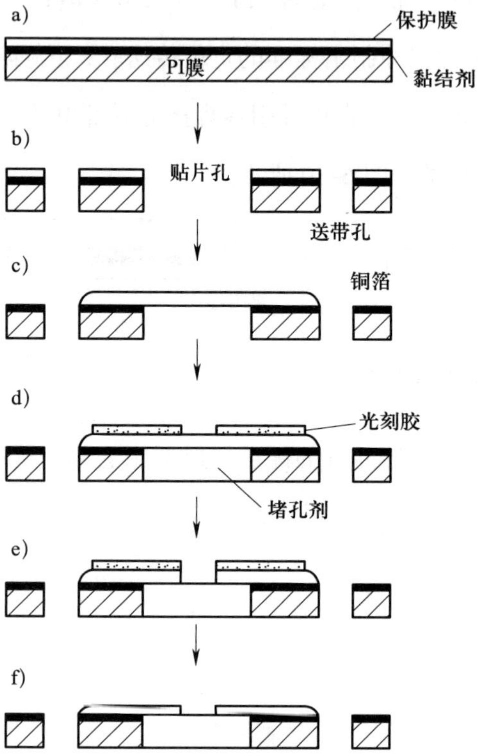

图 6-11　TAB 三层带的制作工艺流程
a）贴保护膜　b）冲孔　c）热压贴附铜箔
d）涂覆光刻胶、曝光、显像、堵孔
e）蚀刻　f）剥离光刻胶，去除堵孔剂

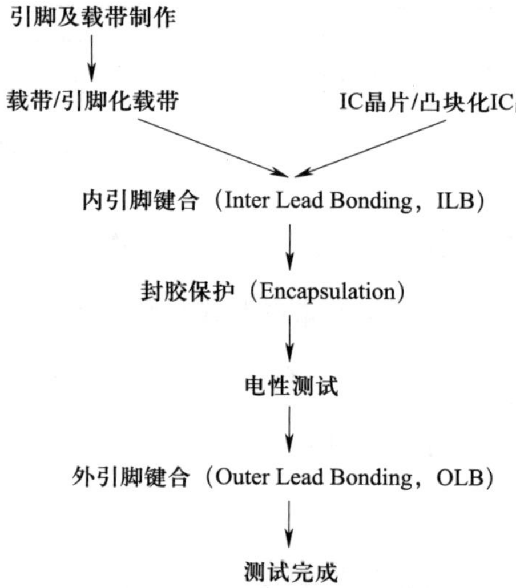

图 6-12　TAB 技术工艺流程

TAB 技术工艺关键部分有芯片凸点制作、内引线键合、封胶保护、外引线键合等。

1. 芯片凸点制作

在 Si 圆片制作 Au 凸点，首先在表面沉积一层金属膜，常用 Ti/Ni/W 体系，采用电镀在硅表面覆盖一层导电层，防止金扩散到 Al 和 Si 中。图 6-13 所示为芯片凸点制作流程，包括：①圆片清洗和溅射刻蚀；②溅射沉积接触/阻挡层，并溅射金予以保护；③光刻成像，用掩膜碾压；④电镀金凸块（约 25 μm）；⑤除去光刻胶；⑥选择性刻蚀除去凸块底部以外的多层金属膜。芯片凸点制作中的典型金属见表6-6。

在双层与三层载带上进行凸块化时，因为蚀刻工艺容易致导带变形，而使未来键合发生对位错误，因此，双层与三层载带较少应用于凸块载带TAB的键合。

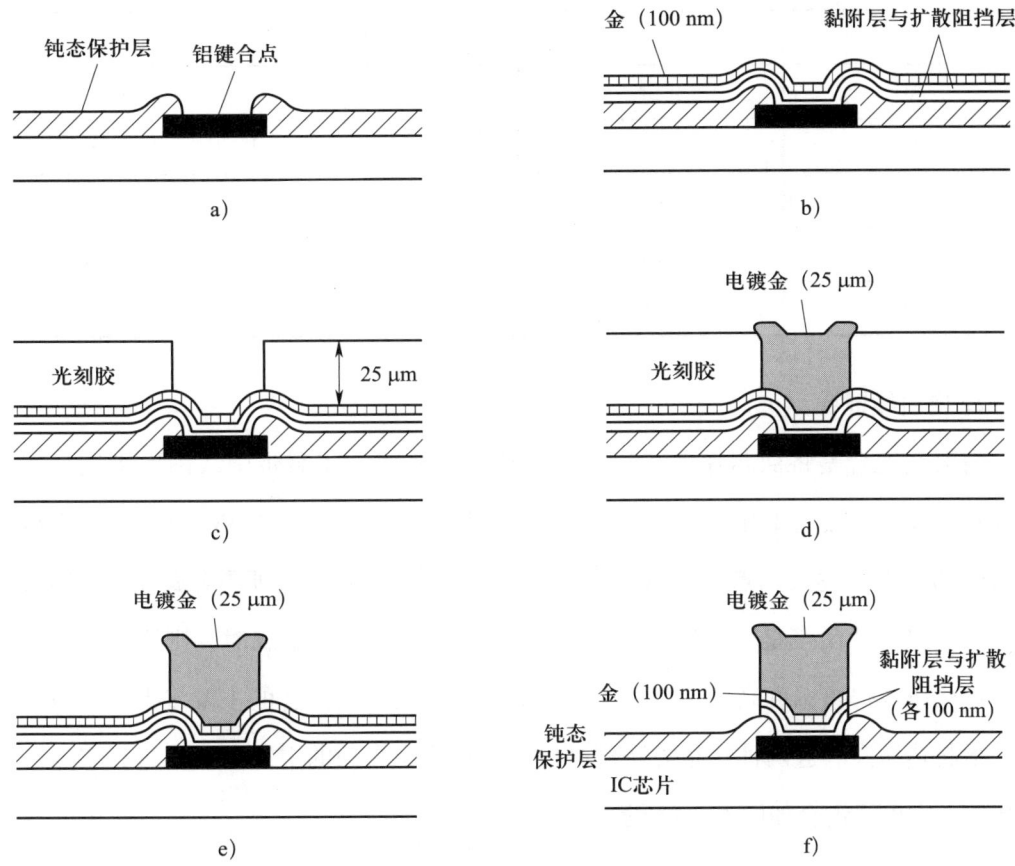

图6-13　芯片凸点制作流程

a）芯片清洁　b）溅镀黏附层　c）光刻成像　d）电镀金凸块　e）除去光刻胶
f）选择性刻蚀除去凸块底部以外的多层金属膜

表6-6　　　　　　　　　　芯片凸点制作中的典型金属

芯片焊区金属	黏附层金属	阻挡层金属	凸点金属
Al	Ti	W	Au
Al	Ti	Mo	Au
Al	Ti	Pt	Au
Al	Ti	Pd	Au

续表

芯片焊区金属	黏附层金属	阻挡层金属	凸点金属
Al	Ti	Cu–Ni	Au
Al	TiN	Ni	Au
Al	Cr	Cu	Au
Al	Cr	Ni	Au
Al	Cr	Ni	Cu–Au
Al	Cr	Cu	Au–Sn
Al	Cr	Cr	Pb–Sn
Al	Ni	Cu	Pb–Sn

2. 内引线键合

内引线键合是将裸芯片组装到 TAB 载带上的技术，将载带引线图形指端与芯片焊接到一起的方法主要有热压焊和再流焊。当芯片凸点是 Au、Au/Ni、Cu/Au，而载带 Cu 箔引线也是镀这类凸点金属时，使用热压焊。焊接工具是由硬质金属或钻石制成的热电极。当芯片凸点是软金属，而载带 Cu 箔引线也镀这类金属时，则用再流焊。完全使用热压焊焊接温度高，热压再流焊的温度低。内引线键合的主要步骤有对位、焊接、抬起热压头。这两种焊接方法都是使用自动或半自动的引线焊接机进行多点一次焊接的。内引线键合如图 6-14 所示。

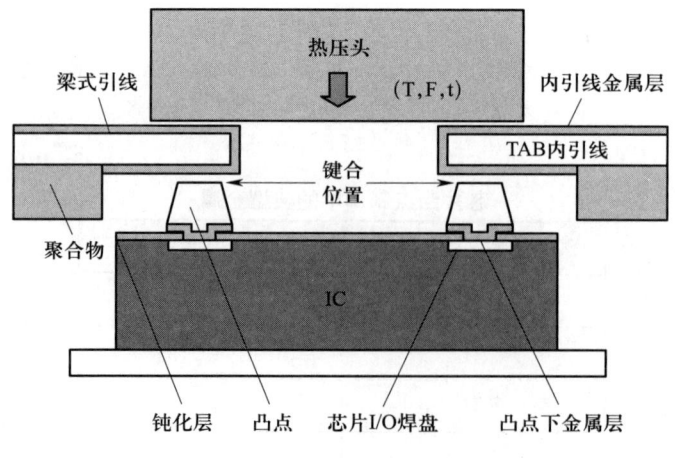

图 6-14 内引线键合示意图

3. 封胶保护

内引线键合之后在芯片上滴环氧树脂进行化学保护和环境保护。封胶保护常用的三种包封形式包括表面涂覆、全包封、传递模封，如图6-15所示。此后，进行老化、筛选与测试，确信其具备较好的电、热和机械性能。

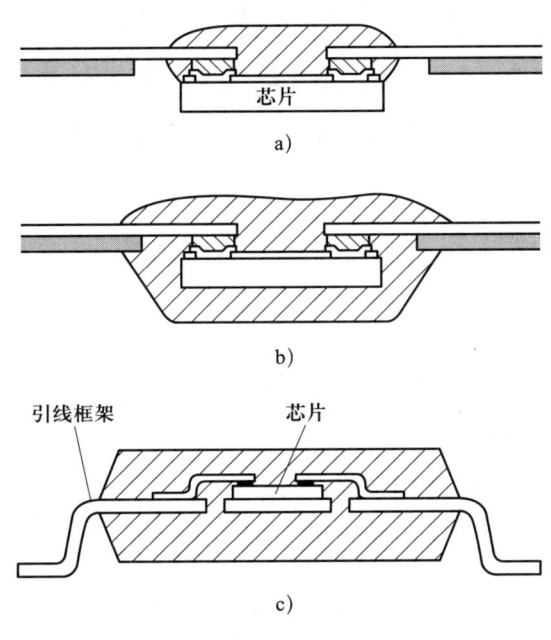

图 6-15 封胶保护的包封形式

a) 表面涂覆 b) 全包封 c) 传递模封

4. 外引线键合

如图6-16所示，外引线键合是载带外引线与外壳或基板焊区的焊接。印刷板的TAB线路封装主要有以下3个步骤：

（1）用剪切工具将有短Cu导体的Si芯片从TAB载带上切除。

（2）用专门的弯曲工具将导线弯曲，使外层终端在Si芯片的下面。

（3）将芯片放在印刷电路板上，焊接Cu引线的外层终端。

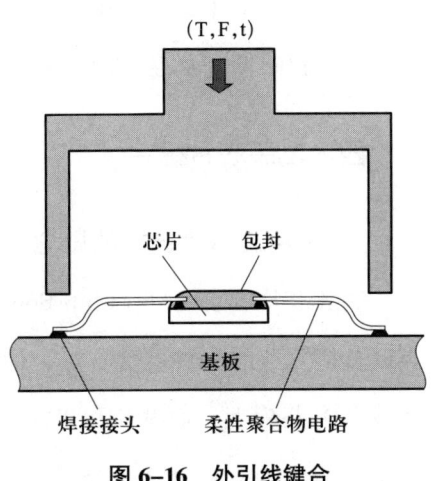

图 6-16 外引线键合

载带自动焊接技术的关键材料有基带材料、载带金属材料和凸点金属材料,基带材料要求高温性能好、热匹配性好、收缩率小、机械强度高等,聚酰亚胺是良好的基带材料,但成本较高,此外,可采用聚酯类材料作为基带。制作 TAB 引线图形的金属材料的要求是导电、导热性好,强度高,延展性以及表面平滑性好,与各种基带粘接牢固,易于光刻出复杂的精细引线图形,易于电镀 Au、Ni、Pb、Sn 等,常用轧制铜箔和电解 Cu 箔,少数采用 Al 箔。芯片焊区金属通常为 Al,在金属膜外部沉积制作黏附层和钝化层,防止凸点金属与 Al 互扩散。典型的凸点金属材料多为 Au 或 Au 合金。

与引线键合互连技术相比,载带自动焊接技术有以下优缺点:

主要优点:

(1)能适应小的键合点和更小的引线间距,可封装 I/O 数量增多。

(2)避免长引线回路,改善了电性能。

(3)互连结构简单,可使封装变薄、变轻。

(4)改进了传热性能。

(5)能够在载带上连续做老化实验,简化检验工序。

主要缺点:

(1)加工过程的灵活性差。

(2)需要较大的设备投资。

(3)返修加工比较困难。

(4)仍是四周互连封装技术,封装尺寸未能减小。

四、倒装芯片键合

(一)倒装芯片键合的概念

倒装芯片键合(Flip Chip Bonding,FCB)是指将裸芯片面朝下,芯片焊区与基板焊区直接互连的一种键合方法:通过芯片上的凸点直接将元器件朝下互连到基板、载体或者电路板上。而 WB 和 TAB 则是将芯片面朝上进行互连的。由于芯片通过凸点直接连接基板和载体上,倒装芯片又称为直接芯片连接(Direct Chip Attach,DCA)。

FCB 省掉了互连引线，互连线产生的互连电容、电阻和电感均比 WB 和 TAB 小很多，电性能优越。FCB 技术先进性还表现在低成本、高可靠性和高产量。倒装芯片元件（如无源滤波器、探测天线、存储设备等）主要用于半导体设备。三种晶片级互连方法如图 6-17 所示。

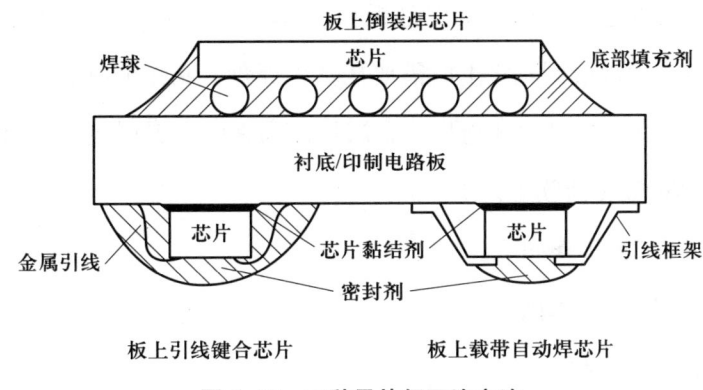

图 6-17　三种晶片级互连方法

美国 IBM 公司最早在 20 世纪 60 年代研究开发出在芯片上制作凸点的倒装芯片焊接技术，使用 95Pb55Sn 包围电镀 NiAu 的铜球。之后制作铅锡凸点使用可控塌焊连接（Controlled Collapse Component Connection，C4），无铜球包围。后来出现了 Ag-Sn 凸点、Al 凸点、Au 凸点等。目前，倒装芯片广泛用于电子表、手机、便携机、磁盘等电子产品。

（二）倒装芯片的凸点技术

倒装芯片的凸点常用的材料是 Pb/Sn 合金，95Pb/5Sn 或者 97Pb/3Sn 的回流焊温度较高，通常为 330～350 ℃，高锡焊料如 37Pb/63Sn 的回流温度为 200 ℃左右。凸点按材料可分为焊料凸点、Au 凸点和 Cu 凸点等，按凸点结构可分为周边型凸点和面阵型凸点，按凸点形状可分为蘑菇形凸点、直状凸点、球形凸点、叠层凸点等。

形成凸点的工艺技术主要包括以下几种：

（1）蒸发/溅射凸点制作法；

（2）电镀凸点制作法；

（3）打球（钉头）凸点制作法；

（4）焊膏印刷凸点制作法；

（5）置球法；

（6）模板制作焊料凸点法；

（7）激光凸点制作法。

（三）倒装焊接技术的工艺流程

制作出来的凸点芯片可用于陶瓷基板和 Si 基板，也可以在 PCB 上直接将芯片进行 FCB 焊接。将芯片焊接到基板上时需要在基板焊盘上制作金属焊区，以保证芯片上凸点和基板之间有良好的接触和连接。金属焊区通常的金属层包括 Ag/Pd-Au-Cu（厚膜工艺）和 Au-Ni-Cu（薄膜工艺）。

倒装芯片主要工艺步骤如下：

第一步，凸点底部金属化。

第二步，芯片凸点制作。

第三步，将已经凸点的晶片组装到基板 / 板卡上。

第四步，使用非导电填料填充芯片底部空隙。

（1）凸点底部金属化即凸点下金属化（Under Bump Metallurgy，UBM），芯片上的凸点，实际上包括凸点及处在凸点和铝电极之间的多层金属膜，一般称为凸点下金属层，主要起到黏附和扩散阻挡的作用。UBM 要求必须与焊区金属以及圆片钝化层有牢固的结合力，Al 是最常见的集成电路金属化的金属，典型的钝化材料为氮化物、氧化物以及聚酰亚胺，其次要求和焊区金属要有很高的欧姆接触，所以在沉积凸点前要通过溅射等方法去除焊区表面的 Al 氧化物；要有焊料扩散阻挡层、可浸润焊料的表面、氧化阻挡层等。UBM 如图 6-18 所示。

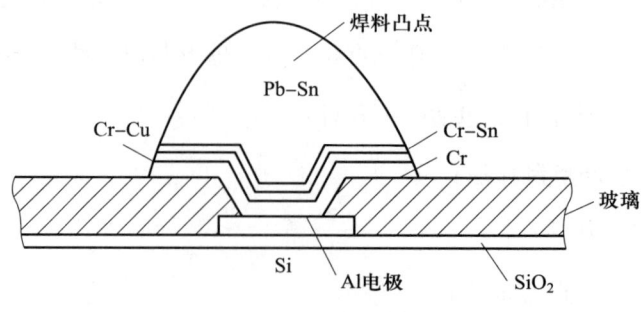

图 6-18　UBM 示意图

（2）芯片凸点制作。凸点可以通过传统的电解镀金方法生成，或者采用钉头凸点的方法，后者是引线键合技术中常用的凸点形成工艺。由于可采用现有的引线键合设备，可降低成本。凸点形成过程中，晶圆或者基板应该预热到 150～200 ℃。

（3）将已经凸点的晶片组装到基板上。将已经凸点的晶片组装到基板上的方法有以下几种：①通过焊料焊接，首先将焊料沉积在基板焊盘上，对于细间距连接，焊料通过电镀、焊料溅射或者固体焊料等沉积方法，特殊焊料可通过直接涂覆到基板上或用芯片凸点浸入的方法，对于大间距可用模板印刷焊膏；其次进行回流焊接，芯片凸点放置于沉积了焊膏或者焊剂的焊盘上，整个基板浸入再流焊炉；最后清洗、测试。②通过热压焊接，芯片凸点是通过加热、加压的方法连接到基板的焊盘上，要求芯片或基板上的凸点为金凸点，温度为 300 ℃左右。③热压超声倒装芯片连接是将超声波应用在热压连接中，可使焊接过程更快。超生能量是通过一个可伸缩的探头从芯片的背部施加到连接区。超声波的使用使连接材料迅速软化，易于实现塑性变形。热压超声的优点是可以降低连接温度，缩短加工时间。④通过黏结剂连接，导电胶连接是取代铅锡焊料连接的方法，导电胶可保持封装结构的轻薄，同时不增加成本，具有工艺简单、固化温度低、连接后无须清洗等优点。常用的黏结剂有各向同性、各向异性导电胶等。热压与热压超声倒装芯片如图 6-19 所示。

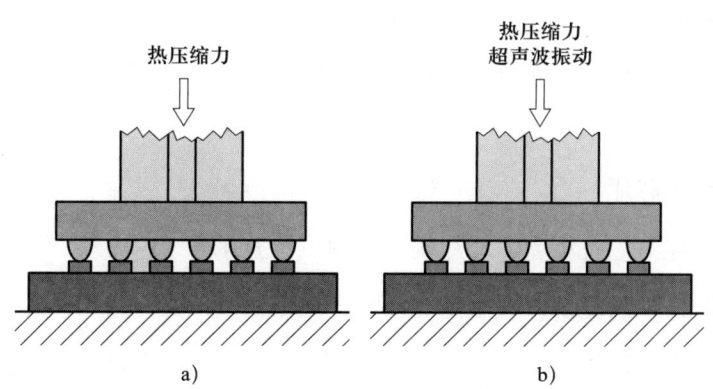

图 6-19　热压与热压超声倒装芯片示意图
a）热压黏合　b）热压超声黏合

（4）使用非导电填料填充芯片底部空隙。底部填充的作用，由于有机基板和芯片的热膨胀系数无法完全匹配，导致回流焊和温度循环时在焊球处产生很大应力，严重时甚至可能会引起裂损现象。

填充方式主要有两种：①芯片焊接后填充，利用环氧物质中掺有陶瓷填料以提高导热率并改善热膨胀系数，填充时需要一个阻挡装置，以防止填充材料到处溢流。②芯片焊接前填充，填充材料可发挥焊剂与填充功能，焊接、填充与固化可一步完成。图 6-20 所示为芯片底部填充示意图。

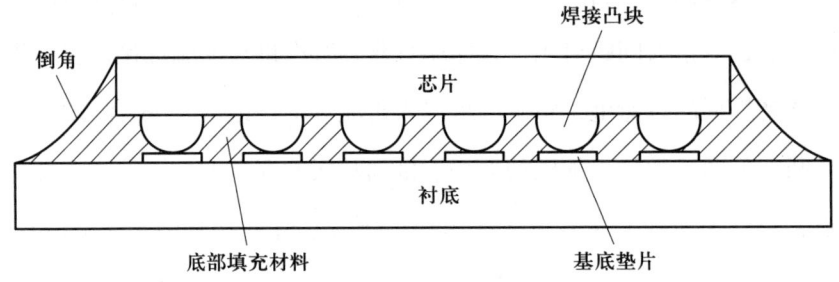

图 6-20　芯片底部填充示意图

倒装焊接技术具有以下优缺点。

优点：

（1）互连线短，互连电特性好。

（2）占基板面积小，安装密度高。

（3）芯片焊区面分布，适合高 I/O 器件。

（4）芯片安装和互连可同时进行，工艺简单、快速。

缺点：

（1）需要精选芯片。

（2）安装互连工艺有难度，芯片朝下，焊点检查困难。

（3）凸点制作工艺复杂，成本高。

（4）散热能力有待提高。

第三节　典型封装技术

考核知识点及能力要求：

- 掌握塑料双列直插式封装和制造工艺；
- 掌握球栅阵列封装的概念和典型结构；
- 了解多芯片组件封装的概念和特点；
- 了解三维封装技术的概念和特点；
- 掌握基于硅通孔的三维封装技术的工艺流程。

一、双列直插式封装

插装元器件（Leadframe）与表面贴装器件（Surface Mounted Devices，SMD）在同一块印刷线路板（Printed Wire Board，PWB）上要使用相当长的时间，而且在很多民品中插装元器件仍具有很强的生命力。因此，插装元器件的封装技术依然有长足发展。从材料角度，可以将插装元器件的封装分为金属封装、陶瓷封装和塑料封装。其中金属和陶瓷封装为气密性封装，塑料封装为非气密性封装。同时，按照外形结构可以将插装元器件的封装形式分为圆柱形外壳封装（TO）、矩形单列直插式封装（SIP）、双列直插式封装（DIP）和针栅阵列封装（PGA）。双列直插式封装的引脚可达4~64个。其引线的节距有2.54 mm和1.78 mm。DIP可分为陶瓷熔封DIP（CDIP）、塑料DIP（PDIP）和窄节距DIP（SDIP）。

（一）陶瓷熔封双列直插式封装

陶瓷封装的优点在于，其热传导性和电绝缘性好，同时可改变化学组成来调整其性质，此外，可做多层板基板，适用于高密度封装，由于陶瓷致密性高，对水有很强的防渗透能力。陶瓷封装的缺点在于脆性高，易碎，成本较高。

在陶瓷熔封双列直插式封装技术中，引线的节距为2.54 mm，封装结构简单，只有底座、盖板和引线框架3个零件。靠低熔点玻璃密封，所以也常称为低熔点玻璃密封DIP，烧结温度<500 ℃。陶瓷封装最常用的材料是氧化铝。CDIP封装结构及制备流程如图6-21所示。

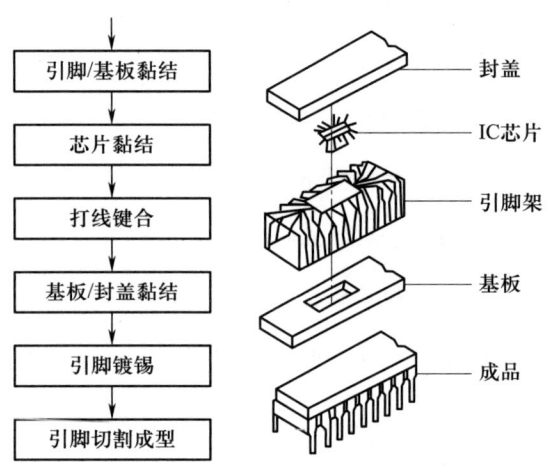

图6-21　CDIP封装结构及制备流程示意图

目前已发展出多层陶瓷DIP的封装技术。多层陶瓷DIP由多层陶瓷（黑、白、棕）工艺制作，引线节距为2.54 mm，需要进行金属化，在较高温度（1 550～1 650 ℃）下烧结。其生产工艺流程包括：生瓷料制备，流延制膜，冲片、冲腔，冲孔填充金属化，金属化印制，叠片、层压，热切，侧面金属化印制，排胶、烧结，电镀Ni-Au，外壳检漏、电测试，IC芯片安装，引线键合，IC芯片检测，封盖，检漏，成品测试，打印、包装。其中，关键工艺为流延工艺和冲孔工艺。在流延工艺中，生瓷片由陶瓷粉末、玻璃粉末、粘接剂、溶剂和增塑剂等组成。在冲孔工艺中，层间通孔的作用是连接各层金属化布线，在每层生瓷片精密冲孔后要填充金属化浆料。通孔直径为100～400 μm，冲孔方法有机械冲孔法、激光冲孔法和光成型法。

（二）塑料双列直插式封装和制造工艺

塑料封装的设计必须整合所有步骤和可能使用的材料对结构与可靠性的影响进行整体考量。其优点在于适用于小型化封装，成本低，制程简单，适用于自动化生产。因此，塑料封装是现代封装的主流。塑料封装的缺点在于塑料本身的散热性、耐热性、密封性、可靠度都低于陶瓷和金属封装。

塑料双列直插式封装，即 PDIP 封装，与 TO 塑封晶体管相似，但要求更高。塑封用的树脂（环氧模塑料）要具备以下特性：

（1）树脂尽可能与所包围的 PDIP 各种材料相匹配，即热膨胀系数 CET 相似。

（2）在 –65～150 ℃的温度范围内能正常工作，要求玻璃化温度大于 150 ℃。

（3）树脂的吸水性要小，可以与引线有良好的粘接，防止湿气沿树脂 – 引线界面浸入内部。

（4）有良好的物理性能和化学性能。

（5）有良好的绝缘性。

（6）固化时间短。

（7）Na 含量低。

（8）辐射性杂质含量低。

为了改善塑料封装环氧树脂的性能，还要添加一定的填料，主要填料有石英粉（二氧化硅）、二氧化钛、氧化铝、氧化锌等。PDIP 的引线框架为局部镀 Ag 的 C194 铜合金或 42 号铁镍合金，基材用冲压成型或刻蚀成型。

PDIP 的封装流程包含塑封（塑封成型）、去飞边毛刺、切筋成型、上焊锡和印字。

1. 塑封（塑封成型）

密封技术是指在集成电路制作过程中经过组装和检验合格后对其进行最后封盖，以保证所封闭的空腔中能具有满意的气密性，并且用质谱仪或放射性气体检漏装置来进行测定，判断其漏气速率是否达到了预定指标。通常以金属、玻璃和陶瓷为主进行的密封称为气密性封装，而塑料封装则称为非气密性封装。

（1）注塑（Molding）的作用在于将晶片与外界隔绝，避免上面的金线被破坏，防止湿气进入产生腐蚀，避免破坏信号，有效地将晶片产生的热排出到外界，能够用手拿。塑料封装生产的特点，就是在集成电路的生产过程中，通过组装可以一次加工完毕，而不需由外壳生产厂进行配套，因而其工作量可大幅降低，适用于大批量自动化生产，已成为集成电路的主要封装形式之一。

（2）塑料封装成型方法。塑料封装成型方法有滴涂法成型、浸渍涂敷法成型、填充法成型、浇铸法成型和递模成型法成型。应根据封装的对象、可靠性水平和生产批量的不同选用合适的成型方法。下面简要介绍各种成型方法。

1）滴涂法成型。用滴管把液体树脂滴涂到键合后的芯片上，经加热后固化成型，又称软封装，如图6-22所示。滴涂法工艺操作简单，成本低，不需要专用的封装设备和模具，适用于多品种小批量生产，但封装可靠性差，封装外形尺寸不一致，不适合大批量生产。

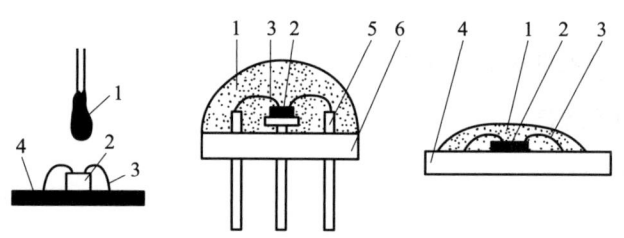

图6-22　滴涂法成型示意图
1—树脂　2—芯片　3—金丝　4—印制板　5—管腿　6—底座

2）浸渍涂敷法成型。把元器件待封装部位浸渍到树脂溶液中，使树脂包封在其表面，经加热固化成型，如图6-23a所示。浸渍涂敷法工艺操作简单，成本低，不需要专用的封装设备和模具，但封装可靠性差，封装外形不一致，表面浸渍的树脂量不易均匀。

3）填充法成型。把元器件待封装部位放入外壳（塑料或金属壳）内，再用液体树脂填平，经加热固化成型，如图6-23b所示。填充法工艺操作简单，成本低，防潮性能好，适合选用不同材料的外壳，但生产效率较低，树脂量不易控制，而且可靠性差。

4）浇铸法成型。把元器件待封装部位放入铸模内，用液体树脂灌满，经加热固化成型，如图6-24所示。浇铸法成型工艺操作简单，成本低，封装外形尺寸一致，防潮性能较好，但封装后不易脱模，生产效率低，可靠性也差。

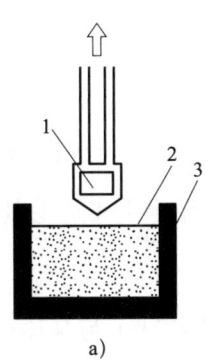
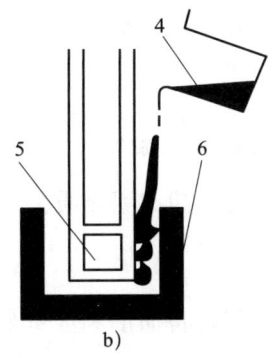

图 6-23 浸渍涂敷法成型与填充法成型示意图

a) 浸渍涂敷法成型　b) 填充法成型
1—元件　2—液体树脂　3—容器　4—液体树脂　5—元器件　6—塑料外壳

5) 递模成型法成型。塑料包封机上油缸压力,通过注塑杆和包封模具的注塑头、传送到被预热的模塑料上,使模塑料经浇道、浇口挤入型腔,并充满整个腔体,把芯片包封起来,如图 6-25 所示。递模成型法是集成电路的主要封装形式。递模成型工艺操作简单,劳动强度低,封装后外形一致性好,成品率高,且耐湿性能好,适合大批量工业化生产,但一次性投资多,占用生产场地大,更换封装品种时,需要更换专用的包封模具和辅助工具。

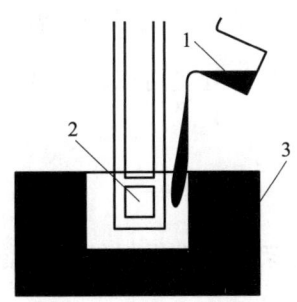
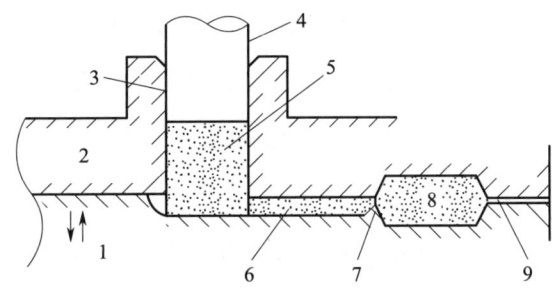

图 6-24 浇铸法成型示意图

1—液体树脂　2—元器件　3—模具

图 6-25 递模成型法成型示意图

1—下段　2—上段　3—加料腔　4—注塑头　5—模塑料
6—浇道　7—浇口　8—型腔　9—排气孔

影响塑模质量的因素如下:

①塑模参数的影响:预热情况,Mold 的温度,压模时间,压模压强。

②塑模芯片的影响:模道的设计,Gate 的设计,芯片表面情况,Gate 的位置。

③塑模材料的影响:密度,黏性,凝胶时间,湿度。

④塑模操作面影响：操作人员训练熟练度，操作人员对工作知识的了解。

2. 去飞边毛刺

塑料封装中塑封料树脂溢出、贴带毛边、引线毛刺等统称为飞边毛刺现象。去除飞边毛刺的主要方法包括：用介质去飞边毛刺，用水去飞边毛刺，用溶剂去飞边毛刺。

用介质去飞边毛刺是将研磨料（如颗粒状的塑料球）与高压空气一起冲洗模块。去飞边毛刺过程中，介质会将框架引脚的表面轻微擦磨，这将有助于焊料和金属框架的粘连。用水去飞边毛刺是利用高压的水流来冲击模块，有时也会将研磨料与高压水流一起使用。用溶剂去飞边毛刺通常只适用于很薄的毛刺。溶剂包括 N-甲基吡咯烷酮或双甲基呋喃。

3. 切筋成型

切筋工艺是指切除框架外引脚之间的堤坝以及在框架带上连在一起的地方；成型工艺是将引脚弯成一定形状，以适合装配的需要。剪切的目的是将整条导线架上已经封装好的封装体独立分开，同时把多余材料去掉。成型的目的是将外引脚压成各种预先设计好的形状，以便以后装置到电路板上使用。

切筋成型通常包括两道工序，但同时完成（在机器上）。有的公司是分开做的，如Intel 公司。先切筋，然后完成上焊锡，再进行成型工序，其好处是可以减少没有上焊锡的截面面积，如切口部分的面积。

4. 上焊锡

封装后要对框架外引线进行上焊锡处理，目的是在框架引脚上做保护层和增加其可焊性。上焊锡可用两种方法，电镀和浸锡。电镀工序为"清洗—在电镀槽中进行电镀—冲洗—吹干—烘干（在烘箱中）"。浸锡工序为"去飞边—去油—去氧化物—浸助焊剂—热浸锡（熔融焊锡，Sn/Pb=63/67）—清洗—烘干"。对比两种方法可知，浸锡容易引起镀层不均匀，中间厚，边上薄（表面张力作用）。同时电镀液还会造成离子污染。

5. 印字

印字的目的是用于适当的 IC 元件辨别。印字内容包含生产的记号，如商品规格、制造者、机种、批号等。其要求为印字清晰且不脱落。印字包含油墨打码和激光印码两种形式。

油墨打码工艺过程有些像敲橡皮图章,因为是用橡胶刻制打码标识。油墨是高分子化合物,是基于环氧或酚醛的聚合物,需要进行热固化,或使用紫外光固化。油墨打码对表面要求较高,表面有污染油墨则打不上去,而且油墨容易擦去。在模块成型之后先打码,然后将模块进行固化,也就是塑封料和油墨一起固化。粗糙的表面油墨的黏附性好。

激光印码就是利用激光在模块表面写标识。优点是印码不易擦去,工艺简单。缺点是字迹较淡。

二、球栅阵列封装

球栅阵列封装是从插针网格阵列改良而来的,是一种将某个表面以格状排列的方式覆满(或部分覆满)引脚的封装法,在此种封装下,在封装底部处引脚由锡球所取代。这些锡球可以手动或通过自动化机器配置,并通过助焊剂定位。装置以表面贴焊技术固定在PCB上时,底部锡球的排列恰好对应到板子上对应铜箔的位置。加热后,锡球溶解。表面张力会使融化的锡球撑住封装点并对齐到电路板上,在正确的间隔距离下,锡球冷却并固定后,形成的焊接接点即可连接装置与PCB。

(一)球栅阵列封装的基本概念和特点

球栅阵列即 BGA(Ball Grid Array)。如图 6-26 所示,它是在基板的下面按阵列方式引出球形引脚,在基板上面装配 LSI 芯片(有的 BGA 引脚端与芯片在基板同一面),是 LSI 芯片用的一种表面安装型封装。

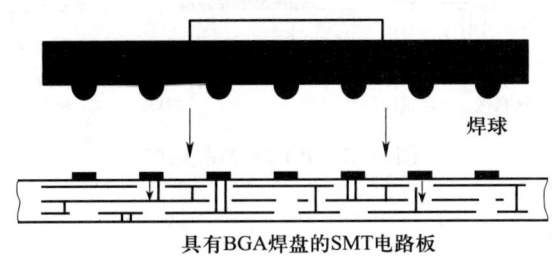

图 6-26　BGA 封装结构

BGA 具有以下几个特点：

（1）失效率低。使用 BGA，可将窄节距 QFP 的焊点失效率减小两个数量级，且无须对安装工艺做大的改动。

（2）BGA 焊点节距一般为 1.27 mm 和 0.8 mm，可以利用现有的 SMT 工艺设备。

（3）提高了封装密度，改进了器件引脚和本体尺寸的比率。

（4）由于引脚是焊球，可明显改善共面性，大大减少了共面失效。

（5）BGA 引脚牢固，不像 QFP 那样存在引脚易变形问题。

（6）BGA 引脚很短，使信号路径短，减小了引脚电感和电容，改善了电性能。

（7）焊球熔化时的表面张力具有明显的"自对准"效应，从而可降低安装、焊接的失效率。

（8）BGA 有利于散热。

（9）BGA 也适合 MCM 的封装，有利于实现 MCM 的高密度、高性能。

（二）球栅阵列封装的类型和结构

BGA 封装按基板的种类分为 PBGA（塑封 BGA）、CBGA（陶瓷 BGA）、CCGA（陶瓷焊柱阵列）、TBGA（载带 BGA）、MBGA（金属 BGA）、FCBGA（倒装芯片 BGA）和 EBGA（带散热器 BGA）等。

PBGA 封装结构如图 6-27 所示，焊球做在 PWB 基板上，在芯片黏结和 WB 后模塑。采用的焊球材料为共晶或准共晶 Pb-Sn 合金。焊球的封装体的连接不需要另外的焊料。

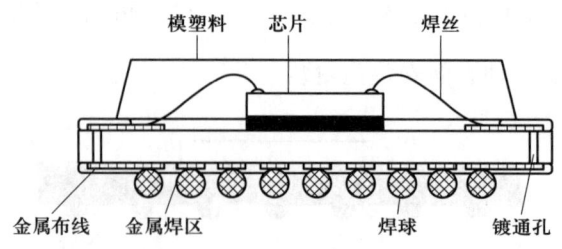

图 6-27 PBGA 封装结构

PBGA 封装的优点如下：

（1）和环氧树脂电路板的热匹配性好。

（2）对焊球的共面要求宽松，因为焊球参与再流焊时焊点的形成。

（3）安放时，可以通过封装体边缘对准。

（4）在 BGA 中成本最低。

（5）电性能良好。

（6）与 PWB 连接时，焊球焊接可以自对准。

（7）可用于 MCM 封装。

PBGA 封装的缺点主要是对湿气敏感。

CBGA 封装结构如图 6-28 所示，最早源于 IBM 公司的 C4 倒装芯片工艺。采用双焊料结构，用 10%Sn-90%Pb 高温焊料制作芯片上的焊球，用低熔点共晶焊料 63%Sn-37%Pb 制作封装体的焊球。

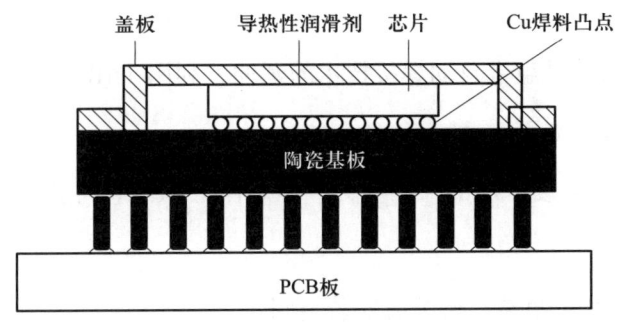

图 6-28 CBGA 封装结构

CBGA 封装的优点如下：

（1）可靠性高，电性能优良。

（2）共面性好，焊点成型容易。

（3）对湿气不敏感。

（4）封装密度高（焊球为全阵列分布）。

（5）和 MCM 工艺相容。

（6）连接芯片和元件的返修性好。

CBGA 封装的缺点如下：

（1）由于基板和环氧树脂印制电路板的热膨胀系数不同，因此热匹配性差。CBGA-FR4 基板组装时，热疲劳寿命短。

（2）封装成本高。

CCGA 封装结构如图 6-29 所示，CCGA 是 CBGA 的扩展。它采用 10%Sn-90%Pb 焊柱代替焊球。焊柱较之焊球可降低封装部件和 PWB 连接时的应力。这种封装具有清洗容易、耐热性能好、可靠性强的特点。

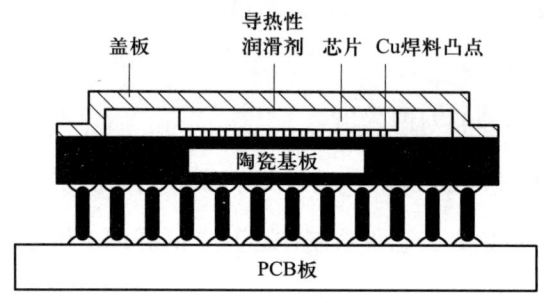

图 6-29　CCGA 封装结构

此外，TBGA 封装是载带自动焊接技术的延伸，利用 TAB 实现芯片的连接。

TBGA 封装的优点如下：

（1）尽管在芯片连接中局部存在应力，但总体上和环氧树脂印刷电路板热匹配性较好。

（2）最薄型的 BGA 封装，可节省安装空间。

（3）经济型的 BGA 封装。

TBGA 封装的缺点如下：

（1）对湿气敏感。

（2）对热敏感。

FCBGA 通过 FC 实现芯片与 BGA 衬底的连接。FCBGA 有望成为发展最快的一种 BGA 封装。其优点如下：

（1）电性能优良，如电感、延迟较小。

（2）热性能优良，背面可安装散热器。

（3）可靠性高。

（4）与 SMT 技术相容，封装密度高。

（5）可返修性强。

(6)成本低。

BGA在安装焊接时焊球与基板的完好连接至关重要,常见的焊球连接缺陷如下:

(1)桥连。焊料过量,邻近焊球之间形成桥连。这种缺陷很少,但很严重,如图6-30a所示。

(2)连接不充分。焊料太少,不能在焊球和基板之间形成牢固的连接,导致早期失效,如图6-30b所示。

(3)空洞。沾污及焊膏问题造成空洞。比例较大时,焊球连接强度弱化,如图6-30c所示。

(4)断开。基板过分翘曲,又没有足够的焊料使断开的空隙连接起来,如图6-30d所示。

(5)浸润性差。焊区或焊球的浸润性差,造成连接断开。焊区浸润性差使焊料向焊球周边流动,而焊球的浸润性差使焊料聚集于焊区上面积很小的区域,如图6-30e所示。

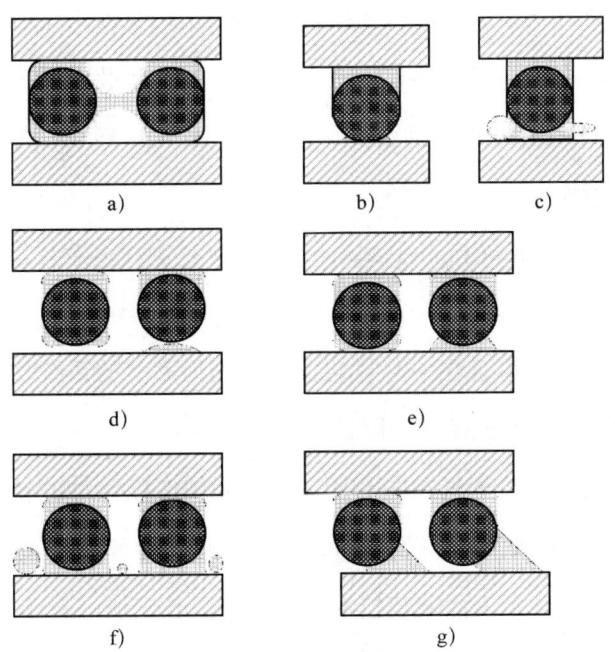

图6-30 焊球连接缺陷

a)桥连 b)连接不充分 c)空洞 d)断开 e)浸润性差 f)形成焊料小球 g)误对准

（6）形成焊料小球。小的焊料球由流焊时溅出的焊料形成，是潜在短路缺陷的隐患，如图 6-30f 所示。

（7）误对准。焊球重心不在焊区中心。BGA 虽然有极强的自对准能力，但是，在安放时焊球和焊区之间的误对准（对准偏差超标时）会造成这种缺陷，如图 6-30g 所示。

三、多芯片组件封装

完整的电子系统常常由许多功能模块组成，如复杂的运算单元像微控制单元（Microcontroller Unit，MCU）和数字信号处理（Digital Signal Processing，DSP）单元、小信号放大、射频电路、低频功放和光电器件等。这些功能电路往往用不同的工艺实现，若要在一片芯片上用同一工艺制作是十分困难的，有时甚至是不可能的。因此，需要集成电路的多芯片组件封装。

（一）多芯片组件封装的概念与特点

多芯片组件（Multi-Chip Module，MCM）是在混合集成电路基础上发展起来的高端电子产品。它将多个超大规模集成电路（Very Large Scale Integration Circuit，VLSI）芯片和其他元器件高密度组装在多层互连基板上，然后封装在同一壳体内，属于高级混合集成组件。MCM 具有增加组件密度、缩短互连长度、减少信号延迟、减小体积和重量、提高可靠性等优点。

多芯片组件封装（Multi-Chipin Package，MCP）是制作多芯片组件的常用技术。多芯片组件封装的特点如下：

（1）将不同商用芯片组合在一起封装，实现较为完整的系统功能；一般要求芯片数量较少，还可达到很高的成品率，降低产品成本。

（2）利用现有成熟而较为复杂的商用芯片，附加专门设计的较简单专用数字集成电路组成应用系统，可降低产品开发风险，提高芯片性能和经济效益。

（3）不需增加新设备，表面贴装技术批量生产工艺成熟，制作周期短。

MCP 是 21 世纪新型封装的一个重要方向。

此外，MCM 是指在高密度多层互连基板上，采用微焊接、封装工艺将构成电子电路的各种微型元器件（IC 裸芯片及片式元器件）组装起来，形成高密度、高性能、高可靠性的微电子产品（包括组件、部件、子系统、系统等）。两个或多个重要元件 IC 共享一个相同的互连的基底和封装。目前综合国内外专家所下的定义，MCM 原则上应具备如下条件：

（1）有多个 VLSI 裸芯片。

（2）多层基板有 4 层以上的导体布线层。

（3）封装效率（芯片面积/基板面积）大于 20%。

（4）封装外壳的 I/O 引脚数量通常大于 100 个。

典型的 MCM 结构如图 6-31 所示。其中基板和芯片构成完整的组装结构。MCM 结构、主要单元及其在电子封装中的作用为信号 I/O、热管理、机械支撑和钝化保护。

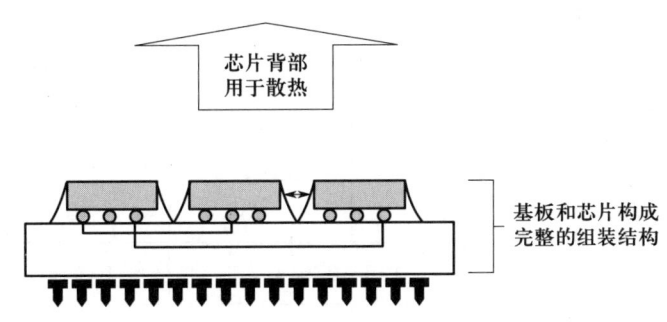

图 6-31　典型的 MCM 结构

（二）多芯片组件封装的分类

多芯片组件封装按基板类型可以分为以下几种：有机叠层布线基板 MCM，MCM-L（Laminate）；厚膜或陶瓷多层布线基板 MCM，MCM-C（Ceramic）；薄膜多层布线基板 MCM，MCM-D（Deposited Thin Film）；硅基板制成的 MCM，MCM-Si（Silicon）；厚薄膜混合多层基板 MCM，MCM-C/D。其中有机叠层布线基板 MCM 多采用 PCB 材料，厚膜或陶瓷多层布线基板 MCM 多采用氧化铝、氮化铝材料，薄膜多层布线基板 MCM 多采用薄膜聚合物或 SiO_2 等材料。

MCM-L、MCM-C 和 MCM-D 为 MCM 的三种基本类型，其结构、材料和性能见表 6-7。不同类型 MCM 的优势特性不同，例如，MCM-L（有机叠层）在制造成本和多层性方面优势明显，MCM-C（厚膜/陶瓷）在多层性、散热性和可靠性等方面表现出明显优势，MCM-D（薄膜多层）、MCM-Si（硅基板）和 MCM-D/C（混合多层）则在布线宽度方面表现出明显优势。各类 MCM 的特性对比见表 6-8。

表 6-7　　　　　　　　MCM 三种基本类型的结构、材料和性能

基本类型	MCM-L	MCM-C		MCM-D	
内连衬底	高密度多层 PCB	陶瓷	陶瓷	SOS	聚合物
可用材料	纤维—环氧树脂复合材料	多孔性陶瓷 SiN_2 BiO	Al_2O_3	SiO_2	聚酰亚脂 PI BCB、PPQ
地线系数	2.0～2.7	2.7～6.9	8.9～10.0	3.8	2.0～10.0
衬底材料	FR4	ALN	AbO_3	Si、GaAs、金刚石、SiC	陶瓷、金属、金刚石、Si
元件类型	TAB、组件倒装芯片、SMT	芯片和 SMT		倒装芯片	
散热	不好	好或较好	好	较好	较好
线宽 /μm	750	125	125	10	15
线间距 /μm	2 250	125～375		10～30	5
线密度 /mm	30	20	40	400	200
衬底成本	低	高	中等	中等	中等

表 6-8　　　　　　　　各类 MCM 的特性对比

Type	制造成本	布线宽度	多层性	封装密度	电气特性	散热性	可靠性
MCM-L（有机叠层）	A	C	A	C	C	D	C
MCM-C（厚膜/陶瓷）	B	B	A	B	B	A	A
MCM-D（薄膜多层）	D	A	C	A	A	C	B
MCM-Si（硅基板）	D	A	D	B	B	C	B
MCM-D/C（混合多层）	C	A	C	A	A	B	B

随着集成电路技术的不断更新，上述不同类型 MCM 技术的诞生促进了 MCM 的发展。起初，混合微电子电路的需求促进了 MCM 的产生。20 世纪 80 年代，电子封装技术相继出现了两颗新星，即 SMT 和 MCM。伴随陶瓷、薄膜、层压 PCB MCM 基底技术，20 世纪 90 年代似乎标志着进入了 MCM 时代。但错误的假设导致 MCM 在 20 世纪 90 年代的市场明显比预期有所减小。与此同时，封装性能大大影响多芯片组件的成本、可靠性和其他各个方面。微电子器件功能接近物理极限，只有通过优化封装设计，才能提高其综合性能。

尺寸和性能是封装发展的驱动力。目前来看，MCM 存在如下优点：封装效率高；芯片之间间距小，可提高芯片电性能；芯片与基板的互连数少，提高了可靠性。芯片到芯片的互连如图 6-32 所示。其中，图 6-32a 所示为传统的单芯片封装，图 6-32b 所示为典型的"芯片 – 走线"MCM-C，图 6-32c 所示为团覆盖 MCM，反映出 MCM 技术的优势。

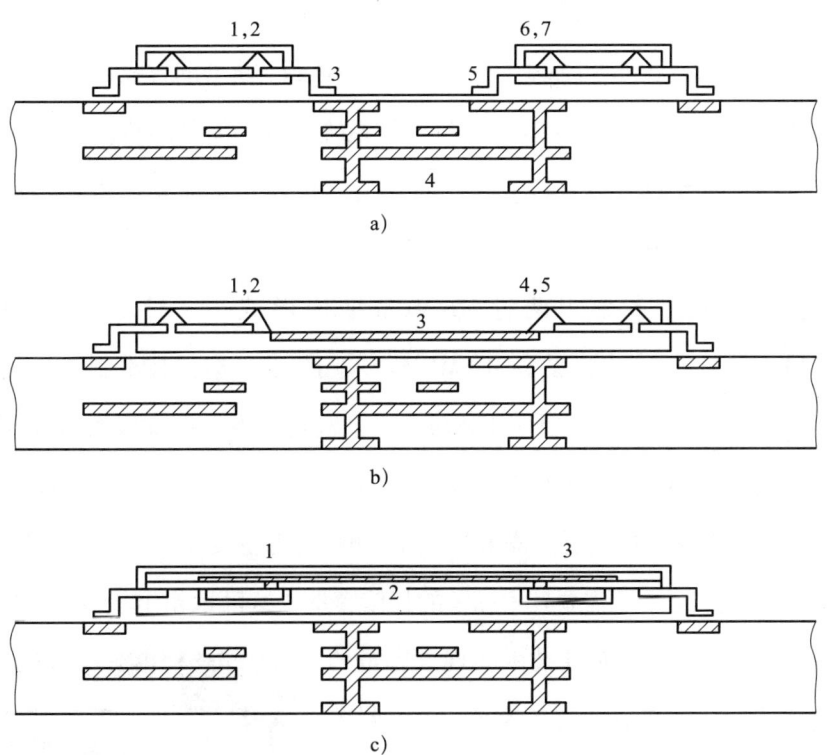

图 6-32　芯片到芯片的互连

a）传统的单芯片封装　b）典型的"芯片 – 走线"MCM-C　c）团覆盖 MCM

MCM 也存在一些缺点，例如，MCM 制作成本相对于相应安装到一个印制电路板的单个封装 IC 更昂贵，多芯片封装取代了更大的电路板面积，由于更高密度和更新颖的互连技术导致成本增加，同时增加了芯片失效的风险等。

四、三维封装技术

三维（3D）多芯片组件技术是现代微组装技术发展的重要方向，是微电子技术领域跨世纪的一项关键技术。由于宇航、卫星、计算机及通信等军事和民用领域对提高组装密度、减轻重量、减小体积、提高性能和可靠性等方面的迫切需求，加之三维多芯片组件（3D-MCM）在满足上述要求方面具有的独特优点，因此该项新技术近年来发展迅速。

（一）三维封装技术的概念与特点

三维封装技术又称立体封装技术，是在 X-Y 平面的二维封装的基础上向空间发展的高密度封装技术。终端类电子产品对更轻、更薄、更小的追求推动了微电子封装朝着高密度的三维封装方向发展，三维封装提高了封装密度，降低了封装成本，减小了芯片之间互连导线的长度，从而提高器件运行速度，通过芯片堆叠或封装堆叠的方式实现器件功能增加。

三维封装虽然可有效缩减封装面积与进行系统整合，但其结构复杂散热设计及可靠性控制都比 2D 芯片封装更具挑战性。研究三维封装的结构设计和散热设计具有非常迫切的理论意义和实际应用价值。

三维存储器组件多采用两种 3D-MCM 结构形式：一种是 2D-MCM 叠层型 3D-MCM，另一种是 IC 芯片叠层型 3D-MCM。采用多芯片组件技术制作高性能大容量的存储器组件是 MCM 技术的重要应用领域之一。高速成像系统发展的需求进一步推动了存储器多芯片组件从二维（2D）技术向三维（3D）技术发展。目前的成像系统，其像素已多达 9×10 像素/帧，这就需要采用 100 帧/秒以上的数据存储。若将此数据存储转换为数据存储带宽，则需要达 Gbit/s 的存储容量，这已远超出了目前一般的 Mbit/s 的存储容量。而采用三维 MCM 技术实现大容量的存储器组件不失为一个良好的解决途径。三维封装结构可以通过两种方法实现：封装内的裸芯片堆叠（见图 6-33）和封装内的封装堆叠（见图 6-34）。

图 6-33　裸芯片堆叠

图 6-34 封装堆叠

封装体堆叠的三维封装一般是将大量同一类型的小规模存储器封装相重叠，构成大规模的存储器。一般利用原有标准封装体的端子排布，将重叠在一起的小规模存储器封装体的相同端子钎焊在一起，实现封装体之间的电气连接。封装堆叠包括翻转一个已经检测过的封装，并堆叠到一个基底封装上面，后续互连采用线焊工艺，封装堆叠在印制板装配时需要另外的表面安装堆叠工艺。

最常见的裸芯片叠层三维封装先将生长凸点的合格芯片倒扣并焊接在薄膜基板上，这种薄膜基板的材质为陶瓷或环氧玻璃，其上有导体布线，内部也有互连焊点，两侧还有外部互连焊点，然后将多个薄膜基板进行堆叠组装互连。

叠层三维封装方式具备如下技术特点：

（1）组装密度大，组装效率高。使单个封装体可以实现更多的功能，并使外围设备 PCB 的面积进一步缩小。体积内效率得到提高，且芯片间导线长度显著缩短，信号传输速度得以提高，减少了信号时延与线路干扰，进一步提高了电气性能。另外，三维封装体内部单位面积的互连点数大幅增加，集成度更高，外部连接点数也更少，从而提高了 IC 芯片的工作稳定性。

（2）组装体积小。裸芯片堆叠三维封装可以保持封装体面积的大小，在高度上进行延伸，由于芯片厚度在整个器件厚度中所占比例较小，因此通过裸芯片堆叠形式的三维封装相对 2D 封装在厚度上增加较小。但其结构决定了该封装方式的致命弱点，当堆叠中一层电路出现故障时，整个芯片都要报废。

（3）三维封装结构、散热方案以目前的技术无法达到最优。根据国内外研究现状，目前尚没有综合应用结构优化、传热学、数学、力学、材料学、半导体工艺、组装工艺、有限元仿真、可靠性理论、可靠性试验等多学科知识对三维封装进行系统性研究。

三维封装的形式分为填埋型、有源基板型和叠层型。填埋型三维封装，是将元器件填埋在基板多层布线内或填埋、制作在基板内部。在各类基板内或多层布线介质层中"埋置"R、C或IC等元器件，最上层再贴装SMC/SMD来实现立体封装，如图6-35a所示。有源基板型三维封装，是用硅圆片集成（Wafer Scale Integration，WSI）技术做基板时，先采用一般半导体IC制作方法作一次元器件集成化，形成有源基板，然后再实施多层布线，顶层再安装各种其他IC芯片或元器件，实现三维封装。例如，硅圆片规模集成后的有源基板上再实行多层布线，最上层再贴装SMC/SMD，如图6-35b所示。叠层型三维封装，是将两个或多个裸芯片或封装芯片在垂直芯片方向上互连形成三维结构。其又分为封装叠层的三维封装、芯片叠层的三维封装和硅晶圆叠层的三维封装。其中封装层叠的三维封装常常采用TAB封装和CSP封装工艺，其中，CSP封装叠层工艺流程如图6-36所示，包含存储器芯片、凸点形成、倒装下的载体连接、下填充、研磨加工、叠层微球形成及叠层操作等过程。

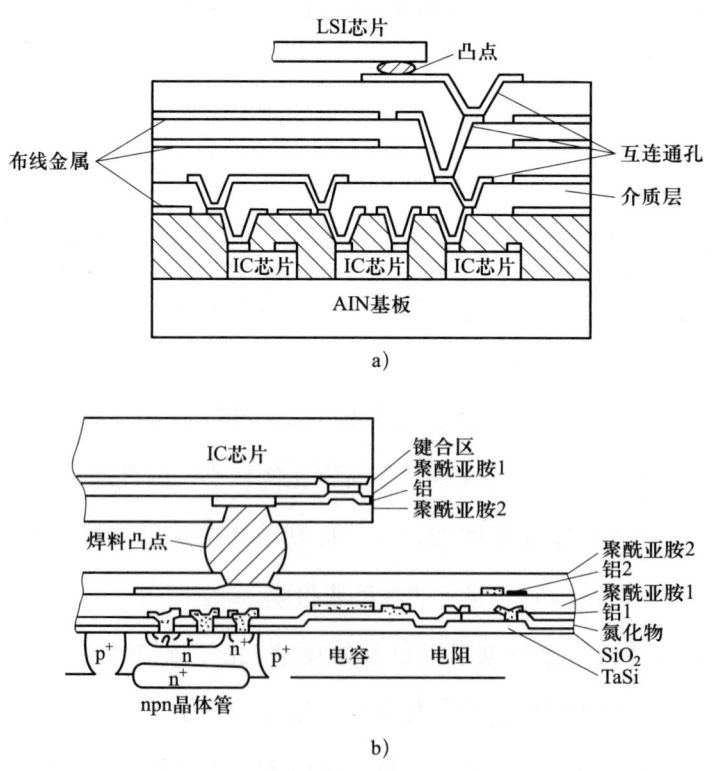

图6-35 填埋型三维封装结构和有源基板型三维封装结构示例

a）填埋型三维封装结构　b）有源基板型三维封装结构

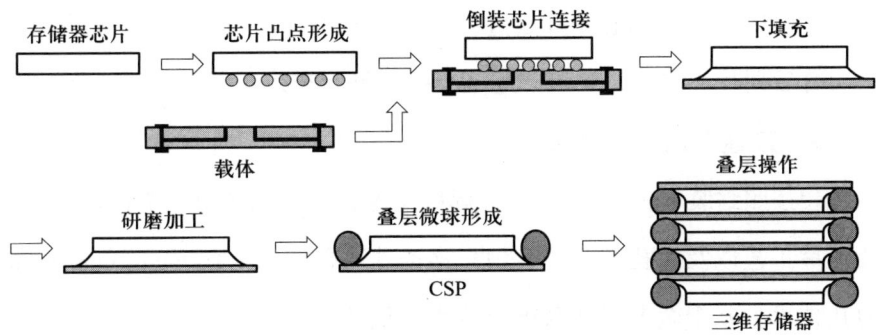

图 6-36 CSP 封装叠层工艺流程

在芯片叠层的三维封装中，三维芯片层常采用套筒式、同类型排列、交错堆叠等配置方式，如图 6-37 所示。硅晶圆叠层三维封装主要工艺流程包括：在硅圆片上进

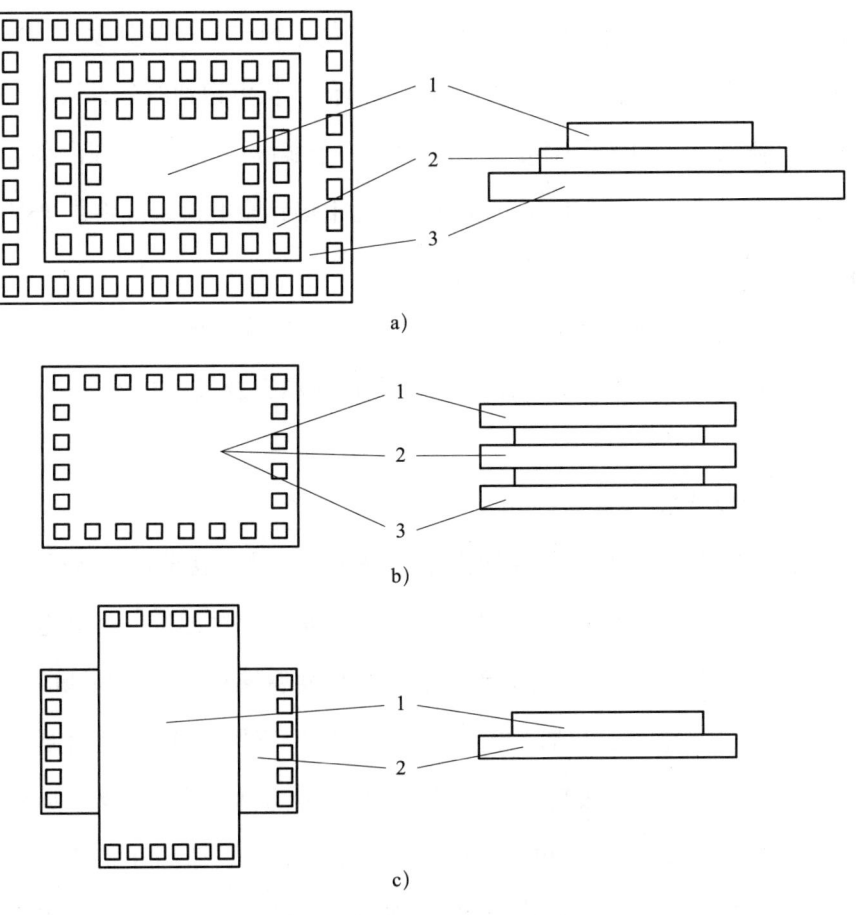

图 6-37 三维芯片层的配置

a）套筒式 b）同类型排列 c）交错堆叠

行元件积层；将完成扩散的硅圆片层叠；在硅圆片中制作通孔，并由通孔导体实现层间连接；层叠后划片形成小叠块，并通过小叠块侧面布线实现层间连接等工艺步骤。

（二）基于硅通孔的三维封装技术

三维封装按照封装堆叠及 IC 裸芯片焊接（键合）技术经历三个重要阶段：丝焊工艺、倒装芯片工艺以及通孔工艺。其中，穿透硅通孔技术（Through Silicon Via，TSV）简称硅通孔技术。基于微电子装联键合技术，从软铅焊、丝焊和芯片凸点倒装焊到通孔互连技术的不断发展，有人将 TSV 技术称为第四代封装技术。

TSV 是利用垂直硅通孔完成芯片间互连的方法，由于连接距离更短、强度更高，它能实现更小更薄且性能更好、密度更高、尺寸和重量明显减小的封装，同时还能用于异种芯片之间的互连。TSV 三维集成技术是最近几年半导体工业中最热门的研究方向。许多大公司和著名研究机构在开展这方面的技术研究和产品开发。TSV 三维集成技术可以创造出很多应用，从消费电子到无线通信，从生物到医学，从航空航天到汽车电子等。具体而言，图像传感器为 TSV 的第一个实际应用；TSV 在内存方面，包括闪存（Flash）和动态内存（DRAM）占据最大的市场；微电机系统将是 TSV 另一个主要应用；其他应用包括射频、发光二极管等。

TSV 的制造工艺示例如图 6-38 所示。TSV 的主要技术环节包括：硅通孔形成技术，绝缘层、阻挡层和种子层沉积，硅孔导电物质填充及镀铜技术，晶圆减薄技术，以及键合技术。

1. 硅通孔形成技术

目前制作硅通孔的主要手段有湿法刻蚀、激光加工和干法刻蚀（深反应离子刻蚀，DRIE）三种。湿法刻蚀，基于 KOH 溶液。其特点是低刻蚀温度、低制造成本、适合于批量生产。但由于 KOH 溶液对硅单晶的各向异性腐蚀特性，其刻蚀的孔非垂直且宽度较大，只能满足中低引出脚的封装。激光加工，则依靠熔融硅而制作通孔。因此，其内壁粗糙度和热损伤较高，在大规模制作通孔方面有成本优势，同时可以不需要掩膜版。深反应离子刻蚀（DRIE）是目前的主流方法。原因在于这种工艺具备以下特点：适用于孔径小（>5 μm）、纵深比高的垂直硅通孔；通孔内壁平滑，对硅片的机械及物理损伤最小；与 IC 工艺兼容。但是其制作成本较高。典型的 DRIE 工艺如

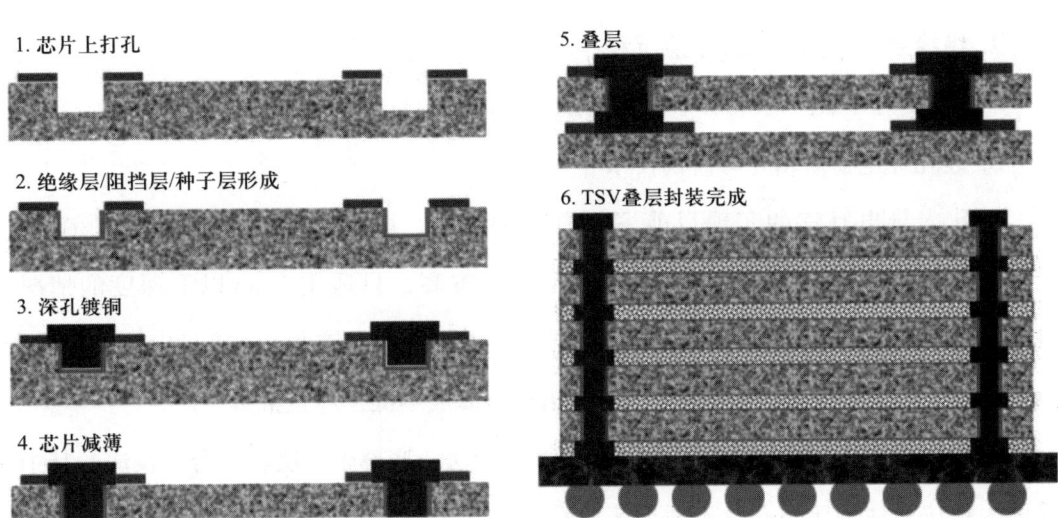

图 6-38 TSV 的制造工艺示例

图 6-39 所示，SF6 对 Si 进行快速各向同性的刻蚀；C4F8 沉积在上一步刻蚀孔表面用以保护侧壁；沉积在孔洞底部的 C4F8 将被去除，使用 SF6 进行下一步刻蚀。

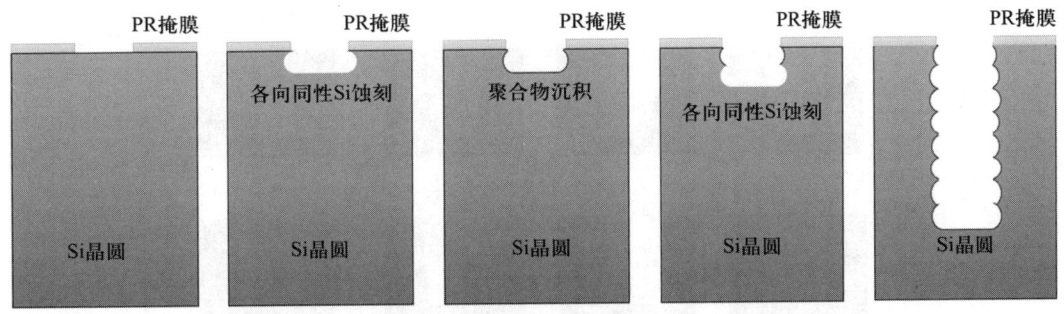

图 6-39 TSV 的制造工艺示例

从成孔速度、定位精度、深宽比、成孔精度和通孔质量几个方面对干法刻蚀、湿法刻蚀及激光钻孔三种硅通孔制作技术进行比较。在成孔速度方面，湿法刻蚀为 1~11 μm/min，干法刻蚀可达 50 μm/min，激光钻孔每秒钟可制作 2 400 个通孔。在定位精度方面，干法刻蚀、湿法刻蚀技术的定位精度由掩膜决定；而激光钻孔技术则由传送装置决定，精度约几微米。在深宽比方面，湿法刻蚀为 1:60~1:1，干法刻蚀为 1:80，激光钻孔为 1:7。在成孔精度方面，干法刻蚀、湿法刻蚀为亚微米级别，激光钻孔为 10 μm 左右。在通孔质量方面，干法刻蚀一般，激光钻孔较好，湿法刻蚀非常好。

2. 绝缘层、阻挡层和种子层沉积

目前绝缘层、阻挡层和种子层常用的 3 种薄膜材料分别为 SiO_2、TiN 和 Cu。

3. 硅孔导电物质填充与镀铜技术

通孔内导电互连的实现目前主要有四种方法，即 MOCVD、LPCVD、填充导电胶和电镀 Cu。其中，MOCVD 填充金属 W，成本高，只适用 5 μm 以下深度的情况；LPCVD 适用于填充多晶硅，导电性能有限，寄生干扰电容较大；填充导电胶，容易产生气泡且工艺难度较大，导电性能较低；电镀 Cu 成本低，适宜批量生产。

镀铜填充的基本方法分为三种，即等厚生长法、底部生长法和混合生长法。其中，等厚生长法只适用于斜孔，不适用于直孔；底部生长法可适用于大身宽比的 TSV 孔；而混合生长法可提高填孔速度。镀铜填充主要依靠两种作用相反的添加剂竞争吸附来实现。其中，抑制剂作用为抑制铜的生长，主要在 TSV 孔表面与侧壁吸附；加速剂作用为加速铜的生长，主要在 TSV 孔底吸附。

等厚生长镀铜的填充基本方法如图 6-40 所示。

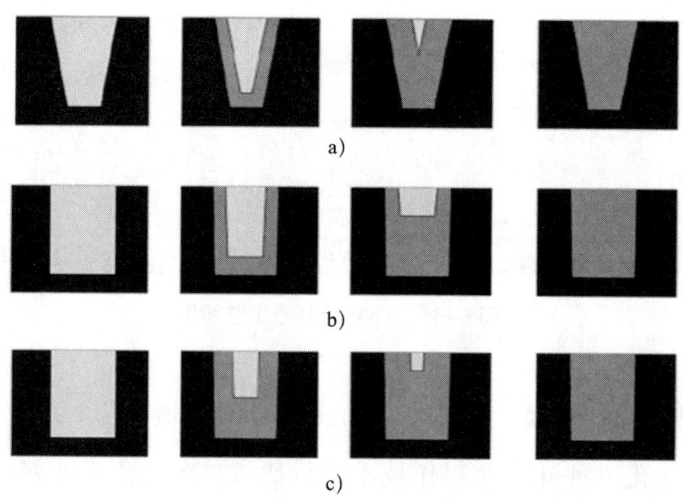

图 6-40 等厚生长镀铜的填充基本方法

a）底部生长法 b）混合生长法 c）镀铜填充示例

4. 晶圆减薄技术

TSV 要求芯片减薄至 50 μm 甚至更薄，硅片强度明显下降，并出现一定的韧性；同时要求尽量小的芯片损伤，较低的内应力，防止晶圆翘曲。因此对晶圆的减薄技术提出了更高要求。常用的减薄技术为"机械研磨+湿法抛光"。具体过程涉及研磨、抛光和刻蚀。首先用直径9 μm氧化铝粉末研磨晶圆2 h，减薄至70 μm；其次用直径0.3 μm氧化铝粉末抛光1 h，并减薄至30~40 μm；最后，采用旋转喷射刻蚀除去受损部分并释放研磨和抛光中产生的内应力。通常把机械磨削、化学机械抛光和干法刻蚀有机结合，并建立它们之间的优化比例关系，以保证晶圆既能减薄到要求的厚度，又能具有足够的强度。

5. 键合技术

常见芯片的键合方式有焊球连接、各向异性导电胶、非导电胶粘接、合金连接以及导电浆连接等。三维封装对键合技术的新要求包含以下几点：

（1）键合尺寸进一步降低，凸点等精度要求提高。

（2）降低键合温度，减少应力影响。

（3）尽量避免使用助焊剂。

（4）前后道工艺有良好的兼容性。

（5）简化工艺，降低成本。

（6）凸点的无铅化。

目前仍采用锡合金钎焊技术。同时，由于键合需要凸点，因此一般采用电镀方法完成。其中，芯片/晶圆键合方法即利用脉冲激光在TSV结构间形成一层金属化合物，把芯片/晶圆键合在一起。由于该方法具有工艺简单、成本低、产量高、可靠性好等优点，从而被大力推广。与此同时，键合过程还需要高精度对准技术。高精度对准技术不仅可以避免互连失效和错误互连，而且允许使用更小直径的TSV和更小的键合金属凸点，从而节约芯片面积。目前的对准技术包括晶片级对准技术、芯片级倒装芯片对准技术和芯片级自组装技术。

目前来讲，TSV技术的发展仍有一些问题亟待解决。首先，超薄硅圆片技术；其次，高密度互连的散热问题；再次，3D封装与目前封装工艺的兼容性问题，包括兼容的工艺设备和工具，这涉及成本问题；最后，尚未形成一套统一的行业标准和系统的评价检测体系。

思考题

1. 从现阶段全球领先的封测企业的服务来看，倒装芯片封装、晶圆级封装、三维封装、系统级封装等先进封装技术是未来的发展主线，同时传统的基于引线键合的引线框架类封装也在不断发展以适应不同的产品应用，这两类封装各自适用于哪些集成电路产品？

2. 集成电路的高密度封装提高了芯片的应用效率，但也使散热问题越来越显著。封装基板作为集成电路芯片封装的重要部件，是连接芯片制造与整机电子产品的桥梁。在高密度封装方案中，常用的 PI、陶瓷、硅基板等导热性很难满足要求，目前有哪些更好的替代方案？

后　记

随着人工智能、物联网等新兴产业的崛起以及通信、计算机、消费电子、智能电网等应用领域需求带动，近年来全球集成电路市场规模整体呈现出不断扩大的态势。集成电路作为我国的支柱性产业，是引领新一轮科技革命和产业变革的关键力量，不仅对国民经济和生产生活至关重要，而且对国家的信息安全与综合国力具有战略性意义。

在国家政策支持和市场需求拉动下，我国集成电路发展迅速，取得了不俗的成绩。从 2017 年到 2021 年，我国集成电路市场规模由 5 411 亿元增至 10 966 亿元，年复合增长率达 19.31%，远高于全球增速。从我国集成电路产业结构来看，设计、制造和封装测试三个子行业的格局正在不断变化，同时产业链结构也在不断优化。其中，设计业保持高速增长，占比逐渐上升，从 2016 年起销售额规模已超过封装测试业，成为我国集成电路产业第一大行业。

2021 年 3 月，《人力资源社会保障部办公厅　市场监管总局办公厅　统计局办公室关于发布集成电路工程技术人员等职业信息的通知》正式将集成电路工程技术人员列为新职业。集成电路工程技术人员作为数字化技术发展和变革催生出的新职业，对于促进数字经济的健康发展具有重要意义。在充分考虑科技进步、社会经济发展和产业结构变化对集成电路工程技术人员专业要求的基础上，以客观反映集成电路技术发展水平及其对从业人员的专业能力要求为目标，根据《集成电路工程技术人员国家职业技术技能标准（2021 年版）》（以下简称《标准》）对集成电路工程技术人员职业功能、工作内容、专业能力要求和相关知识要求的描述，在人力资源社会保障部专业技术人员管理司指导下，中国电子技术标准化研究院组织有关专家开展了集成电路工程技术人员培训教程（以下简称教程）的编写工作，用于全国专业技术人员新职业培训。

集成电路工程技术人员是从事集成电路需求分析，集成电路架构设计，集成电路详细设计、测试验证、网表设计和版图设计的工程技术人员。共设三个等级，分别为初级、中级、高级。初级、中级、高级均设三个职业方向：集成电路设计、集成电路工艺实现和集成电路封测。

与此相对应，教程也分为初级、中级、高级，分别对应其专业能力考核要求。各专业技术等级的每个职业方向分别对应一本教程，另外各专业技术等级还包含一本《集成电路工程技术人员——集成电路基础知识》教程。

在使用本系列教程开展培训时，应当结合培训目标与受训人员的实际水平和专业方向，选用合适的教程。在集成电路工程技术人员各专业技术等级的培训中，基础知识教程是每个职业方向都需要掌握的，在此基础上，可根据培训目标与受训人员实际，选用不同职业方向的教程开展培训。培训考核合格后，获得相应证书。

初级教程包含《集成电路工程技术人员——集成电路基础知识》《集成电路工程技术人员（初级）——集成电路设计》《集成电路工程技术人员（初级）——集成电路工艺实现》《集成电路工程技术人员（初级）——集成电路封测》，共4本。《集成电路工程技术人员——集成电路基础知识》一书对应《标准》中的共性职业功能，是各职业方向培训教程的基础。《集成电路工程技术人员（初级）——集成电路设计》一书内容涵盖《标准》中初级集成电路设计职业方向应该具备的专业能力和相关知识要求。《集成电路工程技术人员（初级）——集成电路工艺实现》一书内容涵盖《标准》中初级集成电路工艺实现职业方向应该具备的专业能力和相关知识要求。《集成电路工程技术人员（初级）——集成电路封测》一书内容涵盖《标准》中初级集成电路封测职业方向应该具备的专业能力和相关知识要求。

本教程适用于大学专科学历（或高等职业学校毕业）以上，具有较强的学习能力、计算能力、表达能力及分析、推理和判断能力，参加全国专业技术人员新职业培训的人员。

后　记

集成电路工程技术人员需按照《标准》的职业要求参加有关课程培训，完成规定学时，取得学时证明。初级 128 标准学时，中级 128 标准学时，高级 160 标准学时。

本教程编写过程中，得到了人力资源社会保障部、工业和信息化部相关司局的全力支持，来自行业龙头企业、高校、科研院所的专家学者参与了编写和审定，同时参考了多方面的文献，吸取了许多专家学者以及行业优秀企业的研究成果，在此一并表示感谢。

由于编者水平、经验与时间所限，本书的不足与疏漏之处在所难免，恳请广大读者批评与指正。

本书编委会